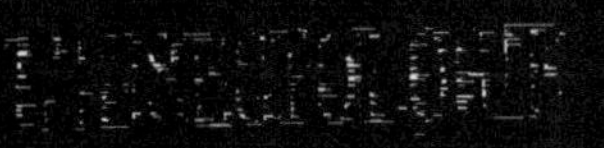

L'INSECTOLOGIE AGRICOLE

PARIS. — IMPRIMERIE HORTICOLE DE E. DONNAUD,
9, RUE CASSETTE, 9.

DEUXIÈME ANNÉE

L'INSECTOLOGIE AGRICOLE

JOURNAL

TRAITANT

DES INSECTES UTILES ET DE LEURS PRODUITS

DES INSECTES NUISIBLES ET DE LEURS DÉGATS

ET DES MOYENS PRATIQUES DE LES ÉVITER

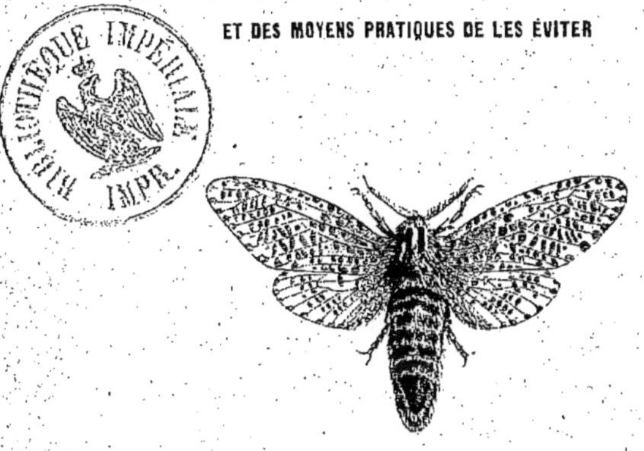

PARIS

LIBRAIRIE DE E. DONNAUD, ÉDITEUR

9, RUE CASSETTE, 9

1868

1869

N° 1. 2e ANNÉE. Février 1868.

L'INSECTOLOGIE AGRICOLE

SOMMAIRE :

Bulletin insectologique.

État des insectes nuisibles. — Les gelées assez fortes de la fin de décembre et commencement de janvier ne paraissent pas avoir fait beaucoup de mal aux insectes nuisibles à l'agriculture. A en juger même par l'état des abeilles, on pourrait croire que l'hiver a été favorable à leur conservation. Les chenilles sont on ne peut plus vivaces dans leurs nids. Le ver gris est à fleur de terre cherchant les radicules des plantes. Quant aux limaces, on les rencontre par centaines, sous les mottes de terre, s'apprêtant à sortir de leur gîte pour ronger les premières pousses des végétaux. Des troupeaux de volailles suivant la herse peuvent faire une chasse efficace à ces ennemis. La chaux et les cendres répandues sur les sols ensemencés peuvent aussi en détruire un grand nombre.

Emploi du mercure pour préserver les fourrures, tapis, laines, etc., de l'atteinte des insectes. — Le mercure, nous écrit M. A. Claudon, est bien connu par ses effets délétères et destructifs pour tous les principes de vie; de là ce métal a deux qualités : 1° préservatrice, 2° conservatrice. Préservatrice pour tout ce que les insectes et leurs larves nous rongent. Conservatrice pour les plantes que leurs dégâts nous font périr.

Voici différentes expériences qui ont été faites et qui mettent en relief les qualités du mercure au point de vue de l'utilité domestique, commerciale et agricole. M. Giorgino, pharmacien à Colmar, avait dans un flacon des chapelets de racines d'iris qui étaient continuellement rongées par des larves qu'il n'a pas étudiées — c'est une négligence. — Depuis qu'il met au fond de ce flacon un globule de mercure, les dégâts ont cessé, et il n'y a plus trace de larves.

Étant enfant, je m'amusais à tuer des mouches et voire même des abeilles en les fourrant dans un verre renversé sous lequel j'avais mis du mercure... Donc, en mettant sur l'orifice d'un guêpier une cloche sous laquelle on introduit un godet de mercure, on détruit toutes les guêpes de ce guêpier. De même on pourait préserver des collections précieuses, les fourrures, les tapis, etc.

Le mercure peut être employé sans inconvénient dans ces derniers cas. Mais il ne serait pas prudent d'en faire usage pour préserver des racines et des plantes médicinales de l'atteinte des insectes.

Oiseaux détruits en janvier sur le littoral dieppois. — M. Pillain, professeur d'entomologie à la Société d'instruction mutuelle du Havre, nous envoie la statistique des oiseaux détruits sur le littoral dieppois durant les neiges de janvier. « Le trafic des alouettes (octroi de Dieppe) a donné 152,280 alouettes ; il en a été consommé en ville 23,752 et expédié au dehors 128,708. La douzaine a été vendue en moyenne 0,80, ce qui a donné un produit de 10,151 fr., et il a été détruit aux filets et aux lacets environ 304,560 moineaux, grives, etc. »

Il serait curieux, fait remarquer notre correspondant, que la statistique fît le calcul des ravages d'insectes que ces oiseaux auraient pu atténuer.

Fourmis cultivatrices. — On lit dans le *Courrier des États-Unis:* Certaines fourmis du Texas ne se contentent pas d'avoir des troupeaux de pucerons pour en sucer la meillée, et des brigades d'esclaves faits à la guerre pour exécuter les travaux les plus fatigants de la cité myrmidonienne.

Les fourmis appartenant à cette race éminente ont l'art de semer autour de leurs demeures une graminée, de l'espèce la plus humble, il est vrai, mais de manière à avoir des champs couverts de récoltes appropriées à leur taille. Ces agriculteurs lilliputiens font la récolte dès que leurs petits blés sont mûrs; ils les dépouillent avec soin des enveloppes, dont ils n'ont que faire. Ils mettent ces grains dans des greniers, où ils sont bien mieux soignés que les nôtres; car il n'y a pas de charançon qui puisse s'y glisser sans être aperçu et dévoré par les propriétaires. Nous sommes heureux de voir briller tant de raison chez les êtres les plus méprisables, à un moment où nous voyons tant de lacunes dans la civilisation dont les humains sont si fiers.

Mise à profit de l'art de ventiler inventé par les abeilles. — On sait que du premier jet les abeilles ont trouvé l'art de ventiler leur ruche pour le plus grand bien de leur hygiène, art que nos *savants* ingénieurs sont encore à chercher. Mais il y a quelques jours nous avions la visite d'un chercheur qui, depuis plus de vingt ans, se préoccupe de cette grande question de ventilation des théâtres, des hôpitaux, et qui, sur la révélation qu'en a faite François Huber, a voulu s'assurer *de visu* comment s'y prennent les abeilles pour établir par l'entrée assez étroitede leur ruche deux courants d'air, l'un entrant (air rafraîchi et sec) et l'autre sortant (air chaud et saturé d'humidité).

La saison n'était pas favorable pour une démonstration, car les abeilles n'établissent de cordons ventilateurs à l'entrée de leur ruche que lorsque la saison est douce, que leur habitation renferme un nombreux couvain au berceau, ou du miel nouvellement butiné contenant un excès d'eau. Quoi qu'il en soit, la manière d'agir des abeilles dans cette circonstance a été enfin observée par quelqu'un qui s'est proposé de nous en faire profiter, car cet observateur va publier un travail sur la ventilation à l'instar des abeilles. H. Hamet.

Les Insectes destructeurs des forêts.

Aucun des animaux considérés comme nuisibles aux cultures ne fait autant de mal et ne cause autant de dommage que les insectes. — Est-ce les mammifères fauves ordinaires aux forêts que vous mettrez en parallèle avec eux? Le cerf, le chevreuil, le sanglier, le lièvre, le lapin? Mais le cerf est rare et ne cause guère de dommage aux arbres de futaie qu'en y frottant son jeune bois pour se débarrasser de la peau qui le couvre ; — le chevreuil ne touche ni aux plantes herbacées, ni aux germinées, ni à un grand nombre d'arbustes et d'arbrisseaux ; — le sanglier fait un tort assez considérable dans les semis de jeunes bois en fouillant la terre pour en retirer le gland, la faîne ou la châtaigne qu'on y a répandus ; mais il fait la guerre aux mulots, aux souris, aux serpents, aux couleuvres, et à plusieurs sortes d'insectes. — Les lièvres et les lapins ne sont nuisibles que lorsqu'ils sont très-multipliés, et les chasseurs, gardes et braconniers y mettent bon ordre.

Tout autre chose est-il des insectes : voilà les ennemis les plus dangereux ; d'abord parce qu'ils multiplient à l'excès, ensuite parce que la plupart du temps, sous leurs diverses transformations, ils sont insaisissables. Leurs ravages dans les cultures, quand on n'a pu s'opposer à leur propagation, va jusqu'à la destruction de forêts entières, à une diminution considérable dans la production des arbres fruitiers, à une perte de moitié dans la récolte des céréales, des jardins potagers ou des vignobles.

L'ignorance où l'on est encore sur les mœurs de la plupart des insectes à l'état de larves, mais la connaissance trop bien constatée qu'on a des dégâts qu'ils causent, exige donc de la part de tous les cultivateurs, horticulteurs et forestiers la plus grande surveillance, une activité infatigable et beaucoup d'observations nouvelles.

Arrêtons-nous pour aujourd'hui à l'énumération de quelques-uns des insectes les plus nuisibles aux forêts et les mieux connus. Nous ne parlerons pour cette fois que des *coléoptères*, ou scarabées à étui, dont les entomologistes comptent plus de 26 genres et au moins 300 espèces.

Le chêne, à lui seul, ce roi des forêts, est en proie à 20 à 25 espèces de ces parasites, vivant de sa moelle intérieure, de ses fibres ligneuses, de ses rameaux, de leurs feuilles, de leur parenchyme : — ce sont les scolytes, les bostriches, plusieurs sortes de charançons, des capricornes, etc. ; et dans d'autres classes, des pucerons, des bombyx, des noctuelles ou papillons de nuit, des tordeuses, etc. J'allais en oublier un, qui n'est guère moins redoutable que les plus mauvais de cette engeance, connu de tous, et contre lequel on cherche encore un dernier remède efficace : le *hanneton*, puisqu'il faut l'appeler par son nom. Il se montre aux mois d'avril et de mai, et dévore les feuilles et les *chatons* en fleur des chênes et des hêtres. On sait les dégâts qu'il produit dans la petite et la grande culture, à l'état de larve connue sous les noms de *vers blancs*, de *mans*, de *turcs* ; nous n'insisterons pas.

Les scolytes et les bostriches appartiennent à cette grande famille entomologique que le naturaliste Latreille a nommée famille des *Xylophages*, c'est-à-dire mangeurs de bois, parce que c'est de la chair et des os mêmes des arbres que ces insectes se nourrissent. Le *scolyte destructeur* est un coléoptère noir, brillant, ponctué, à étui et à pattes marron. Il cause le plus grand dommage aux ormes dans l'intérieur desquels sa larve vit. Sa présence est bientôt révélée par l'état languissant du végétal. Cherchez bien à la surface du tronc, vous y découvrirez bien vite une légère dépression de l'écorce qui vous indiquera les galeries où se blottit le malfaiteur. Enfoncez cette dépression, faites pénétrer l'air par cette porte ; ce sera la mort de l'insecte, et c'est le seul moyen que vous ayez de l'atteindre.

Le *scolyte piniperde*, un cousin germain du précédent, est également noir, mais légèrement velu, avec des stries crénelées sur les élytres. Il est long tout au plus de 3 à 4 millimètres, et se trouve sous l'écorce des bois résineux. Il perce un trou jusqu'à la moelle des jeunes branches, dépose ses œufs dans leur canal médullaire, et la jeune larve qui éclot plus tard ronge cette moelle. La branche se dessèche, et deux générations qui se succèdent de mai à octobre ont bien vite envahi l'arbre et toute la sapinière.

Les pies, les piverts, les ramiers, les verdiers sont d'excellents destructeurs de cette engeance ; mais ils ne viennent pas toujours à bout d'en purger complétement les forêts.

La petite tribu des *bostriches* (du grec : *poil de bœuf*) n'est pas moins malfaisante que celle des scolytes. Je n'en citerai que quatre individus, mais les plus communs : le bostriche typographe, le B. du pin sylvestre, le B. du mélèze et le B. des sapins.

Le *B. typographe* est ainsi nommé parce que, se logeant entre le bois et les couches intérieures de l'écorce des arbres qu'il attaque, il pratique sur ces organes de la végétation des galeries rayonnantes qui les font ressembler à des planches d'imprimerie. Il est brun, velu, à élytres striées, long de 4 à 5 millimètres. Il exerce de préférence ses ravages sur les arbres languissants, ou qui ont subi quelques mutilations, et peut en quelques années, secondé par sa postérité, détruire une forêt entière.

Le B. du pin sylvestre (*B. capucin*), du double plus long que le précédent, est brun-marron avec les étuis et l'abdomen rouges. Comme le typographe, il s'attaque aux pins sylvestres, gisants sur le sol ou sur pied, et apporte la même ardeur à son œuvre de destruction.

Le *B. du mélèze*, noir, à élytres crénelées, de la taille du typographe, exerce sur les mélèzes les mêmes ravages que ce dernier sur les pins et les sapins.

Le B. des sapins (*bostrichus abietiperda*), un peu plus plus petit que le précédent, à corps tronqué vers l'extrémité, à élytres entières, se rencontre sur les épicéas.

Tant que ces insectes malfaisants sont à l'état de larves et exercent leurs dégâts à l'intérieur des végétaux, il est bien difficile de les atteindre et de s'en débarrasser. Toutefois on peut encore faire une inspection attentive des arbres qui souffrent de leurs déprédations, rechercher sur l'extérieur des écorces les indices des places envahies, enlever ces portions avec une *plane* de charron jusqu'à l'aubier et recouvrir la plaie de goudron à chaud, qui aura l'avantage de détruire les œufs restants, et de protéger contre les intempéries l'écorce renaissante.

Parvenus à leur dernière transformation, ces insectes sortent souvent de leurs sombres retraites pour essayer leurs ailes et s'accoupler. On les rencontre fréquemment à ce moment sur les troncs, sur les branches, sur les aiguilles des conifères. C'est alors que les passereaux, leurs ennemis, comme les pinçons, les mésanges, les fauvettes, les troglodites, les bruants, les becs croisés, les roitelets, tous ces habitants légers des bois connus sous le nom de *becs-fins*, peuvent leur faire une guerre efficace et en diminuer considérablement la propagation.

A ce propos, qu'il nous soit permis d'établir une distinction. Nous avons quelque part constaté qu'il existait un préjugé trop favorable aux petits oiseaux, et qu'on déclarait généralement utiles des espèces nuisibles en beaucoup d'occasions. Nous citions, à l'appui de cette opinion, les moineaux, les bouvreuils, les pies, les geais, les bruants qui dévastent souvent les jardins, nuisent aux arbres fruitiers, mangent les fruits mûrs et jusqu'aux bourgeons, avant leur épanouissement. — Notre anathème ne s'étend pas à ces mêmes espèces quand elles habitent les forêts, pas plus qu'à ces passereaux désignés sous le nom de *sylvains*, que nous avons nommés plus haut, qui ne s'approchent guère de nos demeures, ou qui y restent d'une innocuité complète.

Passons aux charançons : à ce mot de charançon, l'imagination se représente généralement le spectre de cet infiniment petit, fléau des greniers, terreur des cultivateurs et des marchands de grains. Mais il en existe une quantité d'autres, presque aussi nuisibles aux arbres fruitiers et forestiers, qui ont reçu le même nom et ont été enrégimentés dans la même bande, parce que tous ont des caractères communs, comme : un long bec en forme de trompe, des antennes coudées insérées sur la trompe, point de labre apparent. Nous n'avons pour le moment à nous occuper que du charançon nuisible aux forêts.

Le plus redoutable est le *rhynoophore* des pins (*rhynchænus pini*), noir, long de 6 millimètres, avec des ailes striées et tachetées de blanc. Comme le scolyte piniperde; sa larve s'introduit dans la moelle des branches du pin sylvestre et des sapins, et fait périr les jeunes arbres. — A sa suite viennent les charançons de l'aulne, qui dévorent aussi les feuilles du bouleau, et les charançons des oseraies (*rhynchænus vimi-*

nalis), qui s'attaquent également au chêne. Mais ces deux dernières espèces font moins de mal que la première.

Les *capricornes* dont il nous reste à parler sont de beaux coléoptères, remarquables par la longueur de leurs antennes, ce qui leur a valu le nom de *longicornes*. Mais leurs larves vivent dans l'intérieur des arbres, et y creusent des galeries larges, profondes, qui entraînent presque toujours leur mort. Le plus grand de ces longicornes est le *capricorne héros* (*cerambyx heros*), qui s'attaque plus particulièrement aux chênes et creuse dans leurs troncs de larges trouées. Le *cerambyx cardo*, plus petit, se trouve plus souvent sur les poiriers, et y pratique également de longues galeries. Tous ces méfaits sont un peu rachetés par un individu de la même famille, qui établit son logement sur le saule, où sa présence répand une odeur de rose des plus agréables. — Que de fois, il m'est arrivé en mai, en passant près d'une saussaie, de sentir cet arome enchanteur porté sur les ailes des vents, de manière à me faire croire au voisinage d'un jardin et de ses parterres embaumés !

Ici s'arrête la tâche que nous avions entreprise. On conçoit que nous ne pouvions avoir la prétention de traiter, dans un court article, de tous les insectes nuisibles aux arbres forestiers, soit sur pied, soit destinés aux constructions. Nous n'avons voulu signaler que les plus ordinaires et les plus formidables, laissant de côté les *callidies*, les *hylésines*, les *aromia*, les *clytus arcuatus* dont les larves creusent les bois de construction ; les *lucanes* ou cerfs-volants, les *pissodes*, les *hylobes*, les *cleones*, les *magdalins*, bien connus des forestiers. Les ormes, les hêtres, les bouleaux, les peupliers, les chênes et surtout les pins ont à souffrir horriblement dans certaines années des déprédations de ces insectes. Les remèdes à employer contre eux sont difficiles à trouver, car la plupart sont à l'abri des recherches, grâce à leurs retraites obscures et à l'élévation des végétaux où ils ont élu domicile ; et, encore à l'abri des intempéries et des changements brusques de température, remèdes les plus efficaces contre leurs congénères, grâce à la profondeur de leurs galeries couvertes. C'est surtout à l'égard de ces malfaiteurs cachés, difficiles à atteindre pendant une longue période de leur vie, qu'il convient de recommander la conservation des petits oiseaux du nom de *sylvains*. Ces charmants auxiliaires de l'homme savent mieux que lui le moment le plus convenable pour atteindre ses ennemis et l'en débarrasser.

GUEZOU-DUVAL.

La teigne des grains.

Malgré sa petitesse, la teigne des grains commet dans les greniers de blé quelquefois de grands dégâts. Ayant voulu étudier par nous-même les mœurs de ces petits papillons, plusieurs agriculteurs de nos environs m'offrirent gracieusement leur concours pour trouver le vilain artison, ou fausse teigne, comme ils l'appellent, et chercher un moyen de destruction.

Arrivé près d'un champ de blé prêt à être moissonné, je remarquai dans certains endroits quantités de ces insectes folâtrant sur les épis vers les 5 h. du soir. A ce qu'il paraît, les papillons ne se montrent point pendant la chaleur du jour.

La couleur des ailes supérieures, d'un jaune pâle, est bordée de petites taches brunes; une trompe bien conformée, des antennes admirablement constituées font différer ces papillons d'avec les autres teignes.

La chenille de ce petit lépidoptère est presque blanche, la tête seule est brune. Elle a 16 jambes dont 8 membraneuses, ces pattes sont bordées de couronnes pourvues de crochets (fig. 1).

La métamorphose de ces curieux insectes se fait aussi bien dans les champs que sur les greniers (1).

(1) La teigne des blés (*Tinea granella* L.) appartient aux Lépidoptères, famille des nocturnes, tribu des Tinéides.

Il ne faut pas la confondre avec l'Almite, qui appartient à la même tribu, mais à un autre genre (*Œcophora*), et que nous étudierons aussi spécialement.

La Teigne des blés est un très-petit papillon gris dont les ailes sont relevées en queue de poule. Elle pond ses œufs sur les tas de blés rassemblés dans les greniers; et la chenille qui en sort se fait un tuyau de grains de blés qu'elle lie avec de la soie; c'est de là qu'elle sort de temps en temps pour ronger le blé; elle ne quitte un grain entamé que quand il est entièrement dévoré. (Pl. 1.)

Cette chenille n'est sérieusement nuisible que quand elle est en grand nombre. Il n'est pas rare de voir presque tous les grains de la surface d'un tas de blé liés ensemble par les chenilles de teigne, et former un tapis de un ou deux centimètres d'épaisseur, qu'on peut lever d'une seule pièce ou en plusieurs lambeaux (Goureau). Les dégâts peuvent être alors considérables, et il importe de trouver un moyen de se débarrasser de ces dévorantes petites chenilles. Le meilleur moyen c'est de remuer souvent le blé, on rompt ainsi les fourreaux, on écrase beaucoup de chenilles et on fait fuir le plus grand nombre qui finit par mourir de faim. On a conseillé ainsi d'enfermer dans le grenier des *bergeronnettes*; ces oiseaux, qui sont très-friands des teignes et de leurs chenilles, en détruisent un grand nombre en très-peu de temps. E. Mégnin.

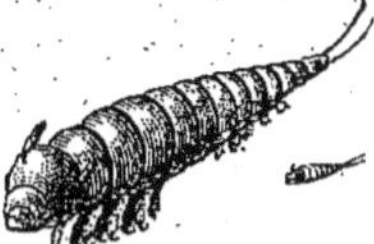

Fig. 1. — La teigne des grains.

Fig. 2. — Papillon de la teigne des grains.

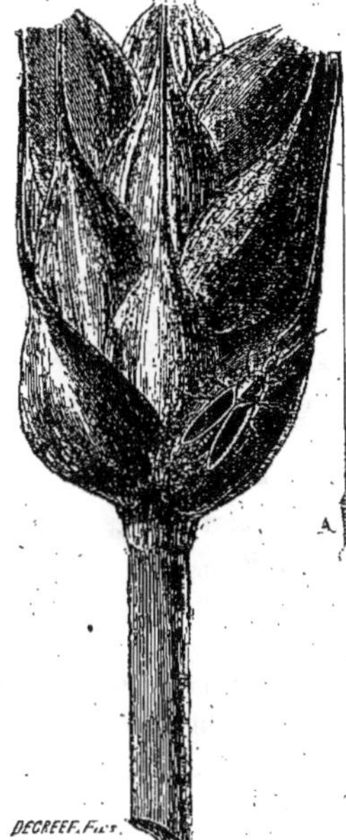

Fig. 6. — Partie d'épi de blé barbu avec un papillon au repos et une larve de grandeur naturelle suspendue en A par un fil desoie à l'épi grossi 4 fois.

Fig. 4. — Grain attaqué par la teigne après 12 jours.

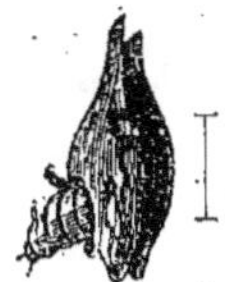

Fig. 5. — Larve sortant d'un grain

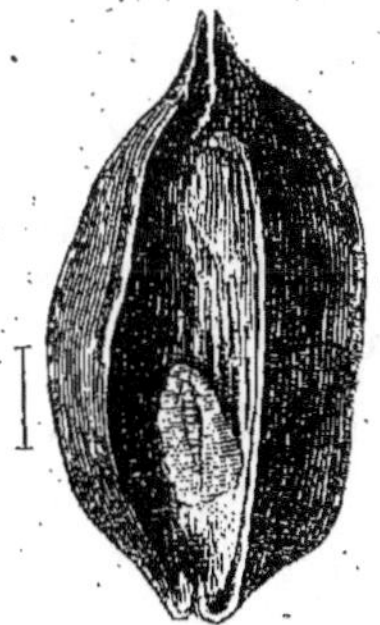

Fig. 3. — Commencement de l'attaque d'un grain de blé par la teigne.

Ayant rapporté quelques papillons (fig. 2) chez moi, je les plaçai sous un vase de cristal ayant soin de mettre sous ce vase des grains de blé et d'orge parfaitement sains. Au bout de quelques jours je remarquai sur le blé et l'orge quantité de petits points rouges en nombre assez considérable. Vus à la loupe, ces œufs étaient admirablement liés les uns aux autres par une soie blanche d'une ténuité vraiment surprenante. Au bout de douze à treize jours, les œufs prirent une grosseur double de leur volume avec une forme oblongue et une belle couleur orange. Le soir même de mes observations, les chenilles sortirent de l'œuf presque en même temps. Immédiatement après (fig. 3), elles s'attaquèrent sur le grain où elles étaient posées. Les papillons étaient presque tous morts. Au bout de douze autre jours, je coupai verticalement un grain de blé. La chenille avait pris de la consistance, la matière farineuse était aux trois quart dévorée ; je m'empressai de dessiner le grain comme il se trouvait (fig. 4).

Ayant exposé quelques grains à la chaleur, les larves sortirent immédiatement (fig. 5). Le procédé que Réaumur indique avait parfaitement réussi ; mais, dans un grenier, comment peut-on, avec une température considérable, arriver à faire sortir et faire périr les larves dans un énorme tas de blé ?

La figure 6 représente une portion d'épi de blé barbu avec un papillon au repos et une larve de grandeur naturelle suspendue par un fil de soie, ce qui est excessivement rare, car on en voit très-peu de suspendues de cette manière.

Le seul moyen de destruction que j'aie trouvé consiste à faire la chasse aux petits papillons. Après avoir remué le blé avec des râteaux, les papillons s'envolent sur les murs ; alors on prend de larges lanières de cuir et ainsi armé on frappe sur les petits papillons, afin d'en tuer le plus grand nombre possible. On détruit ainsi un nombre considérable de femelles fécondées pouvant donner chacune 60 à 80 œufs. Cette chasse doit se faire du 15 août au 15 septembre. Plus tard les papillons disparaissent, mais comment détruire les larves ?

(*Journal de l'Agriculture.*) Ad. Bronsvick.

Suite de la notice sur la Truffe.

M. Mégnin, dans l'*Insectologie agricole*, nº 11, décembre 1867, page 324, tranche franchement et clairement la question : « La truffe n'est pas une galle. » Il en donne la raison.

Avant le 20 mai 1857, jour où j'ai trouvé des tubercules attenants aux racines et qui m'ont donné l'insecte décrit dans ma première notice, mon opinion était la sienne ; mais aujourd'hui qu'il me permette de me séparer de lui. On a vu des spores ; *j'ai vu l'insecte !...* et jusqu'à ce qu'on me donne la certitude que mes yeux m'ont fait défaut, quelle que soit la présomption qu'il puisse paraître y avoir de ma part, je maintiendrai mes dires.

J'ignore si M. Mégnin, avant d'écrire ses pages certainement bien logiques, sur la nature des galles et sur celle des cryptogames, avait lu la notice sur la truffe insérée dans le même nº 11, décembre 1867, page 327 ; notice qui déjà avait été donné au nº 52, de novembre 1860, dans la *Revue d'économie rurale*, page 852, et dans divers journaux ; il aurait pu voir que nous sommes parfaitement d'accord et sur la nature des galles, sur celle des cryptogames et surtout sur *les insectes dénicheurs*, puisqu'il y est dit : « On peut rencontrer des vers dans la truffe co- » mestible encore et conservant quelque parfum, mais il faut bien se » persuader que ce n'est qu'un germe survenu du dehors. Cette produc- » tion peut donner naissance à plusieurs espèces d'individus, mais l'un » est le produit essentiel et les autres ne sont que le résultat accidentel, » c'est-à-dire que la truffe, dans son état d'incomplète maturité, se » détache par un accident quelconque du faible chevelu qui la supporte, » et c'est d'autant plus facile qu'elle n'adhère que par un point d'at- » tache excessivement faible et que presque toujours la radicule (*radicelle*) » est détruite par l'avidité de succion du tubercule qui commence alors » une vie indépendante, à la vérité de peu de durée, car elle se décom- » pose privée des sucs nourriciers ; alors *les moucherons étrangers*, » attirés par l'odeur, viennent déposer leurs œufs sur cette masse en » fermentation ; ces œufs éclosent et les larves pénètrent du *dehors au* » *dedans*, laissant après elles la trace du sillon qu'elles ont creusé ; elles » vivent de la décomposition et réduisent la pulpe en poudre granulée » semblable à du tabac. Dans ce cas, c'est la truffe qui est la cause de » l'insecte, tandis que, dans l'autre, c'est l'insecte qui est la cause de la » truffe.

» Cela est si vrai que dans les Basses-Alpes, où il se fait un grand » commerce de ce produit, en plusieurs endroits, on ne cherche la truffe » qu'au moyen de la présence d'un certain moucheron connu des habi- » tants de la campagne; ce moucheron se tient sur la partie de terrain » qui récèle la truffe, et, pour la découvrir plus facilement, celui qui » s'adonne à cette industrie agite devant lui et contre terre un rameau » de feuillage pour forcer le moucheron à prendre son essor, et fouille » alors la place qu'il a quittée et ne tarde pas à en extraire un ou plu- » sieurs tubercules. Ici l'insecte cherche un abri et un aliment pour sa » postérité comme la mouche cherche une viande en fermentation pour » y déposer les œufs qui doivent perpétuer sa race. »

Je ne produirai pas en entier cette notice qu'on peut consulter dans les numéros susindiqués, mais on me permettra de faire quelques nouvelles observations. On nous dit: Le chêne n'est pas la seule essence d'arbres qui produise la truffe; nous sommes parfaitement d'avis qu'on en rencontre sous les châtaigniers, les hêtres, les coudriers, les charmes, etc. (tous ces arbres de la famille des amentacées); les genêts, les bruyères et autres en produisent aussi. Mais d'où vient cette différence de produits? L'un est chagriné grossièrement, il a un parfum suave, la chair succulente et marbrée de veines blanches sur un fond très-noir; les autres ont la peau plus ou moins lisse, sont plus ou moins parfumés: il en est de rougeâtres qui ont l'odeur de l'urine du cerf, de là le nom qu'ils portent. Cette dissemblance ne pourrait-elle pas être causée par la différence de séve ou par celle de l'insecte producteur?

Les plantes cryptogames ont une production en tout semblable à celle des plantes phanérogames, c'est-à-dire par des semences qui, bien que différentes entre elles n'en sont pas moins des semences.

Les unes les portent dans des urnes, les autres dans des houpes, d'autres entre les plis de leurs feuillets, etc.; toutes ces poussières reproductives d'une ténuité extrême sont emportées par le vent à de grandes distances du sujet qui les a produites; elles s'abattent sur tous les corps sans distinction. Elles ne prospèrent pas toutes, sans cela la terre serait bientôt recouverte d'une épaisse couche de ce genre de végétation; il faut des conditions de lumière ou d'obscurité, de décomposition ou d'humidité que toutes ne rencontrent pas.

L'industrie sème la poussière du champignon comme le jardinier la salade, mais je ne sache pas que jusqu'à ce jour, malgré les soins et les nombreux essais qui en ont été faits, la truffe ait eu la même réussite, et cependant ce produit donnerait un bien autre revenu ! La spéculation a tout tenté pour parvenir à ce résultat, mais ç'a été peine perdue, et pourtant on nous dit : La truffe est une cryptogame !....

Dira-t-on que cette semence se détruit au contact de l'air, de la lumière ou sous la main de l'homme ; qu'il faut qu'elle reste dans son milieu, l'obscurité ? Je puis vous l'accorder ; mais à l'état naturel, dans son élément, la terre, pourquoi ne se reproduit-elle pas avec une effrayante abondance ? pourquoi ce tubercule rempli de spores, qu'on nous montre au microscope en nombre indéfini, n'est-il pas remplacé l'année suivante par des milliers de successeurs que nous trouverions entourés, empaquetés autour de la mère morte qui leur a donné naissance ? Car ici ces spores restent toutes dans les mêmes conditions d'obscurité, d'humidité et de fécondation, et le vent à cette profondeur de cinq, dix et quinze centimètres, n'a pu soustraire aucun atome de cette poussière reproductive pour en priver le sol où elle s'est formée. Nous avons des truffières qui durent depuis bien des années, et ne fournissent qu'à peu près le même nombre de tubercules, isolés les uns des autres, et rarement deux ensemble.

On ne vous dit pas : Semez des galles pour avoir des galles, ni des truffes pour avoir des truffes ; mais on vous dit : Semez des glands et cette production aérienne ou terrestre ne tardera pas à se manifester ! Demandez à M. Rousseau pourquoi il récolte des truffes là où il n'en avait jamais eu ? C'est qu'il a mis des racines à la disposition de l'insecte qui les fabrique !

Écoutez M. Allemand, trufficulteur consommé, qui vous dit dans la *Revue d'économie rurale :* « L'automne fait travailler le chêne vert ou » blanc et de sa racine il sort *une goutte d'eau* qui forme le tubercule. » Il se trouve à 12 centimètres environ de profondeur, et au bout de la » racine la plus fine de l'arbre, la goutte est grosse comme une lentille » et j'en ai trouvé de plus petites. La truffe n'est pas produite par les » mouches ni par aucun insecte. »

D'où vient cette goutte d'eau *qui forme le tubercule* ? Assurément que si M. Allemand avait vu, comme je l'ai vu moi-même, trois insectes sortir par perforation *intérieure*, d'une truffe mûre et tenant à la racine, laissant dans la loge qui leur a servi de berceau la robe de leur dernière métamorphose ; que ce berceau eût été fermé de toute part, sauf à l'ouverture de sortie, M. Allemand aurait dit, comme je le dis moi-même : cette goutte d'eau qui sort de la racine et qui forme le tubercule est une maladie occasionnée par un agent étranger à la végétation normale ; elle est le produit de la piqûre d'un insecte sur sa racine, comme la galle est le produit de la piqûre d'un insecte sur les branches.

M'objectera-t-on encore la difficulté de trouver ce tubercule attaché aux racines ? J'en conviens, cette difficulté est grande, surtout pour celui qui travaille dans son cabinet, puisque cette occasion se présente si rarement aux yeux de ceux mêmes qui cherchent la nature des choses dans les choses elles-mêmes.

Demandez à Gonssaud, qui habite Sisteron depuis plus de 15 ans, dont la seule occupation, pendant la saison d'hiver, est la recherche de la truffe et qui chaque année en vend des centaines de kilogrammes ; demandez-lui s'il n'a jamais rencontré ce tubercule sur la racine ? Il vous répondra : Rarement, attendu que je n'y porte aucune attention ; mais il y a quelques années, étant dans les Hautes-Alpes, j'ai vu au pied d'un chêne la terre boursouflée ; ayant gratté avec le doigt, j'ai découvert *un chapelet* d'une quinzaine de truffes *tenant à la racine ;* je les ai emportées intactes et les ai conservées pendant quelques jours, comme objet de curiosité, ensuite je les ai détachées pour les livrer *à la consommation.* On ne prétextera pas que ce produit pouvait être analogue à la truffe, mais que ce n'était pas elle ! « *Je les ai livrés*, dit-il, *à la consommation !*

Voilà des faits qui parlent et ils émanent d'une source qui n'a pas de théorie à soutenir ; c'est donc l'expression de la vérité désintéressée, et la nature prise sur le fait par celui-là même qui ne cherche pas à pénétrer ses secrets !

L'opinion des Micheli, des Tournefort, des Linné, des Geoffroy, des Tulasne, des Mégnin est certainement recommandable au dernier degré ; ils ont classé la truffe parmi les cryptogames parce qu'ils ont cru avoir raison de le faire ; mais qui sait si elle n'aurait pas été mise au rang des galles, s'ils avaient eu sous les yeux les échantillons que le hasard seul a jetés entre mes mains ?

J'ai reçu, dans le temps, une lettre d'uné personne des plus compétentes en pareille matière qui s'exprime ainsi : « J'ai lu avec le plus » grand intérêt votre notice sur la truffe ; aucune objection sérieuse ne » ne peut être opposée aux faits que vous avancez, la seule chose qu'on » pourrait dire, c'est qu'ils vous sont encore trop personnels. »

Je comprends que ma personnalité tienne peu de place dans les rangs de mes honorables contradicteurs ; mais Papin, le premier, n'a-t-il pas vu soulever le couvercle de sa marmite par l'effet de l'eau bouillante, et la force de la vapeur, dont on était si loin de se douter, n'est-elle pas devenue une vérité ?...

— C'est ainsi que l'hydre des marais est demeurée plante jusqu'à ce que Trembly lui ait dit : « Tu appartiendras désormais à la grande fa-» mille des animaux! »

Pauvre truffe, tu es moins heureuse que l'hydre, en éprouvant le sort contraire, on te déclasse! tu ne dois plus compter désormais une longue lignée, tu ne peux plus t'enorgueillir de tes ancêtres puisque ta naissance est une anomalie! Les amours sont étrangers à ta race : tout ce qui se reproduit s'aime dans la nature, tout suit cette loi irrésistible et tu n'es plus aujourd'hui que la couchette où s'opère le grand acte de la reproduction!... Mais rassure-toi, pauvrette, tes nombreux amis te restent, quelle que soit ta venue au monde; nul autre mieux aparenté ne te détrônera. Si tu perds ta noblesse, ton parfum te reste! N'as-tu pas Balzac pour parrain? ne t'a-t-il pas baptisée *Diamant de la cuisine*? Ce parrain et ce nom en valent bien un autre!...

Ed. Galle, à Sisteron (Basses-Alpes).

Chouettes insectivores.

Les chouettes sont de vilains oiseaux, leur allure et leur cri lugubre ont été cause qu'on leur a attribué à tort bien des méfaits ; au point de vue de l'utilité, elles méritent le premier rang et doivent être considérées comme de précieux auxiliaires pour l'agriculture.

Quelques personnes encore de nos jours accusent les chouettes de manger grand nombre de petits oiseaux, et prétendent qu'elles ne sont nullement insectivores. Cette opinion me paraît des plus erronées et sans considérer comme article de foi tout ce qui a été dit à ce sujet, il est pourtant des expériences à l'évidence desquelles il faut se rendre, expériences longtemps et souvent répétées par plusieurs auteurs. Tandis que, sur quelques captures faites et étudiées à la légère, l'on déclare une guerre d'extermination aux chouettes en général, je crois qu'il est de notre devoir de prévenir les agriculteurs contre ces assertions, en leur fournissant les renseignements nécessaires pour s'éclairer eux-mêmes sur cette question.

Les faits enregistrés par nos devanciers, pour prouver que les chouettes sont insectivores, indiquent d'abord exactement l'espèce, l'âge du sujet, l'époque où a été faite l'expérience ; sans ces renseignements précis, il sera prudent de considérer comme non avenu tout ce qui sera dit à ce sujet. En effet, nous avons en France six espèces de chouettes que l'on rencontre fréquemment et dont les mœurs diffèrent beaucoup ; pour commencer par la plus grosse espèce, je vous citerai la *hulotte* ou *chat-huant* (*syrnium aluco*), dont le plumage est d'un gris cendré varié ; ses grands yeux sont d'un brun tellement foncé que l'on peut presque les dire noirs ; elle ne vit que dans les bois, sa principale nourriture consiste en écureuils, loirs, lerots et autres petits mammifères grimpants, aussi en chenilles, papillons et insectes en général ; cette espèce, la moins répandue, certaines années même elle est fort rare, est de toutes, celle qui le plus justement peut être accusée de manger les petits oiseaux ; mais, outre qu'elle n'est pas très-commune, il est évident qu'elle préfère les insectes et les mammifères, qui comme elle, sortent plus volontiers la nuit pour chercher leur nourriture.

Le moyen duc (*otus vulgaris*) est d'un brun fauve ; il a sur la tête plusieurs plumes relevées et réunies simulant deux cornes ; ses yeux sont d'un bel orange. Très-répandu en France et dans le nord de l'Europe, il vit presque toujours par terre dans les champs où il fait constamment la chasse aux sauterelles, aux géotrupes et autres insectes, sans pourtant faire le dégoûté lorsqu'il peut attraper un campagnol ou un mulot.

La *chouette brachyothe* (*otus brachyotos*), la plus commune de toutes, a des mœurs analogues à celles de l'espèce précédente à laquelle elle ressemble beaucoup ; elle est à peu près de même taille, les plumes formant les cornes de la tête sont beaucoup plus courtes, ses yeux sont jaune-paille ; elle vit aussi par terre dans les champs et se nourrit d'insectes et de petits mammifères. Si ces deux espèces, qui sont aussi nocturnes que diurnes, mangent parfois quelques jeunes alouettes ou perdrix, ce n'est que fort rarement, car elles ne poursuivent jamais leur proie, mais fondent dessus, et si du premier coup d'aile elles n'atteignent pas leur but, de suite elles se reposent attendant une nouvelle occasion plus favorable ; l'on peut même ajouter qu'à la moindre rébellion de leur proie, elles lâchent prise, et j'ai souvent vu des chouettes, même des buses, éconduites à coups de bec par une volée de mésanges, d'alouettes, même d'hirondelles, parce que ces rapaces étaient venus déranger quelqu'un des leurs.

La *chouette effraye* ou *orfraie* (*stryx flammea*), qui a le ventre blanc et les yeux noirs, est aussi commune certaines années que la précédente ; elle habite les vieux murs, les clochers, les trous de rochers escarpés ; rarement elle niche dans les trous d'arbres ; cette espèce est tout à fait nocturne. Je n'en ai jamais vu, sur plus de soixante exemplaires que j'ai ouverts qui eussent mangé des oiseaux, l'estomac et le gésier sont toujours pleins de débris d'insectes et de mammifères, souris, mulots, mais surtout de souris, car elle habite plus volontiers dans le voisinage des maisons.

La *chouette chevêche* (*strix noctua*), de moitié plus petite que toutes les espèces précédentes, habite généralement le bord des grands bois ; elle est très-commune dans toute l'Europe ; sa taille ne lui permettant pas de manger les oiseaux et les mammifères, elle fait presque exclusivement sa nourriture d'insectes. Je puis vous montrer le gésier d'un de ces oiseaux, tué il y a quelques jours, qui est rempli de débris de fourmis ; il est évident que cet oiseau a dû gratter la terre gelée pour les découvrir, ce qui pour lui a dû être un travail plus pénible que d'attraper une mésange.

Le *scops* ou *petit duc* (*scops Aldrovandi*), n'atteint guère que la taille d'une grosse grive, d'un brun roux mélangé de cendré ; il porte aussi deux petites cornes, et a les yeux jaune verdâtre ; sa nourriture ne consiste guère qu'en insectes ; semi-nocturne, elle fait au printemps une grande consommation de chenilles et d'insectes en général ; vu sa petite taille, elle ne peut pas prendre les petits mammifères ; elle vit de préférence par terre dans les champs ; tout le jour elle se blottit dans un trou de mur ou de rocher, quelquefois aussi dans un tronc d'arbre creux.

Ainsi, l'on voit que sur six espèces, une vit dans les bois, la hulotte : c'est la seule qui ne soit pas très-commune ; une autre vit sur la lisière des forêts, la chevêche ; deux autres dans les plaines presque toujours par terre, ce sont le moyen-duc et la brachyothe, et deux dans le voisinage des habitations, l'effraye et le scops. Voyez maintenant quelle confiance l'on peut avoir dans le dire des personnes qui prétendent, en thèse générale, que les chouettes se nourrissent surtout de petits oiseaux insectivores, que nous demandons tous à voir protéger par une loi qu'a déjà proposée notre illustre président honoraire.

Outre ces différences de mœurs propres à chaque espèce, il est évident que la nourriture des chouettes en général se trouve souvent modifiée, suivant les climats qu'elles habitent, et les saisons de l'année ; au printemps, par exemple, lorsque les insectes apparaissent en masse, ils servent de nourriture presque exclusive à la plupart des oiseaux ; en été les jeunes mammifères commencent à sortir de leurs nids ; aussi tendres qu'inexpérimentés, ils sont une proie facile et succulente pour les rapaces en général, les chouettes en particulier ; ces mêmes oiseaux ont souvent en automne l'estomac rempli de baies et de fruits de toutes sortes, de même que d'insectes ; l'hiver, quand il gèle, ils se contentent, faute de mieux, de blé vert, de lichens, de bourgeons. Ils recherchent avidement les œufs d'araignées, de papillons, les chrysalides, etc. Il est évident qu'à cette époque, poussées par la faim, si elles rencontrent à portée quelques petits oiseaux, elles feront bon marché des sentiments que nous professons à leur égard, et les croqueront bel et bien.

Je crois donc pouvoir conclure que nous devons engager les cultivateurs à protéger les chouettes, et si elles ont quelques petits oiseaux sur la conscience, il faut leur pardonner pour les services journaliers qu'elles nous rendent.

Je pourrai encore vous citer un oiseau aussi laid qu'une chouette et que les ignorants tuent chaque fois qu'ils peuvent, c'est l'engoulevent ou crapaud volant ; cet animal, qui se rapproche beaucoup des chouettes comme formes, surtout celle du bec, a des mœurs analogues, mais il est essentiellement insectivore. Ce qu'un engoulevent peut manger d'insectes, est incroyable. M. Aubé cite un de ces oiseaux trouvé dans son jardin au mois de septembre dans le jabot duquel il a trouvé 27 bolbocères, 2 geotrupes, 20 noctuelides, 60 aphodius. Je vous montre des représentants de ces insectes pour que vous voyiez ce que cet oiseau, à peine gros comme une grive, peut détruire d'insectes dans une année, puisqu'il en mange 120 comme cela pour son souper.

DEYROLLE fils,
Membre de la Société d'insectologie agricole.

De la guérison instantanée de la gale des animaux.

Peu de maladies ont donné lieu à plus de discussions, à plus de traitements, à plus d'erreurs que la gale. Beaucoup d'ouvrages de médecine vétérinaire enseignent encore aujourd'hui que cette maladie a pour cause l'insalubrité des habitations des animaux et la mauvaise qualité des aliments avec lesquels on les nourrit. — Que la gale est contagieuse à cause du virus ou psorique qui se trouve dans la sérosité des vésicules.

Ces erreurs sont si accréditées dans les campagnes, où on soigne les animaux atteints de la gale par des moyens si absurdes, que nous croyons utile de réunir, dans le cadre restreint d'un article de journal, tout ce que le cultivateur doit savoir pour reconnaître cette maladie et la guérir instantanément.

La gale est une maladie de la peau, dont peuvent être atteints la plupart des animaux et qui a pour cause des *arachnides* microscopiques connus sous le nom générique d'*acares*.

Les naturalistes nomment « acare » un petit insecte qui appartient au genre d'animaux articulés, de la classe des « arachnides », famille des acarides, qu'on trouve dans les vésicules de la gale, etc.

Ce petit insecte se creuse dans la peau des animaux une retraite de la forme d'un petit terrier au bout de laquelle il dépose ses œufs dont l'incubation produit une ampoule ou pustule qui détermine des démangeaisons très-vives.

C'est de préférence sur les parties du corps où la peau est la plus délicate, la moins bien garnie de poils que l'insecte parasite établit le siége de ses ravages. Le prurit cuisant qui en est la suite, obligeant les animaux à se gratter ou à se frotter contre les corps étrangers qui se trouvent à leur portée, provoque la déchirure des ampoules ou vésicules qui, en se déchirant, laissent échapper une sérosité jaunâtre qui se transforme, par les dessèchements, en « squames » ou écailles de l'épiderme.

La gale est contagieuse ; elle ne guérit jamais spontanément (1).

Gale du cheval. — L'acare du cheval est si ressemblant à celui du mouton qu'il est difficile de ne pas les confondre. La gale attaque de préférence les chevaux vicieux, épuisés, mais toujours elle est la suite de la contagion, laquelle ne s'opère que par le passage ou le transport d'un acare sur un sujet qui en est dépourvu. Elle se montre de préférence à la partie supérieure du cou, au garrot, ainsi qu'à la naissance de la queue. L'acare creuse un sillon sous l'épiderme de ces parties : la femelle y dépose ses œufs, et la multiplication ne tarde pas à faire de très-rapides progrès.

(1) Nous avons retranché de cet article emprunté au *Moniteur de l'agriculture*, l'assertion de l'auteur « que la gale ne se communique pas d'une espèce d'animal à une autre. » Dans la dernière séance de la Société d'insectologie, M. Mégnin a signalé des faits contraires. (*La rédaction.*)

Les vésicules, qui se forment sur les points de l'épiderme où les acares ont établi leur domicile, laissent échapper une sérosité qui fait adhérer ou agglutiner les poils les uns avec les autres. Le prurit obligeant les animaux à se frotter, les poils tombent et la place qu'ils occupaient se couvre d'une croûte écailleuse où il est assez facile de distinguer les acares.

Traitement. — Les agents capables de tuer l'acare ou de faire périr ses larves, sont les moyens rationnels à employer pour guérir cette maladie.

Les lésions de la peau disparaissent promptement lorsque les insectes qui les ont produites ont eux-mêmes cessé de vivre.

La pommade sulfuro-alcaline composée de carbonate de potasse, de fleur de soufre et de saindoux, dont nous indiquons les proportions au paragraphe suivant, peut guérir la gale de tous les animaux.

Gale du mouton. — Cette maladie est très-rare dans les troupeaux bien nourris et en bonnes conditions de santé. C'est si vrai que, contrairement à l'opinion générale, l'introduction de moutons galeux parmi les bêtes à laine en état de santé parfaite ne développe pas la gale. Ce n'est cependant pas une raison pour qu'on ne sépare, avec soin, les bêtes galeuses d'un troupeau. Cette mesure de prévoyance est trop simple pour être négligée.

L'acare du mouton, qui a un volume double de celui de la gale de l'homme, ne se creuse pas de sillon, il vit sur la peau chaudement abrité par les brins de laine entre lesquels on le découvre très-facilement.

La gale du mouton se reconnaît à la présence de l'insecte, au prurit qu'il fait naître chez le mouton qui se frotte contre les corps à sa portée; il se gratte avec les pieds, et se mord aux endroits où il éprouve des démangeaisons. La laine se feutre, tombe par mèches; de grandes étendues de peau se dégarnissent et présentent des élevures et des croûtes qui laissent suinter une sécrétion séro-purulente que les piqûres des acares développent.

Traitement. — Deux méthodes de traitement : les frictions et les bains sont applicables à la cure de cette maladie.

Les frictions qui ont l'avantage de pouvoir être pratiquées en toutes saisons, doivent être faites avec une pommade composée de :

Carbonate de potasse (dissous dans l'eau tiède)	60 gr.
Fleur de soufre	120
Axonge (saindoux) ou beurre frais	600

(AUTRE.)

Le sulfure de potasse.	125
Acide sulfurique.	16
Eau.	500

forment une excellente préparation à employer en lotions.

(AUTRE.)

Le savon vert 250 gr. et le goudron 250 gr., mélangés exactement, font une pommade que l'on peut employer avec avantage chez tous les animaux galeux, à l'exception du mouton, dont elle détériorerait la laine.

(AUTRE.)

Le sulfure de potasse pulvérisé 128 gr., associé à 250 gr. de savon vert, font une pommade très-utile pour combattre la maladie qu'on croit être la gale du chien.

(AUTRE PRÉPARATION TRÈS-UTILE CONTRE LA GALE DU MOUTON.)

Sulfate de potasse.	128 gr.
Savon blanc.	128
Huile de lin.	300

On fait dissoudre le sulfure de potasse dans un peu d'eau, on y ajoute petit à petit le savon blanc. En agitant constamment le mélange, on y verse l'huile de lin.

Si les frictions et les lotions ont l'avantage de pouvoir être employées en toutes saisons, elles présentent, par contre, l'inconvénient de laisser en dehors de l'action médicamenteuse des portions de peau envahies par les acares, lesquels ne tardent pas à remplacer ceux qui ont été détruits.

Les bains médicamenteux ont une supériorité incontestable pour le traitement de la gale du mouton. Aussi, dit de Tessier, le bain jouit d'une vogue très-étendue; ce bain est composé de 1 kil. d'arsenic, de 10 kil. de sulfate de fer, et de 94 kil. d'eau.

Il suffit d'y plonger une seule fois et d'y laisser, pendant quelques secondes, un mouton galeux pour qu'il en sorte guéri, mais au risque d'être empoisonné ainsi que celui qui le manie et le fait baigner.

Des accidents de ce genre qui ont eu lieu très-souvent ont fait donner la préférence aux bains de Walz, composés de :

1 kil. chaux vive;

1 kil. 250 gr. de potasse ;

1 kil. 500 gr. huile empyreumatique ;

50 litres de purin ;

200 litres d'eau.

Cette préparation, tout aussi efficace que celle de Tessier n'offre aucune chance d'accident.

C'est le soufre et la potasse qui forment la base la plus certaine et la moins dangereuse des préparations anti-galeuses.

Quant au mercure, à l'arsenic et au tabac, qui agissent comme poison sur l'acare, il est toujours prudent de s'en abstenir, parce que ces substances, en tuant les acares, peuvent, du même coup, empoisonner les animaux.

Ainsi le mercure, employé à dose très-minime, est un poison d'une extrême activité pour le bœuf et pour le chien.

De toutes les préparations connues, la benzine est sans contredit la substance que l'on peut employer avec le plus de succès pour la guérison instantanée de la gale chez les animaux domestiques.

Nous l'avons fréquemment mise en usage, mélangée avec l'huile et l'esprit-de-vin, pour débarrasser les animaux des insectes parasites qui les tourmentent, et toujours nous en avons obtenu les meilleurs résultats.

L'huile de schiste et celle de pétrole produiraient probablement des effets analogues.

M. le docteur Lemaire a proposé l'*acide phénique* et l'*aniline* pour la destruction des parasites ou leur éloignement des végétaux et des animaux.

D[r] DE SAIVE,

Membre correspondant de la Société impériale et centrale d'Agriculture.

Le ver à soie du chêne (*Yama-maï*).

Le ver à soie du chêne *Yama-maï* semble devoir prendre dès à présent sa place dans l'industrie séricicole et nous pouvons même ajouter que sa propagation sur une large échelle rendrait de grands services dans le cas où la maladie du ver à soie du mûrier serait encore d'une longue durée.

Les cocons produits par le ver à soie du chêne ont beaucoup de rapport avec ceux du ver à soie du mûrier et sont bien supérieurs à ceux du ver à soie de l'ailante. Les premiers et les seconds n'étant pas percés sont filés avec grande facilité à la bassine et suivant les procédés ordinaires; le cocon de l'ailante au contraire a toujours un petit trou à l'une de ses extrémités, il se remplit d'eau et par conséquent il ne peut pas rester sur la bassine, son filage présente ainsi de sérieuses difficultés.

Le seul moyen d'en tirer parti serait donc de le carder puis de le filer à la machine comme la laine et le coton; et tout le monde sait qu'en employant ce système, il sera difficile d'obtenir du fil assez fin pour servir à la fabrication des belles étoffes, et même de ces jolies robes de fantaisie qui sont si recherchées par nos élégantes.

D'un autre côté le cocon du chêne donne un rendement bien plus satisfaisant que celui du cocon de l'ailante, et d'ailleurs le brin du premier est beaucoup plus fin que celui du second. Certainement cette finesse n'égale pas celle du brin provenant du cocon du mûrier qui tiendra toujours le premier rang dans la hiérarchie, mais on pare en quelque sorte à cet inconvénient en faisant un fil composé d'un nombre moins considérable de brins, et ce fil est aussi résistant que celui de la soie du mûrier.

La soie du chêne s'emploiera toujours avec beaucoup d'avantage pour la passementerie, les cordonnets, les soies destinées à la couture etc., etc., et de cette façon la soie du mûrier sera réservée à la fabrication de ces belles étoffes qui sont l'une des gloires de la France.

Les chênes sont très-nombreux dans notre pays et tous peuvent servir à l'élève du *bombyx Yama-maï*. Il y aurait peut-être même moyen de combiner l'élève de cet insecte avec la production de la truffe. Nos lecteurs savent parfaitement que dans certaines contrées du Midi on plante des chênes dans les terrains calcaires rouges ferrugineux et 10 à 12 ans après on récolte de bonnes et magnifiques truffes. On ajoute même que toutes les essences forestières non résineuses donneraient le même résultat, mais là n'est pas la question pour le moment; il s'agit de savoir si on ne pourrait pas combiner l'élève du *bombyx Yama-maï* avec la cueillette des truffes, et pour cela il suffirait de se livrer à quelques expériences. Obtenir deux récoltes précieuses sur le même terrain, ce serait sans contradiction une excellente affaire.

S'il n'y a pas possibilité de joindre ces deux industries, eh bien ! alors qu'on les exerce séparément ; qu'on plante des chênes pour avoir des truffes et qu'on fasse usage des feuilles de ceux qui existent déjà pour nourrir des vers et récolter des cocons dont l'écoulement ne peut manquer d'être facile.

Pour élever des vers à soie, il faut avoir de la graine et voilà pourquoi nous croyons utile de faire connaître à nos lecteurs quelques propriétaires intelligents qui se sont dévoués à cette industrie et qui doivent avoir des graines à la disposition de ceux qui désirent suivre leur exemple.

Si M. Personnat n'est pas le père du ver à soie du chêne, il est au moins l'un de ses plus proches parents; nous savons qu'il a fait l'an dernier une grande éducation. Dans les environs de Laval (Mayenne) et dans une autre localité, la réussite a été parfaite, et par conséquent ces œufs ne doivent pas faire défaut à cet intelligent éducateur. M. Personnat demeure rue de Fleurus, 3, à Paris.

Citons encore Mesdames Dessaix et Gétar, à Thonon (Savoie); M. Ernest de Saulcy, à Metz; M. Tardieu, capitaine d'artillerie en retraite, à Rovilleaux-Chênes (Vosges); M. A. Wallon, à Jonchéry-sur-Vesle (Marne); Mme Lepage, à Solen par Caumont-l'Éventée (Calvados), M. Maumenet à Nîmes; M. Defrance, à Montauban ; M. Blanc, à Angers.

Il est bien peu de propriétaires qui n'aient pas quelques chênes à leur disposition, eh bien ! qu'ils se procurent un certain nombre de graines et qu'ils fassent une petite éducation à la suite de laquelle ils en entreprendront une grande, nous en avons la certitude. L'appétit vient en mangeant, surtout quand on mange de bonnes choses.

A. de la Valette.

Les soies japonaises.

M. Chevreul, chargé d'examiner les étoffes qui doivent être employées pour le mobilier de la couronne, a signalé des soieries qui laissent beaucoup à désirer pour la teinture. Ces défauts ont été reconnus par les fabricants eux-mêmes, qui ont fait observer que les soies de l'Ardèche étant devenues très-rares par suite de la maladie des vers à soie, ils étaient obligés d'employer une grande quantité de soie d'origine japonaise qui ne pouvait pas prendre certaines couleurs. Des échantillons des deux espèces de soies ayant été demandés à Lyon, M. Chevreul les a soumis à des essais qui ont donné les résultats suivants.

Les échantillons de soie japonaise sont d'une qualité inférieure à la soie d'origine française ; les soies japonaises sont plus grises, elles sont plus difficiles à décreuser, mais la différence n'est pas considérable. Soumises à la teinture, les deux soies ont été plongées comparativement dans les mêmes bains de cochenille, de campêche, de brésil, de gaude et d'acide indigotique; puis, au moyen de cercles chromatiques on a pu mesurer exactement les différences.

Les soies teintes ont ensuite été soumises à l'action du savon et de l'alun et enfin à celle des agents atmosphériques, y compris celle de la lumière.

Dans ces différentes épreuves, les soies indigènes ont eu la supériorité; mais ces observations ne s'appliquent exactement qu'aux échantillons examinés, et M. Chevreul ne leur donne aucun caractère général.

Ces faits démontrent qu'il faut rechercher de plus en plus à régénérer des races de vers à soie indigènes, au lieu d'aller prendre dans le Japon d'aussi grandes quantités de graines qui se vendent à des prix exorbitants, qui produisent en général d'assez faibles cocons dont le rendement n'est pas satisfaisant et des soies qui laissent à désirer, sous bien des rapports, comme nous venons de le voir.

Les éducateurs agiront donc sagement en prenant leurs mesures d'avance pour faire des éducations régénératrices en suivant les indications que nous avons données dans les premiers numéros de l'an dernier de *l'Insectologie agricole*; qu'ils soignent les vers à soie d'une façon toute particulière, et qu'avec les cocons obtenus, ils fabriquent de la graine, en prenant les précautions les plus minutieuses. C'est là qu'il faut chercher le salut de la sériciculture. A. DE LA VALETTE.

Travaux apicoles de la saison.

Moyens d'organiser un rucher.

Avec quelle espèce de ruchée doit-on commencer? Quand, où et dans quelles conditions doit-on l'acheter? — Nous devons faire ressortir toute l'importance qu'il y a de commencer un apier avec des colonies d'abeilles très-fortes et suffisamment pourvues de nourriture. Il y a avantage à acheter de bonnes ruchées même un peu cher, plutôt que d'autres mauvaises qu'on obtiendrait à meilleur marché et même pour rien; voici, du reste, quelques explications qui répondront complétement aux questions posées en tête de ce chapitre.

1. Nous conseillons fort d'acheter, pour le commencement, plutôt deux et même trois bonnes ruchées qu'une seule. Car combien d'accidents peu-

vent arriver à la ruchée unique et qui pourraient la détruire ! — De sorte que le commencement du rucher en serait aussi la fin, et que le plaisir d'élever des abeilles serait, dès l'abord, affaibli sinon tout à fait détruit.

2. Quand on a le choix entre des ruches en paille ou en bois, dont le contenu est du reste d'égale valeur, nous conseillons de préférer les ruches en paille, à la condition, toutefois, de pouvoir les placer dans un rucher assez grand et bien sec et que ce soient des ruches en paille telles que nous les avons décrites (ruches à divisions) et qui justifient pleinement le choix qu'on en fait.

3. De même qu'il se trouve des ruches en bois d'une pièce et d'autres composées de plusieurs parties, de même on trouve aussi de ruches en paille divisibles et indivisibles. Lorsque le choix se porte uniquement, soit sur des ruches en paille, soit uniquement sur celles en bois, on choisira toujours celles qui sont divisibles. Car la divisibilité de la ruche offre des avantages si grands dans tous les cas, que, lors de l'achat, c'est cette qualité qui doit présider au choix. Du reste les ruches en bois divisibles peuvent facilement être converties en ruches divisibles en paille, si l'on désire absolument ces dernières. Il est indifférent que ces ruches divisibles soient verticales ou horizontales.

4. Celui qui n'a pas encore d'expérience agira sagement en se faisant aider des conseils et de la présence d'un connaisseur, et en suivant ses avis.

5. Autant que possible, on fera bien de n'acheter les ruchées qu'au printemps, jamais avant la première sortie des abeilles ; le mieux serait de le faire en avril, lorsque les abeilles ont déjà rapporté du pollen. C'est l'époque à laquelle il est le plus facile de juger de la valeur d'une ruchée, lorsqu'on l'examine attentivement. Avant d'acheter, il sera donc convenable de procéder à un *examen sérieux* des ruchées.

On ouvrira les ruches et l'on examinera les points suivants :

a. L'espace intérieur (le vide intérieur). — Une ruche, par exemple, qui ne mesurera que de 8 à 9 pouces (209 à 235 mill.) de hauteur et de profondeur (soit largeur et profondeur pour celles horizontales) devra être aussitôt réformée et rejetée ; elle ne vaut rien, parce que le peu d'espace intérieur ne permet pas à une forte population de se développer, condition essentielle d'une bonne ruchée. Un ruche bien constituée doit avoir 10 pouces (261 $\frac{1}{2}$) de hauteur ou largeur sur 12 à 14 pouces (313 $\frac{3}{4}$ à 365 $\frac{3}{4}$ de profondeur, et deux aunes de longueur (1^m 558). Il s'agit de ruche couchée ou longue.

b. Les constructions en cire. — Quand la ruche a été coupée (récoltée) en automne, les constructions doivent occuper au moins la moitié de l'espace, dans les ruches ordinaires, et au moins trois hausses ou caisses dans les magasins. Les essaims de l'année précédente doivent posséder des constructions tout aussi grandes; à la rigueur trois pouces (78) de moins leur suffiraient encore. De plus, les constructions doivent être jeunes (tout au moins vers l'extrémité des gâteaux, vers le bas, dans les ruches verticales), c'est-à-dire de l'année précédente; le restant des rayons ne doit pas être d'une couleur plus foncée que jaune ou jaune brun, et dans l'espace occupé par le couvain, la couleur ne doit par tirer trop au noir par suite de vétusté. En même temps on regardera si les rayons ne sont par arrachés et soutenus par des petits morceaux de bois, si les souris les ont attaqués ou si les teignes les ont rongés, ou s'ils sont verts de moisissure ou tachés des excréments des abeilles. En même temps on s'assurera par l'odorat si la construction sent bon; une mauvaise odeur dénoterait que la population est atteinte de dyssenterie ou qu'il existe du couvain pourri.

c. La population. — Quand on remarque un grand nombre d'abeilles serrées entre les rayons, quand elles paraissent méchantes lorsqu'on souffle dessus, quand on voit beaucoup d'abeilles occupées soit à ventiler, soit à monter la garde, ou qui rentrent avec leurs pelles bien garnies de pollen, enfin quand le plateau de la ruche est très-propre, on peut être certain que la ruchée est populeuse, saine et active.

d. Le couvain. — La ruchée qui n'aurait pas de couvain au printemps, serait-elle très-populeuse, ne vaudrait rien; car ce serait une preuve qu'elle ne possède pas de mère. Quand cela est possible, on tâche de courber un peu les rayons pour tâcher d'examiner le couvain. Il serait même bon de couper les rayons afin de pouvoir mieux regarder le couvain, mais chacun ne le permet pas, et puis cela n'est pas absolument indispensable; la grande quantité d'abeilles, leur courage et leur activité, l'ordre et la propreté qui règnent dans la ruche indiquent assez la présence d'une mère féconde et par conséquent du couvain.

e. Le miel en magasin. — Au mois d'avril et de mai, une forte ruchée doit encore posséder une provision de 8 à 10 livres de miel, afin que dans le cas de mauvais temps les abeilles puissent s'en nourrir. Pour se livrer à un examen sérieux, il faut enlever le couvercle des ruches verticales, ou le fond de l'arrière des ruches horizontales. On peut aussi estimer, par à peu près, la provision de miel en soupesant la ruche à la main. Une fenêtre vers l'arrière de la ruche est aussi bien commode pour examiner l'intérieur. On peut encore larder par-ci par-là au travers de la paille un bois pointu ou bien un trois quarts à miel (une sorte de lardoire ou aiguille à coudre les ruches), de manière à sonder l'intérieur et s'assurer de la présence du miel. Dans les ruches longues qu'on peut ouvrir par-devant, il doit aussi se trouver un peu de miel par ce côté, mais encore davantage par derrière. Dans cette circonstance on peut aussi s'assurer, au moyen d'un bois pointu, de la présence ou de l'absence du miel.

6. Exceptionnellement, on peut aussi acheter des ruches en automne quand, n'étant par encore récoltées, elles présentent tous les signes d'un bon état de santé ; on a alors cet avantage de pouvoir récolter de suite une quantité importante de miel. Cette provision mise en pot est bonne au commencement, parce qu'il peut arriver qu'au printemps suivant il soit nécessaire de nourrir la ruchée, soit pendant que la température n'est pas favorable, soit à cause d'un affaiblissement quelconque de population.

Quand on fait un bon achat en automne, la valeur du miel seul rembourse quelquefois le prix qu'on a payé. Cependant il ne faut agir qu'avec la plus grande circonspection. Quand la ruche possède une jeune reine, c'est-à-dire quand c'est une souche qui a essaimé, ou bien un essaim de chant ou essaim secondaire de l'année précédente, ou bien lorsque l'on sait, d'une manière certaine, que cet essaim à changé heureusement de reine pendant les deux années précédentes ; quand la population a travaillé beaucoup pendant l'été précédent et qu'elle a récolté beaucoup de miel ; enfin quand les abeilles ont tué les bourdons à la fin de la récolte, ce qui est un point essentiel à considérer sous le rapport de l'orphelinage, l'on peut, en toute assurance, ratifier le marché et enlever son acquisition. Au contraire il ne faudra jamais acheter de ruche qui n'aurait pas amassé suffisamment de provision pour atteindre la récolte du printemps, car on serait obligé de la nourrir, ce qui augmenterait notablement le prix d'achat.

Il faut de 25 à 30 liv. viennoises (14 à 16 kil. 800) de miel pour nourrir une forte ruchée durant l'hiver jusqu'au mois de mai. On peut être tranquille sur l'approvisionnement d'une ruche ou magasin vertical en paille, lorsqu'au travers de la fenêtre on voit du miel operculé dans les deux hausses supérieures ; car une hausse garnie de cire nouvelle bâtie nouvellement peut contenir environ 20 livres (11 kil. 200) de miel, les rayons anciens peuvent en tenir de 14 à 18 livres (7 kil. 840 à 10 kil. 080.) Il est tout aussi facile d'apprécier la quantité de miel contenue dans une hausse horizontale, que l'on peut ouvrir de deux côtés et l'on peut aussi inspecter par les fenêtres. Quant aux ruches d'une seule pièce, il est bon de s'entourer des conseils d'un homme pratique avant d'en faire le choix.

Des essaims. — Il ne faut jamais acheter d'essaim séparé de la souche ou qui vient d'être recueilli sur l'arbre; le plus bel essaim peut très-bien ne pas réussir ou ne pas rester, principalement lorsqu'il possède une jeune mère. Il est bien plus facile, vers la fin de la campagne, de juger de la valeur d'un essaim sous le rapport des constructions nécessaires, de la population, du couvain, de la mère, des bourdons, du miel, etc., etc., ce qui en rend l'acquisition bien plus facile.

8. On doit, de préférence, acheter les ruches auprès d'un honnête homme, sur la parole duquel on peut compter, qui vous permet le choix, et qui possède des abeilles ardentes au travail. Cette dernière qualité s'applique aux abeilles aussi bien qu'aux animaux domestiques. Un bon chien chasse de race. On voit des ruches qui sont naturellement bien plus ardentes au travail que d'autres, et qui passent cette bonne qualité à leur descendance. Les personnes qui, sans donner à leurs abeilles des soins tout particuliers, ont cependant, en somme, de bonnes ruchées, montrent par là qu'elles possèdent une bonne race d'abeilles; on pourra s'adresser à ces personnes pour acheter, en se conformant aux observations précédentes.

Il n'est pas avantageux d'acheter des ruchées dans le lieu qu'on habite; car, après leur installation dans leur nouvelle demeure, les abeilles s'en retournent souvent d'où elles viennent, surtout lorsqu'on les lâche peu de temps après la dernière sortie qu'elles ont faite dans leur ancienne demeure; elles sont alors perdues. Le nouveau rucher doit être éloigné de l'ancien d'au moins une demi-lieue, et le transport de la ruchée acquise doit avoir lieu avant la première sortie du printemps. Enfin, les populations nées dans un pays peu fertile prospèrent davantage lorsqu'on les porte dans une contrée riche en miel, et *vice versa*.

Trad. d'Oettl.

Les Kermès (*suite*, v. 1re année).

Kermès du pêcher. — La femelle ou plutôt sa coque se trouve très-souvent sur les pêchers, et est appelée vulgairement *punaise du pêcher* par les cultivateurs de Montreuil ; elle est un peu oblongue, d'un brun café, avec quelques dépressions sur le dos. Lorsqu'elle a pris tout son accroissement, dans les premiers jours de juin, elle est entourée d'un duvet blanc. A cette époque où elle est d'ordinaire fécondée, elle se met à pondre, et périt ensuite. Après l'éclosion et la dispersion des petits, on ne trouve plus que des coques vides. Ceux-ci s'éparpillent bientôt sur les feuilles les plus tendres et dans le voisinage des yeux du pêcher. Ils marchent avec beaucoup d'agilité, et, à l'automne, ceux qui étaient sur les feuilles, les abandonnent et viennent se fixer sur les branches où ils restent dans l'engourdissement pendant tout l'hiver. Au printemps, ils se raniment et commencent à prendre de la nourriture jusqu'en mai qu'a lieu l'accouplement. On remarque, à cette époque de l'année, qu'il y a comme dans beaucoup d'autres espèces congénères, de place en place, de petits groupes de coques beaucoup plus petites que les autres : selon Bouché ce ont celles qui doivent produire les mâles.

Ce kermès cause de grands ravages dans les endroits où l'on cultive spécialement le pêcher ; il occasionne, par la succion de la séve, le dépérissement et quelquefois la mort de cet arbre. Les fourmis sont très-friandes de la matière mielleuse sécrétée par ces insectes.

M. Alexis Lepère, dont le nom est connu de tous les arboriculteurs, nous a montré des branches de pêcher entièrement couvertes de ces gallinsectes.

Il est facile de comprendre que c'est pendant l'hiver qu'il faut brosser et nettoyer les pêchers pour se débarrasser de cet ennemi.

Kermès de l'amandier. Chermes amygdali Blanchard. — Nous n'avons jamais vu cet insecte sur l'amandier, arbre peu cultivé dans les environs de Paris ; mais nous l'avons observé souvent à Montreuil, sur le pêcher. Il est plus petit que le précédent, entièrement rond et globuleux ; sa couleur est également d'un brun couleur café. C'est le *kermès rond du pêcher* de Geoffroy.

Kermès du poirier. Chermes pyri Linné. — Le mâle nous est inconnu, mais la coque de la femelle est quelquefois très-commune en Normandie sur plusieurs variétés de poiriers. Elle est un peu convexe, d'un roux clair, assez petite et très-adhérente aux jeunes branches. Ce petit kermès est entouré d'un très-petit bourrelet blanc, qui se continue sous le ventre et qui laisse sur l'écorce une empreinte blanche, lorsque les vieilles coques sont détachées.

C'est plus particulièrement sur les arbres languissants que l'on rencontre le kermès du poirier. Nos pépiniéristes l'ont envoyé, avec les poiriers de l'Europe, dans l'Amérique septentrionale, où il a été mentionné pour la première fois, en 1854, par feu le docteur Harris, de Boston, et décrit la même année, par le docteur Asa-Fitch qui l'avait observé en grande quantité sur des poiriers aux environs d'Albany. Cette espèce et les deux précédentes font partie du genre *Lecanium* d'Illiger.

Schrank décrit un autre kermès voisin du précédent. Il paraît qu'il est rare en France, car aucun auteur français n'en donne une description bien exacte : c'est le *Chermes mali*, qui vit, en Allemagne, sur le pommier.

Kermès coquille. Chermes conchyformis Gmelin. — Le mâle nous est inconnu ; la femelle ou plutôt sa coque est excessivement commune, dans certaines années, sur les pommiers, et souvent aussi sur les poiriers. Elle est assez petite, allongée, amincie en avant, un peu arquée en forme de virgule et ressemblant, en petit, à une coquille de moule. Sa couleur ordinaire est le brun roussâtre plus ou moins foncé, fréquemment saupoudré d'une efflorescence glauque.

Ces insectes sont disposés par groupes plus ou moins nombreux sur l'écorce, serrés les uns contre les autres, et quelquefois les uns sur les autres, ayant la partie antérieure dirigée dans tous les sens. Ils se tiennent collés sur l'épiderme des branches, mais souvent aussi ils envahissent le pétiole des feuilles, le pédoncule des fruits, et quelquefois les fruits, où ils apparaissent sous formes de petites virgules.

(*Essai d'entomologie horticole.*) Dr Boisduval.

Cours des produits des insectes.

Soies, cocons, graines. Les affaires en soies ont été assez calmes à Lyon et à Marseille ; cependant les cours ont peu varié ; les soies gréges on même obtenu quelque faveur. On a coté à Lyon, *gréges* de France : 10/12, deuxième ordre, 110 à 115 fr. le kil. ; Italie, 9/10, 110 à 115 fr. ; 10/12, 105 à 110 fr. ; courantes, 92 à 102 fr. ; Japon, première qualité, 98 à 102 fr. ; deuxième qualité, 90 à 97 fr. ; Chine, troisième qualité,

74 à 78 fr. ; quatrième qualité 69 à 37 fr. *Organsins*, de 125 à 130 fr. ; *trames*, de 119 à 122 fr. suivant mérite.

Les graines du Japon restent toujours plus recherchées que les indigènes; le carton des premières se cote de 22 à 30 fr., et l'once de la seconde, de 24 à 30 fr.

Les graines du Cher où la maladie n'a pas encore pénétré se payent 1 fr. le gramme.

De 1860 à 1867 inclusivement, la France a acheté à l'étranger pour 6,603,000 fr. de graines dont les deux tiers fournis par le Japon. Pour la campagne séricicole de 1868, les approvisionnements en graines étrangères ne paraissent pas avoir été fort importants dans le midi de la France. 60,000 cartons seulement auraient été achetés au Japon pour les besoins de la sériciculture française. Mais il paraît que les résultats obtenus l'année dernière laissent quelque peu à désirer sur les graines de cette provenance.

Miels, cires, abeilles. Nos miels continuent de plus en plus à subir l'effet de la concurrence des miels du Chili, pays où la production millifère est abondante, la propriété et la main-d'œuvre à bon marché; ils se déprécient de jour en jour et auront bientôt perdu 50 p. 100 de ce qu'ils se vendaient avant le libre échange. Pour rendre la lutte plus facile, il aurait fallu commencer par propager l'apiculture rationnelle, en un mot, apprendre à nos possesseurs d'abeilles à faire mieux qu'ils ne font. Les miels blancs ont été cotés de 100 à 150 fr. les 100 kil., et les rouges de 60 à 70 fr. A Bordeaux, miel des landes, 52 fr.

Les cires jaunes restent aux mêmes cours, de 380 à 405 fr. les 100 kil. hors barrières. Les cires blanchies paraissent reprendre un peu faveur. — Les bonnes colonies d'abeilles valent depuis 8 jusqu'à 24 fr. la ruchée selon la provenance.

Cochenille. A Marseille on a coté la cochenille des Canaries, de 8 à 9 fr. 50 c. le kil.

Galles en sorte d'alep, 230 fr. les 100 kil. ; blanches triées de Smyrne, 120 à 140 fr.; d'Istrie, 120 fr. à l'entrepôt de Marseille.

L'Éditeur-propriétaire : E. Donnaud.

Paris. — Imprimerie de E. DONNAUD, rue Cassette 1.

N° 2. 2e ANNÉE. Mars 1868.

L'INSECTOLOGIE AGRICOLE

SOMMAIRE :

Bulletin insectologique.

Le ver solitaire des hannetons. Sur plusieurs points du territoire on se préoccupe de la grande levée des hannetons attendue cette année. Des préfets ont pris des mesures en conséquence; l'attention en éveillée. Mais il est probable, et c'est à souhaiter, que ces mesures seront à peu près inutiles : un parasite (!), un ver solitaire qui aurait prévenu le mal en 1864, le préviendra encore. Car il paraît avéré que le hanneton a, comme tant d'autres animaux, son ver rongeur.

Dans une communication faite à la Société d'agriculture en 1864 par M. Bourgeois, il est dit ce qui suit sur le ver solitaire des hannetons : « Les vers blancs que l'on trouvait dans les derniers temps, c'était à la fin d'octobre, avaient, dans la proportion d'un quart de leur nombre, comme un ver solitaire lisse et blanc dans le corps, de 10 à 12 centimètres de longueur, et de la grosseur d'une corde chanterelle de violon; souvent on leur voyait rendre ces vers, ou on en trouvait dans la terre séparément enroulés; quelques-uns avaient encore de la vie; la larve, après cette évacuation relativement considérable, était devenue très-flasque et prenait une couleur jaunâtre; probablement elle ne tardait pas à périr. »

Opportunité de la destruction des guêpes. Depuis mars jusque vers le commencement de mai, les guêpes que l'on rencontre isolément sont des femelles développées qui plus tard donneront autant de guêpiers. En détruisant maintenant les guêpes qu'on rencontre on détruit donc des guêpiers entiers. On trouve ces guêpes femelles notamment sur les vieilles planches en bois blanc où elles butinent les matériaux nécessaires à l'édification de leur nid, qui n'est pas d'abord plus gros qu'une noix.

Ce nid ne contient que quelques cellules dans lesquelles elles élèvent des ouvrières. Lorsque celles-ci seront nées, elles iront quêter des matériaux pour agrandir la demeure. (V. première année de l'*Insectologie*, au mot *Guêpe*.)

Cueillette d'œufs de fourmis pour les faisans et les pintades. Les fourmilières des prés se révèlent par un petit monticule assez semblable à une taupinière, mais elles s'en distinguent par une tige, soit d'arbuste, soit de quelque plante, qui sort du milieu de l'élévation. Ce poteau central a servi de point d'appui à toute la construction, qui se compose, comme la grande fourmilière des bois, de cryptes creusées au-dessous du sol et de galeries supérieures où la classe travailleuse transporte les œufs à la dernière période de l'incubation. Alors ils sont sous la main de l'éleveur de faisans et de pintades, et on peut les enlever avec facilité. Un ou deux coups d'une petite bêche ou, moins encore, d'une spatule en fer (un sarcloir), suffisent pour mettre à découvert tout l'intérieur de l'édifice. Alors on voit toute la colonie effarée et s'agitant pour chercher à protéger les œufs de toutes dimensions : les uns, petits, ronds et jaunâtres ; les autres, un peu plus gros, allongés et prêts à éclore. On enlève tout ce butin avec la terre fine et noirâtre qui l'entoure, et on le jette dans un seau de bois ou de métal, où les œufs peuvent se conserver assez longtemps dans le terreau frais.

Recommandations en faveur des éclosions retardées. Un opuscule publié en 1851 par Giovanni Andrea-Corsucci, sous le titre de *Ver à soie*, contient, à la suite d'intéressantes observations, les conclusions suivantes :

« Plus les vers éclosent tard, plus ils seront sains et vigoureux. — Attachez-vous surtout à avoir des mûriers en terre maigre ; ceux qui croissent dans un terrain pierreux et stérile sont excellents. La feuille des mûriers jeunes est moins succulente que celle des vieux. Les mûriers noirs, si vous pouvez vous en procurer, sont très-bons ; les vers sont plus vigoureux, ils produisent une soie plus forte et plus abondante. »

Voilà des vérités qui sont un peu de tous les siècles, et les éducateurs n'auraient jamais dû les perdre de vue. On a voulu avoir des mûriers greffés et jeunes, qui donnent proportionnellement beaucoup plus de feuilles, on a cherché à rendre les éducations plus promptes en maintenant dans les chambrées une chaleur anormale, on a en quelque sorte privé d'air les vers à soie, et il en est résulté une espèce de dégénérescence qui se traduit chaque année par des pertes considérables. H. Hamet.

Dernière réponse à M. Galle et aux truffo-galliphiles.

Est-ce que le *bolet amadouvier*, qui ne peut pousser que sur des troncs d'arbres, sur des vieilles racines, en est moins, pour cela, un *cryptogame*? Serait-il dû à une piqûre de mouche, par hasard?

Est-ce que ce même *bolet*, qui, lorsqu'il est *mûr*, laisse échapper des myriades d'insectes, en est moins, pour cela, un *cryptogame*?

Est-ce que la *morille* et tant d'autres champignons qu'on n'a jamais pu ressemer, en sont moins, pour cela, des *cryptogames*? MÉGNIN.

La Teigne des fenêtres.

Les personnes qui habitent la campagne voient très-souvent, pendant l'été, des petits papillons gris, à tête blanche, posés sur les vitres de leurs fenêtres, sur les murs de leurs chambres, sur leurs rideaux, etc.; ils les prennent pour des Teignes domestiques si dangereuses pour les étoffes de laine de toute espèce et les tuent impitoyablement. Ils n'ont pas tort de les détruire quoique ces petits papillons ne soient ni les Teignes de la laine, ni celle des pelleteries, car ils sont quelquefois assez nuisibles, non à l'état d'insectes parfaits, mais à l'état de chenille.

Ces chenilles se nourrissent de diverses substances : elles rongent les bolets qui croissent sur le bouleau et sur d'autres arbres ; elles se nourrissent de bois pourri ; elles vivent de papier brouillard dans les magasins de papier et de farine dans les boulangeries. En 1867, elles ont dévoré, chez moi à la campagne, les graines de laitue conservées dans des sacs et des paquets en papier. On les trouve dans les maisons pendant toute la belle saison.

Les chenilles de la première génération arrivent à toute leur croissance vers le 15 mai ; elles ont alors 6 mill. de long ; elles sont cylindriques, fluettes, blanchâtres, ayant quelques poils isolés sur le corps ; la tête est fauve ; le premier segment porte, en dessus, un écusson d'un fauve-pâle et le dernier une tache brune ; les pattes sont au nombre de 16. Elles se transforment en chrysalides dans un cocon ovale-allongé, d'une consistance ferme, parcheminée, construit avec les râpures de la substance qu'elles ont rongée liées avec des fils de soie. Chez moi ces cocons étaient formés de râpures de papier, de débris de graines, de graines entières et de leurs aigrettes. Les chenilles ayant vécu en grand nombre dans un étroit espace, plusieurs de leurs cocons étaient contigus. La chrysalide est longue de 5 mill. Elle est lisse, glabre, d'un blanc jaunâtre avec les yeux noirs. Les papillons commencent à éclore vers le 1er juin.

Ils sont classés dans la tribu des Tinéites. Duponchel place cette espèce dans le genre *Lita* et l'appelle *Lita betulinella*, parce qu'elle a d'abord été trouvée sur un bolet venu sur un tronc de bouleau. M. Stainton, célèbre entomologiste anglais, l'a placée dans le genre *Endrosis* et la nomme *Endrosis fenestrella*; elle est pour nous la Teigne des fenêtres. Elle est longue de 6 mill. (ailes pliées). Les antennes sont finement annelées de blanc et de gris. La tête et le corselet sont d'un blanc pur, les yeux noirs, les pulpes longs, arqués, dépassant le sommet de la tête, annelés de blanc et de noir. Les ailes sont couchées sur le corps; les supérieures sont étroites, allongées, nuancées de gris plus ou moins foncé, bordées d'une frange blonde; les inférieures sont noirâtres, bordées d'une frange blonde. L'abdomen est noirâtre; les pattes sont cendrées et les tarses annelés de blanc et de noirâtre. L'abdomen de la femelle est pourvu d'un oviducte, long, grêle, formé de trois tuyaux rentrant les uns dans les autres et caché dans le ventre pendant le repos.

Ces petits papillons restent immobiles pendant le jour, mais ils sont vifs et agiles à l'approche de la nuit; ils volent autour de la flamme des bougies et s'y brûlent. Avec un peu de soin on peut en écraser un grand nombre pendant le jour sur les vitres des croisées, sur leurs ébrasements, sur les murs et les rideaux, ce qui en diminuera le nombre. On prévient leurs dégâts en renfermant hermétiquement les substances qu'elles rongent pour empêcher les femelles de venir pondre dessus.

GOUREAU,
Membre de la Société d'insectologie.

Le Charançon du colza.

(*Grypidius brassicœ*.)

Cet insecte est un coléoptère tétramère de la grande famille des Curculionites et du genre Grypidius.

On ne connaissait que trois espèces européennes de Grypidius que l'on rencontre quelquefois sur des plantes aquatiques, lorsque M. Focillon, en 1852, annonça qu'une nouvelle espèce, le *Grypidius brassicœ*, faisait le plus grand tort aux plantations de colza du nord de la France, concurremment avec différentes Altises; une chenille du Tinaïte, celle de l'*Ipsilophus xilostei*, et une larve particulière dont l'insecte parfait n'était pas connu, mais qui, en raison de la manière dont elle attaquait les racines, provoquait la formation de gales véruqueuses, dans lesquelles on la trouvait logée, était probablement encore une autre Curculionite, mais du genre Centorynihus.

Le plus terrible de ces différents ennemis du colza est le Charançon dont nous donnons la figure, ainsi que celle des détails de son bec et de la position de sa larve dans le grain. En effet, il nuit doublement à cette précieuse plante : à l'état d'insecte parfait, il ronge la graine à travers la silique, et à l'état de larve, c'est encore cette graine qui lui sert de nourriture; car la femelle a soin de pondre chacun de ses œufs dans un grain encore tendre qu'elle n'a fait qu'entamer avec son bec long et crochu (Voir planche) (1).

L'invasion de ce Charançon, dans les cultures de colza, est parfois un véritable fléau en raison des graves dégâts qu'il y cause ; et ce qu'il y a de plus malheureux, c'est qu'on est forcé d'assister en spectateur impuissant à ces déprédations; on ne connaît encore aucun moyen de s'en préserver.

Nous avons tout lieu de penser, cependant, qu'en essayant des arrosages d'eau de goudron dans les moments qui précèdent immédiatement la ponte, c'est-à-dire lorsque la chute des fleurs vient de mettre la jeune silique à découvert, on arriverait peut-être à chasser non-seulement la femelle pondeuse, mais encore l'insecte rongeur.

C'est à essayer. MÉGNIN.

Nous ajoutons à cette courte monographie la description suivante extraite du livre des *Insectes considérés comme nuisibles à l'agriculture*.

Le Charançon du colza ne paraît avoir été bien étudié que par M. Focillon. Nous devons à ce savant professeur un mémoire important sur les insectes qui nuisent aux colzas, dans lequel il rapporte que vers la première quinzaine de juillet, en visitant des champs de colza dont on faisait la récolte, il observa sur les siliques et sur les rameaux un très-grand nombre de Charençons d'une même eepèce, remarquables, au premier abord, par un bec très-allongé, courbe et très-fin. Ils se pro-

(1) Légende de la planche : 1, Charançon grossi 10 fois; 1 *a*, grandeur naturelle; 2, antenne grossie; 3, tête grossie; *p c*, prothorax; *t*, tête; *e*, œil; *a*, antenne; *r*, rainure pour loger le 1er article de l'antenne; 4, organes de la bouche; *l*, labre sup.; *l i*, labre inf.; *m b*, mandibules; *m c*, mâchoires; 5, larve grossie.

menaient assez lentement sur les diverses parties de la plante, de préférence sur les siliques, et, selon l'habitude des insectes de cette famille, se laissaient tomber à terre dès qu'il agitait la plante ou qu'il les touchait. En suivant attentivement leurs manœuvres, il reconnut bientôt quel mal ils faisaient aux siliques. Il vit en effet qu'après avoir cherché pendant quelque temps, l'animal s'arrêtait sur une des protubérances correspondant aux graines, et, plongeant au milieu son bec effilé, l'y enfonçait jusqu'à la base et restait longtemps dans cette position. Après quoi l'animal, dégageant son organe perforant, allait chercher un autre point pour y recommencer son manége. Il prit une des siliques ainsi attaquées : à la place où venait d'opérer le Charançon, il distingua le trou très-petit qu'il avait fait; c'est à peu près la grandeur d'un trou d'aiguille. Il enleva la portion de silique où il se trouvait et, mettant ainsi la graine à nu, il aperçut un trou correspondant à celui qu'il avait observé à l'extérieur, mais plus grand, à bords déchiquetés, évidemment rongés et qui pénétrait jusqu'au centre de la graine où il se terminait en large cul-de-sac. Il renouvela nombre de fois cette observation, qui lui donna invariablement le même résultat. Restait à se préoccuper d'une double question : quelle est la fréquence de semblabes dégâts? par quel mécanisme organique l'animal peut-il le produire?

Il chercha immédiatement sur les siliques les traces du passage du Charançon ; plus tard même, dans une recherche plus minutieuse, il vit que, sur 20 siliques quelconques, il en trouva 19 portant les traces des attaques du Charançon; et ces attaques avaient été nombreuses, puisqu'il comptait, sur ces 19 siliques, 40 perforations faites à diverses époques du développement des graines. Celles de ces perforations faites avant la maturité de la graine sont d'autant plus préjudiciables que le colza est plus jeune; car alors, au lieu d'y creuser seulement un trou qui n'en détruit qu'une portion, le Charançon ronge complétement, ou presque complétement la jeune graine; la silique ne se développe plus au niveau de ce grain détruit, et présente extérieurement un étranglement qui la déforme plus ou moins, et rend ses dégâts assez facilement reconnaissables au premier abord. A l'intérieur, et partant de la paroi interne de la silique, au niveau du trou, visible extérieurement, on aperçoit une excroissance irrégulièrement conique, exsudation morbide des tissus blessés, au centre de laquelle persiste le canal fait par le bec de l'insecte, et cette excroissance occupe en grande partie le faible espace laissé vide par la graine détruite. Quand ces déformations se présentent au nombre de trois ou quatre sur la même silique, elle se contourne, et son développement général se fait avec une extrême irrégularité. Plus la graine a été attaquée à une époque voisine de sa maturité, moins la déformation est marquée ; enfin les graines mûres ne présentent que les dégâts indiqués en premier lieu ; ce sont d'ailleurs les moins nombreux. Sur les 40 piqûres dont il a été question plus haut, 12 seulement avaient été pratiquées sur des graines à maturité, et n'avaient, par conséquent, pas entraîné la destruction du grain.

Ces observations donnèrent à M. Focillon la connaissance exacte du dégât produit par le Charançon, il voulut se rendre compte des moyens qu'il avait à sa disposition et des procédés organiques qu'il employait. La tête de cet insecte, globuleuse et munie de deux yeux réniforme, se prolonge antérieurement en un bec cylindrique, courbé en dessous et légèrement plus gros à son extrémité. Vers le milieu de sa longueur s'insèrent les antennes, géniculées, terminées par une massue de quatre articles portée sur un filet de sept articles, qui s'attache lui-même à un scape allongé et grêle, moitié moins long que le bec, et se cachant dans une rainure prolongée jusqu'à la base du bec au moment où l'animal plonge cet organe dans la silique. Mais l'extrémité de ce bec attira surtout son attention. Il y trouva la bouche de l'animal, et quoique cette extrémité ait à peu près un quart de millimètre de diamètre, le microscope lui montra un appareil corrodant bien constitué. Ce labre ou lèvre supérieure lui parut soudée au bec ; mais son bord libre, courbé en biseau tranchant, avance sur les parties de la bouche, de manière à attaquer, en premier lieu, la substance végétale et à fournir une sorte de point d'appui aux autres organes. En dessous de cette première pièce se trouvent les mandibules dont la disposition est fort curieuse. Elles sont insérées sur le bord interne d'un prolongement latéral du bec, qui se renfle au point de cette insertion et se termine par une pointe aiguë légèrement oblique en dedans. Cette pointe avance un peu sur le niveau de l'extrémité de la mandibule, se trouve ainsi presque sur celui du bord tranchant du labre, et semble compléter avec lui une sorte d'emporte-pièce destiné à ébranler le trou où doit s'enfoncer le bec de l'animal avec son appareil masticateur. La mandibule articulée par un candyle très-marqué, prolonge sa base en arrière et en dedans pour donner insertion à des tendons musculaires énergiques, qui, formant, avec ceux insérés près du condyle, un système adducteur et abducteur, impriment à l'organe des mouvements énergiques autour du pivot fourni par l'articulation. Le bord libre de la mandibule est hérissé de dents fortes et crochues ; enfin un fait qui a vivement excité l'attention de ce savant observateur, c'est l'existence, près de l'ongle postérieur de ce bord libre, d'un prolongement flexible, incolore, transparent au microscope, allongé, légèrement conique, couvert de poils et dirigé d'avant en arrière dans le conduit œsophagien. Ce prolongement qui, bien que dans une position différente, rappelle le fouet des mâchoires des crustacés, doit, par son insertion sur la mandibule, se mouvoir avec elle ; remontant dans l'œsophage lors de l'abduction, descendant au contraire dans l'adduction, il exécute des mouvements de va-et-vient qui l'ont déterminé à y voir un appareil de succion des liquides exprimés par le broiement de la substance des graines.

Les mâchoires que l'on trouve au-dessous des mandibules sont petites, presque complétement dissimulées sous ces organes, et présentent au bord interne une série de dents fines et crochues. On y reconnaît le palpe maxillaire très-court et peu développé. Enfin la bouche est fermée en dessous par une languette ou lèvre inférieure petite, en forme de losange, et terminée antérieurement par les rudiments des deux palpes labiaux.

Telle est cette bouche portée à l'extrémité d'un bec long et effilé. On comprend maintenant bien facilement que lorsque l'animal a choisi le point renflé de la silique, où se trouve le grain qu'il veut attaquer, il appuie sur l'épiderme l'extrémité de son bec. Comme il ne perfore que les siliques encore vertes, et jamais celles qui sont déjà desséchées, le tissu cède facilement au tranchant du labre et aux crochets de la base des mandibules ; et achevant à l'aide de ces derniers organes la destruction de la substance végétale, il pénètre de proche en proche à travers les parois de la silique et l'enveloppe de la graine jusque dans son amande. A mesure que cette pénétration a lieu, la scape ou premier article de ses antennes se couche dans sa rainure le long du bec, et cesse d'offrir aucun obstacle, de manière que cette espèce de sonde vivante se trouve bientôt plongée jusqu'à sa base dans le fruit du colza. La bouche se trouve alors avec l'extrémité même du bec au milieu de la graine, et l'animal y fait jouer sans difficulté l'appareil masticateur et suceur indiqué plus haut. Voilà pourquoi le trou qu'on observe dans la graine est beaucoup plus grand que le trou extérieur ou d'introduction ; voilà pourquoi la graine peut être dévorée en tout ou partie sans qu'à l'extérieur on en voie d'autre trace que la dépression causée par son absence, et le trou d'aiguille par lequel a pénétré l'organe destructeur du Charançon.

Cet animal se nourrit donc du parenchyme des graines et peut par conséquent produire un sérieux dommage, soit par celles qu'il détruit, soit par celles qu'il altère partiellement. On comprend surtout que ce dommage puisse devenir considérable, en songeant qu'un même animal peut ainsi attaquer successivement un grand nombre de graines, et multiplier en peu de temps ces ravages. Il est d'ailleurs pourvu d'ailes très-bien développées qui rendent ses dégâts plus rapides et plus inévitables.

En étudiant les caractères zooliques de ce curieux ennemi du colza, M. Focillon s'est convaincu qu'il rentre dans le grand genre rhynchène de Fabricius, et doit être rapporté, si l'on suit la classification des entomologistes modernes, au petit genre grypidius de Schœnher. Il pense qu'aucune des espèces décrites ne se rapporte suffisamment à celle dont il s'est occupé. Il la regarde comme n'ayant pas encore été caractérisée. Il la désigne sous le nom de grypidie du colza.

M. Focillon a également eu l'occasion d'observer la larve d'un coléoptère inconnu qu'il croit devoir jusqu'à plus amples informations attribuer au Charançon du colza. Cette larve, que l'on peut provisoirement attribuer au Charançon, est d'un blanc légèrement jaunâtre sans la moindre trace de membres. On distingue derrière la tête sur la face dorsale du corps, à droite et à gauche, deux petites plaques de nature cornée qui donnent intérieurement insertion à des muscles.

Comment cette larve pénètre-t-elle dans la gousse? C'est une question à résoudre encore. Elle se présente le plus souvent logée dans un grain dont elle fait sa pâture. Le développement de la larve coûte au plus quatre graines à la silique. Les autres ne paraissent pas en souffrir notablement et parviennent sans encombre à la maturité. Les gousses attaquées sont, dit M. Focillon, aisément reconnaissables à une petite tache d'un brun noirâtre, qui se voit par transparence sur la face interne de la silique. C'est en ce point que la larve, quand le moment est venu de sortir, perce un trou de 1 millimètre de diamètre. Comme on ne rencontre jamais ni nymphe ni chrysalide qu'il soit possible de lui attribuer, il est probable qu'elle se laisse tomber à terre et s'y enfonce pour y subir ses métamorphoses. S'il n'y avait jamais qu'une larve dans la même silique, les dégâts resteraient encore assez bornés, mais il s'en trouve ordinairement plusieurs, et il suffit d'en supposer deux pour que la perte s'élève au tiers ou au quart.

Sur cent graines, cinquante dépérissent sous l'atteinte des insectes, ennemis reconnus de la graine de colza. Le Charançon en détruit 18 ; — la chenille de la Teigne, 5 ; — c'est 9 qu'il faut compter pour la larve dont il est ici question.

Ernest MENAULT.

L'utilité des oiseaux, les Mésanges.

Avec les contradictions que l'on rencontra chaque jour dans les écrits des savants et des économistes, il est bien difficile que les simples habitants des campagnes sachent à quoi s'en tenir au sujet d'une foule de questions qui ne sont point encore résolues. Heureusement ces derniers possèdent ce gros bon sens qui est presque toujours le guide le plus sûr, et certes ils en ont grand besoin.

Jusqu'à ce moment, il a été reconnu que les mésanges rendaient de très-grands services à l'agriculture en détruisant une quantité innombrable de chenilles, de larves et d'insectes divers. Eh bien ! voilà M. Eugène Robert qui, dans une note transmise à la Société centrale d'agriculture, fait un réquisitoire en règle contre ces charmantes paridées. Et que leur reproche ce savant entomologiste ? D'entamer quelques poires dans le voisinage de la queue, lorsque la maturité commence à se manifester ; les fruits ainsi blessés tombent et ne peuvent se conserver.

Voilà un grand crime, nous l'avouons! et nous proposons qu'on extermine toutes ces vilaines petites bêtes. Quelle audace ! manger les poires du jardin de M. Robert !

Vraiment, c'est à ne plus rien y comprendre. Comment peut-on s'occuper de niaiseries semblables, lorsqu'il s'agit des grands intérêts de l'agriculture ? Si vos poires sont attaquées, monsieur Robert, préservez-les par le moyen qui vous conviendra le mieux, et ils sont nombreux ; mais, de grâce, ne cherchez pas à faire prendre en grippe des oiseaux que les enfants détruisent déjà en très-grande quantité, et les hommes sérieux ne peuvent trop le déplorer.

Les chevaux et les voitures sont la cause à Paris de nombreux accidents, et pour cela on ne supprime ni les voitures ni les chevaux ; des chiens deviennent enragés, et on n'immole pas l'espèce canine ; certains champignons empoisonnent et on ne détruit pas tous les champignons. Chaque médaille a son revers, c'est là un vieil adage qui sera toujours vrai.

Nous n'aimons pas à voir attaquer les mésanges; ces jolis petits oiseaux ont heureusement beaucoup plus d'amis que d'ennemis. Aussi donnons-nous volontiers la parole à leurs défenseurs (1).

A. DE LA VALLETTE.

M. Dumont-Carment nous adresse l'article suivant portant pour titre : *Utilité des mésanges comme destructeurs d'insectes* ;

Tout le monde connaît ces charmants oiseaux qu'on voit l'hiver, réunis en compagnies, voltiger d'arbre en arbre, et s'accrocher aux branches pour en nettoyer l'écorce et les bourgeons.

Au moyen de leurs becs effilés, ils vont chercher les insectes ou leurs œufs dans les plus petites gerçures.

Chaque année les mésanges, d'une nature vorace, détruisent avec acharnement un nombre considérable d'insectes, et lorsqu'au printemps les arrêtés préfectoraux prescrivent l'échenillage, la besogne est presque faite par les mésanges qui, l'hiver, ont déchiré les bourses pour dévorer les chenilles qu'elles contenaient.

Si, au mois de mars, quelques nids sont encore habités, ce sont ceux que les oiseaux n'ont pu dépecer complétement.

Pour nuire à la propagation des chenilles, il faudrait leur faire la chasse en août et septembre, avant l'éclosion des œufs, qu'on trouve réunis et collés sous un grand nombre de feuilles. Chaque nid est recouvert d'un tissu ressemblant à un morceau d'amadou, de 20 millimètres de longueur sur 10 de largeur.

C'est dans cette enveloppe imperméable que sont réunis des milliers de petits œufs blancs qui deviennent bientôt des chenilles parfaites.

Après leur éclosion, ces insectes produisent, en circulant, un fil soyeux qui couvre complétement en quelques jours les branches qu'ils parcourent, et dont l'extrémité devient le point d'attache de l'enveloppe où ils se réunissent pour passer l'hiver.

Dans la chasse de septembre, si quelques nids échappent à l'œil, on les détruit en novembre lorsqu'ils ont la forme d'une bourse; mais pour ne pas endommager les branches ni casser les bourgeons, il faut déchirer le tissu avec beaucoup de précaution.

(1) Les possesseurs de ruches regardent avec raison la mésange comme ennemie des abeilles ; elle en détruit, en effet, un certain nombre en saison de neige ; elle en prend même sur les chatons des saulmarsauts en fleurs.

(*La rédaction.*)

La chenille vulgaire fait, on le sait, beaucoup de ravage; mais la chenille que produisent les anneaux n'en fait pas de moins grands; ses œufs, garantis par une enveloppe très-dure, résistent aux plus grands froids et ne craignent pas l'attaque des oiseaux.

Pour s'en débarrasser, il faut lorsqu'on taille les arbres, fendre la bague longitudinale pour la détacher de la branche qu'elle entoure; mais, comme il est impossible de n'en pas laisser, on complète cette chasse par une inspection minutieuse qu'on fait au mois d'avril.

A cette époque, on trouve les chenilles nouvellement écloses réunies en groupe sur un seul point. Si elles sont hors de portée pour les atteindre avec la main, on les bassine avec une eau de savon composée de 200 grammes de savon vert et de 8 litres d'eau.

Malgré tous nos efforts pour détruire les insectes, les oiseaux en font naturellement plus que nous.

Puique nous entrons dans la saison où ces précieux volatiles s'accouplent, veillons à ce qu'on n'apporte pas d'obstacle à leur reproduction, opposons-nous à ce qu'ils soient désormais un objet de trafic.

Qu'on interdise rigoureusement leur détention en cage et leur vente, morts ou vivants. Et lorsqu'on aura pris ces mesures, on ne verra plus ces êtres malheureux se mutiler contre les barreaux d'une volière, et mourir au bout de quelque temps, au détriment de l'agriculture qu'ils auraient servie si on leur eût laissé la liberté.

Tous les ans, un nombre considérable d'oiseaux de toutes espèces sont sacrifiés de cette manière.

Afin de satisfaire le bon plaisir des chasseurs, on a promulgué des lois sévères pour la conservation du gibier. — Ne pourrait-on pas, dans l'intérêt de l'agriculture et de la société, en faire autant pour s'opposer à la destruction des oiseaux qui leur sont utiles.

En terminant, nous souhaitons que notre voix soit entendue et que des mesures soient prises pour remédier au mal que nous signalons; lorsqu'il aura disparu, les bois, les champs, les promenades et les jardins reprendront la gaieté que les oiseaux leur donnaient au temps passé.

Dumont-Carment.

Le corbeau.

Que dire du corbeau, cette bête noire qui est aussi la bête noire du cultivateur ? Je l'ai toujours entendu citer comme nuisible, et rien cependant n'est moins prouvé.

Tous savent combien sa vue est perçante, combien il est prudent; qu'on cherche à l'approcher en se cachant ou que l'on marche vers la troupe d'une façon indifférente, le corbeau, devinant peut-être l'intention, saura prendre son vol à temps pour échapper au plomb.

Dans nos contrées (la Gironde), ces oiseaux choisissent de préférence la région des pins pour y percher la nuit. Dès que le jour paraît, ils partent par troupes pour gagner les terres labourées où ils trouvent une copieuse nourriture, et, repus le soir, ils regagnent les pignadas pour y passer la nuit.

Ce n'est pas sans motif que notre oiseau pose dans les champs et particulièrement sur les semis de froment. Cette plante a pour ennemis des insectes dont les larves sont quelquefois si abondantes, que la récolte est compromise par leur fait. Comme leur présence dans un champ se traduit par l'étiolement de la feuille et la mort de la plante, il est facile au corbeau de distinguer d'en haut les points sur lesquels il pourra faire bonne chère, car c'est aux larves surtout qu'il en veut.

Pour les atteindre, l'oiseau, guidé par la plante malade et obligé de les chercher dans la terre, pratique avec son bec des trous qui ont fait supposer qu'il en voulait surtout au grain. Cette erreur se prouve facilement par la manœuvre seule de l'oiseau. Si le corbeau recherchait le grain germé recouvert seulement d'une faible couche de terre, il lui serait bien plus facile de l'atteindre en grattant le sol à l'aide de ses pattes qui sont assez robustes et assez bien armées pour cet usage. Au lieu de ce moyen qui serait le plus simple, il pratique des trous, et voici la raison : les larves, quand la température est froide, descendent plus profondément dans la terre, et, pour aller les y trouver, le corbeau doit faire usage de son bec, parce qu'avec ses pattes il ne peut pas aller à cette profondeur sans perdre beaucoup plus de temps et prendre beaucoup de peine.

Si, en accomplissant son travail, le corbeau déterre quelques pieds de froment, il a encore son excuse, car ces pieds arrachés sont presque toujours ceux malades, qui, dans tous les cas, se seraient flétris sans produire. Je veux admettre que notre oiseau mange aussi du grain, mais il faut en tout faire la part du feu, et ne pas en vouloir à ce volatile parce qu'il aura sacrifié à son appétit quelques grains qui, s'il ne fût pas venu, auraient subi le même sort par le fait des larves.

Il est donc essentiel en toutes choses d'observer avant de détruire, et surtout de ne pas aggraver le mal en détruisant nos auxiliaires les plus intéressés et les plus intéressants. MAGDALA.

Nichoirs artificiels en terre cuite de la fabrique de poterie

DE M. FERD. RICHNER, A AARAU (1).

Vous n'ignorez pas que, depuis plusieurs années, les hommes éminents qui se sont occupés d'économie agricole, tels que Fréd. Tschudi, le comte Casimir Woszichi, etc., ont reconnu combien il est utile de conserver la vie sauve aux petits oiseaux et de protéger leur séjour auprès des habitations champêtres, des jardins, des vignes, des vergers, des champs, des prairies et des bois. A plusieurs reprises, votre section s'est plu à prendre cette initiative dans le canton de Genève, en cherchant à attirer l'attention des agriculteurs et des grands propriétaires sur une œuvre de prévoyance qui s'adresse si directement à leurs intérêts.

Si je voulais entrer dans des détails sur l'œuvre de destruction à laquelle se livrent incessamment des myriades d'insectes de tous genres sur les produits de la végétation, je pourrais vous montrer des contrées entièrement ruinées par leur fait, des forêts dénudées, des récoltes perdues, la ruine et la désolation remplaçant la prospérité que le campagnard avait droit d'espérer de ses pénibles labeurs.

Presque tous les oiseaux, sauf la famille des pigeons, sont insectivores, et dans les *trente espèces* qui peuvent se nourrir aussi de graines, on remarque qu'ils aiment à s'alimenter plus et même mieux de substances animales que de graines végétales. En été, ils font une guerre active aux larves, aux chenilles, aux insectes ailés, aux sauterelles, aux fourmis, aux scarabées et à ces couches de pucerons qui souvent envahissent en quelques jours le plus beau carreau de légumes dans les jardins. En hiver, les oiseaux insectivores, les grimpeurs, la mésange, le roitelet, la fau-

(1) (Rapport lu à l'assemblée de la section d'industrie et d'agriculture de l'Institut genevois, le 26 février 1868.)

vette, le chardonneret, etc., visitent les branches des arbres, en piquent l'écorce pour dévorer les œufs, les larves, les nids de chenilles qui y sont déposés et n'attendent que la chaleur pour éclore.

Tous les pays où l'on a laissé détruire les petits oiseaux ont éprouvé les plus tristes conséquences agricoles : la ruine et la misère, la stérilité du sol, l'avarie de tous les fruits, rendus malsains par le contact empoisonné de leurs milliards d'ennemis.

La plupart des gouvernements de l'Allemagne, du nord et du midi de l'Europe, en France, en Suisse, en Angleterre, ont été amenés à prendre, par des arrêtés, les oiseaux sous leur protection, soit par des mesures restrictives sur la chasse, soit par de fortes amendes frappant ceux qui leur font une guerre clandestine.

Un mot d'ordre général partit de tous les côtés; on dit aux populations : *Respectez vos amis naturels*; *ne tuez pas les petits oiseaux.*

Du moment que leur rôle bienfaisant fut reconnu et avéré, on reconnut qu'il était d'une sage prévoyance de chercher à familiariser leur séjour auprès de l'habitation de l'homme, en inspirant à ces petits êtres craintifs, si souvent poursuivis par les attaques des chasseurs, une confiance qui leur rendît la sécurité.

De là naquit l'heureuse idée de leur affecter des *nichoirs artificiels*, dans lesquels ils pourraient élever en paix leur couvée. Pour l'homme, comme pour les animaux, rien ne fixe plus les individus au sol que le foyer domestique assis sur une base stable. Là où le foyer fume, là où grandit l'enfant sous l'œil de la mère, là est la vie, l'espérance, la félicité. Il faut donc fixer les oiseaux autour du domaine par les mêmes moyens qui fixent l'homme au sol.

Dans la Saxe, dans le Wurtemberg et surtout dans la Suisse allemande, de nombreux campagnards établirent des nids artificiels sur leurs propriétés. Ces nids, faits en bois, en briques, en osier, parfois se composant d'un simple pot, gypsé contre la muraille, furent facilement habités par les chantres du voisinage. Aujourd'hui, pour l'agriculteur intelligent, ils font partie d'un agencement rural et paraissent aussi nécessaires que le colombier pour les pigeons, que le poulailler pour la basse-cour.

N'est-ce pas une économie bien entendue que d'attacher à son service ces petits ouvriers actifs et diligents, qui exercent une chasse de tous les instants contre les dévorants herbivores occultes qui détruisent l'espoir des récoltes? Ils font ainsi une police pour la conservation des produits du sol, pour laquelle l'homme resterait impuissant.

On a calculé qu'un couple d'oiseaux insectivores, tels que le moineau ou l'hirondelle, apporte à la couvée qu'il nourrit environ 3,000 insectes par semaine, à raison de 20 becquées à l'heure. Les oiseaux grimpeurs absorbent par milliers les œufs, les larves et les pucerons déposés sur les plantes.

Si ce travail de destruction n'avait pas lieu continuellement, par la fécondité qu'ont les insectes à se reproduire, en quelques années, ils ne laisseraient bientôt pas une feuille, pas un brin d'herbe se développer sur la terre. Après quelques années d'expérience on a fini par comprendre toute l'utilité des *nichoirs artificiels*. Leur établissement, heureusement, se propage. Installés d'abord dans la propriété de luxe, ils apparaissent autour de la chaumière ou de la ferme.

Mais pour rendre cette mesure d'*économie agricole* plus générale, il fallait offrir aux cultivateurs affairés la faculté de pouvoir poser dans leurs propriétés des nichoirs tout faits, dont le placement fût facile et qui résumassent les bonnes conditions dans l'exécution et l'économie.

Nous avons sous les yeux deux spécimens de *nichoirs en terre cuite*, très-ingénieusement faits et qui nous semblent destinés à obtenir dans la Suisse romande le succès qu'ils ont déjà obtenu dans la Suisse allemande. Ces nichoirs, qui viennent de remporter un prix de 1re classe à l'exposition agricole de Lausanne, 1867, sortent des ateliers de poterie de M. Ferdinand Richner, à Aarau.

Depuis cinq ans, cet industriel distingué, qui a puissamment contribué à la vulgarisation des *tuyaux en terre* pour drainage et conduits d'eau, tuyaux qui rivalisent si avantageusement avec ceux en *fer fondu*, a joint, enfin, à ses inventions celle de ces deux nichoirs.

Le premier spécimen présente un *nichoir vertical*; c'est une espèce de cylindre, haut de 18 pouces et large de 5 pouces, avec une ouverture à la partie supérieure, protégée par un avant-toit qui met l'intérieur du nid à l'abri de la pluie et des rafales du vent. Quatre bosses placées postérieurement servent de point d'appui pour tenir le nichoir solidement fixé contre la branche d'un arbre, un poteau ou une muraille. Deux boutons en terre sont mis dans les côtés et servent de point d'arrêt pour assujettir le nichoir avec un fil de fer.

Le deuxième spécimen représente un *nichoir horizontal* ayant la même forme que le précédent. Seulement l'ouverture et l'avant-toit sont placés à l'une des extrémités, dans la direction de la position horizontale.

Ces nichoirs imitent extérieurement, par leur couleur sombre, gris-brun, l'écorce des arbres. L'ouverture et la forme intérieure du nid ont été copiées sur les habitudes naturelles adoptées par les oiseaux dans la construction de leurs nids. Leur poids est de 7 kilogrammes, soit 14 livres, pesanteur qui a été jugée nécessaire pour qu'ils puissent, par leur pesanteur, offrir assez de résistance aux coups de vent et aux oscillations.

En définitive, ils ont une forme bizarre, capricieuse, qui en fait une curiosité et un ornement dans un jardin. La couvée y est en sûreté, aussi bien contre les attaques des carnassiers quadrupèdes que des oiseaux de proie. On en fait déjà beaucoup usage dans les cantons allemands. Nous ne doutons pas qu'ils ne trouvent bientôt de nombreux amateurs dans notre canton. La modicité de leur prix, qui est de 1 fr. 80 c. la pièce, ne constitue pas une forte dépense, si l'on considère les services que leurs petits habitants rendront, pendant plusieurs années, à leurs possesseurs.

Nous apprenons que l'agence générale de l'usine d'Aarau a fait établir un dépôt de ces nichoirs artificiels à Genève, chez *M. J. Soller, rue Guillaume-Tell*, nº 2, qui, avec une obligeance parfaite, nous a donné les renseignements que nous nous plaisons à publier.

Nous croyons que rien n'engagera plus la jeune génération à respecter et à aimer les oiseaux, qu'en l'excitant à donner à leurs couvées droit d'asile et de cité au giron de la famille. Méril CATALAN.

On écrit de Louhans *au Sud-Est* :

Vous qui avez défendu avec tant d'insistance la destruction des nids d'oiseaux, vous devez nécessairement chercher à faire propager les efforts que font les Suisses pour établir des nids artificiels destinés à protéger les couvées et à les faire multiplier.

A ce sujet, la Société d'Yverdun avait donné un modèle consistant en bouts de tuyau de bois de sapin de 30 à 40 centimètres de longueur, et percés, à 10 ou 12 centimètres du vide, d'un trou proportionné à la grosseur de l'oiseau auquel le nid est destiné. On fixe ce nid dans une enfourche de branche, en le dissimulant avec des feuilles ou de la mousse.

Depuis, il a été placé un grand nombre de ces nids dans les forêts, dans les campagnes, dans les jardins et jusque dans les cours; ils ont presque tous été occupés, et il en est sorti de nombreuses nichées. Ces nids ont même servi de refuge aux oiseaux pendant l'hiver. Le fait a été constaté par un propriétaire, M. Rolle, qui, pendant les nuits les plus froides de janvier 1864, est allé visiter les nids de son jardin et y a trouvé un grand nombre d'oiseaux blottis les uns contre les autres.

On pourrait craindre que les nids, placés près des maisons, fussent occupés par des moineaux; pour en empêcher, il n'y a qu'à percer de petits trous, capables de laisser passer les mésanges.

Voici ce que dit, à ce sujet, M. de Quimps, président de la Société d'Yverdun : « C'est en 1862 que nous avons fait nos premiers nids — à tuyau horizontal ; — nous en avons placé deux cents dans la forêt de la commune, et, la même année, nos gardes nous ont affirmé qu'ils étaient tous occupés. Je sais qu'il y avait beaucoup de rossignols de murailles, beaucoup d'étourneaux, mais je n'ai pu savoir s'il y avait des pies, des sitelles. Au printemps 1863, nous avons fait faire cent nids semblables, et nous les avons placés aux abords de la ville; ils ont été occupés en très-grand nombre par les étourneaux, les rouges-gorges (*Sylvia thitys*) ; on y a vu plusieurs mésanges. »

Un autre propriétaire de Vevey dit avoir fait des nids artificiels en bois, de 0^m45 de longueur sur 0^m10 à 0^m12 de largeur à l'intérieur. Il y a mis un toit en zinc, dépassant le nid de dix centimètres de chaque côté, pour en éloigner les eaux. Il dit aussi que M. Albert Dewel, inspecteur forestier de l'Etat de Vaud, en résidence à Vevey, a chez lui depuis plusieurs années des types de nids artificiels : les premiers se composent d'une boîte en planches minces de sapin, assemblées avec des clous. Ces boîtes forment une petite maisonnette avec toit à deux égouts, lequel s'enlève à volonté pour pouvoir nettoyer l'intérieur à la fin de la saison. L'une des faces est percée d'un trou rond, avec une petite branche au-dessous, pour servir de perchoir.

L'autre modèle, moins cher, consiste en un bout de tuyau de bois muni de son écorce, simulant une branche morte. Il faut toujours avoir soin de tourner l'entrée du côté du levant. Ce modèle a été adopté par la Société protectrice du canton de Vaud, qui en a fait planter des centaines dans les promenades publiques et dans les forêts communales.

Ici, nous avons adopté des modèles beaucoup plus simples, coûtant à peine 10 c. Ce sont des tuyaux de drainage en terre cuite, de différents diamètres. On bouche les extrémités avec des plaques minces de terre cuite, fixées avec du plâtre. On les attache dans un enfourchement, et on les dissimule avec des branchages et de la mousse. Deux ont été occupés, cette année, par des mésanges dont les nichées sont venues à bien.

Les personnes qui voudront mieux s'édifier à ce sujet pourront consulter les numéros 21 et 22 du mois de juin 1866 du journal *la Ferme*, deux articles par J. Joigneaux.

Les petites éducations de vers à soie.

Plus que jamais il est utile et nous dirons même nécessaire de se livrer à des éducations régénératrices ayant pour but le grainage indigène, et de faire ainsi revivre dans les magnaneries ces magnifiques races jaunes dont les cocons fournissent une si belle soie et donnent un rendement plus considérable. Ces éducations deviennent d'autant plus impérieuses cette année que l'épidémie s'est, à ce qu'il paraît, déclarée au Japon, dans la province d'Oshiou; il pourrait bien se faire que la maladie s'étendît dans toutes les autres provinces, et qu'il devînt alors en quelque sorte impossible de se procurer des œufs sains.

Le Japon fournit à l'Europe environ sept cent mille cartons, dont trois cent cinquante mille à peu près sont destinés à la France. Où prendra-t-on cette immense quantité de graines, lorsque la maladie aura envahi ce pays?

Il est donc de la plus grande importance de revenir au grainage indigène, non pas précisément dans des localités infestées, mais dans des pays neufs. Les éducateurs laisseront de côté les vieux systèmes, et se rapprocheront le plus possible des conditions faites par la nature aux animaux et aux végétaux. Il ne faut donc pas craindre de donner des encouragements à ceux qui, les premiers, entreront dans cette voie.

Une somme de 1,200 fr. divisée en primes de 200 fr. chacune, a été allouée par M. le ministre de l'agriculture, dans le département du Rhône, à tous ceux qui feront de petites éducations de vers à soie dans les conditions suivantes :

1° Les éducateurs devront adresser leur déclaration par écrit au président de la Société d'agriculture, au palais Saint-Pierre. Cette déclaration devra contenir : 1° l'indication très-exacte du lieu où sera faite l'éducation; 2° la provenance des graines employées : les graines de pays sains devront être préférées; 3° le poids exact des graines devant être mises à l'éclosion.

2° Les éducations seront de 5 grammes au moins et de 10 grammes au plus.

3° Pendant le temps que durera l'éducation, il sera tenu par l'éducateur un livre où la marche journalière sera indiquée sommairement ; ce livre sera mis à la disposition des membres de surveillance désignés par la Société, qui pourront le viser et y consigner des observations.

4° L'éducation terminée, les papillons destinés au grainage seront soumis à l'examen de la commission d'essais qui décidera s'ils sont dans des conditions de bonne reproduction.

5° Dans le cas où la réussite sera jugée satisfaisante, l'éducateur recevra la moitié de l'allocation, soit 100 fr.

6° Les 100 autres francs lui seront comptés, lorsqu'il aura justifié que tous les cocons de l'éducation déclarée ont été mis au grainage, et que les graines produites ont donné des éducations réussies l'année suivante.

Il y a de bonnes choses dans ce programme, mais il y en a aussi qui laissent beaucoup à désirer et qui seront d'une application très-difficile.

Pourquoi oblige-t-on l'éducateur à faire connaître le poids exact des graines mises à l'éclosion? Pourquoi déclare-t-on que les éducations doivent au moins être de 5 grammes et au plus de 10 grammes ?

Il fallait, il nous semble, donner une plus grande latitude à l'éducateur, car tous les praticiens savent que pour obtenir des vers à soie vigoureux, pouvant parcourir d'une façon satisfaisante toutes les phases de leur existence, il faut ne faire que deux ou trois levées de petits vers au plus, au moment de l'éclosion, laisser de côté, à chaque mue, tous les vers retardataires, faibles ou malades. Eh bien, comment veut-on qu'il en soit ainsi dans le cas où l'éducateur ne peut mettre à l'éclosion que 5 grammes ou 10 grammes au plus ?

Il pourrait se faire qu'à l'époque de la montée, il restât ainsi une bien petite quantité de vers à soie, alors surtout que ces petits animaux sont déjà affaiblis par l'influence qu'exerce sur eux la maladie, quoique se trouvant dans un état sain.

Ces conditions nous paraissent donc mauvaises, et il serait utile de les modifier, en laissant une plus grande latitude aux éducateurs et en déclarant, par exemple, que les éducations pourront porter sur 15 grammes au plus.

Quoiqu'il en soit, nous engageons tous ceux qui feront des éducations pour le grainage à suivre le système qui se rapproche le plus de la nature, et voici, en quelques mots, comment nous le comprenons (1) :

Il faut d'abord choisir de la graine exempte, autant que possible, de maladie, puis en mettre à l'incubation un tiers de plus que ne le comporterait l'éducation à laquelle on désire se livrer.

Les graines seront placées dans un cabinet convenablement aéré où l'on maintiendra une température suffisante pour amener l'éclosion.

On laissera de côté les quelques vers qui sont les précurseurs de l'éclosion générale, et on tâchera d'opérer les levées en deux ou trois fois au plus ; on négligera aussi ceux qui sont les plus tardifs, on mettra dans un endroit séparé les premiers et les derniers vers éclos, on les élèvera, sans les mélanger à l'éducation destinée au grainage.

Les petits vers à soie seront nourris avec de la feuille de mûrier sauvage, ils seront tenus dans une chambre bien aérée et peu chauffée.

C'est une erreur de croire que les vers à soie demandent une forte chaleur dès leurs premiers âges, car le contraire se produit dans la nature. Le soleil est moins chaud au moment de l'éclosion, à la fin d'avril ou au commencement de mai, qu'à l'époque de la montée, dans le courant de juin. Eh bien alors, pourquoi ne pas suivre les leçons données par la nature?

Après chaque sommeil, il faudra avoir bien soin de laisser de côté les rétardataires et de les joindre aux invalides qui ont déjà été mis à part.

Aussitôt que la seconde mue sera terminée, il ne faudra plus donner la feuille coupée aux petits vers; on leur servira, à partir de cette époque, des branches qu'on placera sur les tables, et les petits insectes chercheront leur nourriture, comme s'ils se trouvaient à l'état libre, à l'état naturel.

Il est bien évident que les mieux portant atteindront presque toujours le point le plus élevé des branches.

A chaque sommeil, on ne conservera dans l'éducation pour grainage que les vers éveillés à peu près en même temps, et on négligera les rétardataires, comme nous l'avons déjà dit.

On arrivera ainsi jusqu'à la fin, en plaçant toujours des branches les unes sur les autres, aussitôt que le besoin s'en fera sentir, en ayant soin de renouveler souvent l'air de la chambre et de chauffer le moins possible.

C'est en procédant par voie de sélection incessante que l'on parviendra à obtenir des cocons excellents provenant de vers sains, et nécessairement alors les papillons ne porteront pas avec eux le germe de la maladie.

Lorsque les cocons seront complétement terminés, on les soumettra

(1) Voir les numéros 2, 3 et 4 de *L'insectologie agricole*, année 1867.

à un choix sévère et judicieux, en laissant de côté tous ceux qui peuvent présenter un caractère quelconque d'incertitude; ceux, par exemple, qui seront mous, faibles, mal faits, etc., etc.

Les cocons ne seront point détachés de la bruyère, ils resteront en place jusqu'à ce qu'il plaise aux papillons de quitter leur demeure et de prendre leur vol. Les papillons mâles et femelles seront examinés avec le plus grand soin au microscope; on rejettera tous ceux qui paraîtront faibles et ceux sur lesquels on verra des taches plus ou moins marquées. On facilitera alors l'accouplement qu'on laissera subsister, sans chercher à le raccourcir. C'est là un système déplorable, car il est impossible que l'homme puisse apprécier le temps nécessaire à la fécondation, et par conséquent il faut laisser à la nature la faculté d'agir comme elle l'entend.

On prendra une bande de papier-carton ayant une largeur de 5 à 6 centimètres et une longueur de 12 à 15 centimètres, on formera un petit cylindre ayant un diamètre de 4 à 5 centimètres, on portera ce petit cylindre sur une étoffe de laine ou sur un papier, et lorsque l'accouplement des papillons aura cessé, on mettra chaque femelle dans un de ces cylindres; de cette façon, les pontes seront tout à fait distinctes et on pourra très-facilement reconnaître la femelle qui aura donné la plus grosse récolte et celle qui aura peu produit. Or, tous les éducateurs savent fort bien que la femelle donnant la plus grande quantité de graines est celle qui est la plus vigoureuse et qui se trouve par conséquent dans le meilleur état de santé.

On mettra donc d'un côté les graines provenant des pontes abondantes et ces graines seront incontestablement excellentes, puis qu'elles seront le résultat d'une éducation conduite avec le plus grand soin et d'un grainage pratiqué avec intelligence.

On ne saurait trop s'occuper de la confection de la graine, question importante à laquelle se rattachent tant d'intérêts. Les pertes occasionnés en France par les maladies des vers à soie s'élèvent sans contredit, depuis plusieurs années, à des centaines de millions. Il serait donc fort utile de trouver un remède qui pût enrayer le mal, et ce remède nous paraît être le grainage indigène pratiqué dans les conditions ci-dessus indiquées. Nous verrons ainsi revenir les jours prospères de la sériciculture, et notre industrie ne se trouvera plus dans la nécessité d'aller chercher à l'étranger une grande partie des matières soyeuses dont elle a besoin.

A. de la Valette.

Les bonnes graines de vers à soie du mûrier.

On ne connaît point encore les causes qui ont amené la maladie des vers à soie, et ces causes seront probablement toujours un mystère pour l'homme; mais ce que tous les éducateurs savent bien, c'est que lorsqu'ils possèdent de bons œufs, ils obtiennent presque toujours les résultats les plus satisfaisants.

Deux moyens sont en présence pour atteindre ce but : Les uns ont pensé que les graines indigènes étant en grande partie entachées d'un vice, en quelque sorte radical, il fallait avoir recours à l'étranger, et successivement ils se sont mis à parcourir les diverses contrées du globe, dans lesquelles on élève des vers à soie.

Les premières importations de graines ont été assez avantageuses, mais bientôt la maladie s'est emparée des vers provenant de ces graines, et les éducateurs, se sont ainsi trouvés dans la nécessité de payer les œufs à des prix exorbitants, sans avoir la certitude du succès. Il en est résulté le plus grand découragement, et certains propriétaires ont eu la pensée malheureuse d'arracher leurs mûriers.

Quelques hommes courageux et dévoués aux intérêts publics ont cru avec raison qu'il serait possible de conjurer le mal en choisissant les graines indigènes les plus saines, en organisant dans les contrées les moins atteintes par la maladie de petites éducations destinées au grainage.

M. Guérin-Méneville a exposé le plan d'un concours propre à atteindre ce but.

Séduit par cette pensée, M. le ministre de l'agriculture a décidé que des primes de 200 fr. seraient accordées aux éleveurs qui obtiendraient de la bonne graine, en se livrant à des éducations spéciales.

Quelques personnes ont marché dans la voie qui leur avait été tracée par notre savant entomologiste et par M. le ministre d'agriculture; les primes promises ont déjà été décernées l'an dernier, et nous croyons être utile aux sériciculteurs en leur faisant connaître le nom de ceux qui ont gagné ces primes.

Sans garantir une réussite, on peut dire qu'il est toujours avantageux de préférer les graines primées à celle que le commerce *fabrique* sur une large échelle on ne sait pas où et qu'il vend ensuite, sans offrir aucune garantie sérieuse.

Le département de la Haute-Savoie a obtenu six primes, décernées à

Mme Lefebvre, de Rumilly; Mlle Constance Dessaix, aux Allinges, près Thonon; M. Mercier, à Thonon; Mme Allmer, Mlle Antonie Burnod et M. Toussaint-Rey, à Annecy.

Dans sa *Revue de zoologie*, M. Guérin-Méneville donne les noms de quelques éducateurs, auxquels on pourrait s'adresser pour avoir de bonnes graines :

Corse : MM. d'Ortoli, notaire, à Sartène; d'Ortoli frères, à Olmiccia di Talano, près Sartène; Paul Vico, à Ajaccio.

Var : M. Barles, inspecteur départemental d'agriculture, à Draguignan.

Basses-Alpes : MM. Raibaud-l'Ange, à Paillerols, près les Mées; Gorde et Clément, aux Mées; Mme Brun, née Villevielle, aux Mées; M. Arnoux, trésorier de la Société d'agriculture, à Digne.

Nous devons faire observer que l'épizootie a presque abandonné le département des Basses-Alpes. Mme Brun a fait faire sous sa direction plusieurs petites éducations pour graines dans les lieux les plus reculés et les plus isolés des montagnes. Elle possède de nombreux certificats, attestant que les vers à soie provenant des graines qu'elle a fournies ont produit 30 à 45 kilog. de cocons par once de 25 grammes, non-seulement dans le département, mais encore dans le Var, les Bouches-du-Rhône et Vaucluse.

Ce qui démontre l'influence que subissent les vers dans les pays empoisonnés par la maladie, c'est que les graines de Mme Brun n'ont point parfaitement réussi dans la Drôme et le Gard.

Toutes les éducations ont été faites dans le Cher sur une petite échelle. Nous pouvons citer comme ayant bien réussi : Mmes Guillot et Estève, à Lignières; Mlle Dagincourt et Mme Chevreux, à Saint-Amand.

Bas-Rhin : Mlle Dill, à l'Ecole d'artillerie de Strasbourg; M. Besson, professeur au lycée, à Strasbourg; M. Nageldinger, à Bischwiller; M. Heyler, à Wiwersheim.

En terminant la notice dans laquelle nous avons puisé les renseignements ci-dessus, M. Guérin-Méneville déclare qu'en faisant connaître les points où il a trouvé des éducations plus ou moins exemptes d'épizootie des vers à soie, il n'en conclut pas pour cela d'une façon absolue que les graines provenant de ces localités donneront partout de bonnes éducations. Sans aucun doute, des graines réussiront dans des pays où l'intensité de la maladie diminuera, elles échoueront d'une façon plus complète là où le mal est encore dans toute sa force.

Cependant, il n'en reste pas moins certain que des graines provenant d'une éducation bien réussie, offriront toujours de plus grandes garanties que les graines du commerce, plus ou moins avariées par de longs voyages, et bien souvent mélangées ou altérées par des fraudes honteuses.

A. DE LA VALETTE.

Travaux apicoles de la saison.

Des fleurs de mars ne tiens grand compte,
Mars hâleux, avril pluvieux,
Font mai joyeux.

Sans doute, dans notre climat, les fleurs de mars ne sont pas abondantes et ne fournissent pas assez de miel pour entretenir nos abeilles; il faut continuer de secourir les colonies dont les provisions sont épuisées ou près de l'être. Mais lorsqu'il n'est pas trop hâleux ni trop pluvieux, en un mot, lorsqu'il permet aux abeilles de se livrer au travail, mars a des fleurs qui produisent généralement peu de miel, mais une certaine quantité de pollen dont nos travailleuses tirent grand profit pour alimenter un couvain nombreux. Aussi quelle activité déploient, par les beaux jours, les ruchées établies près des bois où se rencontrent le saulmarsaut, le cornouillier, l'orme, etc. Après quelques jours de sortie, on peut déjà constater l'avance que ces ruchées ont acquise sur celles placées dans la plaine. De l'abri et des bois, voilà ce qu'il faut aux abeilles au début du printemps pour leur acquérir une population qui donnera des produits magnifiques en essaim et en miel, lorsque viendra la grande floraison de mai et de juin.

Mais lorsque l'abri et le bois manquent, lorsque la nature nous refuse ses faveurs, il faut y suppléer artificiellement, à moins qu'on ne préfère s'en rapporter au hasard, ainsi que le font ceux qui prennent des billets d'une loterie quelconque. Il faut abriter autant que possible notre rucher, il faut ensuite fournir à nos abeilles un pollen artificiel pour la cueillette duquel elles n'auront pas à s'éloigner de leur ruche, par conséquent à craindre d'être *empoignées* par la bise et l'ondée.

Le moment est propice pour créer un abri naturel par la plantation d'arbustes autour du rucher, notamment du côté d'où vient le mauvais vent. Employons les essences qui procurent le plus de fleurs à nos abeilles, au début du printemps : tels sont le cornouillier, le saulmarsaut, le merisier, le bois de Judée, entremêlés de quelques arbrisseaux à feuilles persistantes, tels que buis, genêt, ajoncs, ifs. Si le sol nous fait défaut pour des plantations vivaces, faisons des abris artificiels à l'aide de haies de roseaux, de genêts, de branches de sapin, que nous pourrons supprimer un peu plus tard, si alors elles concentrent trop fortement la chaleur.

Plaçons près de ces abris des abreuvoirs qui permettent à nos abeilles de s'alimenter sans qu'elles soient exposées à être happées par le froid. Garnissons-les de cailloux, de cresson ou de corps flottants sur lesquels nos quêteuses d'eau pourront s'alimenter sans se noyer. Ces précautions semblent mesquines ; néanmoins elles ont une grande importance dans les localités où, au mois de mars et avril, les abeilles sont obligées d'aller puiser l'eau à l'ombre, dans des rivières à bords escarpés, dans des étangs et des mares dont le vent ride la surface et en fait de véritables abîmes pour elles. Pour les attirer aux abreuvoirs commodes que nous leur créons, plaçons près de là, aux premiers moments, un peu d'eau miellée, dans des vases plats, qu'elles ne manqueront pas de trouver. En renouvelant deux ou trois fois cette amorce, on leur aura créé l'habitude de venir à cet endroit puiser l'eau dont elles ont grand besoin au printemps pour cuisiner la bouillie de leur couvain.

Les ruchées fortes qui ont été visitées en février et dont on a rogné les rayons altérés, nettoyé le plancher, et qui montrent de l'activité, n'ont plus besoin d'être dérangées. Mais celles qui n'ont pas été visitées, ou celles qui l'on été, mais dont l'activité laisse à désirer, demandent à être inspectées avec soin, et surveillées attentivement, surtout si, depuis la première visite, il est tombé un certain nombre d'abeilles sur le plancher, si la population a diminué sensiblement, si des signes de dyssentrie se laissent voir, si les rayons sont maculés d'excréments, si des pillardes se présentent à l'entrée de la ruche. Souvent, ce que nous avons de mieux à faire de ces colonies, c'est de les réunir à des voisines, soit en s'emparant de leurs abeilles par l'asphyxie momentanée, ou par la chasse à l'aide de la fumée, soit en superposant les ruches si leur disposition le permet. Les ruches à hausses sont celles qui permettent le mieux la réunion par superposition. Il faut faire cette opération à la fin de la journée, et placer en dessus la ruche ou partie de ruche dans laquelle on veut que la réunion ait lieu ; on lance de la fumée dans la ruche ou partie de ruche inférieure pour en faire monter les abeilles, et pour que les colonies se réunissent sans combat.

Voici le moment de tailler les ruches communes trop garnies de miel. En enlevant l'excès de provision on en tire parti, et on fait de la place aux abeilles pour étendre leur couvain. Il faut avoir soin de conserver des morceaux de rayons bien garnis pour les piquer dans les ruches dont les provisions sont insuffisantes pour atteindre le mois de mai. Ce piquage peut se faire au rucher : le jour, si le temps est frais, et le soir, s'il est doux. On peut aussi le faire dans une pièce fermée ou dans une cave. Dans ce dernier endroit on use d'une lanterne, et partout, de fumée. A la suite de la taille il faut empêcher le pillage, qui pourrait avoir lieu si l'on n'avait soin de rétrécir l'entrée des ruches taillées. Lorsqu'on taille à la fin de la journée au rucher, ou le matin dans la cave, on peut tenir la ruche renversée et entoilée pendant douze ou vingt-quatre heures, temps pendant lequel les abeilles enlèvent le miel des cellules déchirées. Après, on n'a plus à craindre le pillage. — Il faut, autant que possible, être deux pour opérer la taille : l'un, armé de l'enfumoir, projette de la fumée aux abeilles pour les maîtriser et les éloigner des rayons qu'on veut enlever, et l'autre, muni d'un couteau à lame recourbée, enlève successivement les rayons dégarnis d'abeilles qu'il met dans un paquet ou dans un tonneau défoncé.

Quand on a affaire à des ruches en cloche élevées, ou à des ruches en planches, il convient d'enlever l'excès de miel emmagasiné dans le haut de ces ruches, et on ne peut y arriver qu'en en sciant la section supérieure : on les récolte ainsi et on en fait du même coup des ruches à chapiteaux désormais faciles à récolter et qu'on ne récoltera plus après l'hiver, mais au milieu de l'été, à l'issue des premières coupes de prairies artificielles ou naturelles.

N'oublions pas que les provisions des ruches doivent être assurées pour jusqu'au milieu d'avril et même de mai, selon la localité et la précocité de l'année. Assurons de suite ces provisions en présentant à nos colonies nécessiteuses du miel ou autre sirop sucré, et donnons une pitance pour trois semaines, au bout desquelles nous recommencerons au besoin. Donnons plutôt trop que pas assez. Une livre de miel de 60 centimes que nous épargnons au dernier moment peut nous faire perdre une ruchée de 20 francs. (*L'Apiculteur.*)

Les Kermès (*suite du Kermès coquille*, p. 30).

C'est ce kermès qui nous a été envoyé par M. Laisné, président du cercle horticole d'Avranches, sur des poires de *Louise Bonne* et que nous avons regardé à tort, avec d'autres auteurs, comme le kermès du poirier, et mentionné comme tel dans les *Annales de la Société impériale et centrale d'horticulture*. Le véritable kermès du poirier des auteurs modernes est l'espèce précédente qui est moins répandue. Il est impossible de dire d'une manière bien certaine quel est celui que Linné a appelé *pyri*. Le kermès du poirier, dont parle Dalbret, est le même que le kermès coquille.

Cet insecte a été, comme le précédent, transporté d'Europe en Amérique avec nos arbres fruitiers et s'y est fort bien naturalisé. M. Asa-Fitch (*Noxious insects of New-York*), entomologiste distingué de l'État de New-York, a très-bien étudié son histoire, et l'a décrit d'une façon qui ne laisse rien à désirer. « Ce n'est guère avant 1840, dit-il, qu'il a paru dans l'Ohio et dans l'Illionois. Aujourd'hui il est répandu dans tous les districts de l'Est, mais c'est surtout dans ceux qui bordent le lac Michigan que ses ravages surpassent tout ce qu'on a dit jusqu'à présent. C'est à peine si l'on trouve un seul arbre qui en soit exempt; et, si l'on ne prend pas des mesures pour le détruire, on est sûr de voir périr l'arbre un petit nombre d'années après son invasion. »

Ce kermès doit s'accoupler et pondre à l'automne, car il meurt pendant l'hiver et sa peau desséchée recouvre les œufs dont le nombre varie de 25 à 80. Lorsqu'à l'aide d'une aiguille on enlève sa carapace ou coquille, on trouve dessous des œufs qui sont un peu allongés, d'une extrême petitesse, luisants, blancs ou d'un blanc un peu jaunâtre. Les petits éclosent vers le 15 mai pour se disperser sur l'écorce, où ils apparaissent alors comme de très-petits points blancs faisant partie de l'épiderme.

En France, on emploie avec succès, sur les arbres fruitiers, pour détruire le kermès coquille, un badigeonnage avec la chaux délayée. Les Américains conseillent l'usage du goudron mêlé avec de l'huile de lin et appliqué à chaud pendant l'hiver avec une brosse de feutre. M. Kinball, horticulteur à Kenosha, dans le Wisconsin, préconise le remède suivant qu'il dit très-efficace : on fait bouillir des feuilles de tabac dans une forte lessive, jusqu'à ce que le tout soit réduit en une sorte de bouillie; alors on y mêle une solution épaisse de savon noir, de manière à former une masse de consistance pulpeuse. On applique ensuite cette composition à l'aide d'un pinceau sur chacune des branches des arbres fruitiers.

Ce kermès un peu polyphage fait partie du genre *Aspidiotus* de Bouché : il vit non-seulement sur le pommier et sur le poirier mais aussi sur le néflier et sur l'aubépine. Réaumur l'a trouvé sur l'orme et nous sur le cassis, *Ribes nigrum*.

Kermès de l'olivier. Chermes oleæ BERNARD. — Cet insecte se trouve

FIG. 7. Kermès de l'olivier. *Chermes oleæ*.

dans nos départements les plus méridionaux ; il a été décrit par Bernard (*Mém. de l'Académie Marseille*, 1782, p. 108), et ensuite par Olivier

(*Encyclop. méthod.*), puis mentionné par plusieurs auteurs. C'est un parasite qui occasionne souvent de grands ravages dans les plantations d'oliviers.

Quoique cet arbre méridional appartienne plutôt à l'agriculture qu'à l'horticulture proprement dite, nous avons cru qu'il n'était pas inutile de donner ici une petite description d'un insecte qui est une véritable plaie chez nos collègues du midi de la France. Nous avons même fait graver une branche d'olivier couverte de ce kermès.

Ce kermès, appelé en Provence *pou de l'olivier*, et dont le mâle nous est encore inconnu, a une forme très-renflée, demi-globuleuse ; sa couleur est d'un brun grisâtre plus ou moins clair ; on remarque à sa surface deux grosses rides transversales qui le font paraître comme raboteux (fig. 7). Quand sa larve a subi sa métamorphose, on voit que la coque est entourée d'un petit bourrelet blanc et que la femelle repose sur un léger duvet de la même couleur.

Le kermès de l'olivier est un triste fléau dans les départements des Alpes-Maritimes et du Var. Malheureusement, ce n'est pas le seul insecte qui attaque cet arbre précieux ; des pyrales, des tineïtes dévorent ses femelles, une espèce de psylle mange ses fleurs et les larves de certaines mouches vivent aux dépens de son fruit ; outre cela, les jeunes branches offrent souvent des nodosités ou de gros tubercules produits par la piqûre qu'y fait un autre insecte pour y déposer ses œufs.

Cette gallinsecte, selon Fonscolombe, se trouve aussi très-communément en Provence sur différentes variétés d'orangers et de citronniers, tandis que le *Chermes hesperidum* y est beaucoup plus rare.

Kermès du sapin. Chermes piceæ. — Cet insecte ne se trouve aux environs de Paris que dans les parcs où le sapin et l'épicéa sont cultivés comme arbres d'agrément : il s'y multiplie d'autant mieux que très-souvent ces Conifères sont plus ou moins languissantes et d'une végétation misérable. Le mâle est inconnu ; la femelle est de grosseur moyenne, tout à fait globuleuse et d'une couleur marron foncé. C'est surtout à la bifurcation des jeunes branches qu'elle se tient de préférence et quelquefois en grand nombre.

Geoffroy (*Histoire des insectes des environs de Paris*) l'a fait connaître le premier sous le nom de *Chermes abietis rotundus*.

Kermès du figuier. Chermes caricæ Fabr. — Cette gallinsecte, tèrs commune sur les figuiers en Provence, surtout dans le département du Var, se rencontre aussi de temps en temps sur les figuiers cultivés à Argenteuil, et même quelquefois dans les jardins de Paris; elle a été figurée et décrite par Bernard (*Mémoires de l'Académie de Marseille*, 1773, p. 89, pl. 1, fig. 14-21), et étudiée depuis par Olivier (*Enyclop. méthod.*).

Fig. 8. Kermès du figuier. *Chermes caricæ*.

Aucun de ces auteurs, cependant, ne parle du mâle.

La femelle, ou plutôt son enveloppe, a une forme très-curieuse; elle ressemble à une petite patelle partagée sur les côtés en huit trapèzes; son dos est occupé par un grand tubercule bombé, ovale et assez élevé. Le milieu de chacun des trapèzes latéraux porte une petite verrue surmontée d'une très-petite houppe de duvet blanc. La couleur générale de la coque est d'un gris plus ou moins roussâtre, avec des nuances plus foncées. Dans la première quinzaine de mai, elle commence à se gonfler. La ponte a lieu à la fin de ce mois. Les petits, une fois qu'ils sont sortis de dessous la mère, sont rougeâtres et assez agiles; ils s'éparpillent sur les feuilles et les rameaux. Au bout de quelques jours, ils prennent une teinte grisâtre et la coque se forme, se dilate en tous sens et leur cache entièrement les pattes. Cependant, quoique recouverts de leur carapace, ils conservent encore assez longtemps la faculté de marcher. Au mois d'août, la plus grande partie de ces petits kermès abandonne les feuilles pour se retirer sur les branches ou sur les fruits. A la fin de septembre, ils se fixent à demeure sur les rameaux et passent l'hiver dans l'engourdissement (fig. 8). *(A suivre.)*

Produit des insectes.

Soies, cocons, graines. Les transactions ont eu de l'entrain à Lyon; les organsins et les filatures ont été recherchés et ont obtenu une faveur de 1 à 4 fr. par kil. Les affaires n'ont pas eu d'importance à Marseille, faute d'offre de marchandise. A Alais, les soies ont conservé la hausse acquise; on a coté les blanches de 128 à 130 fr. le kil.; les jaunes de 121 à 122 fr. Les prix des frisons se sont soutenus entre 11 50 à 11 75 pour le Japon, et 13 à 13 50 pour les jaunes. — A Marseille, cocons jaunes de Smyrne, Candie, Scio, Mételin, 25 fr. le kil.; de Bukarest, 22 à 25 fr.; d'Espagne et Portugal, 18 à 28 fr.; d'Italie, 24 fr. Cocons blancs d'Andrinople, 27 à 30 fr.; de Chine et Japon, 12 à 18 fr. — Les graines étrangères ont été recherchées, notamment les provenances italiennes et japonaises. Aux envrons d'Alais, les feuilles de mûriers commencent à s'ouvrir; les graines indigènes sont offertes.

Miels, cires, abeilles. Les miels sont restés très-calmes et les cires ont peu varié. Dans le Gâtinais il a été acheté des colonies d'abeilles depuis 14 jusqu'à 18 fr., selon qualité et provenance. Le prix courant est de 16 à 16 50. Ailleurs les prix varient depuis 8 jusqu'à 24 fr. pour les bonnes ruchées. — Colonies d'abeilles italiennes, 26 fr., prises dans le Tessin (Suisse).

L'Éditeur-propriétaire : E. DONNAUD.

Paris. — Imprimerie de E. DONNAUD, rue Cassette 1.

N° 3. 2e ANNÉE. Avril 1868.

L'INSECTOLOGIE AGRICOLE

SOMMAIRE :

Bulletin insectologique.

Chauves-souris chassant au milieu du jour. On lit dans le *Moniteur du soir* : Les chauves-souris qui, comme on sait, fuient la lumière du jour et ne sortent ordinairement de leurs retraites obscures qu'aux approches de la nuit, voltigent depuis quelques jours dans l'air et en plein midi, à la clarté du soleil. C'est la faim, dit-on, qui pousse ces mammifères volants à faire ainsi trêve à leurs habitudes bien connues. Les premiers rayons du soleil printanier ont fait éclore les insectes dont elles sont friandes et dont elles ont été privées longtemps pendant les rigueurs de la mauvaise saison; elles leur font maintenant la chasse la plus active dans l'air, sur les toits des maisons, le long des murs et partout où ils se reposent. — Et dire que dans la banlieue de Paris, on rencontre encore des sauvages qui crucifient ces animaux précieux lorsqu'ils peuvent s'en emparer. Cependant ces malheureux ont été à l'école, mais ils y ont passé leur temps à apprendre les exploits de Josué *ejusdem farinæ*, et ils ignorent une foule de choses utiles, indispensables.

Défense de chasser les oiseaux et autorisation de les chasser. On lit dans le journal d'*Agriculture de la Gironde* : Pendant que les chasseurs au fusil font des abatis partout et à l'abri de la tolérance exceptionnelle dont jouit la chasse au marais, les chasseurs aux crins détruisent toute sorte d'oiseaux sous le prétexte de chasser spécialement l'alouette dite *lulu*. Cela se conçoit sans peine. Lorsque les crins sont tendus ils sont tendus pour toute la gent ailée, et il n'y a aucun arrêté préfectoral ou autre qui puisse empêcher les oiseaux qui ne sont pas des *lulus* de s'étrangler bel et bien dans les nœuds coulants, exactement comme s'ils étaient tout ce qu'il ya de plus *lulus*.

On dit que les crins, prohibés pour tous les oiseaux, sont spécialement et par exception autorisés contre les *lulus*, parce que ces alouettes exercent dans nos champs les plus déplorables ravages. Sans trop de curiosité, nous voudrions bien savoir au juste quel tort les *lulus*, même les plus féroces, peuvent faire aux récoltes une fois les semailles faites et les céréales hors de terre. Notre conviction est qu'elles rendent plus de services aux cultures qu'elles ne leur causent de dommages, en les débarrassant des insectes ou des mauvaises graines, en supposant que ces alouettes se nourrissent de graines. Mais puisque l'autorité les considère comme des ennemis funestes, les met hors la loi, et encourage leur destruction par les procédés exceptionnels, on devrait bien nous expliquer ce jugement qui condamne à 50 fr. d'amende, avec accessoires obligés, un chasseur de *lulus* aux crins, trouvé porteur d'un appeau, instrument sans lequel la chasse aux crins n'est qu'une poursuite illusoire. Si les *lulus* sont des agents de dévastation, et qu'il paraisse nécessaire de suspendre l'effet de la loi pour en activer l'extermination, comment incriminer l'usage d'un appeau, corollaire indispensable des crins, et qui ne peut avoir d'autre but que de rendre le massacre plus sûr et d'en centupler les proportions? Tout cela est bien bizarre.

Destruction des fourmis et de leurs œufs. — M. Vétillard indique le moyen suivant pour détruire les fourmis et leurs œufs. Ce moyen simple, facile et peu coûteux, consiste dans une poignée de guano qu'on répand au milieu d'une fourmilière, après l'avoir ouverte et écartée. Insectes et couvée, mis en contact avec cette matière, ne résistent pas à sa puissante énergie; les fourmis fuient en abandonnant leurs œufs, qui brunissent et se dessèchent. M. Lindley, qui a confirmé l'importance de cette découverte, s'est assuré par plusieurs expériences que la fourmi atteinte fuit d'abord, mais que bientôt elle éprouve de fortes convulsions et qu'elle périt ensuite.

A propos d'œufs de fourmis, un de nos lecteurs de la classe des érudits nous jette à la tête un savant qui ne les appelle pas des œufs. En disant œufs, nous sommes compris : cela suffit.

Le ver blanc frit. Au *dîner des cultivateurs* du mois d'avril, M. Baron-Chartier a fait servir aux convives un plat de vers blancs ou mans frits dans de la pâte de beignets. Ce mets a été diversement apprécié. Nous l'avons trouvé mangeable.

Le Martin triste et sa destruction des sauterelles. La société zoologique d'acclimatation a, dans sa séance annuelle du mois de février dernier, accordé une médaille de 1re classe à M. Grandidier, pour son introduction en Algérie du Martin triste qui, au XVIIIe siècle, débarrassa Bourbon et autres îles périodiquement dévorées par les sauterelles. On espère que cet oiseau, qui paraît pouvoir s'acclimater en Algérie, y rendra les mêmes services.

Apparition des hannetons. Vers le milieu d'avril les hannetons avaient commencé à se montrer en assez grand nombre aux environs de Paris. Mais le temps pluvieux, venteux et froid qui a régné depuis a empêché leurs ravages, ou du moins jusquà ce jour.

Voici un remède qu'on propose pour atteindre sa progéniture : Disposer de distance en distance des tas de bouse de vache fraîche, dans les jardins et sur les champs qu'on désire soustraire aux ravages des vers blancs; maintenir ces tas pendant toute l'époque du vol des hannetons et de leur ponte. Au bout de quelque temps, ces tas fourmillent de petits jeunes vers blancs, qu'il est facile alors de détruire. On ne saurait douter que le hanneton ne pondrait ses œufs, avec le même empressement, dans tout autre tas de compost gras, capable de conserver sa fraîcheur longtemps.

Quoi qu'il en soit, il importe de ne pas négliger le hannetonnage dans les cantons où le hanneton apparaît en grande quantité.

H. Hamet.

Réponse à M. de la Vallette,

Au sujet de son article : *L'utilité des oiseaux.*

Je suis bien éloigné de proscrire les mésanges; autant que qui que ce soit, j'apprécie les services que ces charmants oiseaux peuvent rendre à l'arboriculture; car, si je n'ai qu'un petit jardin où j'ai pu étudier leurs mœurs, j'appartiens à une famille de grands cultivateurs qui me fournissent à chaque instant l'occasion d'étendre mes observations. En m'adressant à la Société centrale d'agriculture, j'ai voulu seulement appeler son attention sur les dégâts que les mésanges exercent quelquefois dans les vergers, et, à cette occasion, M. Huzard a déclaré avoir fait des remarques semblables dans le département d'Eure-et-Loir.

Je ne crois donc pas m'être occupé de *niaiseries*, en disant que ces oiseaux nuisent considérablement à la récolte ou à la conservation des poires; j'affirme, pour ma part, qu'annuellement, sur cent fruits, il y en a plus de la moitié dont je ne peux tirer aucun parti, à moins de les donner sur-le-champ à la cuisinière pour en faire des compotes : ainsi, l'année dernière, j'ai eu plus de cent belles poires de doyenné magnifiques venues à point sur deux arbres et il ne m'en est pas resté une quarantaine capables de passer l'hiver.

Est-ce aussi par *niaiserie* que l'impartial et savant rédacteur de *l'Insectologie agricole* a cru devoir mettre en note au bas de l'article qui me critique, que « *les possesseurs de ruches regardent avec raison la mésange comme ennemie des abeilles*? »

Au risque de faire encore hausser les épaules à M. A. de la Vallette, ce dont d'ailleurs je m'inquiète fort peu, et en suivant le même ordre d'idées, je me propose d'élever les mêmes plaintes contre les moineaux. Ces oiseaux sont devenus tellement communs dans les villes, à Paris par exemple, que dans les rares jardins où se trouvent encore quelques arbres fruitiers, ils font tomber en se disputant dans les branches une grande quantité de fleurs; j'ai vu des abricotiers qu'ils en avaient complétement dégarnis; on m'a assuré que cela avait lieu parce qu'ils cherchaient à manger les fleurs sur l'arbre; je serais d'autant plus porté à le croire, que j'en ai surpris becquetant de la jeune salade, telle que de la chicorée sauvage, et à telle enseigne que, dans bien des cas, il a fallu recommencer les semis.

N'y aurait-il pas là un beau réquisitoire à faire contre cet oiseau tapageur, voleur, effronté, etc., tour à tour attaqué et défendu par les économistes, lequel, en définitive, ne paraît guère justifier la protection dont il est entouré, puisqu'un garde champêtre ou un sergent de ville ne manquerait pas de verbaliser, s'il le voyait poursuivre, comme cela a eu lieu, l'année dernière, à Paris, à l'égard d'un gamin qui tirait sur des moineaux avec une sarbacane; car je vois, dis-je, les arbres de Paris, du moins ceux des jardins privés, toujours ravagés autant par les chenilles. Le pierrot, suivant moi, n'est propre qu'à ramasser sur la voie publique et dans les cours les grains tombés qui devraient appartenir aux volailles ou aux pigeons. Il faut convenir que si c'est un *auxiliaire* du cultivateur (voilà le grand mot qu'on aime tant à faire sonner), il est singulièrement parasite et que les poules se passeraient bien de sa société. De ce qu'au printemps il s'empare en effet de quelques chenilles pour nourrir ses petits, faut-il pour cela lui laisser rogner toute l'année la pitance d'un poulailler, et tout ce qu'il prélève dans les champs sur les récoltes? Qu'il y a loin des services que ce méchant oiseau, qui n'est bon ni à cuire, ni à rôtir, peut rendre, à ceux du corbeau dont M. Magdala a si bien fait ressortir les qualités (celui-là au moins fait d'excellentes soupes), et cependant, si je ne me trompe, le premier est protégé par la loi; il a de chauds défenseurs comme pour les mésanges, tandis que l'autre en est mis dehors et est tué impitoyablement.

Bellevue, 7 avril 1868.

Dr Eugène Robert,
Inspecteur des plantations.

Utilité sociale du gamin à propos des hannetons.

— Tout homme sensé doit rire du phalanstère, c'est entendu; il est cependant juste de dire qu'il est sorti de là pas mal de bonnes idées, entre autres celle d'utiliser comme une force sociale les penchants les plus désagréables et les plus turbulents de l'enfance. On se souvient peut-être de la petite horde avec ses deux groupes de *chenapans* et de *sacripans*, l'un et l'autre qualifiés de magnanimes. Pour bien des motifs, cette idée pourrait être reprise et les gamins les moins apprivoisés parmi ceux qui épellent dans les écoles primaires, pourraient, dès aujourd'hui, rendre à la France agricole les plus signalés services. Nous voulons parler de la destruction des hannetons et des vers blancs ou *mans, varès* en patois rouergat, qui font tant de tort aux cultivateurs. Ce mal est immense et nul n'avait encore pensé à en mesurer l'étendue comme l'a fait M. Reizet, dans un mémoire présenté à l'Académie des sciences.

Les ravages occasionnés par les vers blancs ont été, en 1866, évalués dans un rapport officiel à un chiffre énorme. Pour un seul département, M. Reizet les porte à 2 millions. Une commission fut nommée pour aviser au moyen de détruire ces ravageurs; une prime de 10 fr. était accordée pour 100 kilogrammes de vers blancs ramassés; 37,000 fr. ont été payés, ce qui représente 370,000 kil. de vers blancs ou 168 millions d'individus, chacun en moyenne pesant 2 grammes.

M. Reizet a trouvé en moyenne 23 mans par mètre carré, ce qui fait 230,000 par hectare; l'hectare contenant 100,000 pieds de betteraves, chaque racine a deux ou trois ennemis dans la horde des vers blancs.

Eh bien! huit jours de congé donnés tous les ans au mois de mai aux enfants des écoles primaires, à la condition de rapporter, le soir, au maître une quantité donnée de hannetons, en réduirait considérablement le nombre au bout de peu d'années. Ils vivent trois ans à l'état de larve ou d'insecte parfait; à la fin de la première année, on s'apercevrait déjà d'une notable diminution dans les ravages. La 3e année, il serait difficile à chaque moutard de lever un contingent de hannetons tant soit peu présentable.

Que faire du produit récolté? Séchés et moulus les hannetons donnent une farine qui peut entrer dans la nourriture des oiseaux de basse-cour; on peut les utiliser comme engrais. M. Reizet annonce dans son mémoire qu'il a fait un mélange de 3,000 kil. de vers blancs avec de la chaux vive et qu'il attend de ce compost de bons effets; il serait sans doute meilleur avec l'insecte parfait, plus riche en matière solide.

Les ravages des vers blancs augmentent à mesure que se perfectionnent les cultures, et s'ils ne donnent pas lieu dans nos contrées à des plaintes aussi vives que dans les départements du Nord, ils n'en causent pas moins çà et là de grands dégâts chez les cultivateurs avancés. Chez les insectes s'applique la loi qui veut que la population soit en raison des subsistances qu'on lui offre et non les subsistances en raison des populations.

Disons que l'idée d'employer les enfants des écoles à la destruction des hannetons n'est pas nouvelle : l'idée a déjà été mise en pratique par un instituteur. Nous regrettons d'avoir oublié son nom et son département. (1) Jules BONHOMME.

---

l'Altise potagère.

Puces de jardins. (V. *Planche.*)

Cet insecte appartient aux Coléptères tétramères famille de Phytophages de Duméril ou des Cycliques de Latreille, tribu des galinites,

(1) C'est M. Chomat, de Fontanil (Isère).

Il a pour caractère : Antennes insérées entre les yeux, très-rapprochés à leur base ; cuisses postérieures très-renflées propres au saut. Les antennes sont filiformes plus longues que le prothorax. La tête est petite, les mandibules sont bidentées et les palpes maxillaires apparentes. La forme générale de son corps est hémisphérique et ovale.

Cet insecte est très-petit, sa taille n'excède pas quatre millimètres, ses élytres sont lisses, luisantes et d'une belle couleur bleu-verdâtre métallique. On le rencontre plus communément au printemps dans les lieux frais et humides et répandu souvent en grande quantité sur les plantes potagères dont il ronge et crible les feuilles. Sa larve, qui se nourrit de la même manière et fait encore plus de dégâts, a beaucoup d'analogie avec celles des Chryromèles et des Criocères. La nymphe ressemble beaucoup à celle des Coccinelles et reste 15 à 20 jours avant d'arriver à l'état parfait.

Cette *Altise* de même que ses congénères, qui sont au nombre de plus d'une douzaine et qui ne diffèrent de celle-ci que par la couleur qui est noire chez les uns ou rayée ou pointée de jaune ou de blanc chez les autres, cette *Altise* est très-nuisible aux plantes potagères et surtout aux jeunes semis ; les jardiniers les détruisent ou les chassent en répandant sur les jeunes plantes une légère couche de cendres lessivées.

On a aussi recommandé d'arroser ces mêmes plantes d'une dissolution de savon vert faite dans la proportion de quatre kilog. pour 100 litres d'eau.

Mais le moyen le plus sûr, celui qu'a encore recommandé tout récemment M. le docteur Lemaître, c'est de semer sur les terrains du plâtre ou de la sciure de bois coaltarés, c'est-à-dire imprégnés intimement de goudron de houille dans la proportion de 2 pour 100 en poids.

MÉGNIN.

La maladie des vers à soie. — Moyens proposés pour la guérir.

La maladie des vers à soie préoccupe sérieusement l'esprit des savants et des praticiens. Cette terrible maladie a été étudiée sous toutes ses formes, et les résultats obtenus n'ont point encore été très-satisfaisants jusqu'à ce jour ; cependant il faut encourager les recherches auxquelles se livrent les hommes intelligents, car, enfin, on est parvenu à trouver un remède pour guérir la maladie de la vigne, pourquoi n'arriverait-on pas à trouver un moyen propre à faire disparaître la maladie des vers à soie? La nature a certainement placé le bien à côté du mal, il s'agit seulement de découvrir ce bien, et certes la chose n'est pas facile.

Quelques hommes se sont mis courageusement à l'œuvre, et parmi eux nous devons citer tout particulièrement le docteur Brouzet qui a publié plusieurs mémoires sur la maladie des vers à soie, les moyens de la prévenir et de la guérir. Nous croyons utile d'entrer à ce sujet dans quelques détails.

Les savants ont démontré l'existence des *corpuscules*. Les uns les ont donnés comme cause et les autres comme effet de la maladie qui décime les vers à soie.

Depuis plus de 15 ans, la présence de ces parasites a été constatée sur les graines, les vers, les litières, les poussières et tout le matériel des magnaneries; l'infection a été reconnue à tous les degrés de l'éducation, à tous les âges de la vie du ver, mais aucun remède efficace n'a été indiqué, et c'est là précisément ce que demandait la pratique; elle voulait savoir s'il n'existait pas de moyen pour détruire ces corpuscules et pour combattre la maladie, dans le cas où ils en seraient la cause réelle.

M. le docteur Brouzet a pensé qu'il serait possible de détruire le corpuscule du ver à soie aussi bien que les autres productions cryptogamiques qui se développent, comme les ferments dans les substances organiques en décomposition, sur les végétaux, les fruits, les graines, les organes des animaux vivants et de l'homme lui-même. Il a donc essayé un traitement dans la condition de ceux qui ont été suivis pour détruire la carie des froments, l'oïdium de la vigne, les parasites des animaux et de l'homme.

M. le docteur Brouzet cherche donc à établir :

1° Que la muscardine et la pébrine sont des maladies parasitaires occasionnées par le développement sur le ver à soie des germes cryptogamiques et d'animalcules infusoires ou *corpuscules;*

2° Que ces maladies sont *contagieuses* et *héréditaires*.

Dans la muscardine, un végétal microscopique prend racine, croît, se développe, porte des fleurs et des fruits sur un insecte; la graine de ce végétal se conserve surtout dans la magnanerie.

Dans la pébrine, les animalcules infusoires ou *corpuscules* envahissent le ver à soie, s'y multiplient par myriades et tuent cet insecte.

« Les études auxquelles on s'est livré depuis quelques années en France et en Allemagne, dit le savant M. Dumas, dans un rapport au Sénat, ont jeté un jour inattendu sur la génération des parasites, souvent microscopiques, qui vivent aux dépens des animaux peu volumineux ; leur transmission d'un être à l'autre par des œufs ou spores d'une ténuité extrême et d'une diffusion prodigieuse a éte constatée ; on a mis hors de doute que les maladies mortelles pour l'homme, les animaux et les plantes n'avaient souvent pas d'autres causes ni d'autre origine. C'est tout un monde nouveau qui s'est ouvert aux méditations et aux études de la science de la vie et de l'art de guérir. »

Le premier remède au mal est la graine saine, déclare M. le docteur Brouzet, mais où la prendre en quantité suffisante? D'ailleurs, même avec des graines saines, il faut s'attendre, à cause de la nature contagieuse du mal, à trouver toujours des vers pébrinés, car la pébrine a toujours existé, mais à l'état sporadique.

Il en est de même dans le règne végétal. On a cru pendant longtemps que la carie du froment était une maladie organique, et, par suite, des chimistes distingués soutenaient que le chaulage des grains n'avait aucune raison d'être ; la pratique a toujours répondu affirmativement, car le chaulage débarrasse les grains des poussières parasites des végétaux microscopiques vivant aux dépens du végétal. Il a été reconnu que 1,000 grains de froment sans avoir subi le chaulage ou toute autre préparation semblable, produisaient en *carie* 46 pour 100, tandis qúe 1,000 chaulés donnaient à peine 2 pour 100.

Les grains sont donc évidemment préservés de la carie parce que le mal est primitivement extérieur, l'embryon et la farine ne sont point altérés dès le début.

M. le docteur Brouzet conclut de ces faits et des expériences nombreuses auxquelles il s'est livré que, par le chaulage au nitrate d'argent des graines animales, on détruit le principe et par conséquent on fait disparaître la maladie. Il est certain que l'embryon n'est pas précisément attaqué, et, ce qui le démontre, c'est que parmi les éducateurs faisant usage de la même graine, les uns réussissent, tandis que les autres n'obtiennent absolument rien.

Le 16 août 1867, M. le docteur Brouzet a traité une chenille sauvage par le nitrate d'argent, deux autres livrées à elles-mêmes n'ont subi aucun traitement ; dix jours après, les cocons étaient formés. La première chenille était vivante dans le cocon à l'état de chrysalide et se trouvait dans une bonne position ; les deux autres cocons contenaient, l'un trois mouches et l'autre deux ; les chrysalides étaient mortes et muscardinées.

Ces nombreux parasites ont vécu aux dépens des chenilles et les ont tuées.

Si l'on prend un œuf pondu par une poule atteinte de poux et qu'on l'examine avec une forte loupe, on ne trouve sur la coque aucun germe parasitaire, et cependant si l'on place cet œuf dans un nid où couve une poule exempte de poux, la couveuse ne tardera pas à être infectée ; il n'en serait pas ainsi si l'œuf avait été chaulé au nitrate d'argent.

Le parasitisme est donc extérieur sur la vigne, sur le froment, le seigle, l'avoine, les chenilles sauvages, les œufs de poule et même sur l'homme, dans un grand nombre d'affections parasitaires ; c'est pour cela que le soufrage, le chaulage, un traitement extérieur enfin détruit les parasites.

M. le docteur Brouzet déclare donc, de la façon la plus formelle, en se fondant sur les principes et l'application de ces principes, que le chaulage au nitrate d'argent de graines provenant de papillons malades ou corpusculeux donne des vers sains à leur naissance, il ne reste donc plus qu'à se garantir de la contagion pendant le cours de l'éducation, et, par conséquent, il faut désinfecter, assainir les magnaneries par l'acide nitrique, le bois injecté au sulfate de cuivre, le bois charbonné, etc.

La maladie apparaissant à toutes les périodes de la vie, M. le docteur Brouzet pense qu'il faut absolument chauler au nitrate d'argent la graine, les vers et les papillons. La *graine*, pour avoir des vers sains à leur naissance ; les *vers*, pour détruire le mal par contagion, s'il apparaît, et obtenir des cocons ; les *papillons*, pour avoir de la graine exempte d'altérations morbides ou de corpuscules.

Le nitrate d'argent est le résultat de la combinaison de l'acide nitrique avec de l'argent de coupelle. C'est un des agents thérapeutiques chirurgicaux et médicaux qui rend le plus de services ; c'est à lui que les médecins ont recours dans les affections cutanées chroniques. Le nitrate d'argent se dissout assez rapidement dans l'eau, et coûte dans le commerce 35 cent. le gramme.

M. le docteur Brouzet a fait usage sur des graines et des vers à soie sortis de la quatrième mue d'une solution de nitrate d'argent, à la dose de 50 centigrammes par 1,000 grammes d'eau distillée ; on peut aussi se servir de l'eau de pluie, l'eau de neige, l'eau qui a été soumise à l'ébullition, eaux gazeuses naturelles de Saint-Galmier, Condillac, etc., car ces diverses eaux ne sont pas chargées de sels calcaires. Si l'on veut traiter des vers à soie plus jeunes sortant de la première ou de la deuxième mue, 25 centig. par tête suffisent pour obtenir une cautérisation efficace.

Traitement de la graine. Si on opère sur la graine, rien n'est plus simple; il suffit de la tremper pendant une minute dans le bain caustique de nitrate d'argent fait comme nous l'avons indiqué ci-dessus. Cette opération doit avoir lieu, autant que possible, avant que la graine se soit mise en mouvement, cependant il n'y aurait pas d'inconvénient à la faire plus tard. Lorsque les graines proviennent de papillons pébrinés, les eaux de lavage sont chargées de divers organites sur lesquels doit se porter toute l'attention des mycographes.

En vertu de leur pesanteur spécifique, les œufs des vers à soie mis dans l'eau se divisent ordinairement en trois parties bien distinctes : une partie surnage, ce sont les œufs non fécondés ou avariés; d'autres restent entre deux eaux, ce sont les œufs fécondés, mais défecteux, produisant des vers petits qui succombent dans les mues ou des *morts-flats;* les œufs complets se précipitent au fond du bain, et ceux-là seulement doivent être mis à l'incubation ; débarrassés des germes morbides, ils donneront des résultats satisfaisants.

Lorsqu'on compare les œufs qui ont surnagé avec ceux qui sont tombés au fond de l'eau, on trouve, même sur une petite quantité, une grande différence sur le poids. En examinant les trois éléments constitutifs de l'œuf, la coque, l'embryon et le liquide qui doit servir à sa nutrition pendant la vie embryonnaire, on remarque des différences considérables: la coque des œufs qui ont surnagé est moins dure, l'embryon chétif, le liquide qui l'entoure moins visqueux et moins abondant, de là provient la différence du poids spécifique.

Ainsi deux résultats sont obtenus par l'immersion des œufs dans une solution du nitrate d'argent.

1° Sélection des œufs de vers à soie ;

2° Cautérisation de la coque des œufs, siége du germe de la pébrine, et par conséquent ces vers procurant des œufs ainsi traités sont non-seulement forts et vigoureux, mais encore exempts de maladies, à leur naissance.

Traitement du ver à soie. A un âge quelconque un ver est pébriné ; un point noir apparaît tout à coup sur l'éperon ou crochet pointu qui surmonte la face dorsale du dernier anneau de son corps, ses pattes deviennent noires, le mal s'étend jusqu'aux mâchoires, les anneaux sont resserrés les uns contre les autres, toute l'enveloppe cutanée prend un aspect livide parsemé de points noirs; c'est la pébrine et quatre fonctions sont complétement enrayées d'une façon progressive :

1° L'insecte ne peut plus manger;

2° Il ne peut plus se mouvoir;

3° La défécation devient impossible;

4° Il ne peut plus respirer.

Pour que la vie reprenne son cours régulier, il faut que ces quatre fonctions se rétablissent. Sans nuire à l'insecte, il est possible de tuer ce germe parasitaire avant qu'il ait accompli son œuvre de destruction, comme on est parvenu à tuer le germe de l'oïdium sans tuer la vigne, comme on est parvenu à tuer le germe de la carie sans tuer le grain du froment, comme on parvient tout les jours à tuer le germe des maladies parasitaires chez l'homme.

Si l'on opère sur de petits vers parvenus au deuxième âge, par exemple, on plonge les corbeilles pendant trente secondes dans la solution du nitrate d'argent préparée comme ci-dessus. Si les vers sont arrivés à leur quatrième âge, il est inutile de les déplacer; on trempe un linge, un pinceau, un balai dans le liquide caustique et on les asperge.

L'insecte peut manger impunément la feuille imbibée de nitrate d'argent. Dans le cas où les corpuscules auraient envahi les membranes muqueuses intestinales, cette cautérisation intérieure pourrait au contraire être fort salutaire.

Après un moment d'agitation dans le bain, le corps des chenilles prend un aspect rougeâtre, analogue à celui qu'il offre lorsque ces insectes sortent de la quatrième mue. La défécation qui était arrêtée se rétablit, les anneaux se déroulent, le corps s'allonge, les vers rendent d'abord une matière très-dure, puis une matière non digérée, c'est-à-dire de la feuille presque naturelle.

Dès que le corps est sec, les insectes restent pendant quelques heures dans un état d'immobilité complète; le deuxième jour, le corps subit une desquamation générale, c'est-à-dire qu'il perd sa peau, l'éperon et les pattes perdent leur teinte noire et la peau reprend sa blancheur. Le pouls se relève à mesure que la mastication devient possible; la convalescence est manifeste le troisième jour.

M. le docteur Brouzet constate que 4,637 vers à soie pébrinés, provenant de diverses régions, de races indigènes, mais différentes, traités par le nitrate d'argent, ont produit 2,601 cocons, soit 72 p. 100; pas un seul de ces cocons n'était muscardiné. La muscardine, qui est une maladie à germe végétal, sera sans aucun doute efficacement combattue par le même traitement.

Il faut avoir recours au chaulage des vers par le nitrate d'argent, dès que le mal se manifeste et avant que les forces des vers soient épuisées. Le moment le plus opportun est généralement après la quatrième mue, car c'est ordinairement à cette époque que la pébrine fait son apparition. Pour réussir, il est nécessaire d'obtenir une desquamation complète, sans cela, les fonctions enrayées ne pourraient pas se rétablir. D'ailleurs l'immersion peut être pratiquée plusieurs fois sans inconvénient.

Traitement des papillons. Des vers sortis sains de leur coque peuvent prendre la pébrine par contagion pendant les diverses phases de leur existence et faire tout de même leurs cocons. Il alors nécessaire de soumettre les papillons pébrinés au traitement ci-dessus indiqué et de les plonger dans la solution nitratée. Cette opération ne contrarie en aucune façon l'accouplement.

En résumé, dit M. le docteur Brouzet :

« 1° Les graines de vers à soie de race indigène sont *intrinsèquement* saines, le corps de l'œuf est primitivement seul malade; par une opération fort simple et peu dispendieuse, on peut rendre saines et productives presque toutes les graines, dans les mêmes proportions qu'en chaulant le froment au sulfate de cuivre, on obtient des graines exemptes de carie.

» 2° Si le mal produit par contagion se manifeste pendant le cours de l'éducation, en chaulant au nitrate d'argent les vers pébrinés, on les guérit de la pébrine.

» 3° En chaulant au nitrate d'argent les papillons pébrinés, la graine qu'ils pondent n'est pas corpusculeuse.

» Seize expériences officielles, un grand nombre d'autres qui me sont personnelles, deux rapports de la Société d'agriculture du Gard, quatre rapports de M. Pasteur, mettent ces trois faits hors de doute. »

Le 9 juin 1867, M. le préfet du Gard mit à la disposition de M. le docteur Brouzet 69 vers à soie appartenant à diverses races européennes et provenant des vallées des hautes Cévennes. Ces vers étaient contenus dans des boîtes, plusieurs ont été avariés et 41 seulement ont été mis en traitement. Les vers présentaient tous les caractères de la pébrine au deuxième degré; le mal remontait à dix ou quinze jours. Dès le deuxième jour du traitement, le corps de ces insectes avait subi une desquamation générale, et toutes les fonctions s'étaient promptement rétablies.

La commission, composée de sériciculteurs éminents du Gard, a constaté que, sur 41 vers pébrinés, 32 ont formé leurs cocons, deux lots ont produit 100 p. 100, la moyenne a été de 79 p. 100.

D'autres expériences consignées par les hommes les plus compétents ont aussi donné les résultats les plus satisfaisants, mais ces expériences n'ayant pas été faites sur une assez large échelle, la Société d'agriculture du Gard a pris des mesures pour que les moyens curatifs indiqués par M. le docteur Brouzet portent sur des chambrées entières.

Nous engageons tous les sériciculteurs à se livrer aussi à des essais et à traiter par ce procédé si simple au moins une partie de leurs vers malades. Si ce succès était général, M. le docteur Brouzet aurait rendu à la France un immense service, puisqu'il aurait fait cesser l'état de misère dans lequel se trouvent les habitants de plusieurs départements séricicoles et qu'il aurait enrichi notre pays de plus de 100 millions que nos fabricants portent tous les ans à l'étranger.

Plusieurs autres remèdes ont encore été signalés et nous croyons devoir leur donner la plus grande publicité afin que les éducateurs puissent les faire passer par le creuset de l'expérience. Mais ces remèdes ne nous paraissent pas aussi sérieux que le système du docteur Brouzet dont nous venons de nous occuper.

On attribue quelque valeur à l'eau sérigène anti-corpusculeuse essayée l'année dernière par son inventeur, M. B. Delrieu (de l'Ariége), et cette année par M. Jules Rieu, de Valréas (Vaucluse), qui dit en avoir obtenu des résultats satisfaisants dans les essais précoces auxquels il s'est livré.

Vient ensuite la poudre cronienne de M. Poncet, de Lons-le-Saulnier. L'inventeur a adressé 50 boîtes de sa poudre à 50 grands éducateurs, avec prière de l'expérimenter et de faire connaître les résultats obtenus. On saura donc bientôt à quoi s'en tenir sur le compte de cette poudre merveilleuse.

Citons encore le remède de M. Plagniol, mis à l'essai sous le patronage de M. de Farincourt, préfet de l'Ardèche, et avec le concours de plusieurs sociétés d'agriculture.

On assure que les vers à soie mangent la feuille d'ailante ou vernis du Japon quand ils sont malades et la refusent quand ils sont en bonne santé. Cette nourriture les guérit, assure M. Denis, jardinier en chef au parc de la Tête-d'Or, à Lyon, en produisant l'effet du purgatif.

On obtient aussi le même résultat au moyen du sel : on trempe la feuille du mûrier dans l'eau et, après l'avoir laissée égoutter pendant deux à trois heures, on la distribue aux vers. Cette nourriture provoque chez ces petits animaux une diarrhée qui guérit le plus grand nombre de la pébrine.

Il est aussi question d'une macération de tan, résidu des tanneries, remède proposé par M. Monnet, de Beaurepaire (Isère), qui dit l'appliquer avec succès depuis plusieurs années. L'eau de macération sert d'abord à laver la graine qu'il débarrasse de ses corpuscules extérieurs, puis 24 heures après la sortie des mues, on administre aux vers un repas de feuilles qu'on a trempées dans cette eau, après les avoir laissées égoutter.

M. Boutard, du Gers, nous écrit une lettre dans laquelle il signale un procédé qui pourrait être favorable à la santé du ver à soie malade. Ce sériciculteur pense qu'il faudrait administrer à ces insectes de la feuille fermentée et traitée comme on le fait en Allemagne pour les fourrages. On devrait mettre les feuilles en tas, après les avoir cueillies, les laisser fermenter jusqu'à ce que l'intérieur du tas ait acquis une chaleur de 70 à 75 degrés; on éparpille ensuite la feuille, on la laisse refroidir; cette feuille est devenue noire et on la sert au vers dans cet état. M. Boutard assure que ces animaux la mangent avec avidité et qu'il en résulte une guérison complète.

Voilà bien des systèmes qui sont bons ou mauvais, nous n'en savons rien, mais s'asbtenir de faire des expériences sérieuses à leur sujet serait une grande faute; car enfin, on est parvenu à guérir la maladie de la vigne, pourquoi ne guérirait-on pas la maladie du ver à soie. Nous l'avons déjà dit, la nature a placé le bien à côté du mal. Cherchons et nous trouverons.

A. de La Valette.

Travaux apicoles de la saison.

Les pruniers, les cerisiers, les poiriers, les pommiers, la navette, le colza et maintes autres plantes sont en fleurs et offrent une abondante pâture aux abeilles. Poussées par l'amour de la famille et du travail, — deux lois naturelles que pratiquent au superlatif les mouches à miel et sans lesquelles toute société est impossible, — quelques butineuses se risquent entre deux ondées; mais malheur à celles qui s'éloignent trop de leur ruche, car d'un moment à l'autre le soleil se cache, la température baisse, la bise froide sévit qui les happe et les engourdit; les grésils qui surviennent achèvent de les glacer et de les tuer. Elles se sont sacrifiées, mais ce sacrifice ne profite pas plus à leur colonie que ne profitent à l'humanité ces guerres de conquêtes, — pour ne pas dire toutes les guerres, — dans lesquelles le fusil à aiguille fait des boucheries de malheureux jeunes gens.

Non-seulement ces intrépides ouvrières n'ont pas apporté la pâture attendue, mais elles ont fait un vide dans la ruche où la chaleur nécessaire au couvain n'ayant plus été suffisamment entretenue a aiguillonné la faim et provoqué la mort pour peu que les mauvais jours aient continué. Aussi voit-on, après une suite de jours froids et pluvieux qui, en avril, et même en mai, contraignent les butineuses à rester au logis; voit-on dans les ruches peu garnies de provisions, une certaine quantité de nymphes et même de larves extraites de leur berceau et charriées hors de l'habitation. Dans les petites ruchées, dans celles surtout dont la population s'est décimée en mars et en avril par suite d'une alternance à faible intervalle de beau et de mauvais temps, tout le couvain peut être atteint de froid et périr, et cela à une époque où les fleurs ne manquent pas et où on croyait les petites colonies sauvées.

C'est donc les petites colonies et celles à bout de provisions qu'il faut surveiller avec le plus grand soin à cette époque de l'année, lorsque le mauvais temps empêche les abeilles de butiner. Il faut le soir leur présenter un demi-kilogramme ou un kilogramme de nourriture tiède (miel ou sucre fondu) qu'on étendra d'un peu de lait chaud. On placera cette nourriture le plus près possible des abeilles afin qu'elles puissent l'enlever et l'emmagasiner pendant la nuit. Il importe à cette saison que le nourrisseur ne séjourne pas sous la ruche alimentée, car il est susceptible d'attirer les abeilles des autres ruches et de provoquer le pillage. On pourra augmenter la quantité de lait et même y joindre un jaune d'œuf battu si la colonie à bout de provisions a un nombreux couvain au berceau. Ce lait et ce jaune d'œuf remplacent avantageusement pour les abeilles le pollen qui leur fait défaut.

Il faut aussi se préoccuper des abreuvoirs dans lesquels les abeilles vont puiser l'eau qui leur est nécessaire pour préparer la bouillie de leur couvain. On ne saurait calculer le nombre de quêteuses d'eau qui, par les mauvais jours de cette saison, se noient dans les mares, les rivières et les fossés profonds. Tout apiculteur intelligent a soin d'établir à la portée de ses abeilles des abreuvoirs dans lesquels elles ne peuvent se noyer. Il place à fleur de terre et au soleil, dans un endroit abrité, des baquets peu profonds qu'il emplit d'eau propre et dont il garnit la surface d'une couche de mousse ou d'un lit de cresson de fontaine. Il a soin de remplir journellement ces abreuvoirs que les abeilles préfèrent à ceux placés au loin, parce qu'il leur épargne du temps et leur évite les risques de se noyer.

Dans les localités qui possèdent des fleurs mellifères en abondance, telles que colza, guigniers, etc., on peut commencer à calotter les ruches à chapiteau, et à agrandir par une hausse les ruches à divisions horizontales (ruches à hausses). On place ces dernières dessus ou dessous selon ce qu'on veut obtenir (voir le *Cours d'apiculture* pour la manière d'opérer). On ajoute aussi des cadres garnis de rayons pour les ruches à cadres mobiles.

C'est aussi le moment de se préoccuper des ruches qu'il va falloir pour loger les essaims, car l'essaimage ne tardera pas à commencer dans les localités boisées et abritées. — Les colonies italiennes qu'on veut conserver pures doivent être éloignées de tout rucher d'abeilles indigènes de trois ou quatre kilomètres au moins. Vers la fin du mois, on peut commencer, si le temps le permet, à opérer des essaims artificiels sur les plus fortes, sur celles dont on a provoqué l'éducation du couvain par une alimentation artificielle. (*L'Apiculteur.*)

Société d'Insectologie agricole

Séance du 4 mars 1868, présidence de M. le Dr Boisduval.

Le secrétaire donne lecture du procès-verbal de la dernière séance qui est adopté. — La Société décide qu'un diplôme de membre honoraire sera envoyé à M. Wadinisky, secrétaire de la Société des amis des arts de Moscou, au nom et comme représentant cette Société, qui nous a envoyé son diplôme par l'entremise de notre secrétaire général.

M. le Président annonce que Son Excellence le ministre de l'agriculture a accordé une subvention de 2,000 fr, pour notre prochaine exposition, ainsi que 35 médailles. Il ajoute qu'il a écrit au nom de la Société à Son Excellence le ministre de l'instruction publique pour demander une subvention pour la Société, et que la lettre a été remise à M. Charles Robert qui appuiera la demande.

Présentation. — M. Personnat père, inspecteur des contributions indirectes en retraite, vice-président de la Société d'horticulture des Deux-Sèvres, demeurant à Niort, présenté par MM. Personnat fils et Jean Tapié. La Société vote et M. Personnat père est nommé membre de la Société d'Insectologie agricole.

M. Aubé membre de la Société entomologique de France et de la Société centrale d'Horticulture, demeurant à Paris, rue de Tournon, nº 3, présenté par MM. Goureau et Boisduval, est nommé membre de la Société d'Insectologie agricole.

M. Courlet, docteur-médecin demeurant à Choisy-le-Roy, présenté par MM. de Lorzat et Deyrolle, est nommé membre de la Société d'Insectologie agricole.

M. Migneaux, naturaliste, peintre d'histoire naturelle, membre de la Société entomologique de France, présenté par MM. de la Valette et Deyrolle, est nommé membre de la Société d'Insectologie agricole.

Ouvrages offerts. — *Guide de l'amateur d'insectes*, par plusieurs membres de la Société entomologique, ouvrage d'environ 200 pages et 4 planches noires, offert pour M. Deyrolle; *Faune de papillons de France*, 1er volume, par M. E. Berce et Th. Deyrolle, avec 18 planches coloriées représentant la plupart des papillons diurnes de France. Ceux non figurés sont décrits. Offerts par lui-même.

M. Goureau donne des détails fort intéressants sur un petit papillon, la teigne des fenêtres : cette note sera insérée au bulletin.

M. Mégnin fait part de quelques expériences qu'il a faites sur divers acarus, entre autres celui du chat qu'il a communiqué à un cheval bien portant en lui appliquant sur le dos un morçeau de peau de chat contenant grand nombre de ces acarus, qui ont à peine un dixième de millimètre de grandeur.

Il cite le sarcopte de la gale de l'homme vivant sur un grand nombre d'animaux, tels que le lion, le chameau, le chat, le lapin, le chien, etc.; il indique la plupart des espèces de sarcopte vivant sur plusieurs animaux de mœurs très-différentes; il cite même certaines espèces vivant sur les mammifères et les oiseaux. M. le Président lui demande une communication écrite sur ce sujet si intéressant qui mérite d'être développé et de prendre place dans le bulletin. M. Mégnin promet à la Société une relation détaillée de ses expériences. (Voir plus loin.)

M. Baron Chartier, d'Antony, annonce qu'ayant goûté des vers blancs, il a trouvé que c'était un aliment sinon succulent, du moins très-agréable, et il le recommande aux gourmets. Il promet de le faire goûter au prochain dîner des cultivateurs.

Une commission, composée de cinq membres, MM. de la Valette, Mégnin, Hamet, Migneaux, Deyrolle, est nommée pour faire exécuter un coin pour frapper la médaille de l'exposition de 1868.

Pour extrait : le secrétaire, DEYROLLE.

Transmission de la gale.

Communication de M. Mégnin à la Société d'Insectologie.

J'ai eu occasion dernièrement d'étudier l'acarus de la *gale* du chat et j'en ai profité pour faire des expériences de transmission au cheval qui ont parfaitement réussi. Si l'on pense aux rapports fréquents qu'ont les chats avec l'homme et les autres animaux domestiques, on comprendra qu'il n'était pas sans intérêt de déterminer exactement les chances de danger qu'il y a à être en contact avec les chats galeux. Or ce point est parfaitement élucidé maintenant, au moins en ce qui concerne le cheval, et c'est une grande présomption que le même danger existe pour l'homme. A une prochaine occasion je me charge d'éclaircir encore ce dernier point.

L'acarus du chat est un sarcopte, et le plus petit que l'on connaisse: il n'a qu'un dixième de millimètre en tous sens, car il est à peu près sphérique. Les mâles, de même taille que les femelles, sont plus nombreux que celles-ci, et s'en distinguent par les mêmes caractères que chez les autres sarcoptes. C'est la femelle de ce petit acarien qui porte les caractères de l'espèce : ce sont, 1° seize à dix-huit spinules semées assez régulièrement sur toute l'étendue de l'hémisphère dorsal ; 2° une série de plis écailleux, à bords arrondis, disposés en cœur d'artichaut au centre de cet hémisphère ; 3° enfin dans la partie postérieure de cette même région, une fente longitudinale, bordée de deux lèvres épaisses qui n'est autre que l'ouverture vulvo-anale. Cette ouverture, toujours distincte de l'oviducte qui chez tous les acarus occupe les parties antérieures de la face abdominale, par sa position dorsale, a mérité à ce petit sarcopte le nom de *notoèdre* (de *notos* dos et *edra* anus).

L'expérience de transmission au cheval, que j'ai instituée a consisté à mettre en contact avec la peau de cheval (région du dos), et pendant toute une nuit, un petit morceau de peau de chat galeux, large comme le creux de la main, et sur lequel j'avais constaté la présence de nombreux *sarcoptes notoèdres* bien vivants. Ce n'est que quinze jours après que les accès de démangeaison ont apparu. Au vingt-cinquième jour ils étaient très-violents, surtout la nuit, et une belle éruption galeuse apparaissait qui s'étendait tous les jour au point que le trentième jour elle occupait sur le dos du cheval une étendue de plus de quarante centimètres de long. A ce moment il suffisait de prendre des croûtes et de les examiner au microscope pour voir grouiller de nombreux *acariens*, ce qui prouve que la population, déposée un mois auparavant, avait plus que centuplé. Le trente et unième jour, ayant bien acquis la preuve et la contre-preuve que l'acarus du chat pullule sur le cheval en déterminant une gale très-grave, je jugeai prudent d'arrêter mon expérience. Une bonne friction de pommade d'Helmerie fit l'affaire et guérit radicalement mon cheval.

Je puis mettre sous les yeux de la Société des sarcoptes notoèdres provenant du chat et de pareils nés et grandis sur le cheval.

Les Kermès (*suite du Kermès coquille*, p. 60).

Les figuiers attaqués par cette gallinsecte se dessèchent, par suite de l'épuisement de la séve, et perdent leurs feuilles avant l'époque ordinaire. Une grande quantité des fruits tombent aussi avant la maturité, et l'on n'ose guère manger ceux qui restent, parce qu'on ne peut pas les cueillir sans écraser quelques kermès dont la matière roussâtre, gluante, est très-peu appétissante.

Cependant les figues ne sont pas entièrement perdues pour cela ; on les fait sécher comme les autres par le procédé ordinaire : les kermès se détachent pendant cette opération, et les fruits sont livrés au commerce comme si de rien n'était, et font souvent sur nos tables partie des quatre mendiants. Si ces figues, après un séjour de plusieurs mois dans les magasins, ont moins *d'œil* que les autres, comme disent les marchands, on les enfarine un peu pour changer leur aspect et simuler une efflorescence saccharine. Il est des choses qui ne doivent pas être vues de trop près ; ne mange-t-on pas d'ailleurs, avec les figues, autant *d'acarus* qu'avec le fromage ?

Pour se débarrasser de ces parasites, il faut, dès le printemps, frotter les rameaux avec un linge un peu rude ou un gant de crin. Comme ils ne sont pas très-adhérents, on les fait assez facilement tomber.

Nous avons reçu, cet hiver, des départements du Var et des Alpes-Maritimes des branches de figuier couvertes de cet insecte.

Le kermès du figuier vit aussi, dit-on, en Provence sur les myrtes.

Kermès des Cycas. Chermes cycadis. — Il ressemble beaucoup, au pre-

Fig. 9. Kermès du cycas. *Chermes cycadis.*

mier coup d'œil, au kermès des fougères, et tout porte à croire qu'il a, comme lui, une origine exotique. Il ne se trouve que dans les serres chaudes où l'on cultive les *Cycas*.

Il est assez gros, oblong, très-convexe, et a la forme de certaines cassides (fig. 9). Sa couleur est d'un brun café avec des nuances plus obscures et des inégalités qui le rendent comme chagriné. A l'entrée de l'hiver, il a acquis toute sa grosseur, il est alors bordé par un bourrelet de coton

Fig. 10. Kermès des palmiers. *Chermes palmarum.*

blanc très-apparent. Si l'on soulève sa coque, on trouve dessous une grande quantité d'œufs. L'accouplement doit avoir lieu au milieu de l'automne. On le trouve spécialement sur les *Cycas revoluta* et *circinalis*.

C'est une des plus grosses espèces du genre. Comme il n'est pas encore très-répandu, les dégâts qu'il commet sont peu appréciables.

Kermès des palmiers. Chermes palmarum BOUCHÉ. — Il est très-abondant dans les serres sur plusieurs espèces de palmiers, particulièrement sur les *Chamærops*. Il se présente sous la forme de petites écailles blanches, convexes, un peu ovalaires, très-rapprochées les unes des autres, souvent presque confluentes (fig. 40). Ce petit animal se fixe de très-bonne heure ; on voit des individus moitié moins gros que la tête d'une petite épingle, qui, dès le mois d'octobre, sont déjà complétement immobiles. Nous supposons qu'ils doivent produire des mâles. La ponte paraît avoir lieu en mai ; car si, pendant l'hiver, on enlève, à l'aide d'une pointe d'aiguille, une des petites carapaces, on trouve dessous la larve qui est d'un vert-jaunâtre pâle.

Ce kermès, probablement exotique et apporté en Europe avec les palmiers, envahit d'abord le dessous des feuilles et, plus tard, les deux faces. Par l'aspect et la forme de sa coque, il ressemble à celui du rosier ; mais Bouché, qui l'a élevé et qui a décrit les deux sexes, s'est assuré, d'une manière positive, qu'il constituait une espèce particulière.

Il se trouve aussi sur les *Cycas*.

Kermès des kennedya. Chermes kennedyæ. — Cet insecte est un fléau pour certaines glycines de la Nouvelle-Hollande désignées maintenant sous le nom de *Kennedya*. Il ressemble beaucoup à celui du laurier-rose, sauf qu'il est un peu roussâtre. Il pourrait bien n'en être qu'une simple variété. Il habite, comme celui du palmier, d'abord le dessous des feuilles et envahit, plus tard, les deux faces de ces organes. C'est à cause de lui que plusieurs jardiniers ont abandonné la culture des *Kennedya*, parce que, disent-ils, ces plantes sont trop sujettes à prendre des *poux*.

Il faudrait, à l'exemple de Bouché, se livrer spécialement à l'étude et à l'éducation des gallinsectes et connaître bien le mâle, pour être certain qu'il constitue une espèce.

Kermès du dion. Chermes dionis. — Il est ovalaire, un peu aminci antérieurement, assez convexe, d'un blanc grisâtre ; mais ce qui le distingue de toutes les autres espèces, c'est que la coque est couverte d'une petite villosité. Nous sommes redevable de la connaissance de ce kermès à M. Rivière, qui l'a découvert sur le *Dion edule*. Il se tient, au-dessous de la feuille, le long des pinnules, par petits groupes assez clair-semés. A l'endroit des vieilles coques, il reste un duvet blanc cotonneux. En hiver, il est encore à l'état de larve; celle-ci est jaunâtre et ne subit probablement sa métamorphose qu'au printemps. Tous les individus que nous avons observés étaient fixées et entièrement immobiles.

Il habite exclusivement les serres chaudes et n'a encore été observé que sur le *Dion edule*.

Kermès de l'aloès. Chermes aloes. — Quelquefois très-commun sur certaines espèces d'agave et d'aloès, principalement sur l'*Aloe umbellata*,

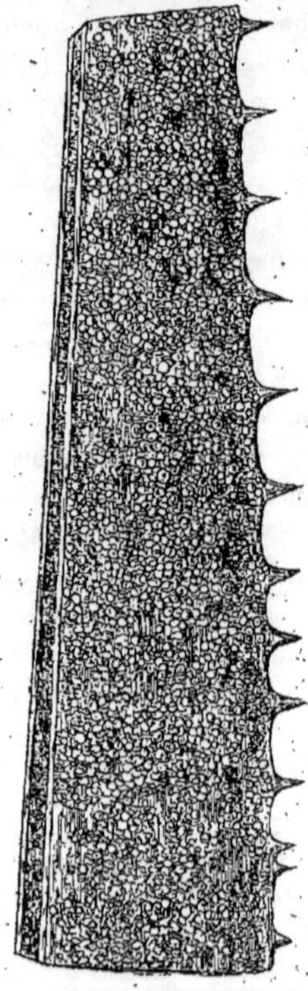

FIG. 12. Kermès de l'aloès. *Chermes aloes.*

dont il couvre presque entièrement les feuilles des deux côtés (fig. 12). Il est blanc, lenticulaire, un peu plus gros que celui du laurier-rose, de même forme, quoique un peu plus convexe. La larve que l'on trouve à l'automne sous sa carapace est d'un jaune pâle tirant sur le vert. La ponte a lieu au milieu du printemps, et les jeunes, qui sont imperceptibles à la simple vue, ressemblent à des petits points grisâtres; ce n'est qu'au milieu de l'été qu'ils se fixent. Si l'on examine une feuille d'aloès attaquée par ces insectes, on voit que, parmi toutes ces coques blanches si rapprochées, il y en a un grand nombre de vides et appartenant aux années précédentes; on en voit aussi quelques-unes percées d'un petit trou qui a livré passsge à un petit hyménoptère parasite.

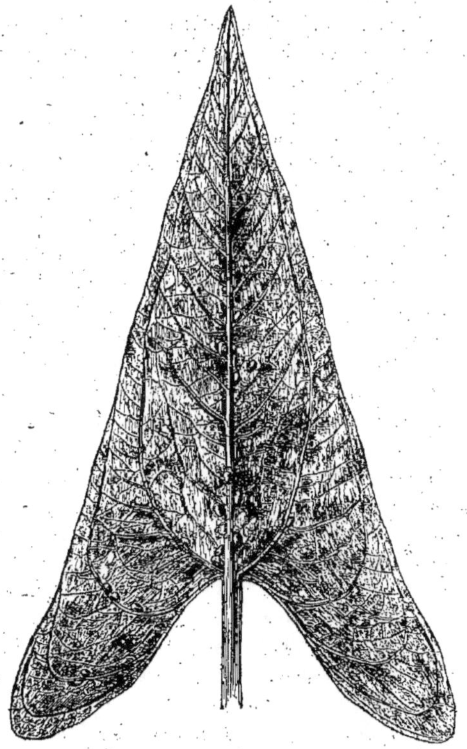

Fig. 13. Kermès des anthurium. *Chermes anthurii.*

Kermès des anthurum. Chermes authurii. Il ressemble beaucoup à celui du laurier-rose; il est un peu moins lenticulaire et un tant soit peu plus oblong, d'un blanc mat, légèrement convexe, avec les bords moins nettement arrêtés (fig. 13). Il est assez fréquent dans les serres chaudes sous les feuilles des *Anthurium* et de quelques *Caladium*. Nous ne connaissons pas le mâle, de sorte qu'il est possible qu'il fasse double emploi avec une autre espèce.

Kermès du fulchironia. Chermes fulchironiæ. — Il est blanc et ne ressemble à aucun autre par sa forme très-allongée. La coque est presque cylindrique, d'un blanc assez pur. La larve qu'elle recouvre est très-petite, d'un jaune verdâtre.

Il nous a été communiqué par M. Burel, l'un de nos bons observateurs, qui l'a découvert sur le *Fulchironia Senegalensis*, et par M. Rivière qui, de son côté, l'a trouvé dans les serres du Luxembourg, sur l'*Elaïs Guineensis*.

Kermès de la bruyère. Chermes ericæ. — Les bruyères cultivées à Vincennes et à Montreuil, pour le marché, ne sont pas exemptes de kermès. Dans certaines années, les espèces appelées *hyemalis* et *Vilmoriana* en sont couvertes. Nous pensons que c'est la même espèce qui se trouve dans le midi de la France sur les *Erica arborea* et *mediterranea*. La coque est d'un gris un peu brunâtre, légèrement ovoïde, assez fortement bombée et ressemble à du papier gris. Le mâle nous est inconnu. Il y a deux ans, les *Erica mediterranea*, cultivées dans l'orangerie du Luxembourg, étaient couvertes de ce parasite. M. Rivière s'en est débarrassé entièrement en les mettant en plein air.

Kermès ponctiforme. Chermes punctiformis. — C'est la plus petite des espèces que nous ayons observées; à l'œil nu, elle se présente sur les feuilles sous forme d'un petit point globuleux comme une graine de moutarde, complétement arrondi, d'un noir luisant, souvent saupoudré d'une substance pollineuse jaune. Cet insecte ne se fixe sur les plantes qu'au milieu de l'hiver; chaque fois qu'il se déplace, il laisse sur les feuilles une petite impression blanche circulaire. On voit souvent des individus se promenant, à l'automne, sur le vitrage des serres. Il sécrète une matière mielleuse, qui se dessèche à l'air et produit sur sa carapace ces grains jaunes ressemblant à du pollen. Il ne vit pas, comme les autres espèces, sur le revers des feuilles, mais presque constamment sur la face supérieure. Il a été introduit dans les serres, comme beaucoup de ses congénères, avec des végétaux exotiques.

On le trouve sur plusieurs espèces d'Orchidées, de Fougères, etc. Il est assez répandu dans les serres de MM. Thibaut et Ketteleër, ainsi que dans celles du Luxembourg et du Jardin des plantes. M. Gustave Malet nous en a envoyé des individus vivant sur le *Cypripedium insigne* et sur le *Polypodium aureum*. Il n'est pas très-adhérent et se détache facilement avec une brosse douce.

Kermès des hespérides. Chermes hesparidum Linné. — Cette gallinsecte, appelée par les jardiniers *punaise* ou *pou de l'oranger*, envahit toutes les variétés d'orangers et de citronniers, même quelquefois ceux qui croissent en plein air dans nos départements méridionaux. Elle se présente sous la forme d'un corps ovalaire, presque hémisphérique, d'une couleur brune un peu luisante. A son extrémité, on aperçoit une petite fente servant à l'accouplement comme dans les espèces voisines, mais non à la sortie des excréments, puisque l'on n'en trouve aucune trace chez ces animaux. Si l'on exerce une petite pression sur la coque, on en fait sortir, par la fente en question, quatre petits filets blancs. Lorsque la femelle a terminé sa ponte, on ne trouve plus sous l'enveloppe qu'une grande quantité d'œufs reposant mollement sur un duvet blanchâtre. Les petits, à leur sortie, sont agiles et se promènent longtemps çà et là sur les feuilles avant de se fixer à demeure; ils se tiennent de préférence à la face inférieure, cependant on voit aussi très-souvent quelques individus sur la face opposée, alignés le long de la nervure médiane; mais c'est surtout sur les jeunes branches qu'on les rencontre en plus grande quantité. Ces insectes, lorsqu'ils sont abondants, déterminent une grande perte de séve qui épuise des arbres déjà languissants par une cause quelconque. Nous avons vu quelquefois des caisses d'orangers dont la terre était mouillée par la séve qui tombait en rosée à sa surface. Outre cela, ils poissent les feuilles d'une matière mielleuse qui attire les fourmis. Dans cet état, les feuilles, dont les fonctions respiratoires sont incomplètes, deviennent maladives et sont très-disposées à être atteintes d'une autre affection que les jardiniers appellent la *fumagine* (1). C'est une Mucédinée noire semblable à des taches produites par de la suie ou de la poussière de charbon, décrite par Persoon sous le nom de *Fumago citri*. Aux environs de Nice et de Cannes, cette fumagine, que les Italiens connaissent sous le nom de *morfea* et les Nizards

(1) La fumagine, vue au microscope, ressemble à une immense forêt dont les branches s'entre-croisent en tous sens. Cette espèce de moisissure ne se développe jamais que sur des feuilles rendues malades par les pucerons ou les coccides.

sous celui de *morfée*, s'étend très-souvent sur les fruits dont elle arrête le développement. Au reste, cette moisissure noire ne s'observe jamais que sur des orangers rendus malades par les kermès, ou par les cochenilles. M. Rivière nous a rapporté de la presqu'île de Beaulieu plusieurs variétés du genre *citrus*, dont les feuilles et les fruits étaient couverts de morfée et de deux espèces de coccides. Les orangers, les citronniers, les cédratiers, les bergamotiers et les limoniers étaient aussi maltraités les uns que les autres.

Le kermès de l'oranger ne vit pas exclusivement sur les arbres de cette famille; nous en avons trouvé quelques individus sur les branches de laurier (*Laurus nobilis*) apportées de Nice, et qui vivaient de compagnie avec l'espèce propre à cet arbuste. On le rencontre aussi sur le myrthe (*Myrtus communis*) et sur toutes les Myrtacées, sur les grenadiers, les *Magnolia*, les *Hibiscus* et d'autres malvacées.

Les orangers transportés d'Europe en Californie étaient sans doute habités par ce kermès, car il paraît que ces insectes s'y sont multipliés en quantité innombrable.

Nous ne connaissons pas le mâle de cet insecte.

La première condition, lorsque l'on veut conserver les orangers cultivés en caisse dans un bon état de santé, c'est de leur donner une bonne culture, de ne pas les laisser végéter dans une terre usée, et de les nettoyer à l'automne et au printemps avec une brosse, pour enlever la fumagine et pour les débarrasser des kermès.

Kermès du camellia. Kermes camelliæ. — Ce petit insecte est allongé, ovale, linéaire, un peu déprimé, d'un brun roux, souvent légèrement arqué, rappelant un peu par sa forme le kermès coquille si commun sur certaines variétés de pommiers et poiriers. La larve, lorsqu'elle est débarrassée de sa coque, est d'un vert un peu roussâtre.

Nous avons observé cet insecte sur le *Camellia*, et une seule fois sur le *Thé*; il se tient à la face supérieure des feuilles le long des nervures; on rencontre cependant quelquefois deux ou trois individus disséminés sur le limbe.

Il ressemble par la couleur à celui des hespérides; mais il est plus petit et plus linéaire; il est peu adhérent, et on le détache facilement avec une petite brosse. Nous avons trouvé sur le *Daphne indica* une petite gallinsecte qui nous paraît être la même que celle du camellia.

Kermès de l'ananas. Chermes bromeliæ (Bouché). — Ce kermès, appelé par les jardiniers *pou* ou *punaise* de l'ananas, a été décrit, pour la première fois, 1778, par Kerner, dans un Mémoire publié à Stuttgard, et plus tard, mais d'une manière beaucoup plus complète, par Bouché, de Berlin, en 1834. La coque du mâle est un peu elliptique, légèrement bombée, blanche comme celle du kermès du laurier-rose; celle de la femelle est arrondie et lenticulaire. Celle-ci, débarrassée de sa couverture, ressemble à la plupart des autres, elle est d'un jaune pâle; le mâle, décrit par Bouché, est d'un brun clair saupoudré de blanchâtre; ses ailes sont blanches et proportionnellement assez larges; les filets de l'extrémité de l'abdomen sont courts.

Le kermès de l'ananas est un fléau dans les serres où l'on cultive cette plante. Notre collègue, M. Gontier, de Montrouge, a eu plus d'une fois à se plaindre des pertes qu'il lui occasionnait. Il vit par petits groupes, plus ou moins nombreux, qui se tiennent d'abord à la base des feuilles et s'étendent successivement jusque sur la tige. Presque toujours on est obligé de sacrifier les pieds malades pour éviter la contagion. Il est impossible de les atteindre avec la brosse, lorsqu'ils se sont installés dans la gaîne des feuilles.

A Berlin et en Russie, on le détruit dans les serres à ananas avec du lait de chaux (*kalkmilch*).

Cette gallinsecte ne vit pas seulement sur l'ananas, nous l'avons vue sur plusieurs autres Broméliacées. Elle se trouve aussi dans les serres sur les *Canna*, les *Hibiscus*, etc.

Il ne faut pas confondre avec le kermès de l'ananas une autre espèce d'une forme ovale et de couleur brune que l'on trouve quelquefois sur cette Broméliacée et qui ressemble beaucoup au kermès de la fougère. Nous pensons que c'est le même insecte que notre *hibernaculorum*; il n'en diffère pas par la coque.

Kermès des fougères. Chermes filicum. — Ce kermès, voisin du *Cestri*, décrit par Bouché, a une coque ovoïde-arrondie, très-bombée, d'une couleur brune, lisse, avec un petit bourrelet blanc chez les femelles adultes. Il se trouve sur plusieurs espèces de fougères, dans les serres chaudes, particulièrement sur les *Pteris*, le long du pétiole ou sous les pinnules.

Le mâle que nous avons élevé est très-petit, d'une couleur roussâtre, saupoudré de gris blanchâtre; ses ailes sont blanches, transparentes, avec la côte ferrugineuse; les filets de l'extrémité du corps sont blancs t assez longs. Il vole peu et se tient ordinairement à côté de sa femelle.

Cet insecte a été apporté avec des fougères exotiques. Il ne faut pas le confondre avec le *Cestri* de Bouché, qui se trouve aussi quelquefois sur les fougères, ni avec celui que nous avons appelé *hibernaculorum*, qu'on y rencontre aussi de temps en temps.

Kermès du cestrum. Chermes cestri, Bouché. La coque est brune, pointillée, de forme naviculaire, beaucoup moins globuleuse que dans l'espèce précédente. Lorsque la femelle est adulte, elle offre, comme beaucoup d'espèces voisines, un petit bourrelet blanc cotonneux. La coque dont le mâle doit sortir est notablement plus petite; mais nous n'avons pas été assez heureux pour en obtenir un seul exemplaire, ou peut-être a-t-il échappé à notre observation.

Bouché, qui l'a obtenu de la coque, le décrit ainsi : « Il est allongé, d'un jaune pâle, avec les ailes blanchâtres et deux petits filets de la même couleur à l'extrémité de l'abdomen. »

Ce kermès est assez commun sur les *Cestrum*, les *Hibiscus* et autres malvacées.

Kermès de l'angræcum. Chermes angræci. Il ressemble aux espèces précédentes; nous l'avons trouvé sur les pieds d'*angræcum sesquipedale* que MM. Thibaut et Keteleer venaient de recevoir directement de Madagascar. Il est probable que cette gallinsecte est propre à cette grande île et qu'elle constitue une espèce nouvelle. Mais comme ces horticulteurs apportent tous les soins imaginables à leurs plantes, ils l'ont vite fait disparaître par le brossage, et il nous a été impossible de l'étudier complétement.

Kermès des serres. Chermes hibernaculorum. Il est très-commun dans les serres à Paris et dans les environs. Il est aussi gros que le kermès de la vigne, en ovale régulier, très-lisse, luisant, d'un brun assez clair, avec l'échancrure anale très-prononcée. Il paraît qu'il s'accouple à la fin de l'été ou à l'automne, car si l'on soulève sa coque en hiver, on ne trouve plus qu'une grande quantité de petits œufs blancs enveloppés dans un nid de coton. Il est voisin du *Cestri* de Bouché. Ce parasite se multiplie très-vite et pourrait bien avoir deux générations par an. C'est un véritable fléau pour nos serres. Il s'accommode d'une infinité de plantes. On le rencontre fréquemment sur une foule de fougères, sur les *Zamia*, les *Ardisia*, les *Grevillea*, les *Gardenia*, les *Brexia*, etc., etc. On ne peut l'enlever qu'avec la brosse. Le mâle nous est inconnu.

Kermès des cymbidium. Chermes cymbidii, Bouché. C'est à MM. Rivière et Houllet que nous devons la connaissance de cette petite gallinsecte. Au premier coup d'œil, elle ressemble beaucoup au kermès du laurier-rose. Sa coque est ovale-oblongue, aplatie, d'un blanc de neige, un peu brunâtre sur les bords. Le mâle décrit par Bouché, est d'un jaune doré, avec le dos d'un jaune pâle, les yeux bruns et les ailes blanches.

La femelle, débarrassée de son enveloppe, est jaune.

Assez commun, dans les serres à Orchidées, sur plusieurs espèces de *Cymbidium*.

Bouché l'a observé sur le *Cymbidium chinense*.

Kermès de l'oranger. Chermès aurantii. Il est voisin du kermès coquille des pommiers et poiriers, mais il est plus gros, en ovale très-allongé, semblable aux deux extrémités et nullement en forme de virgule. Il est d'un noir très-légèrement brun, paraissant un peu chagriné à la loupe, bordé d'un très-petit liséré cotonneux qui s'étend sous le ventre. On trouve des individus plus petits, qui probablement sont les coques des mâles.

Cet insecte est assez commun aux environs de Blidah, sur les feuilles et les jeunes branches des orangers. M. Germain l'a trouvé abondamment sur les feuilles d'orangers provenant de l'Algérie, cultivés à Gand, près Pau. Il ne faut pas le confondre avec le kermès des Hespérides, *chermes Hesperidum* de Linné, si fréquent sur les orangers cultivés en caisse dans le centre de l'Europe, et qui est la seule espèce que nous ayons aux environs de Paris, mais, dans la France méridionale, trois autres coccides vivent sur l'oranger : les *chermes oleæ* et *aurantii*, et le *coccus citri*, ce qui porte à quatre le nombre des gallinsectes observées par nous sur cet arbre.

Kermès de l'epidendrum. Chermes epidendri, Bouché. Dans les serres du Luxembourg, si riches en Orchidées de tous les pays, nous avons rencontré la coque de ce kermès que nous avions pris pour une espèce nouvelle à laquelle nous avions donné le nom d'*Epidendri*, sans nous douter que Bouché, qui l'avait étudié d'une manière plus complète que nous, l'avait déjà décrit sous le même nom.

Le mâle, d'après cet habile observateur, est d'un jaune foncé, avec la tête brune ; ses ailes sont blanchâtres, avec le bord antérieur liséré de rougeâtre. La femelle, débarrassé de sa carapace, est aplatie, arrondie et d'un jaune verdâtre.

(A suivre.)

Cours des produits des insectes.

Soies et cocons. Les prix ont continué d'être bien tenus pour les soies filées et pour les cocons. Les soies d'ordre manquent. A Marseille, la marchandise fait toujours défaut, surtout en cocons; on a coté des cocons Nouka, 11 à 14 fr. 50 le kil., et des cocons Panderma, 23 fr.

L'abaissement de température dans la dernière partie d'avril a causé des inquiétudes dans les cantons séricicoles, et on a constaté quelques dégâts dans les Cévennes; toutefois le mal ne paraît pas avoir été aussi grand qu'on l'aurait pu craindre. On trouve, dans l'*Insectologie* de ce jour, divers remèdes conseillés pour la guérison de vers atteints de gattine et de pébrine.

Les dernières ventes de graine de vers à soie se sont faites en hausse sensible sur les débuts de la campagne. Plusieurs éducateurs, pour n'être plus à la merci des commerçants, se proposent de faire de petites éducations de graines.

Abeilles, cire, miel. Froid et pluvieux, le mois d'avril n'a pas été favorable aux abeilles; seules les fortes colonies ont avancé; mais les petites ont succombé. Quoi qu'il en soit, les prix des ruchées n'ont pas changé; les produits se sont écoulés plus facilement, mais sans changement de prix.

Les cires jaunes ordinaires ont même perdu 20 cent. du kil. Celles à blanchir ont gagné le même chiffre.

Cochenille. A Marseille, on a continué de coter la cochenille des Canaries de 8 à 9 fr. 50 le kil.

Galles en sorte d'Alep, les 100 kil., 230 fr.; noires triées d'Alep, le kil., 3 fr. 50; de Smyrne, 3 fr. 25; noires et vertes, 2 fr. 30 à 2 fr. 35; blanches, les 100 kil., 120 à 140; d'Istrie, 112 fr. 50 à 115 fr.

L'Éditeur-propriétaire : E. Donnaud.

Paris. — Imprimerie de E. DONNAUD, rue Cassette 1.

N° 4. 2e ANNÉE. Mai 1868.

L'INSECTOLOGIE AGRICOLE

SOMMAIRE :

Bulletin insectologique.

Hannetons, hannetonnage. — Les hannetons se sont montrés en grand nombre pendant le mois de mai dans le nord, l'est et l'ouest de la France et dans beaucoup d'autres contrées de l'Europe. Des mesures ont été prises pour atténuer leurs ravages et pour diminuer leur progéniture. Dans la Seine-Inférieure, la Somme, la Seine, l'administration a offert des primes pour le hannetonnage.

— On lit dans le *Journal d'Amiens :*

« La chasse aux hannetons prend des proportions fabuleuses ; en un jour on en a apporté plus de *deux millions* à la mairie d'Amiens.

» Des femmes, des enfants, se livrent avec ardeur à cette chasse ; les ouvriers des communes rurales quittent leurs métiers pour battre la campagne, et les Amiennois eux-mêmes n'ont pas été les derniers à se mettre à la besogne.

» La prime de 10 fr. par hectolitre menaçant d'outre-passer les ressources budgétaires, dorénavant l'hectolitre ne sera plus payé que 4 fr. A ce taux, bon nombre de chasseurs feront encore d'excellentes journées.

» Les coléoptères, à leur arrivée à Amiens, sont déversés dans la cour des Pompes, où ils sont amalgamés avec du chlorure de chaux; on les transporte ensuite dans de grands chariots à la Hotoie, où ils sont enfouis dans des trous pratiqués sous le sol. Après l'été, il sera facile d'en tirer un bon parti comme engrais. »

— La Société d'horticulture d'Yvetot a décidé à l'unanimité que la prime de 4 centimes allouée pour la destruction des hannetons serait continuée tant que durerait l'invasion.

Depuis mardi, rapporte le *Journal d'Yvetot*, 4,464 kilog. de hannetons ont été apportés à l'Hôtel de ville; la prime payée s'élève à la somme de 689 fr. 60 c., ce qui, avec la récolte des jours précédents, porte le chiffre total des hannetons détruits, sur le territoire de la ville d'Yvetot, à 11,126 kil., et celui de la prime à 1,668 fr. 90 c.

Cette énorme quantité de coléoptères a été déposée par 986 personnes.

— Samedi, ajoute ce journal, des individus ont tenté d'augmenter le poids des hannetons en y mélangeant de l'herbe, de la terre, même des cailloux; grâce à la surveillance des employés chargés de la réception, la fraude a été découverte et les hannetons ont été jetés dans la fosse commune, mais aucune indemnité n'a été payée aux fraudeurs.

Où la falsification va-t-elle se nicher?

— L'administration de la ville de Paris a fait exécuter très-activement cette année, surtout au bois de Vincennes, l'opération du hannetonnage. Plus de 15,000 litres de ces insectes ont été détruits par les agents du bois; les moyens de destruction employés sont des plus simples : on secoue les arbres le matin, lorsque les hannetons sont engourdis, et que, par conséquent, ils s'en détachent facilement. Ramassés immédiatement, ces insectes sont plongés dans de l'eau additionnée d'huile lourde provenant de la distillation du gaz. Grâce à ce procédé, leur mort est presque instantanée, tandis que, soumis à une immersion dans l'eau ordinaire, ils résistaient souvent plusieurs jours. Ils sont ensuite utilisés comme engrais.

Dosage de l'engrais de hanneton. — Les analyses faites par M. Bénard, vérificateur des engrais pour le département de la Somme, ont prouvé que les hannetons, dans leur état normal, contiennent 3.25 0/0 d'azote, c'est-à-dire que dans 100 kil. de hannetons frais, il y a 3 kil. 250 gr. d'azote. — Si l'on parvient à les dessécher complétement, on y trouve 14 0/0, c'est-à-dire une quantité d'azote aussi riche que dans le guano du Pérou de première qualité. (Voir 1re année de l'*Insectologie* pour la fabrication de l'engrais de hanneton.)

Hannetonnage exécuté par les corneilles.—Voici une communication de M. le Président du cercle pratique d'horticulture et de botanique du Havre :

Le canton de Goderville, affranchi jusqu'à ce jour du fléau des hannetons et de leurs larves, vient d'être largement envahi. Les corneilles, qui sont nombreuses dans les futaies, ont commencé vaillamment leur œuvre de destruction, et il faut espérer que leurs estomacs seront à la hauteur des circonstances. Les cultivateurs qui se plaignent des dommages que leur causent quelquefois les corneilles doivent reconnaître que ces oiseaux donnent de larges compensations par les services qu'ils rendent contre le plus redoutable des fléaux dont soit menacée l'agriculture.

Matière colorante extraite du hanneton. — Depuis longtemps, dit le *Journal de l'Aisne*, on fait la chasse aux hannetons ; depuis longtemps aussi on a essayé de tirer un parti avantageux de l'exécré coléoptère. Il y a dix ans environ, on avait annoncé qu'une huile propre à graisser les machines pouvait être obtenue en plaçant ces insectes sous une forte presse ; on avait même soupçonné l'existence d'une matière tinctoriale. M. Jouglet qui, après avoir repris les données antérieures, vient d'achever ses travaux sur les hannetons, a obtenu une matière colorante que l'industrie ne manquera pas d'utiliser.

Cette couleur, qui est fixe et que l'inventeur appelle hannetonide, revient au meilleur compte, puisqu'elle existe dans une proportion de plusieurs centigrammes par hanneton, et que le procédé d'extraction est des plus simples. Nous signalerons d'ailleurs une curieuse opération : c'est que la couleur varie du jaune de chrome au jaune d'or, suivant le degré d'humidité marqué par l'hygromètre.

M. Jouglet affirme que l'on pourrait de la même façon trouver d'autres couleurs dans quelques insectes aussi communs que le hanneton.

Envahissement de la rive droite de la Garonne par les courtilières. — On lit dans le *Journal d'agriculture et d'horticulture de la Gironde:* Nous sommes plus heureux que les cultivateurs du nord, les hannetons sont moins nombreux ici qu'à l'ordinaire ; mais en revanche, les courtilières ont envahi tous les terrains légers qui se trouvent sur la rive droite de la Garonne, et elles y ravagent toutes les cultures potagères. Nous ne croyons pas qu'à une autre époque ces insectes se soient montrés en plus grande quantité. Le terrain est percé de trous innombrables et miné par leurs galeries qui se croisent dans tous les sens. Toutes les jeunes tiges de haricots, de maïs, salades, choux, etc., deviennent leur proie ; rien ne peut les mettre à l'abri de leurs déprédations. Dans les rares jardins qui peuvent être inondés, on soumet successivement les carrés à cette opération qui en détruit souvent plusieurs milliers par chaque carré; mais ce n'est qu'un palliatif éphémère, car, à peine l'eau retirée, l'insecte reparaît avec la même abondance.

Il serait nécessaire de trouver un compost dont l'odeur les écartât; mais jusqu'ici la science n'a pas découvert ce bienheureux spécifique. Les taupes, qui leur font une guerre acharnée, sont poursuivies avec plus de fureur par les jardiniers, bien que les dégâts de ces dernières, pour être plus apparents, soient comparativement moins fâcheux; de telle sorte que, délivrées des plus redoutables de leurs ennemis par la sollicitude peu éclairée des jardiniers, les courtilières règnent en maîtres dans les champs et les potagers, et poursuivent sans obstacle aucun leurs déplorables dévastations. On dit que la graine de chanvre leur est ou nuisible ou désagréable, et qu'elles fuient les lieux où vient cette plante. C'est peut-être ce qui fait que les cultivateurs allemands établissent de distance en distance, dans leurs champs de pommes de terre, des lignes de chanvre qui semblent n'avoir aucune raison d'être. Puisque l'on a découvert un papier pour tuer les mouches, une poudre pour la destruction des puces et punaises, il n'y a pas de raison pour qu'on ne découvre point le moyen de détruire les courtilières. Mais, en raison du mal que ces animaux causent aux récoltes, on peut prédire à celui qui trouvera un préservatif efficace contre leurs atteintes, la reconnaissance de tous les agriculteurs, et nous n'hésitons point à dire que sa statue ne serait pas déplacée dans la galerie des bienfaiteurs de l'humanité.

Les dénicheurs. — Des ordres sévères viennent d'être donnés en exécution de l'arrêté réglementaire sur la chasse pour faire rechercher et punir les individus et même les enfants qui persisteraient, malgré les pénalités qui les menaçent, à se donner le cruel plaisir de détruire des nids et les couvées d'oiseaux. Les pères de famille sont responsables des délits commis par leurs enfants mineurs.

Les escargots des vignes en Bourgogne. — M. Roux, régisseur du Clos-Vougeot, donne à l'*Union bourguignonne* de curieux détails sur l'*escargotage* qu'il vient de faire exécuter dans les vignes de la succession de M. Ouvrard : Le Clos-Vougeot a fourni 55 doubles décalitres d'escargots gris et jaunes : la Romanée-Conti, 6 ; le Chambertin, 6 ; Perrière et Plante-Chaude, 3. En tout, 70 doubles décalitres. M. Roux estime que ces escargots auraient mangé des bourgeons dont le produit peut s'évaluer de 15 à 20 pièces de vin d'une valeur moyenne de 2,000 fr., sans compter le préjudice qui en serait résulté pour la taille de l'année prochaine. — Les frais d'*escargotage* dans les 1,285 ouvrées 1/2 (un peu plus de 55 hectares) s'élèvent à 120 fr. ; ce qui n'est vraiment rien en comparaison des dommages que l'on a évités. Ces mollusques ont d'ailleurs été revendus à un prix plus que rémunérateur. Accommodés au goût des consommateurs dijonnais, lyonnais, et surtout parisiens, ces 70 boisseaux d'escargots représentent sur l'addition des restaurateurs une valeur de quelques milliers de francs.

— Vient de paraître à la librairie agricole de la Maison rustique, rue Jacob, 26, *les Abeilles,* traité théorique et pratique d'apiculture rationnelle, par F. Bastian, pasteur à Wissembourg. Cet ouvrage, formant un vol. in-18 jésus de 330 pages, traite principalement des méthodes allemandes. Il mérite d'être consulté.

H. Hamet.

L'alucite des céréales (*voir planche*).

L'alucite des céréales (*Œcophora cerealella*) appartient aux lépidoptères nocturnes, tribu des *tineides*, et au genre *Æcophora* (Latr.). C'est un petit papillon gris comme la teigne des blés de la même taille, mais en différant par ses ailes, en toit presque horizontal (celles de la teigne), par ses palpes qui sont longs, recourbés et s'élèvent au-dessus de la tête comme deux cornes.

Les mœurs de sa chenille sont aussi très-différentes : la femelle pond ses œufs sur le blé, le seigle, l'orge ou l'avoine sur pied; elle place chacun de ses œufs sur la pointe d'un grain entre les balles qui l'enveloppent; ces œufs, qui sont très-petits et rouges, éclosent, au bout de quelques jours, soit dans le champ, soit dans le gerbier, soit dans le grenier.

La petite chenille se tient d'abord couchée dans le sillon du grain où elle s'est recouverte d'une très-fine toile de soie; puis elle perce le grain, et, tout en mangeant, elle s'introduit dans son intérieur après avoir bouché de ses excréments, qui ressemblent à une fine poussière, son ouverture d'entrée (Goureau). Lorsqu'elle a pris tout son accroissement, elle a consommé toute la farine du grain dont elle a respecté l'écorce, ce qui empêche de reconnaître sa présence à la vue simple, mais si on le presse entre les doigts, on le sent fléchir, et si on le jette dans l'eau il surnage.

Au moment de son complet accroissement, la chenille a 6 millimètres de longueur, elle est cylindrique, blanche, rose; sa tête est un peu brune et elle est pourvue de seize pattes dont les huit intermédiaires sont si petites qu'on les aperçoit à peine. C'est dans l'intérieur du grain, transformé en coque, qu'elle se change en chrysalide après s'être enveloppée dans un cocon de soie. De cette chrysalide sort bientôt un insecte parfait qui s'occupe immédiatement de reproduction sans sortir du grenier, et ce sont les grains mêmes du magasin qui reçoivent la nouvelle génération. Ceux de ces grains qui sont semés ne germent pas, bien entendu, mais ils servent de réceptacles à des ennemis qui en sortent après l'hiver pour infester tous les champs à leur portée, tandis que leurs frères restés au grenier continueront leurs ravages dans la provision.

Le temps qui s'écoule entre la ponte et la sortie du papillon est de trente jours environ, lorsque le temps est constamment chaud, ce qui permet à l'insecte d'avoir deux ou trois générations dans l'année.

Avec une multiplication aussi rapide, l'alucite devient quelquefois un véritable fléau, et l'histoire a enregistré les dates néfastes où elle s'est fait ainsi remarquer. L'année 1770, entre autres, a été marquée par les ravages que l'alucite causa dans l'Angoumois.

Beaucoup de savants et d'hommes pratiques ont recherché les moyens de parer aux dégâts causés par l'alucite. On trouve dans les Annales de l'Institut agronomique de Versailles un long mémoire de Doyère sur ce sujet; comme c'est le travail le plus complet et le plus pratique sur cette matière et que l'auteur s'y est livré à des recherches et à des expériences nombreuses et concluantes, nous allons citer au moins ses conclusions :

« J'ai voulu montrer :

» 1. Relativement à l'alucite lui-même :

» Que c'est un mal dont l'agriculture peut se débarrasser par un effort énergique, à la seule condition qu'elle ait des procédés sûrs pour détruire l'insecte dans les grains qui en sont dévorés;

» Que notamment, suivant toutes les lois de la probabilité, l'assainissement de la moitié des blés de semence et de la moitié de ceux que l'on conserve plus tard jusqu'à la fin de l'hiver, amènerait la destruction du fléau en moins de 10 ans;

» Que le résultat pourrait être obtenu par une association spontanée des principaux propriétaires;

» Que le mal est assez grand pour justifier toutes les plaintes dont il est l'objet et l'appel que les populations font au gouvernement pour obtenir de lui une intervention active.

» II. Relativement aux moyens de destruction :

» Qu'il y en a trois qui peuvent dès aujourd'hui répondre à tous les besoins, savoir :

» Le chauffage des grains;

» Le choc dans des appareils mécaniques;

» L'ensilage.

» Et :

» 1° Quant au chauffage des grains :

» Que cette opération ne doit les insuccès qui lui ont valu la condamnation dont elle est aujourd'hui frappée qu'à ce que l'on n'avait pas encore déterminé avec assez de précision les limites de température dans lesquelles il faut la renfermer;

» Que, bien que ces limites ne soient pas bien éloignées l'une de l'autre de plus de 10 à 15 degrés centigrades, il est possible et même facile d'y renfermer le chauffage des grains en réglant l'opération par une application convenablement faite du thermomètre;

» Qu'il est possible par conséquent de faire périr l'alucite par le chauffage dans les blés attaqués sans leur faire perdre la qualité de germer et sans leur faire subir aucune altération au point de vue de la boulangerie;

» Que le chauffage des grains pratiqué d'après les mêmes principes peut recevoir en agriculture une application beaucoup plus considérable encore comme moyen de dessiccation, l'enlèvement de 3 à 4 p. 0/0 d'eau devant suffire dans la plupart des cas pour soustraire les grains aux effets les plus fâcheux de la fermentation, si ce n'est les rendre tout à fait infermentescibles.

» Le degré à atteindre et à ne pas dépasser est à 50 à 65°. (Un des meilleurs appareils pour cela est l'étuve rotative de M. Terrasse-Desbillon, simplifiée avec un générateur de chaleur moins imparfait et réglé par un appareil thermométrique spécial. L'appareil Cadet-Desvaux est un brûloir à café de grande dimension.)

» 2° Que le choc peut fournir un moyen de destruction précieux contre les insectes destructeurs des céréales en grains, soit dans la machine à battre à grande vitesse, soit dans des appareils spéciaux qui frapperaient les grains avec une vitesse d'environ 800 mètres;

» Que ce principe offre surtout l'avantage de pouvoir s'appliquer dans des appareils portatifs et de ne devoir rencontrer aucun obstacle dans des préventions antérieures comme celles qui pèsent sur le chauffage et sur l'ensilage lui-même.

» 3° Quant à l'ensilage :

» Qu'il n'existe pas, dans la science ni ailleurs, un fait, un seul fait, qui témoigne contre l'emploi, chez nous, de ce mode de conservation des grains ;

» Que tout prouve, au contraire, que du blé sec, ensilé dans des conditions propres à le mettre à l'abri de l'humidité extérieure, s'y conserverait comme du sable et de la craie ;

» Que, quant aux vases eux-mêmes, la maçonnerie dans des terrains convenablement choisis, la tôle et diverses poteries en peuvent fournir d'absolument sûrs et d'aussi économiques qu'on ait le droit de l'exiger.

» Que quant aux blés, selon toute probabilité, beaucoup sont d'ores et déjà assez secs pour pouvoir être ensilés sans danger, et l'expérience apprendra à les distinguer d'après des signes comme ceux que le commerce consulte pour estimer la qualité et la valeur des grains;

» Qu'en admettant même qu'on ne puisse arriver à reconnaître la dessiccation du blé par des expédients aussi simples, la science pourra toujours fournir des méthodes sûres et d'un emploi assez facile pour qu'elles puissent servir à régler partout l'ensilage ;

» Que, enfin, avec la dessiccation artificielle, soit par la chaleur, soit par la chaux, il devient possible d'ensiler un blé quelconque même sans connaître son humidité, puisqu'il suffit de traiter tous les blés comme s'ils avaient le maximum d'humidité et que ce maximum, qui pour le cas ordinaire n'excède pas 3 à 4 p. 100, peut leur être enlevé soit par une proportion de chaux qui ne va pas au delà du cinquième de leur volume, soit du moins très-probablement par un seul passage à travers une étuve comme celle de M. Terrasse convenablement modifiée..... »

MÉGNIN.

Destruction des altises ou puces des jardins.

Depuis que je m'occupe d'entomologie, jamais je n'ai vu autant d'insectes de toutes sortes que cette année. Mon malheureux jardin est assailli par des ravageurs innombrables; je suis obligé de me multiplier pour parer aux dégâts. Enfin j'arrive quelquefois à temps. Je puis donc publier une série d'études sur la destruction des plus voraces, désirant vivement donner toute la publicité que comporte une étude aussi sérieuse. Les choux, les navets, les raves, etc., à peine sont-ils sortis de terre qu'une quantité d'affamés se jettent sur les premières feuilles; il faut nécessairement que la semence soit répandue très-épaisse pour faire échapper quelques pieds du désastre. La chaux, les cendres, le plâtre, employés tour à tour par les jardiniers, s'évaporent, se décomposent, et vous voyez les puces des jardins parcourir en tous sens ces agents destructeurs, plus nombreuses encore et ayant l'air de narguer le pauvre jardinier désolé.

Vers le milieu du mois de mai, c'est le moment de l'éclosion, il est presque impossible d'apercevoir les œufs de ce petit coléoptère; encore les verrait-on, que la destruction en serait difficile. La puce ne dépose qu'un ou deux œufs au même endroit; cet œuf est de la couleur des feuilles. Il faut donc s'attaquer à l'insecte parfait, long d'un millimètre et demi, noir, de la famille des cycliques, tribu des galérucites, genre *alticæ*. Le moyen de destruction qui m'a le plus parfaitement réussi, consiste à répandre sur les cultures, lorsqu'elles sont levées, une quantité assez suffisante de marcs de raisins. Les altises disparaissent comme par enchantement, les marcs se dessèchent difficilement, s'évaporent moins vite que les autres engrais, et la terre maintient une fraîcheur si nécessaire à l'élévation des jeunes plants. Le pétrole, préconisé par de nombreuses personnes, vient d'être exclu à jamais de nos pays; il chasse les petits animaux, brûle les insectes, mais brûle aussi les plantes. (*Bulletin de l'agriculture.*) Adolphe BRONSVICK.

Quelques mots sur le Crypidius brassica et l'Altica hyosciami.

Dans le numéro de mars de notre Bulletin, M. Mégnin a reproduit les principales allégations qu'en 1852 notre vice-président, M. Focillon, a publiées dans les Annales de l'Institut agronomique de Versailles sur un petit insecte qui, à cette époque, exerçait de très-grands ravages sur les plants de colza et de navette et que M. Focillon considérait comme une nouvelle espèce de curculionite du genre Grypidius et auquel il a cru devoir assigner le nom de Grypidius brassica. A cette même époque, en étudiant le travail de M. Focillon et la planche qui l'accompagnait, j'ai exprimé la pensée que l'insecte en question appartenait au genre ceuthorhynchus et que tout me portait à croire que c'était le C. assimilis de Paykul.

Aujourd'hui que j'ai pu observer moi-même le genre d'attaques que cet insecte dirige contre le colza et la navette et que de son côté M. le colonel Goureau, si compétent en cette matière, a pu faire les mêmes remarques et les consigner dans le deuxième supplément à son excellent travail sur *les insectes nuisibles aux arbres fruitiers, aux plantes potagères, etc., etc.*, il ne peut rester aucun doute sur l'identité du Grypidius brassica et du Ceuthorhynchus assimilis. Le premier de ces noms doit donc disparaître de la science.

M. Mégnin en réimprimant les points les plus importants du travail de M. Focillon a-t-il fait preuve d'un zèle ardent pour tout ce qui peut se rattacher au but que nous poursuivons tous ? C'est incontestable; mais je me demande si l'assentiment de notre vice-président lui est acquis. N'a-t-il pas été un peu trop loin aussi en affirmant que M. Focillon seul a bien étudié le Grypidius brassica? Qu'il se reporte au livre déjà cité et il y trouvera une histoire complète de charançon des siliques du chou, Ceuthorhynchus assimilis, dans laquelle M. Goureau n'est peut-être pas entré dans d'aussi minutieux détails que M. Focillon, mais où rien cependant d'essentiel n'a été omis. Le sujet étant plus vaste, la concision était indispensable.

Qu'il me soit encore permis de faire observer à M. Mégnin que l'insecte ou, pour être plus exact, que les insectes qu'il appelle puces de jardins ne comptent pas parmi eux l'altise hyosciami, altise qui vit exclusivement aux dépens de la jusquiame, hyosciamus niger, et n'attaque aucune des plantes qui sont cultivées dans les jardins potagers. Elle appartient aussi à une tout autre coupe générique (Psyliodes) que les altises comprises par les jardiniers sous le nom collectif de pucette et dont le nombre des espèces s'élève au moins à six. Ce sont les Phyllotreta lepidii, obscurella, punctulata, atra, mælena et diademata qui toutes sont noires, bleues ou vertes très-foncées et donnant assez exactement l'idée de puces en raison de leur couleur et des sauts très-vifs au moyen desquels elles parviennent à dissimuler leur présence, en se cachant dans les plus petites anfractuosités du sol. L'on pourrait peut-être encore comprendre sous ce nom général de pucette les Phyllotecta nemorum, undulata et vittula ; mais ces dernières, au lieu d'être d'une couleur foncée, ont les élytres ornées de bandes longitudinales jaunâtres qui les distinguent des précédentes. Toutes ces Phyllotecta s'attaquent presque exclusivement aux plantes potagères de la famille des crucifères, choux, navets, radis, etc. Les insectes parfaits dévorent les jeunes semis, les plants déjà forts, et leurs larves vivent en mineuses dans l'épaisseur de leurs feuilles.

Je serais désolé qu'on pût voir dans cette note la moindre idée d'hostilité, je n'ai qu'un but : la manifestation de la vérité et le désir de ne plus voir accuser tel ou tel être de certains méfaits dont la responsabilité doit incomber à leurs véritables auteurs. Aussi me ferai-je toujours un vrai plaisir de mettre les faibles connaissances que je puis avoir acquises dans une étude assez longue des coléoptères à la disposition de tous les membres de notre Société qui auraient besoin de connaître le nom des insectes de ce groupe qui pourraient être accusés d'avoir causé quelques dégâts horticoles, agricoles ou forestiers. Je saurai bien aussi consulter mes collègues dans le cas où j'aurai à examiner un sujet qui me sera étranger. Point d'orgueil ! point de fausse honte ! Aidons-nous les uns les autres et travaillons sincèrement au but que nous nous proposons, qui est de limiter autant que faire se pourra les pertes ou les ennuis que nous occasionnent si souvent les insectes et d'utiliser ceux dont nous pourrons tirer quelque avantage ; mais surtout attachons-nous toujours à bien déterminer nos amis ou nos ennemis pour que nos moyens de combattre les uns et de profiter des autres puissent se transmettre avec plus de certitude de succès.

Dr Ch. Aubé,

Membre de la Société d'insectologie agricole.

Insectes tubérivores.

J'ai l'honneur de faire passer sous les yeux de la Société les divers insectes tubérivores qui ont été signalés jusqu'à ce jour, c'est-à-dire les insectes dont les larves se nourrissent de la truffe comestible et occasionnent sa décomposition et sa putréfaction plus ou moins rapidement. Ceux de ces insectes qui sont nés chez moi provenant de truffes de Bourgogne se voient en nature, ceux que je n'ai pas élevés et que je ne possède pas sont indiqués par leurs noms.

1° *Helomyza tuberivora*. Macq. Cette mouche se montre vers le milieu d'octobre et est très-commune dans les truffes de la Bourgogne. On la voit voltiger dans les bois au commencement de l'été cherchant de ces tubercules sur lesquels elle puisse pondre ses œufs. Il est facile de la suivre des yeux à cause de sa couleur fauve. On trouve des larves dans les truffes à la fin d'août et au commencement de septembre. Ce sont des vers blancs, semblables pour la forme, à tous ceux qui produisent des almuscides, lesquels sont appelés *asticots* en langage parisien. Ils rendent par l'anus une bouillie blanchâtre qui accélère très-promptement la putréfaction du tubercule et lui donne une odeur insupportable.

La même mouche d'une couleur fauve un peu plus foncée, provient de truffes récoltées dans les Basses-Alpes.

Deux autres espèces du même genre les *Helomyza limata* et *H. penicillata* ont été élevées par L. Dufour dans des truffes du midi de la France. Ces mouches sont fauves, comme les précédentes, leur ressemblent beaucoup; mais leurs ailes ne portent pas les petites taches noirâtres qu'on voit sur ces dernières.

Enfin les *Helomyza pallida* et *H. ustulata* ont été prises voltigeant au-dessus des gisements de truffes.

2° *Cheilosia mutabilis.* Macq. Cette mouche est une syrphidée et se montre à la même époque que l'*Helomyza tuberivora;* sa larve, qui est blanchâtre, est remarquable par son tube caudal. Elle vit dans les truffes en compagnie de celle de l'Hélomyza, mais elle ne les gâte pas aussi rapidement. Quand elle a pris toute sa croissance, elle s'enfonce en terre pour se changer en pupe et ensuite en insecte parfait. Les autres larves qui vivent dans les truffes agissent de même pour se métamorphoser.

2° *Curtonevra stabulans.* Macq. La larve de cette espèce vit dans la truffe comme les précédentes; elle ressemble à toutes celles des Muscides et gâte assez promptement le tubercule qu'elle ronge; elle est grosse et vorace. La mouche se montre dans les premiers jours de septembre. Je conjecture qu'elle pond ses œufs sur les truffes extraites du sol et livrées au commerce et à la consommation.

4° *Anthomyia canicularis.* Macq. et *A. blepharipteroides.* Duf. Les larves de ces deux mouches se nourrissent de la substance de la truffe. La première est très-remarquable par les longues soies barbelées du bord latéral de chaque segment et par les dentelures des soies qui sont placées à la partie dorsale de chaque côté de la ligne médiane. Je n'ai pas obtenu ces mouches des truffes véreuses de Bourgogne; mais la première est née abondamment à Paris de celles que l'on vend chez les marchands, et la deuxième a été élevée par L. Dufour dans le midi de la France. Il est encore probable que ces mouches pondent leurs œufs sur les truffes extraites du sol et livrées au commerce.

5° *Phora rufipes*. Macq. Les larves de ce petit moucheron sont ordinairement très-nombreuses dans les truffes et se nourrissent de leur substance; elles ressemblent un peu à celle des Muscides; elles subissent leurs transformations dans la terre et le moucheron se montre vers le milieu de septembre. Je conjecture encore ici que les œufs sont pondus sur les truffes extraites de terre commençant à s'altérer.

6° *Sciara hyalipennis*. Macq. Les larves de cette petite tipulaire vivent dans la truffe et s'y montrent quelquefois en nombre prodigieux. Elles ressemblent à celles des Muscides et non à celles des Tipulaires fongicoles qui sont des vers blancs à tête noire. Le moucheron commence à se montrer dès le 25 juillet et se propage dans les tubercules gâtés pendant deux ou trois générations consécutives. Les œufs de la première génération sont peut-être pondus sur les truffes saines, soit dans la terre, soit hors de la terre; ceux des générations suivantes sont déposés sur les truffes gâtées.

7° *Anisotoma cinnomomea*. Ce petit coléoptère, de la famille des Toxicomes, se nourrit des truffes saines; il les ronge, y creuse des trous et des galeries, mais il ne les gâte pas. On l'y trouve caché au fond de sa retraite dans le mois de novembre et pendant l'hiver. La famille y pond ses œufs et les larves se nourrissent de la substance de ce tubercule.

8° *Cynips aptera*. Lin. J'ai joint aux insectes précédents le Cynips aptère qui pique avec sa tarrière les radicules du chêne apparentes à la surface du sol et qui y produit une série de galles contiguës, pressées l'une contre l'autre, comprimées pyriformes, de consistance assez ferme, de couleur noire, tenant à la radicule par un seul point. Chaque galle renferme une larve qui s'y nourrit jusqu'à sa tranformation en insecte parfait. Ce petit hyménoptère est toujours privé d'ailes. Quelquefois la larve du Cynips est dévorée par celle d'un parasite qui usurpe sa place. Ce parasite est le *collimome subterraneus*. Curt.

Ce sont ces galles qui ont été prises pour des jeunes truffes par des observateurs superficiels et peu instruits en entomologie. Le Cynips aptère et ses galles n'ont aucun rapport prochain ou éloigné avec les truffes saines, ni avec les truffes rongées par les larves des mouches et des Tipulaires. Ce sont ces deux faits indépendants l'un de l'autre qui, rapprochés par des imaginations trop vives et trop hâtées de conclure, ont donné lieu à toutes les erreurs imprimées et publiées depuis vingt ans sur les mouches truffières ou truffigènes, sur les chênes truffiers, etc., erreurs qui ont été produites par le journal de l'*Insectologie agricole* au grand regret des amis sincères de l'entomologie appliquée à l'agriculture et à l'économie domestique.

Les personnes qui voudront connaître plus en détail les insectes tubérivores pourront consulter le mémoire de M. le docteur Laboulbène inséré dans les *Annales de la Société entomologique de France*, ann. 1864, p. 69, et l'article sur les mouches de la truffe dans le 2e supplément aux *Insectes nuisibles aux arbres fruitiers, aux plantes potagères, aux céréales*, etc., par Ch. Goureau.

Goureau,
Membre de la Société d'insectologie agricole.

Destruction des insectes nuisibles à l'agriculture.

Rapport de M. Bella, présenté par M. E. Pelouze, à la Société d'encouragement pour l'industrie nationale (1).

Messieurs, les insectes qui s'attaquent aux récoltes sont fort nombreux; ils se multiplient parfois d'une manière effrayante, et compromettent l'alimentation de peuples entiers.

Vous vous souvenez du désastre occasionné l'an dernier en Algérie par les sauterelles; elles ont détruit, non-seulement une majeure partie des récoltes destinées aux hommes, mais aussi les pâturages réservés aux bestiaux; de sorte qu'aujourd'hui toutes les ressources manquent à la fois à nos malheureux Africains.

Les progrès de l'agriculture semblent, il est vrai, devoir arrêter le développement des sauterelles, mais ces progrès paraissent, jusqu'à présent, complétement impuissants contre d'autres ravageurs qui ne sont pas moins dangereux, tels que le hanneton et l'altise.

On dirait même que ces insectes se multiplient avec les progrès des cultures, car jamais les plaintes n'ont été plus vives, et les préoccupations plus grandes.

Cela tient-il à ce que le nombre des insectes est réellement plus grand, ou à ce que la part du capital et du travail dans la production

(1) Extrait du Bulletin, n° 182, février 1868.

des récoltes s'accroissant avec l'*intensité* des systèmes culturaux, les pertes occasionnées par les insectes sont plus sensibles aux cultivateurs ?

C'est ce que je n'ose trancher d'une manière absolue.

Je suis disposé à croire cependant que le nombre de certains insectes est plus grand et que la production spontanée du sol perdant de son importance relative, par l'augmentation des avances faites par les cultivateurs, les intérêts de l'agriculture et du pays tout entier sont plus sensiblement affectés aujourd'hui qu'autrefois par les ennemis auxquels M. Pelouze s'est attaqué.

Et peut-être faut-il rechercher dans le même ordre de considérations l'explication de l'impatience croissante avec laquelle les cultivateurs supportent les dégâts d'autres ennemis que la loi a pris peut-être un peu légèrement sous sa protection, je veux parler du gibier.

Quoi qu'il en soit, il est évident que la suppression des jachères a fait disparaître l'une des causes actives de destruction qui arrêtait la multiplication des insectes.

Les labours successifs qui constituaient ces jachères gênaient singulièrement leurs métamorphoses ; ils supprimaient d'ailleurs les plantes et les débris qui nourrissent ou abritent leurs larves.

Il paraît certain aussi que l'ameublissement profond du sol et du sous-sol favorise les évolutions de haut en bas et de bas en haut que ces larves effectuent pour échapper aux conséquences de l'humidité ou de la sécheresse, du froid ou de la chaleur.

Cet ameublissement si favorable à nos récoltes, parce qu'il les protége contre les excès du climat, ne peut pas, en même temps, ne pas être favorable aux insectes qui vivent à leurs dépens.

Enfin, il ne semble pas douteux que l'abandon des anciennes rotations de culture qui faisaient succéder régulièrement une plante à une autre pour des rotations *libres* qui maintiennent parfois plusieurs années de suite la même plante sur le même terrain, ait dû favoriser le développement des ennemis de la plante préférée.

Dans le nord de la France, où on a considérablement multiplié les récoltes de la betterave, cette précieuse chénopodée ne donne plus les produits satisfaisants d'autrefois, même depuis qu'on a reconnu la *loi de restitution* et qu'on lui obéit.

On a cru pouvoir attribuer cette diminution à un épuisement du sol ; on a augmenté la richesse potassique des engrais, on s'est hâté d'essayer les sels si riches en potasse de Statsfurt ; mais, jusqu'à présent, ni les expériences faites à Lille par M. Coreswinder, ni celles faites à Grignon par M. Dehérain n'ont amené de résultats satisfaisants, et on est réduit à s'en prendre aux insectes et aux cryptogames.

Le colza, cette plante qui avait apporté à nos rotations un élément si précieux, mais dont la culture s'était beaucoup étendue, est abandonnée dans bien des localités, parce que des myriades d'insectes divers, sortis on ne sait d'où, sont venus l'assaillir.

Le blé-froment lui-même, dont la culture est si développée et dont les récoltes importent à la sécurité du pays, est attaqué, dans quelques parties de la France surtout, par plusieurs insectes qui le détruisent sur la terre et dans les greniers.

On frémit à la pensée des conséquences terribles qu'auraient à subir les nations européennes dont le blé est la principale nourriture, si le désastre qui a frappé le colza se portait sur les céréales.

Le nombre de nos ennemis est donc très-grand ; pour nous attaquer ils prennent les positions et les formes les plus diverses : tantôt ils sont sur les racines de nos plantes, et ils fuient dans le sous-sol ; tantôt ils rampent aux pieds de ces plantes et ils se cachent dans la terre ; d'autres fois ils échappent à nos regards en perforant la tige et les fruits et en s'établissant au fort de la place, comme le rat de la fable dans un fromage.

Nous devons donc savoir beaucoup de gré à M. E. Pelouze d'avoir abordé par le raisonnement et l'expérimentation un sujet qui préoccupe de plus en plus l'agriculture et qui intéresse vivement l'humanité.

Il l'a fait avec un sens pratique excellent, et il a, je crois, admirablement choisi ses armes parmi les substances les plus efficaces que nous ait révélées l'industrie moderne.

C'est à l'un des nombreux et remarquables produits de la distillation du goudron, à la naphtaline qu'il a eu recours.

La naphtaline, il est vrai, et M. E. Pelouze a bien soin de le noter, avait déjà été essayée autour de Versailles, et notamment dans les pépinières impériales, par M. Marsaux, garde général des forêts de la Couronne, qui a fait à ce sujet plusieurs communications à la Société d'horticulture ; mais ces essais, qui ont été répétés à Grignon, n'ont pas donné les résultats qu'on espérait.

Il s'agissait de détruire le ver blanc du hanneton, qui fait le désespoir des cultivateurs comme celui des pépiniéristes; il a fallu enterrer des quantités de naphtaline considérables, et alors les plantes en éprouvaient un certain dommage.

M. Pelouze a été plus heureux dans les essais qu'il a faits de la naphtaline; mais ce n'est pas au ver blanc qu'il s'est attaqué, c'est à un insecte ailé, éminemment vagabond et qui fuit avec une grande facilité tout ce qui le gêne. Je veux parler de l'altise qui dévore les feuilles des crucifères cultivées ; le colza, les choux, les navets et les raves.

La tâche était donc beaucoup moins difficile.

M. E. Pelouze a saupoudré à plusieurs reprises la surface d'un champ de rutabagas avec un mélange de sable et de naphtaline à raison de 200 kilg. de cette dernière substance par hectare, et il est parvenu ainsi, non à tuer, mais à écarter les altises qui se sont réfugiées dans la partie du champ qui n'avait pas été saupoudrée et il a sauvé ainsi la majeure partie de la récolte en faisant, comme il le dit lui-même, la part du feu.

Cela est fort ingénieux et parfaitement indiqué par l'expérience, car il y a longtemps déjà qu'on est parvenu à éloigner, par un moyen analogue, un autre insecte coléoptère, le charançon, des tas de blé qu'il dévore; il suffit pour cela de développer dans le grenier des odeurs qui lui sont désagréables. Nous-même, à Grignon, nous n'avons jamais eu, depuis quarante ans, d'autre moyen d'écarter les charançons de nos magasins que de peindre, de temps à autre, les bois apparents ou le bas des murs avec du goudron.

Ce moyen, nous l'avons aussi employé à la destruction des altises dès 1855; nous avons obtenu une médaille d'argent à l'Exposition universelle pour une *puceronnière* qui prend et qui détruit ce petit insecte si leste qu'on l'a surnommé la *puce de terre*.

C'est une espèce de brouette qui promène sur la surface du champ une grande planche goudronnée. Cette planche se présente inclinée au-dessus des plantes et elle est munie d'une bande étroite de toile qui frôle légèrement les feuilles. Les insectes, effrayés, sautent en l'air et viennent saupoudrer la planche goudronnée, et s'y coller en si grand nombre, qu'il faut, au bout du champ, la peindre de nouveau. Comme la planche a de deux à quatre mètres de longueur, suivant que la brouette est poussée par un homme ou traînée par un âne, on a bien vite parcouru une grande surface du champ, et, en recommençant de temps à autre, on arrive à détruire économiquement la majeure partie de ces petites bêtes.

A ce moyen nous avons ajouté avec succès une autre précaution, celle de déchaumer les champs qui ont porté du colza et de brûler les chaumes, racines et collets laissés sur la terre, et dans lesquels sont déposés une grande quantité d'œufs et de larves d'insectes.

Malheureusement les altises ont été remplacées par d'autres insectes analogues qui attaquent les fleurs, y déposent des œufs et dont les larves, à peine perceptibles, dévorent ensuite les grains au fur et à mesure qu'ils se forment dans les siliques.

Nous n'avons donc fait, et, je le crains, M. E. Pelouze n'a fait comme nous, mais par un autre moyen, que ce qu'il y a de plus facile dans la destruction des *insectes nuisibles à l'agriculture*.

Il faudrait rechercher maintenant ce qu'on pourrait obtenir du moyen qu'il a proposé contre les ennemis les plus dangereux et les mieux protégés par la situation qu'ils ont prise, contre la larve du hanneton en particulier.

Il ne serait peut-être pas impossible d'appliquer le semis d'un mélange de naphtaline et de sable, non pas à la destruction des vers blancs, mais à leur éloignement progressif.

Le hanneton, en effet, est moins étourdi qu'on le fait; c'est un insecte judicieux et prévoyant, qui se garderait bien en général d'aller déposer ses œufs dans des terres de labour, où l'avenir de sa progéniture se trouverait compromis par des façons successives; il recherche avec soin les terrains que l'homme ne travaille pas, les prairies naturelles ou artificielles, les bois et les pépinières, les gazons et les friches. Et c'est dans les récoltes qui succèdent, deux ou trois ans après la ponte, à ces friches, gazons, ou prairies artificielles que les dégâts du ver blanc sont le plus sensibles.

On pourrait donc, lorsqu'il y a beaucoup de hannetons, et quand on doit craindre une ponte abondante, essayer le semis de la naphtaline sur les prairies artificielles, et on écarterait peut-être ces insectes terribles.

Reste à savoir, en cas de succès, l'effet de la naphtaline sur les fourrages à une époque rapprochée de la récolte, et sur quoi tomberait la part du feu.

Quoi qu'il en soit, nous devons à M. E. Pelouze une utile indication;

nous devons en prendre bonne note, l'en remercier, et proposer d'insérer le présent rapport au bulletin.

Signé : Bella, rapporteur.

Société d'Insectologie agricole.

Séance du 23 janvier 1868. — Présidence de M. Goureau.

Le secrétaire donne lecture du procès-verbal de la précédente séance qui est adopté.

Ouvrages offerts :

M. Goureau offre son nouveau livre intitulé *les Insectes nuisibles aux forêts et aux arbres d'avenues,* dans lequel il donne la description des insectes à leurs différents états, leur manière de vivre et les moyens de les combattre ; il mentionne en outre les insectes parasites de ces destructeurs. La Société remercie M. Goureau pour ce volume si intéressant.

M. Personnat offre à la Société un guide pratique pour aider les personnes qui voudront tenter l'éducation du ver à soie du chêne. Ce livre, qu'il vient de publier, a pour titre : *Le ver à soie du chêne, son histoire, sa description, ses mœurs, son éducation, ses produits.* Les trois belles planches qui représentent l'insecte à ces différentes phases, le complètent parfaitement. La Société remercie M. Personnat pour cet opuscule, qui, écrit de façon à être compris même par des personnes tout à fait étrangères à la sériciculture, sera fort utile à cette industrie.

M. Eugène Robert fait don de plusieurs opuscules ayant pour titre :

Fait-on bien d'élever autant de chats qu'on le fait habituellement ?

Des feuilles tombées au double point de vue de la prospérité des arbres et de l'obstacle qu'elles opposent à la dégradation du sol par les eaux pluviales.

Du rôle important que jouent les lombrics à la surface de la terre.

Disposition remarquable des nids de la chenille chrysorrhée.

De l'échenillage au point de vue de la conservation des arbres.

Observations sur l'action destructive des limaces dans les années très-humides.

Note sur le traitement des arbres affectés d'insectes xylophages.

Guérison du noir de l'olivier et de l'oranger par l'emploi du soufre sublimé.

Rapprochement entre les maladies du ver à soie et celles du cossus.

Note sur le rôle important que joue la configuration du sol à l'égard des engrais naturels ou artificiels.

L'arbrisseau désigné sous le nom de poirier de la Chine est-il un véritable poirier ?

La Société remercie M. E. Robert de ces opuscules.

M. de Liesville offre un livre qu'il vient de publier, ayant pour titre : *Noms des collectionneurs d'histoire naturelle en* 1767 ; il est a remarquer que ce catalogue contient 130 noms, pour les collectionneurs de tous les pays; ce chiffre paraît de nos jours pouvoir être multiplié par mille. Que sera-ce dans 100 ans ? La Société remercie M. de Liesville pour cet opuscule, qui n'est tiré, qu'à 50 exemplaires dont nous possédons maintenant le 28e exemplaire.

Sont reçus membres de la Société :

M. Vandewal, cultivateur-apiculteur à Berthen (Nord), présenté par MM. Hamet et Richard.

M. Warquin, apiculteur à Bellevue, près Crépy-en-Lannois (Aisne), présenté par MM. Hamet et Richard.

M. Carbonnier, pisciculteur, quai de l'Ecole, à Paris, présenté par MM. Guérin-Méneville et Deyrolle.

Lectures.

M. Camille Personnat, communique une lettre de M. Personnat père, relative au hannetonnage, dans laquelle rappelant les efforts déjà faits en France et dans d'autres pays pour débarrasser le sol de ce destructeur si redoutable, il demande que la Société veuille bien appuyer sa demande auprès de qui de droit.

M. Guezou-Duval fait observer que déjà plusieurs fois l'on s'est occupé d'une loi pour rendre le hannetonnage obligatoire, mais la difficulté de constater le délit et par contre de donner à la loi les forces nécessaires pour la faire exécuter a fait abandonner ce projet, dont le conseil d'Etat s'est occupé. Il croit que le meilleur moyen d'arriver à pratiquer le hannetonnage d'une façon obligatoire ce serait d'ordonner que du 15 avril au 15 mai, le hannetonnage fût exécuté; ceux des administrés qui ne pourraient le faire paieraient une prime qui servirait à payer les vers blancs ou les hannetons ramassés par les enfants ou les vieillards.

M. Goureau pense que le hannetonnage, comme corvée obligatoire, sera toujours fort difficile à appliquer, tandis que si chaque commune affectait une somme par décalitre de vers blancs ou de hannetons, cela simplifierait tout : cela a déjà été pratiqué en plusieurs endroits où l'on s'en est bien trouvé.

M. Guezou-Duval dit que le hannetonnage est surtout efficace lorsque l'on récolte les vers blancs, et que dans cet état il y a une foule de moyens pour détruire ces insectes. L'on a expérimenté les chariots, les poulaillers roulants, les chiens de chasse dressés à cet usage, les canards qui émiettent le sol derrière la charrue, car les vers de première année se tiennent à la surface du sol. Si l'on fait un labour profond, l'on enterre les jeunes larves; tandis que si l'on fait un labour superficiel, la plupart périssent au contact de l'air. Il est bien, du reste, pour compléter l'effet du labour de faire suivre la charrue par les animaux cités tout à l'heure; avec le porc, on obtient aussi de bons résultats.

M. Goureau ajoute que les vers blancs se sont beaucoup multipliés depuis que les taupes tendent à diminuer. Il est vrai que celles-ci défoncent souvent les prés et les jardins, mais il pense qu'elles sont plus utiles que nuisibles, et que l'on a eu tort de prêcher leur destruction.

M. Rivière a remarqué qu'au Luxembourg une nuée de hannetons s'est abattue sur une pelouse; au mois de juillet de la même année, tout était jaune. Il fit défoncer le sol et trouva 395 vers blancs par 2 mètres carrés. Il n'est pas de l'avis de M. Guezou-Duval quant à l'époque du hannetonnage; il croit qu'il est préférable de détruire les insectes parfaits plutôt que les larves, car celles-ci passent fort bien l'hiver presque à la surface du sol, et la gelée ne les tue pas comme on l'a souvent dit. Afin de se débarrasser de ces insectes il essaya le moyen indiqué par M. Pissot qui cite les huiles lourdes de gaz comme très-efficaces; ces huiles répandues sur les pelouses anéantirent toutes les plantes : le trèfle et le chiendent même périrent, l'*archillea mille folium* seul résista; au bord de la pelouse, une bande d'environ $0^{m.}20$ ne fut pas atteinte par l'huile; dans cette bande de terre les vers blancs continuèrent à vivre. Il est donc évident que l'odeur ne les gêne pas tant qu'on l'a cru.

Le bureau est chargé de préparer une double pétition qui sera adressée aux ministères de l'agriculture et de l'instruction publique, qui aura pour but de demander qu'un avis ministériel soit adressé à tous les maires pour que des fonds soient votés pour le hannetonnage en précisant le produit que l'on peut tirer des hannetons comme engrais et autres produits et la manière de les obtenir.

M. Goureau lit une note qui doit être en entier insérée au bulletin intitulé *Insectes tubérivores*, dans laquelle sont cités et succinctement décrits tous les insectes connus qui se nourrissent de truffes et aussi le cynips aptère qui produit sur les radicelles du chêne une galle qui ressemble tellement à une truffe que beaucoup d'observateurs superficiels croient encore que la truffe est produite par la piqûre des mouches.

CORRESPONDANCE.

M. Pillain, du Havre, informe la Société que, par son heureuse influence, le Cercle pratique d'horticulture et de botanique de l'arrondissement du Havre doit faire cette année une exposition de fruits, fleurs, etc., et elle ouvre un concours spécial pour ceux qui auront détruit la plus grande quantité de hannetons dans l'arrondissement.

Par ses soins une souscription a été ouverte afin de subvenir aux frais nécessaires pour faire opérer le hannetonnage; environ 2,000 fr. ont été reçus. *Pour extrait : l'un des Secrétaires*, DEYROLLE.

Petites éducations d'essai.

Tain (*Drôme*), *24 avril* 1868. — Monsieur, ainsi que je vous l'ai promis dans le temps, je vous envoie aujourd'hui une boîte à votre adresse renfermant quelques œufs de vers à soie *Bombyx mori*, à cocons jaunes, avec très-peu de blancs, provenant de mon éducation de l'année dernière.

J'élève cette variété depuis trois ans, en petite quantité, exempte de toute maladie, et j'en distribue chaque année à des agriculteurs de notre canton et à quelques-uns de mes collègues de la Société d'agriculture de la Drôme. Je l'ai obtenue d'un croisement de notre ancienne race de la Drôme (cocons jaunes) avec celles de la Valachie et du Japon. Jusqu'à présent, les papillons et les chenilles étaient toujours très-robustes et les cocons très-fermes et bien conformés. J'espère que les œufs que je vous envoie donneront cette année-ci comme à l'avenir une bonne réussite, pourvu que l'éducation se fasse dans de bonnes conditions et dans un local *neuf* dans lequel les maladies si contagieuses dites muscardine et pébrine (cryptogames, corpuscules), n'ont pas encore pénétré.

Dans votre lettre du 3 septembre 1867, vous m'avez indiqué quelques personnes auxquelles vous pensiez remettre de mes œufs de vers à soie. Comme je ne vous en envoie qu'une petite quantité (un peu plus qu'un carton ordinaire du Japon), veuillez les distribuer comme vous le jugerez convenable et engager les personnes auxquelles vous les remettrez à ne pas détacher les œufs de la toile, mais bien de les laisser éclore sur cette toile, simplement, sans les laver ni leur donner des bains d'eau mêlée de substances diverses, car mes œufs sont bien portants et sains et n'ont besoin d'aucun remède !

Si vos mûriers sont assez avancés dans la végétation pour avoir des feuilles de la largeur de 4 à 5 centimètres, je crois qu'il convient de les faire éclore de suite, dans un appartement ayant 18° à 20° centigrades au-dessus de zéro, et dans lequel, afin que l'air n'y soit pas trop sec, on fait évaporer de l'eau dans un pot qu'on met sur le poêle ou le fourneau qui sert à chauffer cet appartement.

Je conseille d'élever les chenilles avec des feuilles de mûriers NON GREFFÉS *jusqu'à la troisième mue au moins*, — de déliter souvent à partir de la seconde mue, — de changer souvent l'air de la chambrée en ouvrant les fenêtres de temps en temps pendant le jour (devant lesquelles on place un cadre garni de toile métallique, ce que nous appelons ici « *garde-mouches* », — de ne jamais faire de l'obscurité dans l'appartement, — de ne jamais faire des fumigations quelles qu'elles soient, — de placer les chenilles sur des étagères parfaitement propres, *n'ayant jamais servi à des chenilles malades*, — de donner souvent à manger et de ne donner jusqu'à la deuxième mue que des feuilles qu'on vient de cueillir, — de ne jamais *couper* les jeunes feuilles avec des instruments tranchants, et de les donner ainsi coupées aux jeunes chenilles qui viennent d'éclore ; il vaut mieux, selon moi, *déchirer* ces feuilles avec les doigts si elles sont trop grosses.

En résumé, Monsieur, il s'agit *d'imiter* la nature et d'abandonner toutes les coutumes inventées depuis longtemps par nos bonnes vieilles femmes ou par des praticiens de circonstance, n'ayant pas fait d'études en histoire naturelle. En imitant la nature, en élevant ce précieux lépidoptère dans des conditions qui représentent le plus sa vie en plein air, sur les arbres, on obtiendra de nouveau des sujets bien portants, et l'on évitera les maladies causées par des défauts de soins, par de vieilles routines, et aussi par des influences mystérieuses météorologiques qui affectent, depuis 1840 et 1851, par des parasites, certaines espèces et même des familles entières du règne végétal et animal.

On ne saurait assez recommander aux agriculteurs de désinfecter leurs magnaneries, leurs étagères et tous autres ustensiles servant à l'éducation des vers à soie, par les remèdes indiqués par des savants *compétents*, tels que M. Pasteur, le docteur Brouzet, de Nîmes, et tant d'autres !

La *propreté*, la feuille fraîche non fermentée, la feuille du mûrier non greffé (sauvageon), l'air, le grand jour, une température bien égale dans les chambrées, voilà les moyens qu'il faut employer pour mener une éducation à bonne fin.

Je suis à vos ordres, Monsieur, pour tous autres renseignements que vous pourriez désirer, et je me propose plus tard de vous donner quelques renseignements sur la manière que je crois la plus sûre pour obtenir, à l'éclosion des cocons, des papillons bien *conformés* et *aptes* à donner des œufs bien fécondés; je vous dirai avec plaisir tout ce qu'une vieille expérience dans mes études en lépidoptérologie m'a appris.

Veuillez, Monsieur, agréer l'expression de mes sentiments de la plus haute estime. (*Le Sud-Est*.) Albert KNOBLAUCH.

Collections entomologiques et appareils d'entomologie appliquée.

Présentés à l'Exposition universelle de 1867.

Dans la galerie II, M. Mocquerys, d'Évreux, déjà connu aux Expositions précédentes par des envois de même genre, a exposé, près des préparations anatomiques, une série de cadres consacrés à un seul ordre d'insectes, celui qui est le plus étudié, les coléoptères. On y trouve les dégâts des scolytes, bostriches, cérambycides, lucanides, ravageurs des forêts, les coléoptères des légumes et fruits secs (bruches, charançons), les coléoptères nuisibles aux arbres fruitiers, à la vigne, aux céréales, aux plantes industrielles, notamment les divers hannetons et leurs vers blancs; l'eumolpe, ou écrivain, ennemi de nos vignes, les apions, les criocères, le colaspe ou négril qui dévaste les luzernes du Midi, etc. La partie de cette exposition qui nous regarde davantage est celle des coléoptères utiles, dont on doit encourager la propagation. Un cadre contient la série des carabes, des calosomes, des silphes, des staphylins, des coccinelles, tous d'espèces françaises, qui détruisent en si grand nombre les insectes nuisibles à nos cultures. Je voudrais voir un cadre de ce genre dans chacune de nos écoles primaires, afin d'enseigner aux enfants le respect qui est dû à ces protecteurs de nos récoltes aussi bien qu'aux nids des oiseaux insectivores. C'est un chagrin pour moi, dans mes promenades aux environs de Paris, de voir écrasés dans tous les sentiers ces brillants carabes dorés, qui sont les ennemis les plus acharnés des vers blancs. Un autre cadre renferme les coléoptères vésicants, ceux qui sont employés, les cantharides et les mylabres, et ceux qui pourraient l'être, les cérocomes et les méloés. Il faudrait ajouter aux espèces d'Europe une espèce de l'Amérique du Sud, la *Lytta punctata* à laquelle on attribue les propriétés vésicantes de notre cantharide, sans y joindre les dangereux effets toxiques; elle pourra devenir l'objet d'un commerce important, car on ne peut aucunement songer à acclimater ce genre d'insectes, dont les larves, encore à peine connues, vivent en parasites dans les nids des mellifiques sociaux, se cramponnant à leurs poils quand ces insectes viennent butiner sur les fleurs. Un dernier cadre de M. Mocquerys réalise une application très-curieuse, due à M. Reiche, membre de la Société entomologique. Certains coléoptères peuvent servir à reconnaître la pureté des laines en signalant les mélanges frauduleux de laines de valeur inférieure et d'une autre provenance. On voit dans ce cadre les coléoptères qu'on trouve mêlés aux laines de Russie, d'Australie, du Maroc, d'Espagne et de Buénos-Ayres, et comme ces localités ont des faunes parfaitement distinctes, on comprend immédiatement leur usage comme expertise.

J'ai trouvé dans le palais quelques cadres, assez incomplets et médiocrement préparés, de tous les états des sauterelles (*Acridium peregrinum*) qui ont dévasté l'Algérie en 1866, et destinés aux collections de l'enseignement professionnel. Au ministère de l'instruction publique se trouve exposée une belle collection d'insectes provenant du Mexique et récoltés par M. Boucard. Elle ne contient rien qui concerne les applications. Je n'y ai pas trouvé le *Bombyx spidii* (Sallé) indiqué autrefois par moi dans nos *Bulletins* comme donnant une soie utilisable et qui serait peut-être un objet d'exportation ailleurs que dans ce triste pays.

Dans les matières premières de la Prusse, à côté des ruches du ducteur Pollmann, de Bonn, est une très-intéressante collection d'apiculture du même exposant. Dans une série de cadres se trouvent des reines, des mâles, des ouvrières des espèces ou races des *Apis mellifica* et *ligustica*, les métis, les abeilles dites noires, les mâles avec organe saillant prêts à la fécondation, les cellules des diverses abeilles, les nymphes, les larves, la mère dans la cellule royale, les gaufres de cire pour aider à la confection des gâteaux, du couvain sain et du couvain atteint de pourriture. D'autres cadres contiennent les ennemis des abeilles, ainsi que les deux espèces de teignes de la cire (*Galleria cerella* et *colonella*), avec les gâteaux où elles enlacent leurs fils, les abeilles qui y meurent captives, et les cocons; les frelons, les guêpes, les bourdons, tous friands de miel, le pou de l'abeille (*Braula cæca*), l'*Acherontia Atropos*, énorme sphinx qui bouleverse les gâteaux, les forficules, les araignées, les cloportes, les fourmis; divers oiseaux qui dévorent les abeilles, fauvettes, hirondelles, rouges-gorges, bergeronnettes, pic-vert, pie-grièche, enfin le mulot et jusqu'à un petit ours de carton. Je signale un oubli à M. Pollmann, ce sont des hyménoptères fouisseurs, le *Philanthus apivorus* en France, le *Philanthus Abd-el-Kader* en Algérie, qui emportent les abeilles dans leurs nids. A cette collection apicole est joint un herbier apicole, des plantes à miel qu'il est bon de cultiver autour des ruches, du prix de 75 francs. Ces collections sont à recommander pour les écoles normales primaires.

L'Académie impériale et royale d'agriculture d'Autriche, dans une très-remarquable exposition du maïs, de ses maladies, de ses produits, a joint à ses divers spécimens un cadre de tous les insectes qui nuisent à cette céréale. Dans l'annexe italienne est une collection des insectes nuisibles de ce pays, surtout de lépidoptères et de coléoptères, envoyée par la Société agricole de Bologne. J'y ai remarqué la *Procris ampelophaga*, lépidoptère fort dangereux pour les vignes italiennes, qui, heureusement pour nous, n'a pas passé les Alpes, et la *Vanessa polychloros*, notre grande tortue, qui paraît beaucoup plus nuisible en Italie qu'en France.

Je citerai, comme sans intérêt pour nous, la collection d'insectes de l'isthme de Suez, celle de la Roumanie, la curieuse collection de coléoptères du Maroc, de M. L. Dupuis; il est juste de faire mention de la magnifique collection locale de l'île de Cuba, envoyée par M. Gundlach (annexe espagnole), et qui présente le plus grand intérêt de géographie zoologique, et la belle collection du docteur Abdullah bey (médaille d'or), destinée à former le premier noyau d'un musée d'histoire naturelle à Constantinople, pour lequel le sultan Abd-ul-Aziz a accordé un firman ; espérons que l'Exposition universelle et la visite en France de ce souverain, qui a osé braver des préjugés séculaires pour sortir des mystérieuses profondeurs de l'Orient, hâteront la réalisation de cette nouvelle importation civilisatrice. La collection des insectes du Canada renferme le *Attacus luna, cecropia, polyphemus, prometheus* (l'*A. cecropia* se trouve aussi dans la collection de la Nouvelle-Écosse). Il y a là un fait intéressant pour nous. L'éducation de ces producteurs de soie est essayée en Europe, et l'on voit que le climat leur convient, puisqu'on les rencontre à l'état libre dans ces régions septentrionales de l'Amérique.

Le Japon a envoyé une collection d'insectes, piqués sur soie, et dont les cadres sont faits dans le pays, malheureusement sans aucune indication. J'ai pu, à son inspection, éclaircir un fait d'une certaine valeur. On y voit figurer l'*Attacus Artemis* (Bremer), espèce à ailes caudées du nord de la Chine et de la Sibérie orientale, et à côté son cocon, jusqu'ici inconnu, qui nous apprend que cet insecte ne peut se ranger dans les producteurs de soie. Ce cocon est en effet à claire-voie, comme celui de l'*Attacus trifenestratus*, de Java, et de l'*Aglia tau*, bombycien si commun dans la forêt de Saint-Germain. Les cocons ne sont pas liés aux affinités zoologiques. Les autres *Attacus* à queue ont des cocons soyeux, ainsi que les *A. luna* de l'Amérique, *selene* de l'Inde, et l'*A. Isabellæ*, forme exotique égarée au centre de l'Espagne dans une localité restée secrète jusqu'à présent.

Le Vénézuela a exposé un cadre de morphos contenant des *Morpho Cypris* et un *Morpho amathonte*, et la Guyane anglaise des *Morpho Menelas* et *rhetenor*. Ces splendides papillons bleus de l'Amérique équinoxiale sont recherchés aujourd'hui dans le commerce pour la parure des dames; il semble que ce soit pour cet usage que les entomologistes leur ont réservé les noms les plus doux de la mythologie antique. On les fixe dans les cheveux, après avoir consolidé en dessous leurs ailes éclatantes au moyen de crêpe apprêté, ou bien, enchâssés dans du mica, ils forment, entourés de pierres précieuses, des broches du plus riche aspect. Il y a peu d'années, le *Morpho Cypris*, à l'azur chatoyant semé de macules de nacre, reçut sa consécration pour la mode européenne en figurant dans la coiffure de l'Impératrice des Français.

La collection d'insectes de l'Australie contient une grande espèce d'hépiale (lépidoptères), le *Strigops grandis*, dont les longues et grasses chenilles vivent dans les troncs et les racines des casuarinas. Les naturels australiens sont très-friands de ces larves dodues, qu'ils mangent avec délices. De même des larves des coléoptères phytophages, qui vivent dans les chênes, figuraient sur les tables romaines sous le nom de *Cossus*, et les dames demandaient, dit-on, à leur crème délicate, le secret d'un embonpoint qui prolongeait leur beauté. En Orient, on mange les sauterelles salées et grillées; en Chine, les chrysalides cuites du ver à soie. Les habitants de Madagascar aiment beaucoup les chrysalides. Lors de la dernière ambassade française envoyée au malheureux Radama II, son fils, enfant de dix ans, avait les poches pleines de chrysalides frites dont il se régalait pendant la réception. Nous mangeons avec grand plaisir beaucoup de crustacés; qui sait si nous n'arriverons pas aux insectes en hors-d'œuvre.

Je dois me détacher de tous ces sujets, qui sont un peu trop des digressions hors de notre domaine, pour réserver la fin de ce rapport aux instruments destinés à combattre les ravages des insectes. Nous trouvons en première ligne le poulailler roulant de M. Giot, exposé dans sa ferme, près de la porte qui regarde l'École-Militaire. Les hannetons exercent des dégâts qui croissent chaque année; et qui, près de Paris, sont favorisés par le mode actuel de culture, renouvelant sans cesse dans le sol, continuellement remué, l'air et les jeunes racines si favorables à leurs larves (1). Ils ont le privilége en France d'exciter aussitôt l'esprit de facétie, plus dangereux fléau encore que tous les insectes. M. Giot a eu l'esprit de laisser rire et, depuis 1861 où ils figurèrent à l'exposition agricole, ses poulaillers roulants, qui ont réalisé une ancienne idée de Parmentier, fonctionnent à la ferme de Chevry-Cossigny, près Brie-Comte-Robert (Seine-et-Marne). Depuis plusieurs années j'ai pu les étudier sur place pendant plusieurs mois. Qu'on imagine une voiture en forme d'omnibus, assez légère pour qu'un

(1) Il est bon d'observer que les herbages de la Normandie qui ne sont pas labourés sont périodiquement ravagés par le ver blanc; la culture n'est donc pas la seule cause de développement de la larve du hanneton.

seul cheval puisse la traîner dans les terres labourées, contenant de 200 à 300 poules et coqs, avec leur perchoir et une porte s'abaissant en pont-levis pour laisser entrer et sortir les volailles, on aura l'idée exacte du poulailler roulant. On amène la voiture dans le champ criblé de vers blancs qui doit subir un labour, puis un hersage. Aucun gardien, pas d'autres soins que de l'eau dans une auge à la portée des poules.

Les laboureurs ouvrent le matin la porte du poulailler et la ferment le soir au cadenas. La voiture et son peuple ailé demeurent ainsi seuls pendant la nuit, sous la protection dont la loi couvre tous les instruments agricoles au milieu de nos campagnes. Les poules suivent en grand nombre la charrue et la herse et picorent dans un rayon étendu autour de la demeure mobile qui leur sert de point de ralliement. Comme elles sont inégalement voraces, il faut un poulailler assez nombreux si l'on veut que son emploi ait de l'efficacité. En outre, les poules sont surtout avides de larves depuis le matin jusqu'à midi, puis elles mangent peu. Elles sont plus utiles avant la moisson qu'après, car alors elles se gorgent de grains dont la digestion est lente, tandis que les vers blancs se digèrent très-vite et qu'une poule gloutonne peut en avaler plusieurs centaines par jour, ses déjections devenant ainsi le meilleur moyen d'utiliser le ver blanc comme engrais. Les poules nourries à la ferme, exclusivement avec des vers blancs morts qu'on leur apporte, ne tardent pas à devenir malades et à donner des œufs d'un goût détestable. C'est aussi ce qui arrive pour les poules, dans nos départements de grande sériciculture comme la Drôme, où ces volailles sont nourries avec les vers à soie morts et les chrysalides étouffées. On ne mange pas alors leurs œufs ; il est vrai qu'ils ne sont pas perdus, car on a soin de les exporter à Marseille. Rien de pareil n'arrive avec les poulaillers roulants ; là les poules ne rencontrent que des vers blancs vivants et en bonne santé ; de plus leur instinct leur fait joindre à ces aliments des graines et des herbes. J'ai souvent mangé des œufs du poulailler roulant, fonctionnant depuis plusieurs jours, je n'ai pas trouvé de différence de goût avec les œufs journellement consommés à Paris ; leurs jaunes sont très-colorés et excellents dans la cuisine pour la liaison des sauces. Quant à la chair, il est facile de remettre quelques jours les volailles à la ferme avant de les manger. Je ne prétends pas dire que les poulaillers roulants détruiront tous les vers blancs ; il faudrait contre les insectes nuisibles des règlements généraux, non-seulement promulgués, mais strictement exécutés partout à la fois, et nous en sommes loin. Les poulaillers roulants peuvent être utiles surtout parce qu'ils sont bien moins coûteux que le ramassage des vers blancs à la main, le produit des œufs pouvant compenser la dépense en partie.

A Billancourt, sous le hangar B, est exposée la machine échenilleuse de M. Badoua-Gommard, de Toulouse, destinée à débarrasser de leurs insectes dévastateurs les fourrages naturels et artificiels et surtout les luzernes ravagées par le *négril* (*Colaphus ater*; *Eumolpides*, *Coléoptères*), elle peut être manœuvrée à la main par une seule personne, en parcourant en un jour trois hectares de prairies. A l'arrière est une vanne inclinée, en treillis de toile, courbant les fourrages sans les casser et faisant tomber en même temps les insectes dans une sorte de bâche antérieure de tôle demi-cylindrique, dans laquelle on les ramasse avec une large cuiller de fer-blanc. A côté, sous le même hangar, est un appareil d'aspect assez bizarre imaginé par M. Rigon, de Chelles (Seine-et-Marne). C'est un bicône élevé de plus d'un mètre, muni d'un manche, de toile métallique, se posant par terre sur l'orifice des guêpiers de la guêpe commune, ou, au moyen d'un disque de caoutchouc, qui en entoure la base, sur les arbres et contre les murs, pour les guêpiers des frelons, de la guêpe des arbres et des polistes. On adapte l'appareil le soir ou le matin à l'orifice du guêpier, alors que tous les insectes sont rentrés ; on entoure la base de terre tassée pour éviter les fuites et arrêter l'air. On ouvre ensuite un registre, les guêpes pour respirer sont forcées de monter dans le bicône où on les flambe. Cet appareil peut aussi servir pour s'emparer des essaims d'abeilles mal placés. Malheureusement, s'il est construit en fer, il est altérable, et en cuivre, son prix est trop élevé. Je crois que le meilleur moyen pour diminuer le nombre des guêpes est de chasser au filet, au printemps, les mères guêpes, source des colonies dévastatrices de l'automne, en les attirant au moyen de groseilliers cassis en fleurs, sur lesquels elles se jettent avec frénésie.

Dans la classe XLIII, au palais, se rencontrent les diverses poudres insecticides Vicat, Zacherl (médaille de bronze), Mazade et Daloz, Willemot, avec nombreux échantillons de pyrèthre du Caucase. Les exposants de ce genre sont trop enclins à la réclame, en voiture et sur les murailles, pour que je m'y arrête. L'effet de ces poudres est incontestable, au moins sur certains insectes ; il est probable qu'il y a à la fois action toxique spéciale et asphyxie résultant de l'occlusion des stigmates ou orifices des trachées respiratoires par une matière pulvérulente très-ténue. Maurice GIRARD. (1)

Les Kermès (*suite du Kermès de l'epidendrum*, p. 84).

La coque est convexe et d'une couleur brunâtre, beaucoup plus grosse chez la femelle que chez le mâle; on la trouve sur plusieurs espèces d'*Epidendrum*.

Selon Bouché, le mâle est un des plus jolis petits insectes du genre.

Kermès des échinocactes. Chermes echinocacti, BOUCHÉ. Il est assez fréquent sur les mamillaires et les échinocactes. M. Rivière nous a communiqué plusieurs exemplaires de ces plantes qui en étaient plus ou moins couvertes.

Il ressemble pour la forme à celui du rosier; sa coque est également arrondie en forme de lentille et d'une couleur roussâtre très-pâle, tirant plus ou moins sur le blanchâtre. Si l'on soulève avec la pointe d'une aiguille la couverture, on trouve dessous la larve ou la femelle d'un blanc jaunâtre, comme la plupart des espèces. Le mâle, observé et décrit par Bouché, est très-petit et d'un jaune orangé.

Kermès du laurier. Chermes lauri, BOUCHÉ. Quelquefois assez commun sur les lauriers cultivés en caisses, plus rare sur ceux de pleine terre. La coque est arrondie, d'un brun terreux, avec quelques petites inégalités : la larve ou la femelle, débarrassée de sa carapace, est d'une couleur rougeâtre pâle. Le mâle décrit par Bouché, est aussi d'une couleur rougeâtre. C'est dans les bifurcations des pousses tendres, et sur les jeunes feuilles du *Laurus nobilis*, que ce kermès se fixe.

Nous avons trouvé aussi, sur des lauriers rapportés de la Provence, quelques individus du kermès du figuier.

Moyen de guérir de la piqûre de l'abeille.

On enlèvera l'aiguillon très-vite en grattant immédiatement la place piquée avec l'ongle. On fera bien aussi de presser avec les ongles la blessure, de manière à en faire sortir la plus grande partie du venin.

Pour diminuer la douleur, on placera de la terre humide et fraîche

(1) Les insectes utiles et les insectes nuisibles, à l'Exposition universelle.

sur la blessure, en la changeant de temps en temps. On se soulage aussi en mettant du vinaigre chaud sur la plaie, ou bien de l'ammoniaque liquide, un oignon coupé en deux, de l'huile de lis, de l'huile d'olive, ou autre chose. Chacun se sert du moyen qu'il préfère; mais cependant il faut agir promptement.

Les personnes qui sont souvent piquées des abeilles parviennent petit à petit à être à l'abri, en ce que le venin leur est pour ainsi dire inoculé. L'habitude finit par les rendre moins sensibles.

Produit des insectes.

Soies et cocons. Les sériciculteurs sont occupés à l'éducation des vers à soie. Le début n'avait pas été heureux dans quelques cantons, et la 4e mue se fait mal dans d'autres pour les vers indigènes. Mais il est avéré que les graines d'importation promettent d'assez bons résultats; des chambrées de graines indigènes provenant de petites éducations ne laissent rien non plus à desirer. En résumé, la campagne sera moins mauvaise, on le pense, que les années précédentes. Il en sera de même en Italie, en Espagne et en Portugal.

A Marseille et à Lyon les soies et les cocons ont continué d'être recherchés. Les balles égrenées qui arrivent sur cette première place sont payées de 6, 90 à 7, 85, selon provenance et qualité.

Miels, cires. Le mois de mai a été très-favorable aux abeilles; la récolte de miel blanc sera abondante dans beaucoup de localités. Les prix offert aux producteurs du Gâtinais accusent une baisse de 20 à 25 p. 100 sur l'année dernière; on ne donne que 50 cent. le demi-kil. — Les cires jaunes pour encaustique et parquet restent stationnaires. Celles propres au blanchiment sont en faveur.

L'Éditeur-propriétaire : E. Donnaud.

Paris. — Imprimerie de E. DONNAUD, rue Cassette 1.

N° 5. 2e ANNÉE. Juin 1868.

L'INSECTOLOGIE AGRICOLE

SOMMAIRE :

Bulletin insectologique.

Ravages des insectes. C'est par centaines de millions qu'il faut chiffrer les dégâts occasionnés annuellement par les insectes. On a encore présents à la mémoire les ravages des hannetons en mai dernier. Aujourd'hui ce sont les chenilles qui, dans maintes localités, dévorent les pommiers. On écrit de Dourdans (Seine-et-Oise) : « Nous avions une apparence de récolte de pommes qui promettait beaucoup ; mais les chenilles se sont mises après les arbres à fruits en telle quantité, qu'elles ont rongé toutes les feuilles. Ces chenilles, qui sont en quantité considérable, sont très-grosses, puisqu'elles ont deux centimètres de circonférence et de quatre à cinq centimètres de longueur. Jamais on n'en avait vu autant. Nos pommiers et des bois entiers sont comme en hiver. »

On écrit également de Beaumont et de Compiègne (Oise) : Nos pommiers sont couverts de chenilles ; la récolte de ces arbres est à peu près perdue. On mande de Château-Gontier (Mayenne) que les arbres à fruits sont dévorés par les chenilles, et que leur produit sera moins grand qu'on ne l'espérait après la floraison.

Des bois étendus ont aussi été envahis par les chenilles processionnaires qui ont achevé de ronger ce que les hannetons n'avaient pas atteint. Pendant une partie du mois de juin, au moment où des chaleurs tropicales sévissaient et le besoin d'ombre se faisait le plus sentir, Besançon a eu sa remarquable promenade Granvelle totalement dépouillée de feuilles par les chenilles que, sans être sorcier, on pouvait détruire en moins de 24 heures. Voici la recette : Prendre un, deux ou trois régiments (les casernes de la ville en regorgent), les armer de pompes à incendie. — Il y a ici lieu de féliciter le fournisseur de celles des pompiers de la ville de Besançon : elles ont une puissance de jet remarquable. — Délayer du savon noir dans de l'eau, et en laver d'importance les chenilles : elles ne sauraient résister à cette simple et facile ablution.

Naguère les Sociétés centrales d'agriculture et d'horticulture, ainsi que la Société d'insectologie, s'adressaient au ministre de l'agriculture pour qu'il provoquât partout le hannetonnage et fît exécuter l'échenillage. C'est au ministre de la guerre qu'il faut s'adresser pour avoir raison des insectes nuisibles. Pourquoi l'armée, pourquoi tant de bras actuellement au repos ne seraient-ils pas occupés à la destruction des vers blancs, des hannetons, des chenilles, des sauterelles, etc., les véritables ennemis de notre espèce?

Un train de chemin de fer arrêté par les chenilles. — On a signalé à *l'Opinion nationale* le fait suivant : « Dans la nuit du 31 mai dernier, le train de marchandises, n° 407 (de la Compagnie d'Orléans), allant de Paris à Vendôme, a été brusquement arrêté par des chenilles, à la hauteur du poteau 49, et est resté en détresse sur ce point pendant 1 heure 8 minutes. Il n'a fallu rien moins que l'arrivée de la machine de secours, demandée en toute hâte par le télégraphe, pour lui permettre de continuer sa route. — Ce n'est pas, paraît-il, la première fois que de grandes difficultés de marche se produisent au même endroit et pour la même cause. Les chenilles sortent d'un petit bois taillis, planté à proximité de la voie, et viennent s'attacher aux rails pour se réchauffer ; à chaque passage de train, les rails en sont littéralement couverts. Le 31 mai, leur nombre était si considérable qu'il fut impossible à la machine du train 407 d'avancer ; les roues patinaient sur tous ces corps écrasés.

Massacre de 250 mésanges. Dernièrement un journal reproduisait l'article suivant :

« Un fait de chasse des plus extraordinaires s'est passé jeudi dernier.
» Quatre habitants d'Anvers étaient partis le matin à sept heures pour la

» chasse aux mésanges. Ils sont revenus le soir vers six heures, portant » dans leur panier 250 de ces oiseaux insectivores. »

Fait extraordinaire, admettons-le, mais à coup sûr des plus déplorables dans ses conséquences au point de vue de l'agriculture, et que, pour notre part, nous ne saurions assez sévèrement blâmer. Personne n'ignore que la mésange se nourrit principalement d'œufs d'insectes, qu'elle sait très-bien découvrir sur les troncs et les branches d'arbres. La quantité qui lui est nécessaire pour sa nourriture de chaque jour n'est pas moindre de dix mille œufs de papillons de médiocre grandeur et d'insectes de toutes espèces ; il lui en faut donc, pour vingt jours, *deux cent mille*, et, pour l'année entière, dix-huit fois autant, ou *trois millions six cent mille œufs*, et encore ce chiffre est-il en dessous de la vérité. Les 250 victimes abattues par les chasseurs anversois auraient donc pu détruire *neuf cents millions* de chenilles et autres vermines.

Maintenant, considérez la masse tout à fait incalculable que vont former ces 900,000,000 d'insectes en se multipliant librement par suite de la destruction de ces 250 mésanges, destruction qui entraîne aussi la perte de tous les petits qu'elles auraient procurés, et jugez par là du tort immense que cette tuerie peut causer aux cultivateurs !

Et, ces massacres, qu'ont-ils rapporté à ceux qui les ont commis ? Peut-être un ou deux centimes par pièce : ces petits corps ne valent pas même ce prix. Un centime pour un gentil animal qui nous délivre chaque année de centaines de milliers de chenilles. — Quand on sait qu'il suffit ordinairement de deux, trois, quatre ou cinq mille chenilles au plus pour dégarnir un arbre de son feuillage et provoquer sa mort, on doit regretter ce massacre des innocents.

L'Allemagne et la Suisse nous donnent de bons exemples à suivre. Dans ces pays une protection efficace est accordée à tous les oiseaux qui se nourrissent de vers ou d'insectes; au lieu de leur nuire, les habitants emploient tous les moyens pour les attirer et les fixer chez eux, en leur présentant des abris où ils puissent nicher en toute sécurité. Une loi même a été promulguée à Schwarzbourg, loi imposant des punitions très-sévères contre les dénicheurs et destructeurs de ces intéressants volatiles.

Comprenons donc mieux nos intérêts, et avouons que l'être qui se dit le plus puissant de la création a dû reconnaître que sa force et sa science n'ont rien pu jusqu'ici contre ces myriades d'insectes, qui finiraient par nous vaincre dans la lutte qu'ils nous livrent incessamment, si nous ne leur opposions leurs ennemis naturels : les oiseaux insectivores — utiles auxiliaires qu'une sage Providence nous a donnés et dont les services sont si souvent méconnus.

Insecte ennemi de la betterave. La betterave subit aux mois de mai et de juin des ravages considérables occasionnés par la larve d'une mouche très-répandue dans le Nord (*anthomya beta*). Ce diptère donne deux générations par année, et c'est la première qui fait du mal en ce moment. La ponte se fait sur les feuilles de betterave et l'éclosion a lieu quelques jours après. La croissance de ces larves est rapide, leur voracité est considérable. Vers le 15 juin, elles quittent le théâtre de leurs méfaits pour accomplir dans le sol et sous quinze jours leur complète métamorphose en pupes. Les ravages de cet insecte sont faciles à reconnaître : les feuilles présentent des taches plus ou moins étendues, blanchâtres, tournant à la couleur feuille morte lorsque la chaleur est intense. Le ver ressemble à celui de la noisette, ou même encore à celui du fromage. Il se loge dans l'épaisseur de la feuille et laboure celle-ci dans tous les sens ; il finit même souvent par la faire périr. — On demande des engins de destruction de cet infime insecte. Il y aura plus de mérite qu'à inventer des fusils à aiguille et des canons rayés pouvant mitrailler des milliers d'hommes à la minute.

Destruction des sauterelles. La province de Cagliari, en Sardaigne, a mis à la disposition du préfet une somme de 100,000 fr. pour aider à la destruction des sauterelles ; ces fonds paraissent insuffisants ; c'est par centaines d'hectolitres qu'on les recueille sans que le mal semble diminuer. La direction de l'agriculture a fait imprimer, d'après les communications, qu'elle avaient sollicitées une instruction pratique pour combattre ce redoutable fléau.

L'exposition des insectes du mois d'août prochain au Palais de l'Industrie. Cette exhibition promet d'être aussi brillante qu'intéressante. Nous rappelons qu'elle comprendra : — collections de vers à soie et de coçons de toutes les races ; soies gréges, soies moulinées ; appareils propres à l'éducation des vers à soie ; espèces nouvelles de vers à soie ; — Produits des abeilles, bruts et appliqués. Ruches et autres appareils apicoles. — Collections d'insectes nuisibles aux divers végétaux ou dessins représentant ces insectes sous leurs différents états. Appareils propres à la destruction des espèces nuisibles. — Collections de mammifères, oiseaux et reptiles insectivores, etc. Une division supplémentaire, en dehors de l'insectologie, comprendra les animaux destructeurs de mollusques, des applications de l'escargottage, des modèles d'escargottières, etc.

Six grandes salles du Palais de l'Industrie des Champs-Élysées (pavillon nord-ouest) seront convenablement disposées pour recevoir les divers produits qui seront installés aux frais de la Société d'Insectologie. Ce qui veut dire que les exposants n'auront à payer aucuns frais d'emplacement et d'installation.

Plus de 100 médailles, dont trois grandes d'or de l'Empereur, seront distribuées à la suite des concours ouverts. (Voir le programme.)

H. Hamet.

Hannetonnage. — Rectification.

Monsieur le rédacteur,

Dans un des articles du dernier numéro de votre journal, M. Pillain se donnait comme l'instigateur des mesures prises par la Société d'horticulture du Havre dans le but d'arriver à la destruction des hannetons.

Le fait est inexact et matériellement faux; M. Pillain n'est pour rien dans les mesures adoptées et il a voulu simplement se parer de plumes..... qui ne lui appartenaient pas.

Ce fut M. Charles Fauquet, horticulteur au Havre et l'un des vice-présidents de la Société, qui, dès l'année dernière, engagea fortement la Société à prendre des mesures efficaces contre les hannetons dont le nombre ne pouvait manquer d'être très-considérable, disait-il avec raison, à en juger par la quantité de mans des années précédentes.

La proposition de M. Fauquet fut prise en très-sérieuse considération; une commission fut désignée pour s'occuper de la recherche des moyens de destruction à employer contre le fléau qui menaçait.

Cette première commission, dont M. Pillain fit partie, eut une séance unique et se sépara sans avoir rien arrêté.

Une nouvelle commission, que présida M. Fauquet, fut désignée; elle se réunit plusieurs fois, et les moyens de destruction qu'elle proposa, adoptés par la Société, furent mis à exécution et donnèrent pour résultat la destruction de 13,900 et quelques kilogrammes de hannetons, dont 14 hectolitres, produit de la récolte de deux jours, furent mis en une seule fois à la mer.

Non-seulement M. Pillain ne fit pas partie de cette dernière commission, mais il ne faisait même plus partie de la Société lorsqu'elle entra en fonction.

Ce n'est donc pas à l'instigation de M. Pillain, mais bien à l'instigation de M. Charles Fauquet que la Société d'horticulture du Havre entreprit sa croisade contre les hannetons.

Nous attendons, Monsieur le rédacteur, de votre équité et de votre amour pour la vérité la rectification du fait erroné inséré dans votre dernier numéro, erreur qui ne vous est nullement imputable, mais qui est très-volontaire de la part de votre correspondant, dont la modestie n'est pas d'ordinaire le péché mignon et à qui il est bon de montrer parfois qu'on ne fausse pas toujours impunément la vérité et qu'il est juste de respecter le bien d'autrui.

Veuillez agréez, je vous prie, Monsieur le rédacteur, l'expression de mes sentiments de sincère considération.

Alex. Bourlet de la Vallée,
vice-président de la Société d'horticulture du Havre.

Le Havre, 12 juin 1868.

— De son côté M. Pillain nous adresse la rectification suivante

Monsieur E. Donnaud,

Je m'aperçois dans le numéro 4 de l'*Insectologie agricole* (1868), p. 118, d'une tournure de phrase beaucoup trop élogieuse pour moi, car mon influence est nulle vis-à-vis du cercle pratique d'horticulture et de botanique de l'arrondissement du Havre.

Ce que je vous ai dit était que l'heureuse influence des conseils de la Société d'insectologie agricole de Paris commençait à prendre racine parmi les diverses sociétés des départements, et que c'était grâce à cette heureuse influence que le cercle d'horticulture, profitant d'une exposition de fruits, venait, afin d'encourager le hannetonnage, de décider qu'une récompense spéciale serait décernée à ceux qui auront détruit le plus de hannetons dans l'arrondissement du Havre ou mieux dans ses cantons.

Et qu'afin de faire opérer le hannetonnage, cette Société venait d'ouvrir une souscription publique.

Je vous prierai de vouloir bien faire une petite rectification à ce sujet, car il se fait un tas de bavardages dans cette Société dont la jalousie est aiguillonnée de n'avoir trouvé qu'en 1867 le moyen de détruire le hanneton, suivant celui indiqué par Noël Chomel et J. Marret, en 1832, dans leur *Dictionnaire économique*, t. 1, p. 364.

Avec mes remerciments, veuillez agréer, etc.

F. Pillain,

Membre de la Société d'insectologie de Paris, président du comité d'insectologie de la Société agricole et horticole de Sanvic (Havre), et professeur d'entomologie de la Société d'instruction mutuelle du Havre, etc.

Le Havre, 12 juin 1868.

Erratum (communiqué par M. Girard). L'espèce de cantharide, signalée dans le dernier numéro de l'*Insectologie* comme à la fois vésicante et sans action fâcheuse sur les organes génito-urinaires, n'est pas la *Lytta punctata*, ainsi que je l'ai indiqué par erreur, mais la *Lytta adspersa* (Klug) de la partie moyenne de l'Amérique du Sud, étudiée par le Dr Courbon (compt. rend. Acad. des sciences, t. XLI, p. 1003, 1855).

Moyen de préserver les choux des ravages causés par les chenilles.

Chaque année, la chenille de la piéride du chou cause des pertes considérables aux jardiniers et aux cultivateurs en rongeant souvent une grande partie des choux.

J'ai même vu des carrés de ce précieux légume entièrement perdus.

On a décrit les piérides, on a prôné dans les journaux bien des procédés plus ou moins excellents pour détruire le papillon et sa chenille; mais je crois que, pour atteindre ce but, il n'est pas de moyen plus efficace et plus simple que celui dont les ménagères de ma localité se servent depuis quelques années.

Il s'agit de placer les choux à proximité d'une chènevière ou mieux de semer quelques pieds de chanvre de distance à distance au milieu des choux.

La piéride semble éprouver pour l'odeur forte de cette plante une telle aversion, qu'elle s'éloigne du jardin et ne pond jamais ses œufs que loin du chanvre.

Si cette plante est dispersée dans tous les coins du jardin, on ne verra pas une chenille sur le chou.

Ce procédé, dont l'efficacité est bien prouvée, est une découverte due au hasard. Un cultivateur a remarqué que jamais il n'y avait de chenilles sur le chou quand il était planté près d'un champ de chanvre, alors que les potagers situés ailleurs étaient ravagés.

De là l'idée de semer de distance en distance un grain de chanvre dans les jardins et qui a eu les plus excellents résultats.

L'odeur du genêt éloigne aussi les piérides, et on peut préserver les choux et autres légumes de leurs ravages en plaçant des branches vertes de ces arbrisseaux dans le potager ; mais ces branches sèchent rapidement et bientôt n'ont plus d'odeur; il faut alors les remplacer par de nouvelles.

Le chanvre, au contraire, exhale son odeur tout l'été, et les quelques pieds semés dans un jardin ne nuisent en rien aux légumes, deviennent énormes et donnent en outre leur produit en graines et filasse, ce qui constitue un avantage de plus.

X. THIRIAT.

Comment on peut préserver les récoltes des ravages des escargots.

Au concours du comice agricole de l'Aube, qui se tenait à Troyes le 16 mai dernier, je fus bien intrigué en voyant, au pied d'un des arbres du cours Saint-Jacques, un espace enveloppé par quatre tringles en bois d'environ 2 mètres de longueur, 7 centimètres de largeur, 1 centimètre d'épaisseur, posées à plat par terre ; un arbre se trouvait compris dans l'intérieur de ce carré ; et à 1 mètre 30 de hauteur, cet arbre était entouré d'une lanière d'écorce ; dans l'intérieur de ce carré, des escargots et des limaces en grand nombre pérégrinaient à qui mieux mieux

Comme j'en étais à me demander ce que signifiait cette bizarre exposition, j'entendis faire par un des curieux une observation qui me donna le mot de l'énigne. Pas un des escargots ne franchissait le mince obstacle qui lui était opposé. Montaient-ils à l'arbre, arrivés à la ligature d'écorce, ils rétrogardaient ; la mince planchette posée à terre valait mieux que toutes les clôtures possibles, car pas un d'eux ne s'y aventurait. Examen fait du bois employé, je reconnus qu'il était sulfaté, et le miracle était expliqué.

Les escargots ont le bois imprégné de sulfate de cuivre en grande horreur, car c'est un poison violent pour eux ; le simple contact avec le bois sulfaté détermine promptement leur mort, et je me suis assuré qu'un escargot de forte taille posé sur cette planchette de 6 à 7 centimètres de largeur est dans l'impossibilité d'en sortir ; chaque mouvement provoque la sécrétion du liquide dont il marque sa route, ce liquide dissout instantanément le sulfate de cuivre qui corrode la substance muqueuse de l'hélice et lui donne la mort. Il est évident que le résultat est le même pour les limaces ; j'ai mis une limace sur une des planchettes, elle a paru ressentir une sensation brusque comme celle produite par un fer chaud ; elle s'est tordue ; un liquide visqueux sécrété par la peau l'a couverte bientôt tout entière, et au bout d'une minute elle était morte.

On comprend tout l'avantage que l'on peut tirer dans l'horticulture et la culture maraîchère d'un moyen préservatif aussi efficace et d'un aussi facile emploi. Pour sauvegarder les semis de légumes, il n'y a rien autre chose à faire qu'à envelopper le carré semé par des planchettes sulfatées posées à plat par terre ; pour garantir les arbres à haute tige, entourez d'une lanière d'écorce ou d'une corde sulfatée le tronc à 1 mètre de hauteur, et pas un escargot ne s'y aventurera.

Il résulte de renseignements pris que les paisseaux sulfatés préservent les ceps qu'ils supportent, et que les treillages sulfatés garantissent les espaliers de ces terribles ennemis. MM. Baltet frères, du Troyes, ont remarqué déjà cette particularité ; de son côté, M. Petit-Boussard, du Pont-Hubert, près Troyes, a, dans une vigne de 6 ares dont les paisseaux sont en partie à l'état naturel et en partie sulfatés, recueilli 40 litres d'escargots dans la partie non sulfatée, et n'en a pas trouvé un seul aux ceps dont les tuteurs avaient reçu la préservation préparative.

Je constate ces faits qui pourront intéresser les horticulteurs, maraîchers et vignerons, en leur rappelant toutefois que le sulfate de cuivre, étant éminemment soluble, sera bien vite entraîné de la surface du bois par les eaux pluviales, et qu'il y aura lieu de recourir souvent au sulfatage des planchettes, écorces, ou cordes employées comme clôtures préservatives. (*Bulletin de l'Agriculture.*) J. BENOIT.

Insectes ennemis des Gloxinias.

Je ne crains pas d'affirmer que, pour moi du moins, le plus terrible ennemi des Gloxinias est une sorte de *Thrips*, vulgairement appelé *Tigre*, qui, lorsque les plantes végètent mal, se développe sur les plus jeunes feuilles du centre de la touffe, ou, le plus souvent, dans l'intérieur du calice des fleurs, lorsque les boutons commencent à se former. Il est rare que les plantes soient attaquées avant cette époque, à moins qu'elles n'aient été très-mal cultivées ou qu'elles ne proviennent de tubercules déjà infestés l'année précédente.

Les fumigations, et encore mieux l'eau de tabac provenant d'une infusion, projetée avec une seringue fine sur les plantes, ou, mieux encore, l'immersion des plantes, dans ce liquide, donnent d'assez bons résultats pour détruire ces insectes; mais il est bien difficile de les atteindre tous, lorsque les boutons sont envahis: c'est ce que je tâche toujours d'éviter, en visitant souvent mes plantes auparavant; et même, si un arrêt momentané de végétation me donne quelques doutes, je fais des fumigations préventives. Quand, sur une plante, quelques boutons seulement sont infestés, je les enlève et donne ensuite un bassinage d'eau de tabac; mais, lorsqu'il y a une certaine quantité, pour la sécurité des voisines, après les avoir immergées entièrement, je retire de la serre les plantes envahies.

Les pucerons se montrent aussi parfois; deux ou trois famigations, en laissant un jour d'intervalle entre chacune, suffisent pour les détruire. Il peut aussi arriver que l'araignée rouge se montre sur les feuilles des Gloxinias cultivés sur les tablettes d'une serre trop chaude et insuffisamment aérée. Du moment où l'on s'en aperçoit, il suffit de les mettre dans un endroit de la serre bien ombragé, sans air, et alors, à l'aide de quelques seringages d'eau de tabac, on s'en débarrassera; seulement, on doit prendre certaines précautions pour ramener les plantes au jour et à l'air, les transitions subites leur étant toujours préjudiciables. Jusqu'à présent, ce sont les seuls ennemis que j'aie eu à combattre dans la culture des Gloxinias.

VALLERAND.

Le trombidion-rouget.

(*Voir planche :* fig. 1, trombidion-rouget larve; fig. 2, le même, plus âgé; fig. 3, mandibule de ce dernier.)

Le rouget est un acarien qui faisait partie de l'ancien genre *Lepte* de

Latreille supprimé par Dugès et par P. Gervais comme faisant double emploi avec le genre *Trombidion*.

C'est un animal très-petit, n'ayant qu'un dixième de millimètre; son corps est ovoïde, déprimé, mou, hérissé de quelques poils en dessus. Sa couleur varie du jaune orangé au rouge écarlate. Son céphalo-thorax est confondu avec son abdomen. Les pattes sont proportionnellement longues, un peu épaisses, nettement articulées, couvertes de quelques poils roides et terminées par deux crochets; elles sont séparées en paires thoraciques et paires abdominales.

Son rostre, quoique étudié par Schaw et par Grudy a été jusqu'ici mal décrit : il est composé d'un bec pointu, faisant suçoir, dans lequel on distingue la lèvre qui est en forme de triangle allongé sur laquelle glissent les mandibules très-petites, rapprochées et tranformées en une paire de lancettes très-aiguës. De chaque côté du bec, plus volumineux que lui, se détachent deux énormes palpes *ravisseurs*, c'est-à-dire à dernier article obtus portant un pinceau de poils, le pénultième étant onguiculé et le second très-grand.

Le rouget est assez commun en France; il se tient sur les tiges des graminées et de quelques autres plantes peu hautes, sous les tas de feuilles sèches, dans les guérets et dans les bois.

On l'observe aussi sur les petits arbrisseaux, par exemple, les groseilliers et les genêts. Defrance l'a souvent observé dans les jardins, au sommet des mottes de terre, au haut des échallas attendant probablement l'occasion de s'accrocher à quelques mammifères ou bien à l'homme. Nous en avons recueilli qui étaient attachés aux oreilles et sous le ventre de chiens de chasse et même de lapins.

C'est surtout à l'état de larve à six pattes qu'on le rencontre en parasite; nous l'avons aussi trouvé à huit pattes, mais ils étaient jeunes aussi, car on ne pouvait constater aucune trace des organes de reproduction, signe de l'âge adulte (voyez la planche).

Nous jugerons de l'action du *rouget* sur nos petits animaux domestiques par son action sur l'homme.

Les habitants des campagnes connaissent parfaitement le rouget, que dans certains pays on connaît sous le nom de *vendangeron*, d'*aouta* ou d'*aouti*. Ces arachnides commencent à paraître ou plutôt à faire sentir leur présence vers la mi-juillet et cessent de se montrer vers la mi-septembre. Ces animaux sont plus communs dans les années de sécheresse ou de grande chaleur.

Le *rouget* se jette sur l'homme et s'insinue dans sa peau à la racine des poils. Il attaque surtout les personnes qui ont la peau délicate. Il semble préférer les jambes, la partie interne des cuisses. Il se porte aussi sur le bras et sur le sein. Quand on traverse des jachères fréquentées par ces arachnides, ou bien quand on se dépouille d'une partie de ces habits sans précautions dans les bois ou dans les parcs, surtout lorsqu'on s'étend négligemment sur la pelouse, on est souvent assailli par ces hôtes incommodes.

Duméril a trouvé un jour à la base d'un cheveu chez un jeune enfant plus de douze *rougets* vivants agglomérés.

Ces animaux cheminent assez vite, car on les voit monter des jambes à la tête en peu de temps. Ils se trouvent souvent arrêtés en route par les jarretières ou la ceinture; alors ils se fixent à l'endroit de l'obstacle.

M. Gruby a constaté que les *rougets* pénètrent avec le rostre dans les canalicules nidorifères soit dans les orifices des glandes sébacées; ils se fixent fortement; leur corps reste dehors; et si l'on cherche à le détacher, il arrive souvent qu'on le sépare du rostre par arrachement plutôt que de faire lâcher prise à l'arachnide.

Duméril présume que les *rougets* s'attachent avec les ongles et qu'ils insinuent leur suçoir sous l'épiderme, mais que ce sont principalement les mouvements des pattes et des ongles qui font naître l'inflammation que l'on éprouve.

L'analogie avec d'autres arachnides parasites nous fait penser que le mal doit être produit uniquement par le bec; probablement la salive de l'animal présente un caractère particulier, car la douleur produite n'est guère en rapport avec l'organe microscopique que l'animal enfonce sous la peau. Rappelons-nous aussi que, par ses recherches, le docteur Osanam a prouvé que les arachnides sont des animaux vésicants.

La blessure du *rouget* occasionne des démangeaisons vives, brûlantes, insupportables, qui empêchent de dormir. Latreille les compare à celles de la gale. La peau se gonfle et devient rouge, quelquefois même violacée. Il se forme des plaques irrégulières assez grandes relativement à la taille du parasite (1 à 2 centimètres). Ces plaques, tantôt isolées, tantôt réunies par groupes, sont un peu dures et présentent quelquefois un point saillant appréciable. Lorsqu'on les examine à la loupe, on distingue sur leur partie culminante un point rouge qui n'est autre que le parasite.

Les personnes attaquées se grattent avec force, le plus souvent jusqu'au sang, et augmentent ainsi l'intensité de l'inflammation.

M. Gruby appelle cette affection l'*érythème automnal*. John a observé un exanthème dû à cette cause. Moses cite un cas d'inflammation papuleuse et vésiculeuse avec des démangeaisons insupportables, dans une famille, produites par le même animal.

On se débarrasse des rougets au moyen de la pommade soufrée d'Helméric, de frictions de benzine, d'huile de pétrole ou d'acide phénique.

MÉGNIN.

Notice sur la truffe.

Je demande pardon au lecteur de venir, un peu tard il est vrai (des circonstances indépendantes de ma volonté ne m'ayant permis de le faire plus tôt) l'entretenir de ma personnalité et lui dire que je ne suis *l'alter-ego* de personne; je demande pardon aussi à l'auteur de *la Puce devenue mouche*, page 355, si je lui dis qu'il était mal informé en faisant précéder mon nom d'un grand V...., dont j'ignore la signification. Je ne m'appelle ni Vincent ni Valentin : mon prénom est Édouard; quant à mon nom patronymique, il a été assez prononcé, beaucoup trop peut-être, dans l'article dont il s'agit pour qu'il soit nécessaire de le rappeler encore!

La notice sur la truffe est le fruit de mes observations; s'il y a quelque chose de bon, j'en revendique le mérite; si au contraire c'est un travail oiseux et inutile, à moi seul doit en incomber toute la responsabilité. Je ne fais partie, on peut s'en apercevoir, d'aucune société savante; ces observations sont faites sans parti pris et de bonne foi; s'il y a erreur, je demande qu'on m'éclaire de la même manière, et j'adresserai des remerciments à ceux qui, avec un peu plus de bienveillance, l'auront fait cesser.

J'ai, je le reconnais, beaucoup de choses à apprendre encore, mais je savais, avant d'avoir lu l'article *la Puce devenue mouche*, que les racines mises en communication permanente avec l'air et la lumière pouvaient devenir de vraies branches et se charger de bourgeons. J'ai récolté des tubérosités occasionnées par les Cynips aptères; tubérosités dont parle M. Goureau dans son article : *Insectes tubérivores*, page 107 (mai) (article recommandable à tous points, soit sous le rapport de la science, soit sous celui des égards pour ses adversaires), qui ne ressemblent guère à mes truffes ; c'est alors avec connaissance de cause que je répondrai *à la petite question* qu'on veut bien m'adresser :

« Etiez-vous là lorsque l'éboulement s'est produit et est-ce au même » moment que vous avez recueilli les truffes ? »

Je pourrais dire : oui !... mais, pour être tout à fait vrai ; je répondrai : non..., et voici pourquoi : Des ouvriers travaillaient à un chemin sur un terrain en pente, ils avaient fait, pendant le jour, une berge assez rapide ; la nuit suivante le terrain s'éboula dans le voisinage d'un chêne ; à mon passage, *le lendemain*, je vis, non sans étonnement, les échantillons en litige attachés à des racines qui, avant l'éboulement, étaient implantées à plus de 15 centimètres dans la terre. Ces racines avaient-elles eu le temps de se changer en branches? les produits qui tenaient à ces racines avaient-ils eu le temps de se former?... Je laisse à de plus savants que moi le soin de répondre par l'affirmative.

On m'engage de goûter à ce produit, j'en aurais garde, car mon témoignage pourrait être suspect ; mais les truffes dont j'ai parlé dans ma deuxième notice, page 11 (février), trouvées par Gonsaud, trufficulteur de profession *qui les a détachées de la racine pour les livrer à la consommation* où sont-elles allées vendues et revendues ?... A Paris peut-être ; et si mon honorable contradicteur est le client de Potel et Charbot, il aura pu y goûter lui-même et su faire la différence qu'il y a entre elles et les bédégards.

Édouard Galle, à Sisteron (Basses-Alpes).

— Un moyen d'élucider la question est de présenter à l'Exposition prochaine les pièces à conviction.

Réponse aux anathèmes de M. le docteur Eugène Robert contre les moineaux.

C'est en partie à leur disparition presque complète et inexpliquée d'un grand nombre de localités, et aussi à la grande diminution dans leur nombre et celui des oiseaux en général, par suite des divers moyens auxquels on a recours pour les détruire, que doit surtout être attribuée la grande multiplication des hannetons.

Le *Bulletin* n° 3 (avril) *de la Société d'insectologie agricole* a publié une lettre de M. le docteur Eugène Robert, inspecteur des plantations de la ville de Paris, dans laquelle ce savant s'occupe surtout, en réponse à un article de M. de Lavalette sur l'*utilité des oiseaux*, des dégâts causés par les mésanges et les moineaux, et de la protection à accorder au corbeau.

Quant aux mésanges, il est vrai qu'à côté des très-grands services qu'elles rendent en détruisant les œufs de chenilles, déposés sur les arbres et les buissons, et plus tard un nombre immense de chenilles et une multitude d'autres insectes, surtout parmi les plus petits, elles causent à certains fruits, à ceux du poirier notamment, d'irréparables dommages en les béquetant à leur partie supérieure, près du pédoncule, appelé vulgairement la queue du fruit.

Il est donc parfaitement vrai que toute poire ou même toute pomme endommagée par le bec de cet oiseau pourrit bientôt.

La mésange semble, du reste, s'attaquer de préférence à certaines espèces de poires, telles que le doyenné d'hiver, le doyenné blanc ou gris, la jargonelle, le beurré blanc, le beurré magnifique; mais, d'un autre côté, la mésange mange surtout sur les poiriers des *podures, rongeurs nocturnes de l'épiderme des fruits*, et l'*oribates castaneus, acarus* également noctambule, qui est de la couleur d'une puce et que malgré sa petitesse on peut voir à l'œil nu. Je le considère comme le plus dangereux entre tous les insectes, — après les vers de l'intérieur des fruits, — et pour les fruits dont il ronge aussi l'épiderme, et pour la destruction des couches inférieures de l'écorce des arbres fruitiers, et *pour la formation des chancres*. Je me propose, à mon prochain voyage à Paris, de démontrer surtout ce dernier fait, non encore signalé, aux personnes que cela pourra intéresser et qui savent se servir de la loupe et du microscope.

Quant au moineau, M. Eug. Robert le traite avec *un sans façon* que je suis supris de trouver chez un homme aussi sérieux et aussi observateur.

Lorsque, en 1858, je publiai ma deuxième notice sur l'utilité des oiseaux insectivores et de leur conservation, notice ayant pour titre : *Utilité* (dans certaines limites, comme l'indiquait ma brochure) et *réhabilitation du moineau*, je fis largement la part des dégâts qu'il cause aux céréales, aux fruits, aux légumes; mais, à côté de ces dégâts qu'on avait *singulièrement exagérés*, comme je le démontrai par des chiffres, pour les céréales, je signalai aussi les nombreux et immenses services rendus; — n'en déplaise à M. Eug. Robert, — par cet oiseau granivore et insectivore.

Ce n'est pas, je le répète, dans les villes (elles n'existaient sans doute pas à l'époque où le Créateur de toutes choses fit apparaître le moineau au temps voulu sur la terre....), ce n'est pas à Paris surtout, où il est devenu en quelque sorte un oiseau domestique, familier, apprivoisé, qu'il faut étudier ses mœurs, ses dégâts et ses services. C'est *à la campagne*, dans le bocage, autour des habitations, dans les jardins et les vergers, où il sert puissamment à limiter la multiplication de certains insectes : hannetons, mans, chenilles, pucerons, élaters ou taupins, qui sans lui et autres oiseaux auraient bientôt fait disparaître toute trace de végétation.

Du reste, si d'après M. Eug. Robert il est si « tapageur », si « voleur », si « effronté », etc., etc., pourquoi alors n'a-t-on pas déjà détruit ce vaurien ? Les moyens ne manquent cependant pas, et, comme je l'ai dit précédemment, la chimie en indique plusieurs infaillibles. Mais qu'on se le rappelle, malheur au pays qui le fera disparaître entièrement !

A-t-on oublié ce qui a eu lieu en Angleterre, en Prusse, en Hongrie, etc., où on l'avait détruit (1) ? Ce sont là des faits et non des mots. M. Eug. Robert doit savoir parfaitement aussi qu'on n'a trouvé en Australie, depuis quelques années, d'autre moyen d'arrêter l'effrayante multiplication des insectes nuisibles qui menaçaient de détruire la plupart des produits de la terre qu'en demandant à l'Europe de nombreux envois de moineaux. Et déjà aujourd'hui on constate que la diminution dans le nombre des insectes est en rapport avec l'augmentation annuelle du nombre de ces oiseaux.

« Le pierrot, ajoute M. Eug. Robert, n'est propre qu'à ramasser sur

(1) Les Américains se félicitent d'avoir acclimaté chez eux le moineau domestique d'Europe, le vulgaire pierrot : C'est en 1852 que les trois premières paires en furent importées à Portland; dans les années suivantes on en introduisit dans les principales villes des États-Unis; choyés par la population, ils se multiplièrent rapidement, grâce à l'abondance de nourriture que leur offraient les milliards de chenilles et autres insectes qui dévoraient régulièrement les feuilles des arbres des promenades. Grâce à eux, les squares et allées de New-York ne sont plus maintenant, dès le mois de juin, dépouillés de leur verdure. En reconnaissance de ce service si éminent d'avoir presque détruit les affreuses chenilles qui des arbres tombaient en masse sur les passants et s'introduisaient dans les maisons, beaucoup d'habitants de New-York ont établi sur leurs fenêtres de jolies cages toujours ouvertes, où nos moineaux, devenus familiers, trouvent un bon gîte et des friandises. (*Atlantic Monthly.*)

» la voie publique et dans les cours les grains tombés qui devraient ap-» partenir aux volailles ou aux pigeons. »

Aux affirmations de M. Eug. Robert, je répondrai en reproduisant quelques-uns des principaux passages de mes notices relatifs au moineau.

D'abord, il est complétement inexact que le moineau se nourrisse *presque exclusivement* de grains. Je persiste à soutenir que, parmi les petits oiseaux, c'est à certaines époques de l'année le plus grand destructeur d'insectes nuisibles.

M. Eug. Robert veut bien lui concéder « qu'au printemps il s'empare, » en effet, de QUELQUES chenilles. » Moi, je dirai que, quand il en rencontre en grand nombre sur un carré de choux, sur des arbres ou sur des haies, c'est, lorsqu'il a une de ses couvées à nourrir (on sait que le moineau en fait plusieurs chaque année), par *centaines* qu'il les détruit *chaque jour*, surtout quand il n'a plus de hannetons à sa disposition. Il lui faut certainement plusieurs chenilles pour remplacer, comme volume alimentaire, un hanneton.

M. Eug. Robert a donc oublié qu'il fait surtout d'immenses hécatombes de *hannetons*. Il a donc oublié que, d'après une expérience faite par notre collègue à la Société d'acclimatation, M. Ray, un couple de moineaux, ayant des petits à nourrir, leur apporte chaque jour de 60 à 75 hannetons. J'ai observé qu'avant de les porter à ses petits, le moineau leur enlève généralement les élytres, les ailes, les pattes, la tête et le corselet.

Que l'on multiplie le nombre de moineaux *adultes*, c'est-à-dire existant déjà au moment où apparaissent les hannetons, — à peu près vers la fin d'avril, plus tôt ou plus tard, sans doute, suivant les contrées, — par celui du nombre des communes de France, soit, en chiffres ronds, 300 moineaux par chacune de ces 38,000 communes, on trouve 11,400,000 moineaux. Ces chiffres sont bien loin d'être exagérés. Rougier de la Bergerie évaluait, il y a déjà longtemps, à 10,000,000 le nombre des moineaux existant en France.

Si j'en juge par ce qui a eu lieu dans ma contrée, le nombre des moineaux aurait diminué de plus de moitié, je pourrais peut-être même dire des trois quarts au moins, depuis quinze ou vingt ans.

Je connais des fermes et même des édifices d'où ils ont entièrement disparu.

En est-il de même partout, je l'ignore. Du reste, l'emploi que l'on fait de pots spéciaux en terre, placés le long des murs des maisons et disposés de manière qu'ils puissent facilement faire leurs nids dans l'intérieur, a contribué beaucoup aussi, sans doute, en dehors des autres moyens ordinaires, à les détruire, au moins dans certaines contrées.

Tout dernièrement, un des éminents magistrats de la Cour impériale de Caen me disait que, dans le département de la Manche, où il est propriétaire, les moineaux avaient aussi *entièrement* disparu de ses fermes il y a un certain nombre d'années, et qu'ils commencent à peine à y reparaître.

En rapprochant ces faits de la maladie des *chenilles sauvages*, que, le premier, je signalai en 1856 (1), on peut se demander si la même influence atmosphérique ou morbifique ne se serait pas exercée en même temps sur diverses espèces animales et végétales... Je persiste, du reste, à attribuer à cette influence, d'un côté, les maladies de la vigne, de la pomme de terre, des mûriers, des betteraves; de l'autre, celles des vers à soie, des volailles (le choléra des poules), et peut-être des moineaux. A Caen, par exemple, lors de l'apparition du choléra, les corneilles des clochers et les moineaux *disparurent*...

Que sont devenues ces nombreuses bandes d'*innombrables* moineaux qu'on voyait autrefois sur les champs de blé, surtout dans les pays de bocage? Dans les plaines on les rencontrait le long des routes bordées de haies, d'où ces bandes s'envolaient en longues traînées.

Que sont devenues ces réunions de centaines de moineaux qui se formaient vers le soir dans les saussaies et les aunes, notamment le long des rivières, des ruisseaux et dans les prairies? Quels cris discordants! Quel vacarme n'entendait-on pas aux approches du crépuscule du soir, et le matin avant le départ de ces mêmes bandes pour les champs! Je fais appel aux hommes dont les souvenirs à cet égard remontent, comme les miens, jusqu'à 50 ans. En est-il de même aujourd'hui?

Je me rappelle parfaitement aussi que, à l'âge où, comme tous les enfants, je courais après les hannetons, il y a de cela plus d'un demi-siècle, cet insecte était bien des fois moins nombreux.

En admettant ce que je viens de dire pour les moineaux, et que semble justifier ce que l'on voit cette année pour les hannetons, est-il extraordinaire (la larve du hanneton, le man, met trois ans,

(1) Comment les naturalistes n'ont-ils pas remarqué que le nombre des papillons en général, et de celui du chou particulièrement, a diminué au moins des trois quarts, et qu'il en est de même des *libellules*, appelées vulgairement *demoiselles*?

quelquefois quatre, dit-on, pour arriver à l'état d'insecte parfait) que le nombre des hannetons se soit prodigieusement et progressivement accru, alors que l'oiseau *qui en était l'un des plus grands destructeurs* est devenu, de même que les autres oiseaux en général, deux ou trois fois moins nombreux qu'autrefois? Et que ne peut-on pas craindre pour l'avenir après une invasion de hannetons pareille à celle de cette année ?... Toutefois il est bon, dès à présent, de conserver les noms des commune où la destruction des hannetons a été organisée en grand, et de noter les résultats qu'elle a produits, cette année, afin de pouvoir constater dans trois ou quatre ans quelle aura été son influence sur la réapparition de cet insecte dans ces mêmes communes.

Je fais surtout appel, pour cette enquête dans les campagnes, à MM. les instituteurs, placés mieux que personne pour recueillir tous ces renseignements.

Je reviendrai prochainement sur cette question d'*une enquête générale* avec le concours de ces estimables et intelligents fonctionnaires.

Mais reprenons les chiffres *approximatifs* que j'ai posés plus haut, et que je ne crois pas exagérés. 11,400,000 moineaux adultes doivent former au printemps environ 5,700,000 couples, ou 150 en moyenne *par commune*. Si l'on admet que chaque couple détruit chaque jour au moins 60 hannetons pour la nourriture de sa couvée, et 25 pour sa propre nourriture, — sans compter tous ceux qu'il tue ou estropie par instinct de destruction, — on arrive à un total de 85 par famille et par jour, soit à un chiffre de 484,500,000 hannetons PAR JOUR pour 38,000 communes. Maintenant, multiplions encore ce chiffre par 30, nombre de jours pendant lequel peut durer à peu près cette grande destruction par les pères et mères, en grande partie, — car, après leur sortie du nid, les petits sont encore nourris par eux pendant un certain nombre de jours avant qu'ils aient le bec assez fort pour attaquer et dépecer eux-mêmes ces insectes, — on obtient par cette multiplication un total de quatorze milliards cinq cent trente-cinq millions de hannetons détruits dans l'espace de trente jours, soit en moyenne 12,750 par jour et par commune, ou 150 multipliés par 85; soit encore 12,750 par 30, ou 382,500 également par chaque commune pendant trente jours.

Si, autrefois, cette destruction était en rapport avec le nombre beaucoup plus grand des moineaux, c'est-à-dire double ou triple de ce qu'il est aujourd'hui, il devient facile, comme je l'ai dit plus haut, et comme je l'avais fait observer en 1858, d'expliquer, après trois ou quatre générations abondantes, la cause de la prodigieuse multiplication des hannetons, et naturellement de leurs larves, c'est-à-dire *des mans;* mais il y aurait encore à rechercher si ces apparitions extraordinaires de hannetons ne coïncideraient pas avec un hiver, de trois ans antérieur, pendant lequel, par suite de neiges abondantes, les oiseaux sédentaires auraient été détruits en majeure partie, ce qui aurait, au printemps suivant, favorisé pour les hannetons des accouplements plus nombreux et un plus grand nombre de pontes.

Si les jeunes moineaux, nés *au printemps* et arrivés à pouvoir se nourrir seuls, ne détruisent plus eux-mêmes de hannetons, ou n'en détruisent plus alors qu'un petit nombre, ceux-ci ayant presque entièrement disparu, ils en mangent plus tard, ainsi que leurs pères et mères, de grandes quantités à l'état de mans, lorsque ceux-ci sont amenés à la surface du sol par une cause quelconque, surtout par les labours.

En dehors des hannetons et des mans, le moineau fait encore une destruction considérable de chenilles, de papillons du chou notamment, et de pucerons, et, ce qui n'est pas son moindre mérite, des larves d'élaters, particulièrement, comme j'ai pu le constater en mettant à sa disposition celles *du taupin des moissons*, qui souvent coupent dès l'automne les céréales, et les font périr. De grands dégâts, dont la cause est généralement attribuée aux intempéries des saisons, sont souvent l'œuvre de ce redoutable petit insecte, qui fait si bien périr aussi les salades. Qui peut le détruire à ses deux états de larves, petit ver jaune à tête brune, et d'insecte parfait, sinon les oiseaux ?

Le moineau est donc l'un des oiseaux insectivores *le plus utile*, je dirai même *le plus indispensable.*

Quant aux dégâts qu'il cause, on peut en empêcher une partie, soit en mettant des filets devant les espaliers, soit en suspendant dans les arbres de petits miroirs ou de simples morceaux de glaces, ou seulement de verre, de manière à ce que le vent, en agitant ceux-ci, les fasse se choquer et produire un bruit strident qui éloigne parfaitement les oiseaux. Des pommes de terre garnies de grandes plumes de volailles pour simuler les ailes, la queue et la tête d'un oiseau, et suspendues avec une ficelle, les éloignent aussi.

M. Eugène Robert dit encore « que les poules se passeraient bien » de la société du moineau, car il rogne toute l'année leur pitance. »

Que l'on établisse, comme je l'ai conseillé il y a dix ans, de petits appareils grillés, de forme carrée ou circulaire, avec une petite galerie avancée et également grillée, par laquelle on habituerait les volailles à entrer pour chercher leur nourriture à l'intérieur, et par ce moyen, aussi simple que peu dispendieux, on évitera aux poules, pendant leurs repas, *la société des moineaux*, et on supprimera en même temps la dîme qu'ils prélèvent sur la nourriture de celles-ci.

M. Eugène Robert est encore complétement dans l'erreur quand il dit que « ce méchant oiseau n'est bon ni à cuire ni à rôtir. »

Il ne faut pas consulter le baron Brisse pour savoir qu'une gibelotte de jeunes moineaux, faite dans un pot de terre et assaisonnée de petits morceaux de lard frais, avec de petits oignons, un bouquet bien garni, un morceau de bon beurre et de l'eau, est une chose *excellente*. Quant aux vieux, ils sont bons aussi, mais au roux dans la casserole, avec le même assaisonnement.

J'engage les nombreuses personnes auxquelles j'ai dans le temps adressé ma notice précitée (*Utilité et réhabilitation du moineau*), à s'y reporter, elles y trouveront beaucoup d'autres détails à l'appui de l'opinion que je soutiens de nouveau au sujet du rôle beaucoup plus utile que nuisible du moineau. Cette même notice fut du reste, comme l'avait été la première, reproduite dans le bulletin de la Société protectrice des animaux, et dans plusieurs autres recueils.

J'espère que, de son côté, M. Florent Prevost ne laissera pas non plus passer sans réplique le réquisitoire de M. Eugène Robert, et qu'il nous donnera les noms des principaux insectes nuisibles détruits dans chaque saison par le moineau. J'ai tout lieu de compter aussi sur le concours de M. Millet, inspecteur des eaux et forêts, mon collègue à la Société d'acclimatation, qui s'occupe beaucoup dans ce moment de l'étude du régime alimentaire des oiseaux. Victor Chatel.

Éducation en plein air du ver à soie pour le préserver d'épidémie.

On sait les malheurs qui ont frappé depuis plusieurs années l'industrie des vers à soie. Une épidémie terrible s'est introduite dans les magnaneries et y a établi son empire. Au moment de la montée, c'est-à-dire au moment où le ver à soie, après avoir coûté des peines infinies et des frais considérables, s'apprête à tisser son cocon et à dédommager l'éleveur de ses dépenses et de ses soins, une sorte de défaillance s'empare de lui ; bientôt il jonche le sol, s'y traîne péniblement, en laissant derrière lui une trace jaunâtre et visqueuse qui empoisonne le local, et meurt. En deux ou trois jours les plus belles espérances s'évanouissent. C'est comme une récolte de blé détruite par la grêle au moment d'être mise en grange.

Cette épidémie, qui se nomme *la muscardine*, a anéanti dans le Midi des centaines de millions et ruiné les éleveurs. Quelle est la cause de cette épidémie, qu'accompagnent, du reste, une foule d'autres maladies? De nombreux savants s'en sont inquiétés, et lui cherchent encore vainement un remède.

La cause, hélas ! nous croyons qu'il n'est pas nécessaire d'être un profond savant pour la découvrir ; un peu d'observation suffit. Lorsqu'on pénètre dans ces immenses pièces qui servent à l'éducation des vers à soie, où des millions d'insectes entassés sur des claies s'agitent au milieu de détritus de feuilles de mûrier, dans une température factice de 25 degrés centigrades, on se dit bien vite que cette atmosphère viciée où l'air n'est introduit qu'avec ménagement et dans des proportions infimes, ne peut qu'altérer la constitution des frêles créatures qui la respirent, et, à un moment donné, produire les plus déplorables effets.

Tombant sur des sujets débiles et souffreteux, la maladie en fait d'immenses hécatombes, et ceux qui échappent à ses atteintes ne peuvent transmettre à leur descendance aucun élément de vigueur. On n'a plus qu'une race étiolée, incapable de résister aux influences pernicieuses, et vouée d'avance au plus triste destin.

C'est pourquoi, pendant que les savants cherchaient un remède à la muscardine, des praticiens se rendaient en Chine et au Japon pour obtenir de la *graine* nouvelle : c'est le nom donné aux œufs de vers à soie. Cette graine a produit de bons résultats, et permis, dans certains cas, de mener la récolte à bonne fin ; mais on comprend les difficultés créées à cette industrie par la nécessité d'aller chaque année demander au Japon ou à la Chine les éléments de ses éducations.

En somme, nos éducations de vers à soie ont-elles été faites jusqu'ici dans les meilleures conditions ? Les magnaneries telles que nous les connaissons sont-elles le dernier mot de la perfection ? Est-il bien vrai que, pour obtenir une bonne récolte de vers à soie, il est indispensable de les enfermer dans de grandes salles mal aérées et tenues constamment, le jour comme la nuit, à la même température de 25 degrés ?

L'expérience seule peut répondre à ces questions, et nous ne sommes pas surpris que des expérimentateurs se soient mis à l'œuvre. Entre autres épreuves tentées par les chercheurs, nous en citerons une des plus intéressantes qui touche prochainement à sa fin, et qui sera probablement couronnée d'un plein succès, bien que faite avec un outillage défectueux au premier chef.

Cette expérience est due à l'initiative d'un homme illustre dans la science, M. le docteur Gintrac, directeur de l'École de Médecine de Bordeaux. Dans une propriété qu'il possède au Tondu, M. Gintrac a établi une magnanerie en plein air dans les conditions les plus simples, les plus rustiques, et, nous allions dire, les plus défectueuses, car les insectes n'y sont ni à l'abri du soleil, ni à l'abri de la pluie. La magnanerie de M. Gintrac est une sorte de parallélogramme dont les bas côtés sont formés par des toiles assujetties à des pieux comme pour une baraque de foire. La couverture consiste en deux bandes de toile reliées entre elles par une large bande de filet.

Ainsi disposé, le local donne, par tous les côtés et par le haut, accès à l'air extérieur. La température de ce que nous appellerons l'intérieur est celle de l'air ambiant. Le jour, une chaleur de 45 à 50 degrés pour les parties touchées par le soleil ; la nuit, une température descendant à 15, 10, 5 degrés, et même moins.

Nous avons visité, il y a quelques jours déjà, cet établissement volant. Les vers venaient de subir leur quatrième et dernière transformation, et quelques-uns d'eux commençaient leur cocon. A l'heure où nous écrivons, on peut dire que l'éducation est terminée, et qu'il n'y a plus qu'à récolter. M. Gintrac, autant qu'il nous a été permis d'en juger par quelques écriteaux hiéroglyphiques, a réuni là des vers de diverses espèces, et surtout de diverses provenances. Ces insectes, dont quelques-uns étaient rendus à leur dernière période, ne nous ont pas paru d'un fort volume, mais ils avaient une apparence d'excellente santé et de vigueur exceptionnelle. On en voyait à peine une douzaine sur le sol morts de leur chute ou de faim. L'intérieur des cadres était surchargé outre mesure de trop nombreux sujets, auxquels cette agglomération aurait certainement été funeste dans toutes autres conditions hygiéniques. Le nombre des insectes avait été évidemment mal calculé avec l'espace destiné à les recevoir; mais il ne faut pas s'en plaindre, puisque cet entassement est un argument de plus en faveur de la démonstration.

La réussite aura été complète. Maintenant, il faut le dire, la température exceptionnelle dont nous avons joui pendant toute la durée de cette éducation, lui a été éminemment favorable; il est probable qu'avec un temps froid et humide, le résultat n'eût pas été le même. Quoi qu'il en soit cependant, nous ne devons pas perdre de vue que ce local, placé au beau milieu d'une prairie, protégé seulement sur les côtés par une toile, et en grande partie livré aux rayons du soleil dans sa partie supérieure, a dû passer par des alternatives de 50 à 5 degrés de chaleur, et quelquefois moins, en vingt-quatre heures, et que ces oscillations énormes n'ont causé aucun préjudice aux insectes. Il y a là, certes, un enseignement d'une haute portée, qui nous transporte bien loin des 25 degrés permanents entretenus dans les magnaneries, et permet déjà de conclure que le passage d'une température extrême à l'autre en air libre, est plus favorable à la santé des insectes que l'uniformité de température à 25 degrés, entretenue par des procédés factices.

Il n'y a pas à douter que des sujets ayant pris leur développement dans de pareilles conditions ne produisent une descendance robuste, et on peut prédire que pour l'année prochaine il n'y aura pas de graine, même celle tirée des bords de la mer Noire ou du Japon, préférable à celle provenant de la magnanerie rustique du Tondu.

Quoi qu'il arrive, il faut féliciter l'honorable M. Gintrac de son inspiration. Sa tentative, à quelque point de vue qu'on se place, aura fait faire un pas incontestable à la science, et fourni à l'industrie de l'élevage des notions de la plus grande valeur. En montrant aux éleveurs que le ver à soie peut supporter sans danger des variations de température énormes, et que le renouvellement constant de l'air est le principal élément de sa santé et de sa vigueur, il leur aura, par cela même, indiqué peut-être le remède contre la muscardine. Nous ne serions pas surpris, après cette nouvelle épreuve, de voir s'élever une magnanerie dans les dispositions de laquelle on s'appliquerait à ménager l'introduction de l'air extérieur, avec le même soin que l'on mettait autrefois à lui en fermer l'accès.

Emile CRUGY.

— Il y a déjà longtemps que M. de Quatrefages, dans son important rapport sur l'épidémie des vers à soie, a indiqué les éducations rustiques, sous de grossiers abris, sans températures forcées, comme le meilleur moyen de fortifier les races affaiblies par les immenses éducations en serres chaudes, à l'italienne.

M. Martins, à Montpellier, a essayé, autrefois, des éducations en plein air, sur le mûrier, et la race avait tellement pris de force qu'au bout de trois générations, les mâles avaient recouvré la faculté de voler.

Travaux apicoles de la saison.

Moment de récolter le miel. — On doit prendre le miel aussitôt que la principale fleur mellifère a disparu et que les abeilles commencent à tuer les faux bourdons. Il y aurait de grands inconvénients à négliger ce moment. En effet, quand les abeilles ne trouvent plus grand'chose à la campagne, elles se tiennent dans leurs ruches et il est extrêmement difficile de leur faire abandonner leurs gâteaux. Elles sont hargneuses, intraitables, mais ce n'est encore là que le moindre inconvénient. Une demi-heure après l'opération commencée, des masses d'abeilles étrangères, attirées par l'odeur, viennent s'abattre sur le miel et sur les ruches dans lesquelles vous travaillez. Lorsque vous avez fini et que votre miel est transporté à la maison, vous croyez peut-être que tout est bien ; non. Ces abeilles, dont vous avez excité la convoitise, ne trouvant plus au dehors de quoi les satisfaire, se jettent avec fureur et de préférence sur les ruches que vous venez de récolter, ainsi que sur celles qui ont perdu leur mère par suite de l'essaimage. Les habitants de ces dernières résistent rarement à cette impétueuse agression, et les pillardes, quand elles ne réussissent pas à forcer le passage, périssent misérablement sous les coups de leurs adversaires.

A ceux qui ont laissé passer le moment convenable, on conseille de ne prendre le miel qu'à deux ou trois ruches à la fois et sur le soir. Les jours suivants, ils pourront passer à d'autres ; mais aussitôt qu'ils verront les abeilles s'abattre en grand nombre sur le miel, ils devront cesser et remettre leur travail à un autre jour.

Un motif qui doit encore déterminer à récolter les ruches à l'époque indiquée ci-dessus, c'est que le miel est d'autant plus blanc qu'il a moins séjourné dans la ruche. Qu'on essaye d'en prendre moitié en juin ou juillet, et moitié en septembre, on verra une grande différence de l'un à l'autre pour la blancheur et le goût. D'un autre côté, le miel en été étant plus liquide, il se séparera plus facilement du marc, et le pressoir ou la chaleur du four n'aura plus à faire couler qu'une faible quantité du miel de second choix.

Ce conseil de récolter avant l'entière destruction des bourdons s'adresse particulièrement aux propriétaires de ruches communes. On peut attendre et choisir son temps pour les ruches à calotte et à hausses ; le pillage n'est pas à craindre avec ces dernières pour peu qu'on opère avec soin.

Société d'Insectologie agricole.

Séance du 6 mai 1868.

M. Menault occupe le fauteuil de la présidence en l'absence des présidents et vice-présidents :

Le secrétaire donne lecture du procès-verbal de la dernière séance qui est adopté.

M. Menault fait observer au sujet du procès-verbal qu'il serait bien que la Société prenne l'initiative pour encourager la destruction des hannetons, et demander des mesures qui prescrivent le hannetonnage obligatoire si possible. Ces insectes vont, par suite de leur prodigieuse fécondité, faire un tort très-considérable à la culture en général, et il demande que chacun de nous s'occupe sérieusement de sa destruction en étudiant le parti que l'on peut tirer soit des hannetons à l'état d'insectes parfaits, soit de leurs larves, comme engrais, comme huile ou de toute autre façon ; il pense que les rendre utiles est le meilleur moyen d'arriver à leur destruction.

M. Aubé rappelle que quelques travaux ont été déjà faits à ce sujet, que la Société d'horticulture a tenté quelques expériences qui n'ont pas donné de résultats satisfaisants.

M. Migneaux présente à la Société le modèle de la médaille qu'il a fait pour la Société. Sur l'une des faces, les insectes nuisibles sont représentés sur des fleurs et des fruits ; sur l'autre face, les insectes utiles et les animaux destructeurs d'insectes nuisibles sont représentés, les premiers par une ruche et des abeilles, des vers à soie, etc. ; les seconds par un hérisson, une chouette et un reptile. Ce modèle est adopté après quelques modifications ; le secrétaire est chargé de l'exécution de cette médaille pour l'exposition ; un cachet doit être fait sur le même modèle pour être apposé sur les livres et autres objets appartenant à la Société.

Sont reçus membres de la Société :

M. Maurice Girard, professeur au collége Rollin, présenté par M. Boisduval et M. Hamet ;

M. Loise-Chauvière, horticulteur, à Paris, présenté par MM. Boisduval et Rivière.

Pour extrait : l'un des Secrétaires, DEYROLLE.

Les Kermès (*suite*).

Kermès du laurier-rose. Chermes nerii BOUCHÉ. La coque est lenticulaire, légèrement bombée, d'une couleur blanchâtre, un peu ponctuée de jaunâtre, quelquefois un peu roussâtre dans son milieu, plus grosse et plus convexe chez les femelles fécondées que chez les larves. Lorsque celles-ci sont débarrassées de leur enveloppe, elles sont un peu allongées, d'un jaune pâle. Le mâle décrit par Bouché et observé par M. Guérin-Menneville, est d'un jaune brunâtre avec les ailes transparentes, comme dans la plupart des autres espèces.

Ce kermès, bien connu des jardiniers sous le nom de *pou* ou du *punaise du laurier-rose*, est très-commun sur cet arbuste. Il envahit de préférence la face inférieure des feuilles, et les individus y sont tellement rapprochés, qu'ils la couvrent presque entièrement.

On ne trouve que rarement cet insecte sur les lauriers-roses croissant naturellement dans le Midi, au bord des ruisseaux ; mais il attaque constamment ceux qui végètent péniblement en pot ou qui ont souffert de la sécheresse, aussi bien en Provence qu'aux environs de Paris. Le seul remède employé en horticulture consiste à sacrifier les vieux pieds et à en faire des couchages pour rajeunir la plante et obtenir des sujets vigoureux, sur lesquels les kermès ne viennent jamais se fixer.

L'insecte dont nous venons de parler, ne vit pas seulement sur le laurier-rose ; on le voit aussi sur les *Magnolia*, les *Arbutus*, les *Clethra*, les

Acacia, le lierre, les coronilles, les *Pittosporum*, les câpriers, etc. C'est un fléau dans beaucoup d'orangeries et de serres chaudes.

14. — Kermès du laurier. *Chermes lauri.*

Kermès du rosier. Chermes rosæ Bouché. Il est souvent très-commun sur plusieurs variétés de rosiers; les jardiniers le désignent sous le nom de *pou* ou de *punaise blanche du rosier*. Il se présente sous la forme d'une substance blanche, écailleuse, qui couvre les branches de cet arbuste d'une espèce de croûte pulvérulente, assez dense, produite en partie, par les vieilles enveloppes des kermès de l'année précédente et, en partie, par les jeunes qui se sont fixés dans leurs intervalles.

La coque ou couverture de cet insecte est lenticulaire, un peu bombée dans son centre, d'une couleur crétacée. Quand, à la fin de l'été, on enlève la carapace à l'aide d'une aiguille, on trouve dessous la femelle

15. — 1. Kermès de la rose. *Chermes rosæ*. — 2. La larve grossie.
3. Rosier envahi par le Kermès.

ou la larve, qui est d'un jaune pâle; si, au contraire, on fait cette opération en hiver, la ponte est terminée, et on ne trouve plus que des œufs d'un rouge brun. Ces œufs éclosent au printemps; les petits restent sous leur mère jusqu'au moment où ils ont changé de peau. Ils sont alors tout à fait microscopiques; ils se promènent sur les rameaux du rosier et finissent par s'y fixer. Nous n'avons jamais pu obtenir un seul mâle;

mais il a été observé et décrit par Bouché. Selon cet auteur, il est d'un rouge pâle, un peu pulvérulent, avec les ailes comme dans les autres espèces. On reconnaît sa coque qui, comme chez le *Chermès nerii*, est plus petite et plus allongée que celle qui doit produire la femelle.

On se débarrasse facilement de cette vermine en faisant la taille de bonne heure et en nettoyant les branches restantes avec une brosse, avant l'évolution des bourgeons. Ces insectes étant peu adhérents, on fait aisément tomber leur coque et leurs œufs.

Kermès cycadicole. Chermes cycadicola. Il est très-voisin par la forme

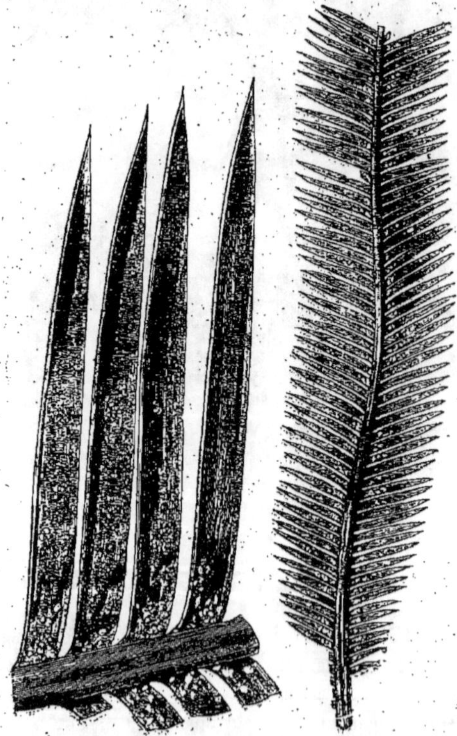

16. — Kermès cycadicole. *Chermes cycadicola.* — 2. Pinnules grossies.

et la couleur des kermès du palmier et du laurier-rose. Il est entièrement blanc, très-aplati sans aucune teinte roussâtre. Il est plus irrégulier sur ses bords que l'espèce précédente, les petites coques, appartenant aux mâles, sont un peu oblongues et beaucoup moins lenticulaires que les autres.

Quelquefois très-commun sur le *Cycas revoluta.* Il n'est pas très-adhérent, et on le détache facilement avec la brosse.

Mets singuliers.

Dans beaucoup de pays on mange des fourmis. Au Brésil, on accommode celle de la plus grande espèce avec une sauce de résine. En Afrique, on les cuit à l'étuvée avec du beurre; dans les Indes-Orientales, on les fait griller avec soin comme le café, et on les mange ensuite par bouchées. M. Smeathmann dit : « J'en ai mangé plusieurs fois accommodées de cette manière, et je trouve que c'est un manger délicat, nourrissant et sain ; elles sont un peu plus sucrées, bien que pas aussi grasses, ni aussi visqueuses que la chenille, ou la larve de l'escarbot à bec du palmier que l'on sert comme une friandise des plus estimées, sur toutes les bonnes tables des Indes-Orientales. » Les œufs de fourmis sont à Siam un mets très-recherché et très-coûteux, et à Mexico, depuis un temps immémorial, on mange les œufs d'un insecte d'eau qui se trouve dans les lagunes de cette ville. A Ceylan, les habitants, les ingrats ! mangent les abeilles, après leur avoir enlevé leur miel. Les *Bushem* d'Afrique mangent toutes les chenilles qu'ils rencontrent. Un *Bushem* serait une précieuse acquisition pour un maraîcher qui aurait des champs de choux. Les Australiens sont renommés comme mangeurs de larves, et les Chinois, qui ne laissent rien perdre, mangent la chrysalide du ver à soie, après avoir retiré la soie du cocon. On dit que les Indiens de l'Amérique du Nord ont l'habitude de manger des sauterelles. Les *Bushem* d'Afrique et les sauvages de la Nouvelle-Calédonie ont un goût très-vif pour les araignées grillées.

(*The International Magazine.*)

Revue des produits des insectes.

Soies, cocons et graines. La campagne séricicole a encore été mauvaise; aussi les soies et les cocons sont en hausse. A Lyon, les soies gréges se sont ainsi raisonnées : Italie, 10/12, courantes, 94 fr. le kil. ; Bengale, 12/14, 88 à 94 fr. ; Japon, 1re qualité, 105 à 110 fr. ; 2e qualité, 98 à 102 fr. ; Chine, 3e qualité, 76 à 80 fr. ; 4e qualité, 68 à 75 fr. le kil. Dans le Midi la vente des cocons a été vitement faite ; tout a été enlevé en un moment et à des prix très-élevés, mais qui ne compensent pas le manque d'abondance. A Marseille, il y a toujours peu de marchandises à la vente avec des acheteurs nombreux. On a coté des gréges de 128 à 132 fr. le kil.

Les graines de vers à soie bivoltins de la première récolte sont recherchées pour des secondes éducations, qui, si elles réussissent, tireront les sériciculteurs du découragement dans lequel ils sont tombés.

Abeilles, miel, cire. La récolte des miels blancs a été généralement bonne, la fin de mai et le commencement de mai ayant été propices aux travaux des abeilles. Mais la sécheresse a nui à la production des essaims. On cote les miels nouveaux de 80 à 120 fr. les 100 kil. Les miels rouges restent bien tenus ; le mois de juin n'a pas été favorable à la pousse des sarrasins qui donnent ces miels. On cote les cires jaunes de 3 75 à 4 fr. le kil. hors barrière.

Cantharides de Russie et Sicile, 7 fr. 50 le kil. sur la place de Marseille.

Cochenille. Cochenille des Canaries 8 30 à 9 fr. 75 le kil.

Galles en sorte d'Alep, 230 fr. les 100 kil. ; dito triées 3 fr. 85 le kil. ; triées de Smyrne, 3 fr. 10 ; dito noires et vertes 2 30 à 2 fr. 40.

Kermès végétal de Provence, 17 fr. le kil., à Marseille.

L'Éditeur-propriétaire : E. DONNAUD

Paris — Imprimerie de E. DONNAUD, rue Cassette, 1.

N° 6. 2e ANNÉE. Juillet 1868.

L'INSECTOLOGIE AGRICOLE

SOMMAIRE :

Bulletin insectologique.

Le moineau et ses peccadiles. — Vers le commencement de la moisson (il paraît que c'est tous les ans la même chose), les cultivateurs de la banlieue du Havre ont été obligés de s'organiser en une sorte de garde-mobile pour défendre leurs champs de blés envahis par des nuées de moineaux. Un de ces cultivateurs que nous avons rencontré *braconnant* ainsi (la chasse étant fermée) en plein midi sur ses champs et près de qui nous avons essayé de circonstances atténuantes en faveur des délinquants, nous a répondu que pour un litre de chenilles ou de hannetons que ces *avale-tout* pouvaient lui détruire, ils lui enlevaient plus de trois hectolitres de grains. Il peut y avoir quelque exagération dans ces appréciations, mais la vérité est que le moineau pullule au Havre, où, en hiver, il se repaît dans les docks; en été, il se répand dans les campagnes voisines plus pour se délecter de grains nouveaux que de chenilles et de hannetons qu'il mange cependant faute de mieux.

Destruction des chenilles. — M. Jules Petit adresse la communication suivante à la Société d'agriculture de Boulogne : « Chaque année on se plaint des chenilles, mais lorsque l'invasion est dans toute sa force et le mal sans remède! Puis la chenille disparaît, l'insouciance arrive, rien n'est fait pour paralyser le fléau.

» Cependant, l'hiver revient, la feuille tombe et le nid pendant des mois entiers est à la vue, à la portée de tous; c'est du moins ainsi le long des routes, dans les garennes de Slack et d'Ambleteuse (véritables foyers d'infection). Là les épines sont couvertes de milliers de nids, que, non-seulement on ne détruit pas, mais que le cultivateur de l'intérieur emporte avec ces mêmes épines qu'il achète pour ses clôtures. Si je suis bien informé, des communes telles que Winsille, etc., sont envahies par ce seul fait.

» La destruction semble cependant facile : le nid est généralement placé sur les plus hautes branches, à la portée de la main, et l'hiver, des enfants pourraient, sans nuire au produit, couper les petites branches; la mesure serait doublement utile et la rétribution de ce travail facile remplacerait l'aumône.

» Chaque commune de l'arrondissement ne pourrait-elle voter une somme *ad hoc* qui serait réunie en un fonds commun, car si la destruction nécessite un plus grand travail dans une commune que dans l'autre, elle n'en profite pas moins à toutes. »

Sans doute on demande parfois de l'argent aux contribuables pour l'employer à des choses qui ne valent pas celle-là. Mais c'est encore une petit budget à ouvrir, le budget des chenilles. Ne pourrait-on pas, pour cette circonstance, faire un petit virement : employer la garde nationale mobile à la destruction totale et universelle des insectes nuisibles? Nous en faisons la proposition.

Un nouvel ennemi de la vigne. On signale en ce moment, dans les vignobles de la Provence et du Languedoc, une maladie particulière de la vigne, maladie qui, observée pour la première fois en 1866, mais fort limitée jusque dans ses effets, a pris subitement une grande extension et sévit de préférence sur les vieux cépages.

Cette affection se manifeste de la manière suivante :

Les feuilles prennent une teinte rougeâtre et se flétrissent, le pampre se dessèche.

Si l'on arrache une de ces souches, l'écorce s'enlève très-facilement, et le bois se casse comme une allumette. Il est désorganisé, comme pourri, et cependant ne porte pas de trace de moisissure.

Ce n'est point, en effet, un cryptogame qui cause la maladie, mais bien un insecte, une sorte de puceron microscopique pullulant en quantités innombrables sur les racines de la plante, et qui paraît appartenir au genre des ophidiens.

La question est dès aujourd'hui mise à l'étude au sein de la Société d'agriculture de l'Hérault, et il faut espérer qu'on parviendra à conjurer le fléau.

En attendant, voici quelques indications sommaires relevées dans le rapport des savants viticulteurs de l'Hérault :

Tous les liquides dont le contact fait périr l'insecte sans nuire à la plante peuvent être essayés : pétroles, benzines, huiles lourdes, acide phénique, créosote, jus de tabac, savonnades, lessives plus ou moins diluées dans l'eau...

On peut avoir recours à l'eau bouillante employée déjà contre la pyrale de la vigne.

Un fort déchaussement à l'entrée de l'hiver pourrait réussir, car on a observé que le puceron nouvellement découvert périt, au bout de quelques heures, par son exposition en plein air et au soleil.

De bons effets sont à attendre des caustiques, de la chaux en poudre, des cendres, du soufre, des tourteaux de colza contenant de l'huile de moutarde, et dont on se sert avec succès contre l'écrivain de la vigne.

Il semble résulter de quelques expériences faites à Orange que de fortes fumures, répétées deux années de suite, ont sauvé des vignes ayant un commencement de maladie.

Le fait n'a rien de surprenant, les plantes vigoureuses étant bien moins exposées que les autres à être attaquées par les parasites.

— La commission d'organisation de l'exposition des insectes a accordé un sursis de quelques jours aux personnes qui désirent prendre part à l'exposition et dont les travaux ne sont pas prêts. Les jurys ne fonctionneront qu'à partir du 17 août.

H. Hamet.

La conservation des oiseaux.

On commence à comprendre qu'il est absolument nécessaire de conserver les oiseaux, qui seuls peuvent débarrasser les récoltes de tous ces insectes nuisibles qui causent de si grands dégâts. Mais, jusqu'à ce jour, les habitants des campagnes n'ont pris aucune mesure sérieuse pour atteindre le but ; ils ne se sont pas opposés à la destruction de ces utiles animaux, ils n'ont pas fait connaître à leurs enfants tous les services que rendent ces intéressantes petites bêtes, et le mal est toujours allé en empirant.

Quelques hommes intelligents et bons se sont mis à l'œuvre, et ils viennent de fonder une *Association des écoles primaires* pour la défense des oiseaux utiles et la destruction des insectes nuisibles. Un tableau vient à ce sujet d'être recueilli et mis en ordre, à la demande de la Société d'agriculture de Soissons, par M. Georgin, inspecteur de l'instruction primaire. Ce tableau, auquel sont joints des statuts et des notices fort intéressantes, a été adressé par M. Drouin de Lhuys à la Société protectrice des animaux, qui a bien voulu nous le communiquer.

Ce tableau porte pour titre : *Paix et protection aux oiseaux, défenseurs de l'agriculture*. Il est divisé en quatre colonnes : à gauche sont placées des *notes sur nos amis*, et à droite des *notes sur nos ennemis*; dans les deux colonnes du milieu se trouve la nomenclature de *nos amis* et de *nos ennemis*.

Les notes sur nos amis sont ainsi conçues :

« La Providence a établi la plupart des oiseaux comme les défenseurs de l'homme contre ses ennemis les plus nombreux, les plus invisibles, les plus inaccessibles à ses coups. Elle leur a donné une vue perçante qui leur permet de découvrir, même à une grande distance, les insectes les plus petits; des ailes rapides pour les chercher au loin, des becs vigoureux pour briser leur cuirasse ou leur retraite. »

Arrivent ensuite quelques détails curieux au sujet de certains oiseaux :

« La *buse* mange en un an plus de 4,000 rats, souris, mulots.

» Le *hibou* et la *chouette* ont les mêmes appétits, et, en outre, ils détruisent les insectes nocturnes et crépusculaires.

» La *caille*, le *râle* et la *perdrix* mangent des vers de terre.

» Le *coucou* se nourrit de larves et d'insectes, de sauterelles, même de chenilles velues, que les autres n'attaquent pas.

» Si le *chardonneret* cause parfois des dommages, il prévient la dispersion de la graine du chardon.

» L'*étourneau*, le *merle*, la *grive*, avalent par millions, dans une année, les insectes nuisibles.

» La *fauvette* chasse dans l'air les mouches, les pucerons, les petits scarabées.

» L'*alouette* s'attaque aux vers, aux grillons, aux sauterelles.

» A son déjeuner ou à son souper, le *martinet* consomme jusqu'à 800 insectes.

» L'*hirondelle* fait aux insectes une guerre aussi active.

» C'est par centaines qu'il faut compter les chenilles apportées chaque jour par la *mésange* à sa jeune famille.

» Le *moineau* fait une guerre active au ver blanc, au hanneton.

» Dans une chambre, un *rouge-queue* peut prendre 600 mouches en une heure.

» Le *rossignol* est un grand destructeur de larves, de cossus et de scolytes.

» Vingt *bergeronnettes* purgent de charançons un grenier à blé.

» Quand le *pivert* ou *pic* frappe de son bec vigoureux l'écorce des arbres, c'est qu'il est à la chasse des cossus et des scolytes.

» Le *vanneau* défend les constructions navales contre le taret, mollusque qui perfore les bois submergés, les pilotis.

» Protégez le *carabe doré*, appelé aussi *jardinière-couturière*, qui fait une chasse incessante aux lombrics et aux chenilles; — la *coccinelle* ou *bête à Dieu*, qui dévore des quantités énormes de pucerons; le *hérisson*, qui fait son ordinaire habituel d'insectes, de vers et de limaçons; — le *crapaud*, qui a les mêmes appétits.

» Traitez avec bienveillance la *chouette*, qui débarrasse vos greniers des rongeurs redoutables pour vos provisions.

» Défendez les oiseaux qui, par leurs chants harmonieux, répandent la vie et la gaieté dans nos jardins et nos campagnes. »

Voici maintenant les notes sur nos ennemis :

Nos amis.		*Nos ennemis.*
Alouette des champs.	*Se nourrit de*	Cécidomye, vers, œufs de fourmis, chenilles, sauterelles.
Alouette des bois.	—	Fourmis, termites.
Bergeronnette.	—	Charançons, mouches, taons.
Bouvreuil.	—	Chenille processionnaire, œstre, du bœuf et du cheval.
Bruant.	—	Guêpe.
Buse, hibou, chouette.	—	Rat, souris, mulot.
Coucou.	—	Chenille velue.
Chardonneret.	—	Graine de chardon, xérène du groseillier.
Etourneau ou sansonnet.	—	Insectes, limaces, limaçons.
Fauvette (Grande).	—	Nitidule (du groseillier, du framboisier).
— noire.	—	Bruche des pois.
— babillarde.	—	Perce-oreille.
— petite.	—	Pucerons.
— des roseaux.	—	Cousins.

Nos amis.		*Nos ennemis.*
Grive.	*Se nourrit de*	Gros ver mollasse.
Hirondelle.	—	Charançon, chlorops ou ver du blé.
Lavandière ou hoche-queue.	—	Moucherons, insectes fluviatiles.
Linot.	—	Pyrale, eumolpe.
Martinet.	—	Insectes.
Merle.	—	Colimaçon, limace.
Mésange.	—	Insectes, chenilles.
Moineau.	—	Hanneton et larves de hanneton.
Motteux, cul-blanc.	—	Altise ou puce de terre.
Pinson.	—	Altise, hanneton, œstre.
Pivert ou pic.	—	Cossus ou ronge-bois, scolyte destructeur.
Roitelet.	—	Insectes, cousins.
Rouge-gorge.	—	Tipule et teigne du blé.
Sitelle.	—	Ver des fruits.
Tourterelle.	—	Graines de plantes vénéneuses.
Vanneau.	—	Taret, linières, limaçon.
Verdier.	—	Chenilles, fourmis, mouches.
Carabe doré ou jardinière.	—	Lombrics et chenilles.
Coccinelle ou bête à Dieu.	—	Puceron lanigère.

« Par leur nombre incalculable, par leur prodigieuse fécondité, par leur appétit dévorant, par les armes puissantes dont ils sont pourvus, par leur petitesse qui les dérobe à nos poursuites et même à nos regards, *la plupart des insectes sont les plus redoutables destructeurs du domaine de l'homme.*

» Les insectes sont puissamment armés pour la destruction ; ils rongent, ils percent, coupent et scient les parties ligneuses, les feuilles, les fruits et les graines de nos arbres les plus précieux ; ils causent aux producteurs de céréales des pertes immenses ; ils s'attaquent avec acharnement aux racines, aux tiges, aux feuilles et aux graines des légumineuses ; ils n'épargnent pas davantage nos crucifères les plus utiles ; de plus ils se multiplient d'une manière effrayante : quelques-uns pondent jusqu'à 2,000 œufs par année. Enfin la plupart, en raison de leur ténuité, de leur agilité, de leurs instincts, se dérobent presque entièrement à nos recherches.

» En une année, un seul couple de *charançons* peut produire en diverses générations, le chiffre effrayant de 23,000 individus. La larve du charançon pénètre dans un grain et en ronge l'intérieur à mesure qu'elle grossit.

» Le *hanneton* n'est pas moins redoutable; il vit de trois à quatre ans avant de se métamorphoser en nymphe. Sa femelle pond de 60 à 80 œufs qu'elle dépose en terre et d'où sortent les *mans* ou *vers blancs*. A l'état de ver blanc, le hanneton dévore les racines de toutes les plantes basses : graminées, fraisier, oseille, laitue, trèfle, etc., et, plus tard, quand il a grossi, les racines des jeunes arbres; devenu insecte parfait, il dépouille de leurs feuilles les arbres fruitiers et les espèces forestières.

» Le *hannetonage en grand* peut seul prévenir la multiplication et les dégâts de ce malfaiteur. Noyé dans l'eau de chaux, il constitue un excellent engrais.

» Les vraies chenilles naissent des œufs des papillons et donnent naissance à des papillons. Elles se nourrissent de matières végétales; leur voracité est si grande que plusieurs consomment chaque jour le double de leur poids. Les poils de la chenille velue pénètrent dans l'épiderme et y causent des démangeaisons.

» Le *scolyte destructeur* ronge le liber des arbres, en y pratiquant des galeries qui interceptent la circulation de la séve et déterminent la mort du végétal. Ses larves produisent les mêmes ravages après leur éclosion. Le *cossus* du chêne est l'auteur de dégâts semblables.

L'*eumolpe* de la vigne attaque les feuilles et dessèche les raisins. — La *pyrale* dévore les feuilles et les jeunes grappes qu'elle enveloppe de fils soyeux.

Le *puceron lanigère* pique l'épiderme des pommiers, absorbe la séve et cause des excroissances qui grossissent chaque année et font périr l'arbre.

L'*œstre* introduit ses œufs sous la peau des animaux, où ses larves trouvent la nourriture et le couvert.

Sous la devise suivante : *La Providence a mis le remède à côté du mal : c'est à l'homme de protéger ses amis et de poursuivre ses ennemis*, se trouvent dans une colonne les noms de NOS AMIS, et en face, dans une autre colonne, les noms de NOS ENNEMIS dont se nourrit chacun des oiseaux utiles.

Comme on le voit, chacun de ces petits animaux a son rôle bien tracé par la nature, il est donc évident qu'en les détruisant on fait disparaître l'harmonie merveilleuse de la création, et il en résulte nécessairement de fâcheux accidents. Seul, l'homme est incapable de lutter contre les insectes nuisibles, qui causent à l'agriculture d'énormes dommages, s'élevant tous les ans à des sommes fabuleuses. Il faut donc respecter les oiseaux, les animaux utiles, et les protéger le plus possible. C'est là une question sociale de la plus haute importance, et de laquelle dépend souvent le prix de revient des denrées alimentaires et des matières premières employées par l'industrie. Les habitants des campagnes doivent donc apporter le plus actif concours à la formation de l'*Association des écoles primaires*; c'est par l'éducation que l'on parviendra à faire comprendre aux enfants combien il est utile de conserver les oiseaux ; c'est par l'éducation qu'on leur inspirera ce respect que l'on témoigne dans certains pays à la cigogne et autres animaux qui rendent des services si grands et qui deviennent ainsi en quelque sorte l'objet d'un culte.

Nous croyons utile de publier les statuts de la nouvelle Association des écoles primaires.

BUT DE LA SOCIÉTÉ.

Art. 1er. Sous le titre de *Société de protection des oiseaux utiles*, une association est formée dans la commune de.....

Art. 2. La Société se propose de veiller à la conservation et à la défense de tous les oiseaux et de tous les insectes utiles, et de prendre toutes les mesures jugées nécessaires pour la destruction des insectes nuisibles à l'agriculture.

Art. 3. Chacun de ses membres prend l'engagement des respecter et de faire respecter, dans la mesure du possible, non-seulement les oiseaux utiles, mais encore leurs nids et leurs couvées.

Art. 4. Pour l'exercice efficace de cette protection, la commune sera partagée en diverses régions, dont chacune sera placée sous la surveillance particulière d'un ou de plusieurs membres désignés par le conseil administratif de la Société.

COMPOSITION DE LA SOCIÉTÉ.

Art. 5. La Société se compose, sous le nom de *membres honoraires*, de toutes les personnes qui souscrivent l'engagement de se conformer aux présents statuts, et de payer une cotisation annuelle de ... francs.

Sous le nom de *membres actifs*, de tous les enfants des écoles et des jeunes gens des deux sexes, âgés de moins de 16 ans, qui s'imposent l'obligation de protéger, de défendre les oiseaux et les nids.

Art. 6. La liste des sociétaires, revêtue de leur signature pour adhésion, sera affichée dans la mairie et dans la salle d'école.

DU CONSEIL ADMINISTRATIF.

Art. 7. La Société est administrée par un conseil composé de *membres de droit* et de *membres élus*.

Les membres de droit (qui ne sont pas tenus à la cotisation annuelle) sont : le maire, le curé, l'instituteur et l'institutrice.

Les membres honoraires désignent parmi eux trois membres pour entrer au conseil. Le même droit est accordé aux membres actifs. Les membres du conseil sont élus pour deux ans et sont rééligibles.

Le conseil nomme son président, son secrétaire et son trésorier.

Le président réunit le conseil ou la société toutes les fois qu'il le juge convenable, dans l'intérêt de l'œuvre.

RÉCOMPENSES ET PÉNALITÉS.

Art. 8. Tous les ans, le 15 août, a lieu une assemblée générale des sociétaires.

Il est rendu compte, par le président, des résultats obtenus dans l'année, ainsi que de la situation financière de la Société.

Le même jour a lieu la distribution des récompenses que la Société peut accorder dans la limite de ses ressources.

Art. 9. Tout sociétaire qui aura contrevenu aux obligations ci-dessus exprimées, perdra, pour une année, son droit aux récompenses annuelles. En cas de récidive, il sera exclu de la Société et, au besoin, signalé à l'autorité administrative.

Nous espérons que des associations basées sur les principes que nous venons d'indiquer, ne tarderont pas à se produire dans toute la France. Nous avons la certitude que le gouvernement et les administrations locales accorderont aux associations leur patronage et leur concours. Si l'on veut que la production ait lieu à bon marché, il faut absolument prendre toutes les mesures propres à atteindre ce but; or, la conservation des oiseaux, des mammifères, des insectes et de tous les animaux utiles, rendra, sous ce rapport, de très-grands services. Il est de la plus haute importance d'introduire dans les écoles primaires des campagnes des notions d'insectologie agricole, de faire connaître aux enfants les bêtes nuisibles et les bêtes utiles, afin qu'ils conservent les unes et qu'ils détruisent les autres.

Groupons-nous donc tous et fondons de nombreuses associations des écoles primaires. Voilà un des actes les plus féconds en résultats qui puisse être provoqué par l'initiative individuelle.

A. DE LAVALETTE.

Diptères parasites des animaux.

TAONS (*Tabanus* L.)

Insectes de l'ordre des *Diptères*, division des *Brachocères*, famille des Tabaniens.

Caractères : Corps large, tête déprimée, trompe saillante, à lèvre terminale allongée, formée de six soies lamelliformes dans la femelle et quatre dans le mâle ; palpes insérés à la base des soies, les manillaires relevés dans les mâles couchés sur la trompe dans les femelles. Antennes à deuxième article ordinairement ovoïde chez les mâles, coniques chez les femelles ; troisième article de quatre à huit divisions ; point de style. Jambes intermédiaires terminées par deux pointes ; trois pelotes aux tarses. Ailes habituellement écartées offrant deux cellules sous-marginales et cinq postérieures ouvertes à l'extrémité, l'anale allongée.

Les taons ont une taille, en général, supérieure à celle des autres diptères, un corps vigoureux, des ailes mues par des muscles puissants et pourvues du plus grand nombre de nervures observées dans cet ordre. Ils sont très-avides du sang des animaux ; les femelles percent avec une grande facilité le corps de leurs victimes ; les mâles sont moins sanguinaires ; ils fréquentent les bois, les pâturages, et c'est pendant l'été, aux heures les plus chaudes de la journée qu'ils se rendent le plus redoutables ; ils ont le vol rapide et bourdonnant, *leurs larves vivent dans la terre ;* il ne faut donc pas les confondre avec les larves d'œstres dont nous nous occuperons plus loin et qui vivent dans différentes parties du corps de certains animaux.

Degeer a surtout bien étudié le développement du taon des bœufs : il a constaté que la femelle confie ses œufs à la terre ; les larves qui sortent de ses œufs sont jaunâtres, longues, cylindriques, rétrécies aux deux extrémités ; elles ont la tête cornée, étroite, allongée, et munie de deux grands crochets mobiles recourbés en dessous. On ne sait pas bien quelle est leur nourriture. Les nymphes sont nues ; chacun des segments de leur corps est bordé de longs poils et le dernier est terminé par six pointes écailleuses qui aident à l'insecte pour se rendre à la surface de la terre lors de la dernière transformation.

Les *taons* sont très-répandus sur toute la surface de la terre, on en connaît plus de quarante espèces réparties dans quatorze genres.

Nous citerons seulement, comme exemple, les trois espèces suivantes très-communes en France, et dont nous donnons les figures.

Le TAON DES BŒUFS (*Tabanus bovinus* L.), pl. fig. 1. (*Voir planche.*)

Le PETIT TAON GRIS (*Hematopota pluvialis* Meig.), fig. 2.

Le PETIT TAON VITRÉ (*Chrysops cæcutiens* Meig.), fig. 3.

Les taons recherchent de préférence les régions où la peau est mince, comme au poitrail, sous le ventre (le grand taon des bœufs), autour des yeux (les crysops), etc. Les lésions qu'ils produisent seraient le plus souvent imperceptibles si elles n'étaient décelées par la présence de l'insecte occupé à perforer la peau ou à sucer, aussi bien que par la douleur qu'il produit et qui se traduit chez l'animal par des trémoussements de la peau et par les efforts qu'il fait des dents et de la queue pour chasser cet hôte incommode. La douleur cesse avec le départ de l'insecte et on n'a plus à s'occuper de la lésion qui guérit promptement et spontanément quoiqu'elle soit souvent suivie d'une petite hémorragie et même d'une petite tuméfaction ressemblant beaucoup à celle de l'échauboulure dont elle se distingue cependant par une petite papule centrale que ne présente jamais la dernière.

Toute thérapeutique dans ce cas doit donc se borner à être préventive, c'est-à-dire avoir pour but d'éloigner, de repousser l'insecte.

Pour arriver à ce but, il y a les émouchoirs à main, et mieux le camail-émouchoir, espèce de grand filet à nombreuses lanières dont on entoure le cheval.

Il y a aussi les corps gras dont on oint les parties les plus exposées de l'animal. Un des plus vieux moyens et des meilleurs, déjà conseillé par le vétérinaire grec Apsyrte, consiste à oindre les parties délicates de la peau, comme l'angle interne des yeux chez les bœufs, d'un mélange de poix et d'huile; c'est une glu que l'insecte évite. On peut lotionner aussi ces mêmes parties avec une infusion de feuilles de noyer, leur principe résineux amer a aussi la propriété de les chasser. Mais la meilleure onction pour produire ce résultat est celle d'huile de laurier; son action est beaucoup plus prononcée et bien plus persistante; nous en avons fait l'expérience personnellement.

MOUCHE PIQUANTE (*Stomoxe* Geoff.).

Insecte de l'ordre des *Diptères*, famille des *Athéricères*, tribu des *Muscidées* (pl. fig. 4).

Le *Stomoxe* ne se distingue pas à première vue de la mouche ordinaire; un examen plus attentif montre que la disposition des nervures des ailes et surtout l'organisation de sa trompe sont différentes; sa trompe est solide, menue, allongée; ses lèvres terminales sont très petites et ses palpes ne dépassent pas l'épistome.

Il y en a trois espèces.

Les stomoxe sont au nombre de nos parasites les plus incommodes. Leurs larves se développent dans le fumier. Les bœufs et les chevaux n'en sont pas garantis par l'épaisseur de leur cuir, et la piqûre qu'ils font est telle que le sang continue à couler pendant quelque temps.

C'est surtout en été et en automne, particulièrement aux approches des orages, que ce diptère tourmente et harcèle ses victimes.

MÉGNIN.

Légende de la planche de cette livraison. — TABONIENS : fig. 1, Taon de bœuf ; fig. 2, *Hæmatopota pluvialis* (Meig.) ; fig. 3, Chrysops-cœcutiens (Meig.). — MUSCIDÉES : fig. 4, Stomoxe (Geoff.), *a* son suçoir ; *b* suçoir de la mouche commune. — PUPIPARES : fig. 5, Hippobosque 4, *c* sa griffe. — TIPULAIRES : fig. 6, Simiclie tachetée grossie.

Note sur les insectes nuisibles observés dans la Brie (Seine-et-Marne) en mai et juin 1868.

J'ai l'honneur de présenter à la Société le résultat de quelques études d'entomologie appliquée que j'ai pu faire dans plusieurs communes du plateau de la Brie, de Brie-Comte-Robert à Gretz, et dans divers bois de ces pays dépendant du système forestier connu sous le nom de *forêt d'Armainvilliers*. Il est bien entendu, comme pour toutes les observations de ce genre, qu'elles ne doivent pas s'étendre au delà des localités explorées, du moins dans des limites restreintes, à cause des différences continuelles qui se présentent dans les diverses régions. C'est seulement après des études locales faites par diverses personnes et comparées entre elles qu'on peut être en droit de généraliser.

Depuis quelques années les cultures de la Brie éprouvent les plus grands dommages par le fait des larves du hanneton (*Melolontha vulgaris* Fab.). Le printemps de 1868 était l'époque de la grande éclosion triennale des adultes. Elle n'a pas été, dans la Brie, aussi considérable qu'on pouvait s'y attendre d'après l'abondance des vers blancs ; les dégâts causés par les adultes ne sont que médiocres comparativement à ce qui s'est produit certaines années, ou cette année même en d'autres pays. Sur quelques lisières de bois les chênes ont été gravement endommagés et dépouillés de feuilles dans leur partie supérieure. On pouvait faire cette remarque que bien que le hanneton passe avec raison pour un insecte essentiellement polyphage, il a toutefois des végétaux de prédilection; ainsi à côté des chênes atteints, les peupliers et les bouleaux offraient un feuillage respecté. Je crois que les froids du mois d'avril de cette année ont dû causer la mort d'un grand nombre de ces insectes; les coléoptères sont très-délicats aux premiers jours de leur éclosion, alors que leurs téguments pâles n'ont pas encore acquis ce pigmentum coloré qui les durcit et en fait une cuirasse peu conductrice de la chaleur, protégeant les organes vitaux de l'intérieur du corps contre les abaissements de la température du dehors. Il a dû résulter du peu de chaleur du début du printemps que les hannetons ont remonté lentement de la couche profonde où ils passent l'hiver, soit en nymphes, soit transformés plusieurs mois avant de gagner le sol, car on voyait encore le 15 juin, dans la Brie, malgré les chaleurs intenses, voler un certain nombre de hannetons.

Les lépidoptères nous offrent diverses espèces dont la présence sera cette année très-nuisible. J'ai surtout été frappé du spectacle présenté par les pommiers. Beaucoup de routes de la Brie, surtout à l'approche des villages, sont bordées de pommiers, ce qui les fait ressembler aux routes de la Normandie et de la Picardie. Depuis plusieurs années ces arbres sont atteints par les chenilles des Yponomeutes (microlépidoptères), mais jamais je n'avais été témoin d'une abondance comme celle qui a lieu actuellement. On dirait que ces arbres sont couverts par places de larges toiles d'araignées. Cela tient aux habitudes des chenilles des Yponomeutes du pommier. Elles vivent à côté les unes des autres sous un abri commun de soie grisâtre qui les protége contre le soleil et contre la pluie et qui enveloppe des feuilles et des jeunes pommes. Les feuilles sont entièrement dévorées, les fruits, privés d'une dose suffisante d'air et de lumière, se détachent avortés. Quand tout est détruit, la cohorte malfaisante gagne un autre rameau et recommence sur nouveaux frais son œuvre de destruction. Si on agite fortement le nid, on voit toutes les chenilles entrer à la fois en mouvement en se tortillant comme des petits serpents; elles fuient par des issues ménagées dans la toile en se laissant tomber à terre ou sur les branches inférieures. On se tromperait fort si l'on s'en croyait ainsi délivré, car chacune est restée pendue à un long fil de soie, véritable cordage qui lui permettra de regagner la demeure commune quand le danger sera passé. Le changement en chrysalide s'opère en commun et les chenilles s'enveloppent isolément d'une coque de soie blanchâtre, allongée. Au commencement de juillet, sortent d'innombrables petits papillons, au vol lourd bien qu'ayant lieu à l'éclat de la lumière solaire, à ailes supérieures blanches avec rangées de petits points noirs. La détermination spécifique des Yponomeutes est fort embrouillée dans les auteurs. On trouve sur les pommiers dont nous parlons deux espèces très-voisines. La plus abondante est l'*Yponomeuta evonymella* Scopoli, ou *cognatella* Duponchel, ou *malinella* Goureau; l'autre se nomme *Yponomeuta variabilis* Zeller, ou *padella*, Linnæus, Duponchel. Les papillons sont très-analogues, mais on distingue bien cependant ces deux espèces. Dans les papillons l'*Yponomeuta padella* a toujours les ailes supérieures plus ou moins lavées d'une teinte fondue grisâtre, tandis que l'autre a ces ailes d'un blanc très-pur; les ailes inférieures sont grises dans les deux espèces. La chenille de l'*Y. evonymella* est grisâtre sur le dos et d'un jaune terne sur le reste, avec la tête d'un noir luisant et les pattes thoraciques noires; chaque anneau offre deux gros points noirs, un de chaque côté. L'autre espèce a une chenille plus foncée, d'un ton grisâtre, avec quatre gros points noirs par segment, deux de chaque côté presque soudés ensemble. Chez toutes deux le corps présente des poils isolés et le nombre total des pattes est de seize.

Ces Yponomeutes ne se voient pas sur les poiriers. Elles ont envahi les pommiers cultivés dans les jardins comme ceux des routes. Le moyen de les détruire est d'enlever les toiles à la main ou avec un balai de houx emmanché au bout d'une gaule, d'écraser à mesure les chenilles ou mieux de rassembler les toiles dans un sac ou dans un panier, puis de les flamber.

Malheureusement ceci peut se faire dans les jardins et vergers pour les pommes à couteau dont la valeur motive le soin et la dépense, mais il est bien difficile de distraire les bras, si rares déjà pour les travaux agricoles, afin de nettoyer des pommiers à cidre. En outre les propriétaires qui feraient cette dépense, sans entente générale, seraient bientôt ravagés par les insectes des voisins, et temps et argent seraient perdus.

Depuis longtemps on n'avait pas vu dans la Brie une aussi belle préparation florale des pommiers que cette année et on espérait une très-abondante provision de cidre qui est la principale boisson des paysans de ces localités. Les Yponomeutes préparent sous ce rapport un grave mécompte. Il faut espérer que les insectes parasites habituels feront leur office, en présence du riche festin qui leur est offert cette année, et ramèneront cette funeste engeance à d'insignifiantes proportions. On sait que de nombreux Ichneumoniens et Chalcidiens (hyménoptères) percent la peau de ces chenilles pour introduire leurs œufs, que des Entomobies (diptères, Muscides), déposent leurs œufs sur la peau où s'introduiront les larves voraces; malheureusement cet équilibre naturel est précédé d'une ou plusieurs années de désastres.

Les œufs, pondus en juillet par ces insectes, passent l'automne et l'hiver, et les adultes, qui ne prennent pas de nourriture, ne vivent que peu de jours, uniquement occupés à se reproduire.

Dans les bois d'Armainvilliers les Teignes vertes (*Tortrix viridana* Linn.), attaquant surtout les taillis, sont plus communes que je n'ai encore eu l'occasion de les observer depuis quinze ans, mais leurs ravages sont médiocres si on les compare à ceux qu'on peut voir depuis plusieurs années dans les bois plus voisins de Paris, comme ceux de Boulogne et de Vincennes.

La destruction insensée des petits oiseaux insectivores est la principale cause de la désastreuse abondance des Pyralides, Tortricides et Tinéides dans les bois qui entourent la capitale. Les fauvettes surtout, pour donner à leur nichée la nourriture azotée nécessaire à son rapide accroissement, volent sans cesse entre les branches des futaies et des taillis pour saisir les chenilles qui pendent au bout des fils, comme une proie prédestinée.

Dans les jardins la chenille dite la *livrée à bandes*, celle du *Bombyx neustria* Linn., était commune, surtout sur les arbres fruitiers.

J'ai fait la remarque cette année dans la Brie, et je sais que d'autres personnes ont observé le même fait en d'autres points des environs de Paris, que les Carabes et les Silphes, ces grands destructeurs de chenilles, étaient plus rares que d'habitude. On sait, que le *Silpha quadripunctata* (Linn.), vole sans cesse entre les branches des chênes à la recherche de cette proie vivante, et qu'on en voit souvent par les chemins occupés sur le sol à dévorer la victime qu'ils ont saisie. Je n'ai pas trouvé dans les sentiers des champs le Carabe doré ou jardinière, *Carabus auratus* (Linn.) à beaucoup près en aussi grand nombre que d'ordinaire. Quant à deux autres espèces, plus fortes encore, qui sont fréquentes dans la Brie, le *Carabus monilis* (Fabr.) était cette année fort rare et je n'ai pas rencontré, contrairement à d'autres années, un seul individu du *Carabus purpurascens* (Fabr.). Il serait à désirer qu'on s'occupât d'introduire en plus grand nombre dans les jardins potagers ces utiles insectes, comme on le fait, dit-on, en Angleterre pour les crapauds. Au contraire, il semble que les gens de la campagne prennent plaisir à écraser ces précieux défenseurs de leurs récoltes; c'est un chagrin pour moi, dans mes excursions d'entomologie, de voir semés dans les chemins les débris étincelants de leurs cadavres. Je voudrais que dans chaque école de village fût mis sous les yeux des enfants un petit cadre contenant les spécimens des insectes carnassiers qu'ils s'amusent à détruire, et qu'on leur apprît à respecter en eux les protecteurs de l'agriculture qui les fait vivre.

Maurice GIRARD.

P. S. Le fléau des Yponomeutes paraît être général aux environs de Paris dans toutes les directions. J'ai vu près de Creil les pommiers couverts de leurs toiles roussâtres; il en est de même aux environs de Montmorency. A Arcueil, on trouve les toiles de ces funestes chenilles sur les pommiers, les cerisiers et les abricotiers.

J'ai revu les pommiers de la Brie le 20 juillet. Mes prévisions sont justifiées; la récolte a subi une diminution considérable. Les toiles n'existent plus, enlevées par les pluies d'orage. La ponte est faite, et c'est à peine si on trouvait encore quelques papillons. M. G.

Une chasse aux fourmis et leurs propriétés médicales.

Il semble qu'on a tout dit sur les fourmis lorsqu'on a lu les inimitables ouvrages d'Huber et de Réaumur. Erreur, chacun peut faire de nouvelles observations, trouver de nouveaux moyens destructeurs, de nouveaux détails sur la vie et les mœurs de ces singuliers petits animaux, modèles si admirables et si admirés.

Qui ne trouve un secret pour détruire les fourmis? on en connaît mille. Moi aussi j'ai trouvé un secret; je m'empresse d'en faire part à tous les lecteurs et de donner ici l'extrait de mes notes.

Mon ami, M. C. Otte, grand admirateur des curiosités de la nature, possède une charmante logette construite en briques et en planches au milieu de son jardin. Depuis vingt ans les fourmis y ont élu domicile. Tous les jours mon infatigable ami n'a cessé de les combattre par les odeurs, le feu et l'eau. Rien n'a réussi, les fourmis indomptables, après avoir essuyé l'attaque, recommencent leurs dégâts et reforment leurs bataillons.

Un événement plus extraordinaire l'engagea à venir me trouver pour chercher un moyen plus efficace de destruction. Une fois, il avait enfermé dans la logette quelques bouteilles de sirop de gomme destinées à rafraîchir de nobles visiteurs. Le jour de fête arrive. O malheur! les bouteilles de sirop sont remplies et constellées d'une masse de fourmis mortes apoplectiques, noyées dans le liquide épais. Je cherchai la fourmilière en suivant le chemin des légions, elle fut introuvable; les fourmis traversaient un petit bois dans lequel je perdis leur trace près d'un passage souterrain. Alors je fis suspendre dix à douze petites fioles à longs cols d'une hauteur de vingt centimètres, sur le passage même de la logette. Je remplis avec du miel des petites fioles.

Au bout de vingt-quatre heures, mon piége avait réussi. Des milliers de fourmis étaient entassées, et chaque bouteille formait un véritable charnier.

En même temps je fis peindre à vingt centimètres environ de hauteur le tour de la petite maisonnette, d'une couche de goudron frais, renouvelé tous les jours, et cela pendant une semaine. Depuis, aucune fourmi n'a reparu dans l'ancien passage, les bouteilles de miel renouvelées y sont intactes.

Un moyen, et le plus sûr que je connaisse pour la destruction d'une fourmilière consiste à y verser de l'eau bouillante. Lorsque le torrent arrive dans les magasins, il fait périr beaucoup de larves, les œufs sont perdus, les galeries inhabitables; alors il y a désertion générale.

Dans les jardins et dans les prés ce moyen est excellent.

M. Vitet, dans sa *Médecine vétérinaire et rurale*, tire des fourmis écrasées et macérées un véhicule aqueux, échauffant et augmentant le mouvement des artères, donnant de la vigueur à l'animal affaibli, excitant le cours des urines et plus souvent la sueur. Ce même auteur estime beaucoup ce remède dans toutes les maladies de faiblesses convulsives, spasmodiques, contre l'obstruction des viscères de l'abdomen, enfin contre les maladies de foie des bœufs, chevaux et brebis. La poudre de fourmis prise à jeun jouit de grandes propriétés médicales. Moquin-Tandon dit que la vapeur qu'exhale le corps des fourmis, connus sous le nom d'acide formique, n'est pas un venin, mais elle peut exercer une légère action sur nos organes, même y faire naître de petites ampoules accompagnées d'un prurit particulier. Un grand nombre de ces insectes réunis peut aussi déterminer une sorte d'érysipèle.

A. Bronsvick.

(*Bulletin de l'Agriculture pratique dirigé par M. A. Barral.*)

Destruction des kermès par le chaulage à l'eau de tabac.

C'est principalement sur les arbres en espalier et dans les angles des murs que les kermès se déclarent avec profusion. Les arbres qui sont atteints de ces insectes ne tardent pas à dépérir; c'est sur les pêchers et les abricotiers que les kermès se trouvent en grand nombre. On reconnaît ces insectes sous la forme de petites écailles rousses qui sont collées sur des branches de l'arbre. Si l'on néglige de s'en débarrasser pendant l'hiver, on s'aperçoit mieux au mois de mai de la présence de ces insectes par les mouches et les fourmis qui s'y portent en abondance; c'est aussi dans le courant de mai que l'éclosion se fait; les feuilles de l'arbre qui en est atteint se couvrent d'une poussière noire qui en arrête la végétation. Voici les moyens que j'emploie pour m'en débarrasser: je taille l'arbre atteint de kermès de bonne heure, dans le commencement de février, et je prépare ensuite un lait de chaux à l'eau de tabac; je délaye le tout dans un baquet de manière à en faire un mastic liquide, et, avec un pinceau ou un balai fait en paille, je badigeonne entièrement l'arbre. Si l'opération a été bien exécutée, on est sûr d'être débarrassé des kermès; le chaulage à l'eau de tabac débarrasse les arbres des mousses et lichens qui se nourrissent sur leur écorce et nuisent beaucoup à la végétation. On remarque que généralement, après un chaulage bien opéré, les arbres reprennent du développement. Cette opération prend moins de temps que de brosser l'arbre et offre plus de succès. Malgré que l'on fasse l'opération de bonne heure, et même avec précaution, la brosse détruit un grand nombre de boutons à fruits. (L. Bellay, *J. de la Soc. vaud. d'hortic.*)

Travaux apicoles de la saison.

Tout possesseur d'abeilles doit s'appliquer à connaître les ressources florales de sa localité, et la quantité moyenne de produits qu'il peut obtenir. Il doit aussi savoir à quelle époque la miellée et les essaims donnent; celle où le couvain cesse ou est peu abondant; celle où il peut pousser ses abeilles à travailler en cire sans trop nuire aux provisions, etc. Ces connaissances lui sont indispensables pour les diverses opérations apiculturales qu'il doit faire, lesquelles se modifient selon la ruche employée et selon le genre d'apiculture pratiqué. Ainsi l'éleveur n'opérera pas comme le producteur spécial; la ruche à divisions pourra se récolter avant ou après celle en une pièce. Cette dernière doit être récoltée par la chasse ou transvasement des abeilles; l'opération a lieu trois semaines après la sortie de l'essaim primaire, naturel ou artificiel, à moins que l'essaimage se fasse plus de trois semaines avant la venue de la principale fleur mellifère, ce qui arrive dans les localités boisées et dans celles où les arbres à noyaux sont abondants. Dans ce cas, la chasse doit être retardée; elle doit avoir lieu quinze jours ou trois semaines après que la faux a coupé la plante mellifère, époque où la saison est devenue plus sèche, et où l'on rencontre moins de couvain dans les ruches.

Les chasses ou trévas sont réunis, ou ils sont conservés seuls, lorsqu'ils forment des colonies populeuses et qu'ils sont logés dans des bâtisses. A défaut de bâtisses naturelles, on peut en obtenir d'artificielles en repiquant des rayons propres dans des ruches vides. Le couvain peut aussi être repiqué dans des chapiteaux ou dans des petites ruches qu'on place sur la loge principale. Des aliments sont donnés à ces colonies. Les trévas placés dans ces conditions peuvent valoir des essaims, et même mieux si la mère de ceux-ci est vieille.

Dans toute localité où la bruyère et le blé noir font défaut, et où les secondes coupes de sainfoin et de luzerne ne donnent pas encore, les trévas doivent recevoir des aliments, qui leur procureront les moyens de bâtir des rayons et d'entretenir du couvain. La nourriture peut être inférieure, mais elle doit toujours être saine. Si l'on emploie le sirop de fécule seul, ou, ce qui vaut mieux, un mélange de sirop de fécule avec du miel de troisième qualité, ou du sirop de sucre, il faut avoir soin que cette nourriture ne fermente pas; il faut la donner tout de suite, lorsqu'elle est nouvellement fabriquée, et ne pas la laisser séjourner sous les ruches qui la reçoivent. Si les abeilles ne l'ont pas enlevée en une nuit, il faut la faire bouillir avant de la leur présenter de nouveau, et si elles n'y ont pas touché, il ne faut plus la leur présenter, car elle doit être aigrie et ne pourrait que leur procurer la loque ou la dyssenterie, si elles l'absorbaient.

La nourriture doit être donnée en une, deux ou trois fois, c'est-à-dire sous le moins de temps possible, et c'est le soir qu'il faut la présenter aux abeilles, en la mettant dans des vases qu'on place sous les ruches. De la paille ou de la mousse étendue sur cette nourriture liquide empêche que les abeilles s'empêtrent et se noient dedans. A cette époque de température élevée, le vase est vidé en une nuit, lors même qu'il contient plusieurs kilogrammes de sirop. Mais il est bon de ne pas en présenter plus d'un kilogr. à toute chasse ou essaim qui a été logé le jour même dans une ruche vide; le lendemain on peut doubler et tripler la dose. La première nuit, les abeilles, n'ayant pas de magasins pour loger cette nourriture, se trouvent dans la nécessité de la transformer immédiatement en cire, afin de pouvoir construire des rayons, qu'elles continueront d'allonger les jours suivants. En trois jours d'alimentation, on a un tiers de cire, une demi-cire et parfois même deux tiers de cire, selon la force de la colonie et la grandeur de la ruche. D'ailleurs on n'obtient de succès que sur des colonies populeuses, et, lorsqu'elles ne le sont pas, il faut les réunir pour les y rendre. Rien n'est facile comme de réunir des chasses de la journée. Le soir, on n'a qu'à secouer la population d'une ruche à l'entrée de l'autre. On emploie la fumée, si l'on craint qu'il y ait combat entre les abeilles de deux colonies, ce qui a rarement lieu entre les chasses du jour.

Dans les localités où les ressources florales sont épuisées, toutes les colonies qui n'ont pas de provisions nécessaires pour la saison de chômage doivent être réunies et recevoir le complément de nourriture qu'il leur faut. La réunion des colonies qui ont des édifices doit se faire, à cette saison, par l'asphyxie momentanée, lorsque les ruches ne peuvent se superposer; lorsqu'elles le peuvent, et qu'elles sont à hausses, par exemple, on peut les réunir par superposition, en ayant soin d'enfumer jusqu'à bruissement les deux parties à réunir. Les ruches grasses doivent être récoltées en tout ou en partie. Si elles sont à chapiteau ou à hausse, il est facile de prendre l'excès de produit en enlevant le chapiteau ou la hausse supérieure. Dans le rucher composé de ruches à hausse, le complément de nourriture aux colonies insuffisamment pourvues peut être fait par l'addition d'une hausse pleine ou à demi pleine, enlevée sur une ruche qui avait trop de miel. A défaut de hausses enlevées sur des ruches trop pourvues, on peut en garnir en y fixant des gâteaux pleins de miel mis de côté au moment de la récolte, gâteaux qui ne contiennent qu'un miel inférieur à cause de la présence du pollen dans son voisinage. Ces hausses se placent en dessous si la ruche n'en a qu'une ou deux, et dans la partie intermédiaire si elle en a davantage.

Il existe un art de préparer les produits des abeilles, comme il en existe un de cultiver ces insectes, art qu'il importe d'étudier et de raisonner. L'extraction du miel des ruches et des rayons, la température élevée et sèche à laquelle il convient de le couler, le temps qu'il faut le laisser à l'air avant de l'écumer, de l'empoter ou l'entonner, l'endroit sec où l'on doit placer les vases pour que la granulation se fasse dans de bonnes conditions, etc., sont autant de questions qu'il faut connaître à fond et que beaucoup de possesseurs d'abeilles ignorent.

Aussi que de produits inférieurs ! que de miels colorés et qui ne se conservent pas, à cause du mélange de pollen, de couvain et même de cadavres d'abeilles ! Il en est de même de la cire qui demande à être débarrassée de matières hétérogènes qu'elle contient. Il faut la maintenir plusieurs heures en fusion lorsqu'elle est sortie du feu pour qu'elle ait le temps de s'épurer, et ne la couler que lorsqu'elle commence à prendre pour que les pains ne fendillent ni ne grimacent. La température du local où on opère doit être élevée le plus possible.

Il n'est pas jusqu'aux eaux miellées dont il faut savoir tirer un parti avantageux. Tantôt on les fera fermenter pour les distiller, soit seules, soit mêlées à d'autres boissons ; d'autres fois on en fera des hydromels plus ou moins corsés ; enfin, on pourra les réduire par l'ébullition, et s'en servir soit seules, soit mélangées avec des sirops de sucre, ou des jus de fruits sucrés pour compléter la nourriture des essaims retardataires, des chasses et autres colonies peu pourvues.

H. Hamet.

Le ver à soie du chêne.

(*Bombyx Yama-Maï*).

Messieurs,

Notre honorable président a bien voulu me demander un compte rendu de mon éducation du ver à soie du chêne à l'Exposition universelle; et c'est pour déférer à ce désir que je viens aujourd'hui vous faire connaître les résultats auxquels je suis arrivé.

Le ver du chêne (*Bombyx Yama-Maï*) n'est pas un inconnu pour la plupart d'entre vous. Quelques-uns l'avaient déjà remarqué dans divers concours agricoles ; les autres ont pu le voir en 1865, à cette première Exposition internationale des insectes qui devaient donner naissance à notre Société d'insectologie. Le jury lui avait même décerné l'un de ses premiers prix, la médaille d'or.

Je n'aurai donc pas à revenir sur son passé ; mais, comme rien n'a encore été publié, à son sujet, dans le bulletin de la Société, je vous demande la permission de retracer ici en quelques mots l'histoire de se premiers pas dans l'agriculture européenne.

Le *Bombyx Yama-Maï* est originaire du Japon, où il est si estimé ; il y constitue, dit-on, un monopole au profit du gouvernement, et une loi punissait naguère encore de la peine capitale quiconque livrait ou exportait de ses semences. Telle est même la cause de l'ignorance dans laquelle se trouvaient les autres nations à son égard.

C'est en 1661 que M. Duchesne de Bellecourt, consul général de France au Japon, trouvant la soie du *Yama-Maï* digne du plus grand intérêt, parvint à se procurer quelques œufs et les envoya en France, où ils furent remis à la Société d'acclimatation.

On essaya d'élever les chenilles qui en sortirent ; mais on ne connaissait aucune de leurs habitudes ; aussi une seule parvint-elle à faire son cocon. Ce résultat était, sans doute, négatif pour la propagation de l'espèce, mais il suffisait pour donner une idée de ses qualités : il faisait connaître la rusticité du ver et la beauté de la soie.

Dans de telles circonstances, on ne pouvait que désirer un second envoi de graines.

La mission scientifique agricole envoyée en Chine et au Japon en 1862 fut donc chargée spécialement de rechercher et de rapporter le *Yama-Maï ;* mais M. Eugène Simon, qui la dirigeait, se vit constamment entouré des soupçons et de la surveillance des Japonais, et il ne put en faire venir en France que par l'entremise de M. Pompe Van Meerdervoort, officier de la marine royale hollandaise et directeur de l'école impériale de médecine de Nagasaki.

Mais si la conservation des œufs est, pour le ver du chêne, la même que pour le ver du mûrier, l'éducation de la chenille se trouve beaucoup moins compliquée. Le *Yama-Maï* est, en effet, une espèce sauvage qui aime le grand air, ne craint point les variations de température et n'a pas besoin, conséquemment, de cette atmosphère factice qu'on est presque toujours tenté de donner au ver à soie ordinaire.

Le cocon est d'un beau jaune verdâtre, d'une forme parfaite et complétement fermé aux deux bouts, ce qui rend le dévidage mécanique très-facile; sa grosseur est du double environ de celle du cocon du mûrier; le brin est élastique et solide, malgré sa finesse; la soie possède, même à l'état brut, un éclat remarquable; enfin, ajoutez à ces qualités que le ver peut se nourrir en plein air, comme des chenilles sauvages, des feuilles du chêne commun de nos bois et vous comprendrez l'immense avenir d'une telle espèce, l'immense richesse que sa propagation pourrait jeter dans la France centrale et dans toute cette zone de l'Europe où le chêne croît en abondance et où le climat se prête à sa culture.

Je n'ai point, Messieurs, à vous faire connaître en détail les divers modes d'éducation qu'on peut mettre en pratique pour le ver du chêne, ni à décrire le caractère de ce Bombyx sous les différents états qu'il traverse pendant sa vie. Ce serait trop allonger ma communication, et vous pouvez, d'ailleurs, par les gravures coloriées et les échantillons que j'ai l'honneur de placer sous vos yeux, vous rendre compte de la belle couleur verte de la chenille, de la brillante livrée des papillons, de la beauté du cocon et des remarquables qualités de la soie grége ou des tissus. Pour les personnes qui voudront entreprendre la culture de cet intéressant insecte, je viens de publier la quatrième édition de mon livre : *Le Ver à soie du chêne*, qui donne tous les renseignements nécessaires et dans lequel j'ai dû puiser, d'ailleurs, les éléments du présent rapport (1).

(1) *Le Ver à soie du chêne* (*Bombyx Yama-Maï*); — Son histoire, sa description, ses mœurs, son éducation, ses produits; — 1 vol. in-8, avec 3 planches coloriées et gravures; 3 fr., à la librairie agricole de la Maison rustique, 26, rue Jacob.

Je me contenterai donc ici de dire que, pour l'exploitation en grand

de cette nouvelle industrie agricole, j'arrive, par des calculs rigoureux, à un rendement net de 1,000 ou 1,200 fr. par hectare de bois taillis, sans que les arbres puissent en souffrir et en utilisant seulement une matière, la feuille de chêne, demeurée jusqu'ici sans emploi.

Les résultats exceptionnels auxquels j'étais arrivé ; le vif intérêt qu'avaient excité, parmi les populations rurales, les exhibitions que j'avais faites dans divers concours ; les hautes récompenses qui leur avaient été accordées et surtout le désir de hâter la propagation de ce précieux séricigène, m'avaient engagé à faire, sous les yeux du public qui devait visiter l'Exposition universelle, des éducations complètes de *Yama-Maï*.

J'avais donc obtenu la concession dans le parc du Champ-de-Mars, — quart allemand, section de l'Agriculture français, — d'un terrain assez vaste (250 mètres carrés environ) pour y établir des spécimens des divers modes d'élevage.

J'y avais fait construire, dans ce but, un pavillon divisé en deux parties à peu près égales. (*Figure ci-contre.*)

Dans l'une, garnie de vitrages, j'ai fait éclore les œufs au printemps et j'ai exposé, pendant tout l'été, les cocons, soies grèges, tissus et publications diverses relatives à la sériciculture.

L'autre, simple hangar, était destinée aux éducations industrielles. De grands vases pleins d'eau y étaient solidement enchâssés dans des montants en bois et recevaient des faisceaux de branches de chêne apportés chaque jour du bois de Boulogne. De grands baquets, en forme de tables, entretenaient la fraîcheur dans les rameaux dont le pied allait plonger dans l'eau par les trous du couvercle.

C'est sous ce hangar que j'ait fait des spécimens d'éducations industrielles sur branches coupées. J'y ai enseigné à changer, à manipuler les vers pendant toute la durée de leur vie et j'en ai retardé quelques-uns, par la famine, afin de montrer le plus longtemps possible des chenilles vivantes au public.

Derrière le pavillon et à côté, j'avais fait installer, au mois de février, une plantation de diverses espèces de chênes indigènes et exotiques. Malheureusement, le terrain n'ayant pu être mis que tardivement à ma disposition, les plants eurent beaucoup à souffrir et je dus, pour remplacer les morts et rendre le feuillage plus touffu, y intercaler un certain nombre de chênes en pots. Sur ce petit taillis je plaçai un certain nombre de vers, que je laissai vivre en toute liberté, comme à l'état sauvage, ne leur donnant que les seuls soins de grande culture.

J'avais entouré les plantations de tous côtés, ainsi que le hangar, de grands filets à mailles étroites, afin d'empêcher l'accès des moineaux, fort nombreux au Champ-de-Mars et de laisser aux visiteurs la faculté de voir et d'étudier les séricigènes.

Malgré les conditions très-défavorables dans lesquelles se sont présentés, pour la sériculture en général, le printemps et l'été de 1867, mes vers ont vécu en plein air, pendant toute les phases de leur éducation, sous les yeux du public, se sont développés avec succès et sont arrivés à faire de magnifiques cocons sur les branches ou dans les taillis.

L'empressement de la foule à visiter ces nouveaux fileurs de soie; l'intérêt qu'elle a paru prendre à suivre leur développement, d'âge en âge, leurs diverses transformations et les procédés les plus propres à en faire réussir l'élevage, m'ont démontré que j'avais atteint le but que je m'étais proposé.

C'est même, je l'avoue, avec la satisfaction de l'acclimatateur, du propagateur attaché par un entier dévouement à la mission qu'il s'est donnée, que j'ai vu les savants et les populations rurales de tous les pays étudier cette nouvelle industrie, en calculer l'importance et s'informer de tous les détails propres à mettre ses avantages en lumière.

L'Allemagne, l'Autriche, la Russie, la Prusse, la Hongrie, toute l'Europe centrale, l'Angleterre et toutes les contrées de l'Amérique ont compris l'immense avenir du *Yama-Maï*, et j'ai la conviction que, dans peu d'années, les peuples qui sauront en fixer, en développer la culture, y trouveront une source inépuisable de richesse.

M'est-il permis d'ajouter, sans manquer à la modestie, que le jury international de l'Exposition universelle a voulu reconnaître l'efficacité de mes efforts en décernant à mes éducations de vers du chêne un premier prix de la classe 81, une médaille d'or?

L'ensemble de mon exhibition comprenant aussi quelques autres espèces de séricigènes, je vais les passer rapidement en revue, pour les comparer à celle que j'avais surtout en vue de faire connaître.

Trois autres vers peuvent se nourrir des feuilles de chêne : ce sont les *Bombyx* ou *Attacus Pernyi*, du nord de la Chine, *B. Milytia* et *B. Roylei*, de l'Inde septentrionale. Leurs cocons fermés donnent beaucoup de soie; mais cette soie est grise, un peu grossière et sans éclat. Ils se dévident difficilememt, en raison de la gomme abondante et tenace qui unit les fils. On pourrait en obtenir des étoffes très-solides. Mais un grave inconvénient pour la bonne conservation de l'espèce pendant les longs hivernages, c'est qu'il passe l'hiver à l'état de cocon, de chrysalide; et non pas à l'état d'œuf. Ces trois espèces, tout à fait sauvages, ne sont pas, d'ailleurs, acclimatées encore en Europe.

Le ver de l'ailante, *Bombyx* (*Saturina*) *Cynthia*, est plus avancé que ces derniers dans la domestication. Il est, comme le *Gama-Mat*, très-rustique et s'accommode fort bien de la culture en plein air. Il a, dans le midi, deux générations par an, et j'en ai obtenu facilement deux récoltes, dans l'Ardèche, pendant les années 1860 et 1861. Malheureusement, le cocon est fort petit et naturellement ouvert, ce qui en rend le dévidage mécanique difficile. M. le docteur Forgemol est arrivé, il est vrai, à le dévider par un procédé fort ingénieux; mais ce procédé n'est peut-être pas encore entré complétement dans la grande pratique industrielle; la soie du *Cynthia*, d'ailleurs, grise et sans éclat, ne paraît pas susceptible d'acquérir une grande valeur. La plus-value qu'elle pourrait acquérir par le dévidage compenserait-elle bien les frais de filature? Toutefois, disons-le et insistons sur ce point, dans les contrées méridionales, à condition de faire deux récoltes par an, sans frais, sur des taillis d'ailantes plantés au sommet des coteaux, on pourrait, ce semble, obtenir des résultats satisfaisants, tandis que dans le nord et dans le centre de l'Europe, où, en raison du climat, les éducateurs sont obligés de se limiter à une seule récolte, il est à craindre que le produit ne puisse jamais devenir assez rémunérateur.

Parmi les autres espèces, nous citerons seulement le *B.* (*Sat.*) *Arrindia*, du ricin, à cocons à peu près semblables à ceux du Cynthia, mais dont les générations se succèdent toute l'année sans interruption et dont, par conséquent, l'acclimatation en France devient impossible.

C'est, en effet, à ce savant que nous devons les rares semences qui ont engendré tous les vers que nous possédons aujourd'hui en Europe.

Je fus assez heureux pour être mis au nombre des quelques personnes à qui, en Europe, fut distribué le petit lot de graines reçues du Japon. Je réussis mieux que je n'osais l'espérer, et, développant d'année en année cette nouvelle culture, je suis arrivé à l'acclimater définitivement à Laval (Mayenne) et à en élever des milliers, en plein vent, sur chênes vivants et sur branches coupées.

Avant de faire connaître les mœurs de cet intéressant insecte, permettez-moi, Messieurs, de rappeler brièvement, comme élément de comparaison, l'éducation du Bombyx du mûrier.

Un œuf est pondu avant l'hiver; un ver sort de sa coque au printemps, et, après trente ou quarante jours de soins incessants, après bien des difficultés provenant des conditions de température, d'aération et de propreté constamment nécessaires, ce ver monte dans des bouquets de bruyère où il file son cocon, qui doit protéger sa chrysalide, jusqu'à ce qu'il en sorte papillon, pour recommencer, par la ponte, une génération nouvelle.

Eh bien, le *Bombyx Yama-Maï* est le seul des séricigènes connus qui se conduise d'une manière analogue à celui du mûrier.

C'est, comme chez ce dernier, l'œuf qui passe l'hiver, et la chenille, après quatre mues ou changements de peaux, commence à filer son cocon. Il n'a aussi qu'une génération par an.

C'est un avantage immense, on le comprend, de pouvoir conserver ainsi toute sa récolte en graines plutôt qu'en cocons. L'espace nécessaire est bien moins considérable, et il est beaucoup plus facile de leur donner tous les soins qu'ils réclament.

Les *B.* (*Attacus*). *Luna* et *Polyphemus*, de l'Amérique du Nord, qui vivent sur diverses plantes et donnent les cocons à belle soie; mais c'est encore la chrysalide qui passe l'hiver et ils ne sont pas encore acclimatés sur notre continent.

Enfin, le *B. Altas*, qui vit sur le *Berberis Asiatica*, dans les montagnes de l'Himalaya; le *B. Cecropia*, du nord de l'Amérique, qui se nourrit des feuilles du prunier; le *Faidherbia Bauhinia*, du Sénégal, qui mange celles du jujubier, et quelques autres espèces, filent des cocons ouverts ou ne paraissent pas susceptibles de s'acclimater dans nos pays.

Je considère donc comme évident qu'après le ver à soie du mûrier, l'espèce la plus sérieuse, la seule qui présente un intérêt méritable, c'est le *Bombyx Yama-Maï*, que j'ai pu reproduire d'année en année, depuis cinq ans, des graines de M. de Meerdervoort et qui se trouve, dès lors, définitivement acclimaté.

Camille Personnat.

Société d'Insectologie agricole.

Séance de juillet 1868. — *Présidence de M. le docteur Boisduval.*

Le secrétaire donne lecture du procès-verbal de la dernière séance qui est adopté.

Le président donne lecture d'une lettre de Son Excellence le maréchal Vaillant, qui fait part à la Société que Sa Majesté l'Empereur accorde trois grandes médailles d'or pour être distribuées aux exposants.

La lettre suivante a été adressée le mois passé à Son Excellence le Ministre de l'agriculture, par le Président et au nom de la Société :

« Devant les ravages causés cette année par les hannetons, la Société » d'Insectologie agricole s'est sérieusement occupée des moyens propres » à les détruire, et, après avoir essayé tous ceux proposés jusqu'à ce jour, » elle est restée convaincue que le hannetonnage obligatoire est le seul » remède qui puisse être opposé avec succès aux dégâts de ces coléop- » tères.

» La Société d'Insectologie agricole vient, de concert avec les Socié- » tés d'agriculture et d'horticulture de France, demander à Votre » Excellence qu'elle veuille bien s'occuper dans le nouveau code rural, » à l'étude, d'une loi spéciale prescrivant le hannetonnage obligatoire » dans toutes les communes de France.

» Néanmoins, la Société poursuit ses recherches pour découvrir si » la chimie ne pourrait tirer quelque produit utile de cet insecte, et » aussi quel est le moyen le plus économique d'en faire un bon en- » grais.

» Votre Excellence sera tenue au courant des bons résultats qui pour- » ront être obtenus.

» Veuillez agréer, etc.

» Signé, Dr Boisduval, Président. »

M. Hamet fait part des démarches qu'il a faites auprès de M. Dutrou, architecte du Palais de l'Industrie, qui met à notre disposition six salles du premier étage, pavillon nord-est : une salle spéciale est réservée aux conférences.

M. Gelot, qui depuis longtemps s'occupe de l'éducation des vers à soie dans l'Amérique du sud, fait part d'expériences fort intéressantes sur la graine et les modes de transport.

Des graines du Japon, qui ont été pondus les unes en février, les autres en mars, les premières sont écloses depuis longtemps, tandis que parmi les secondes pas une seule éclosion ne s'est encore manifestée ; et ces graines ont été conservées ensemble dans un endroit plutôt froid que chaud, dans une pièce au nord et très-aérée. M. Gelot considère du reste que le moyen de conservation des graines à l'air libre est de beaucoup meilleur que tous les systèmes de chauffages artificiels préconisés pour maintenir la température au même degré; il a conservé des graines 20 mois, qui sont parfaitement écloses. Il ajoute, qu'à l'Equateur et au Pérou, il obtient généralement six grainages par an, en janvier, mars, avril, juin, août et octobre; que souvent il a reçu par la poste de ces graines en très-bon état, pourvu toutefois qu'elles ne soient pas détachées.

Il croit la graine saine beaucoup plus facile à transporter qu'on ne le croit d'ordinaire; les trois expérience suivantes semblent le démontrer.

Des graines expédiées du Chili sur la toile où elles avaient été pondues; emballées dans une simple caisse en bois avec des trous pour aérer, sont arrivées en très-bon état.

Des papillons grainent au Chili au mois de décembre sur du papier; ce papier couvert de graine est enfermé dans une boîte en fer-blanc soudée, contenue elle-même dans une boîte en bois, mais isolée de celle-ci par une couche de charbon de bois pilé, de plusieurs centimètres. Les graines passèrent par le cap Horn et arrivèrent en France en très-bon état.

Dernièrement il recevait également de l'Amérique du sud une boîte qui mesurait 15 centimètres de long sur autant de large, et 6 centimètres de hauteur; elle contenait 14 onces de graines, dont 3 onces étaient sur une toile de 1^m de long sur 75 c. de large, 4 onces détachées dans un papier plié, plus 20 cocons; lorsque tout fut sorti de la boîte, il lui fut presque impossible de tout y remettre en bon ordre, tellement le contenant était exigu; malgré cela, et après un long voyage, toute la graine est en bon état, même celle qui est détachée.

M. Girard fait part à la Société d'une remarque qu'il a faite dans certaine contrées de la France, surtout dans les départements du nord où l'on cultive beaucoup les pommiers; les arbres généralement chargés de fruits et qui semblent promettre une abondante récolte, produiront fort peu, car les jeunes fruits sont rongés par des chenilles d'hyponomeute, et ils tomberont et se gâteront avant leur maturité; il a remarqué aussi que les carabes (*carabus auratus monilis jo*), d'ordinaire très-communs partout, ont été au contraire cette année peu répandus, ce qui est d'autant plus regrettable que ces insectes sont de grands destructeurs de chenilles et de limaces.

M. Maurial, rédacteur du *Moniteur vinicole*, présenté par MM. Boisduval et Hamet, est admis membre de la Société d'insectologie.

La séance est levée.

L'un des secrétaires, DEYROLLE.

Puceron noir de l'artichaut.

M. Kaltenbach admet, comme nous, que le puceron de l'artichaut est tout à fait le même que celui du pavot. Lorsque les têtes d'artichaut sont infectées par cet insecte, il faut les arroser avec une décoction de tabac ou de feuilles de noyer ; on peut encore employer avec succès la cendre de bois. Nous avons aussi rencontré chez nos maraîchers ce même puceron sur les tiges du cardon.

Puceron noir des melons.

Cet insecte est, depuis quelques années, un des ennemis les plus redoutés de nos maraîchers. Lorsque, malheureusement, il pénètre sous les châssis, tous les pieds de melons où il s'établit sont infailliblement perdus. Il n'y a pas d'autre remède que d'arracher ceux qui sont attaqués, si l'on veut empêcher la contagion. Par malheur, on ne s'aperçoit ordinairement de sa présence que lorsqu'il est déjà trop tard de recourir aux fumigations de tabac. Celles-ci font bien périr les pucerons, mais ne guérissent pas les plantes que leurs piqûres ont rendues malades. Cependant plusieurs jardiniers clairvoyants ont obtenu quelques succès de ces fumigations, en les faisant au début de l'apparition de ces insectes.

Ce remède peut quelquefois être efficace dans les bâches, mais il est peu applicable aux melons que l'on cultive sous cloches.

Puceron noir de l'arroche. Aphis atriplicis Fab.

Nous avons vu quelquefois des arroches (*Atriplex hortensis*), dont les tiges étaient envahies par ce puceron jusqu'au sommet. Quoique Fabricius en ait fait une espèce, nous le regardons avec Kaltenbach comme identique avec celui du pavot ; l'année dernière, il a été très-abondant sur les *Atriplex*.

Produit des insectes.

Soies et cocons. Après l'activité est venu le calme sur le marché des soies. La demande s'est ralentie aussi bien à Marseille qu'à Lyon et a neutralisé les transactions, malgré les concessions qu'étaient décidées à faire les détenteurs de produits. A Marseille les soies du Levant et autres commencent à arriver: les prix sont tenus pour les belles qualités ; ils sont faibles pour les marchandises ordinaires et inférieures. Quant aux cocons, ils deviennent rares et par là leurs prix restent fermes. — La récolte a été bonne en Portugal ; ce pays nous fournira une certaine quantité de belle marchandise.

A Bagnols, les paquetailles de 1er choix ont été payées de 110 à 125 fr., et celles de 3e choix, 45 à 60 fr. le kil. A Cavaillon, les prix les plus bas ont été de 65 à 68 fr., et les plus élevés de 90 à 92 fr. — Les cocons de graines valent 13 à 14 fr. le kil. ; bassines, 2 à 4 fr. ; frisons 8 à 11 fr. ; bourres, 17 à 19 fr.

A Valence, belle filature org., 148 à 152 fr. le kil. ; premières qualités de paquetaille, 105 à 110 fr. ; cocons doubles, 11 à 12 fr. ; frisons filatures, 11 à 13 fr. ; bourres, 15 à 16 fr. 50.

Abeilles, miels, cires. La sécheresse persistante a empêché les prairies de donner des fleurs pour la picorée des abeilles. Heureusement que les premières coupes ont été bonnes dans la plupart des contrées au miel blanc. — Les miels sont restés calmes ; on a coté ceux du Gâtinais de 100 à 120 fr. les 100 kil. ; les miels de pays, de 80 à 100 fr. Les miels rouges ont été plus fermes, à cause de l'apparence chétive des blés noirs dont la fleur passera vite et sera peu visitée par les abeilles. La bruyère ayant aussi beaucoup souffert des grandes chaleurs donnera peu de fleurs. — Les cires jaunes sont restées aux cours de 3 fr. 70 à 4 fr. le kil. hors barrière. Celles pour le blanchiment se sont cotées de 4 fr. à 4 fr. 40 selon mérite.

Les cantharides, cochenilles, kermès et noix de galle sont restés aux mêmes prix sur la place de Marseille.

L'Éditeur-propriétaire : E. Donnaud.

Paris. — Imprimerie de E. DONNAUD, rue Cassette, 1.

N° 7. 2e ANNÉE. Août 1868.

L'INSECTOLOGIE AGRICOLE

SOMMAIRE :

Bulletin insectologique.

Abondance de guêpes dans quelques cantons et absence dans d'autres. A vingt ou trente lieues de Paris, au nord, les guêpes sont, cette année, d'une abondance extraordinaire. On n'en a jamais tant vu dans quelques localités de la Somme, quoique les prunes aient fait défaut. Aussi ces insectes dévastateurs dévorent-ils le raisin aussitôt qu'il commence à tourner. Aux environs de Paris, les guêpes ne se voient pas en plus grand nombre qu'en année ordinaire, et à vingt ou vingt-cinq lieues au sud, dans la Beauce, elles sont rares. — Nous rappelons que détruire une guêpe mère au printemps, c'est détruire un guêpier entier.

Névralgie occasionnée par des larves de coléoptères. On lit dans un journal de Lille : « Il y a quelques jours, un médecin de Roubaix fut appelé dans une maison de campagne des environs pour donner des soins à plusieurs jeunes filles atteintes de névralgies violentes. Les douleurs se calmèrent à la suite d'évacuations nasales ; mais l'étonnement du docteur fut extrême en remarquant dans ces évacuations, examinées avec soin, des larves de différents coléoptères. Il fit des questions, et apprit que les jeunes malades avaient aspiré avec trop de passion des fleurs qu'elles avaient cueillies. Son attention se trouva dès lors singulièrement excitée, et il put vérifier par lui-même la parfaite exactitude de ses remarques.

Recette pour détruire le tigre, insecte qui attaque le poirier. Pour un hectolitre d'eau, prenez 30 litres de chaux vive, 1 litre d'ammoniaque, et 1 litre et demi d'huile à brûler. Deux jours après on l'emploie, après l'avoir agité, sans mêler le dépôt, en l'étendant au moyen d'une brosse de peintre. Cette opération se fait en février, deux fois de suite, à huit jours d'intervalle.

Emploi de la benzine pour l'engrais de hannetons. Dans une des dernières séances de la Société impériale d'horticulture, M. Lamoureux a présenté la benzine pour la destruction des hannetons recueillis en vue d'en composer un engrais. 1000 hannetons ont été placés vivants dans un seau; on a versé dessus 10 grammes de benzine qui ont suffi pour procurer immédiatement la mort à ces coléoptères, le seau ayant été recouvert d'un plat. La benzine valant 100 fr. les 100 kilog., le coût du kilogramme de hannetons asphyxiés par la benzine coûte donc très-peu. 1000 hannetons frais donnent 1100 gr. en poids, et un demi-kilogramme de hannetons desséchés ne donne plus que 150 gr. ou 30 p. 100.

— A propos de hannetons, on a déjà constaté dans le nord la présence dans le sol d'innombrables vers blancs, éclos depuis les mois de mai et de juin derniers, et qui ont déjà une longueur de un à deux centimètres. Il est donc urgent de se mettre en mesure de purger le sol de ce nouvel ennemi, dont, selon toute probabilité, les chaleurs de l'été ont trop bien aidé l'éclosion.

Le meilleur moyen, en cette saison, consiste à scarifier plusieurs fois la superficie des terres labourées et à faire suivre les herses ou scarificateurs par des animaux avides du ver blanc, tels que les volailles et les porcs.

Les chats mangeurs de hannetons. Cette année les chats ont concouru pour leur part à la destruction des hannetons dans les localités où ce coléoptère a été abondant. Mais cette chasse n'a pas embelli leur fourrure et ne leur a pas procuré d'embonpoint. Ceux qui s'y sont fortement adonnés ont perdu leurs poils et sont devenus très-maigres. Quelques-uns ont succombé à la suite de cet amaigrissement et d'autres ne sont pas encore entièrement rétablis.

Abondance et ravages du bombyx dispar dans la Charente. M. le Dr Lecler nous écrit de Rouillac : Les chenilles du bombyx dispar étaient tellement nombreuses qu'elles dévoraient toutes les feuilles des chênes, ormes, hêtres, ronces, aubépines, charmes, pruniers, rosiers. Je les ai même vues manger du maïs faute d'autre chose ; lorsqu'elles abandonnaient un bois, il n'y avait plus une feuille, et si des pluies n'étaient venues à la fin de juillet, je crois que les arbres seraient morts. Actuellement la pousse d'août a donné quelques feuilles et un léger ombrage existe dans les bois. Pour qui n'a pas vu, il est impossible de croire que les arbres peuvent être dépouillés aussi complétement de leur feuillage, par des chenilles qui du reste ont fini par manquer de nourriture, de sorte que bien peu sont arrivées à leur complet développement et que (j'en ai la persuasion) l'année prochaine nous n'aurons pas à redouter leurs ravages. Je me base sur ce fait que voulant connaître ce papillon j'ai recherché des nymphes et qu'il m'a fallu en prendre au moins un cent avant d'en trouver une vivante qui m'a donné une femelle beaucoup plus petite (si je ne me trompe) qu'elle ne l'est ordinairement. Fort heureusement que cette chenille a dédaigné la vigne (le noyer aussi a été respecté), car sans cela nous étions menacés d'une calamité. »

— Une *coquille* dans la note que nous avons rapportée sur le nouvel ennemi de la vigne (juillet, page 162, dernière ligne) a beaucoup plus ému certains savants, que les ravages de l'insecte et les moyens de les arrêter. On a imprimé ophidiens pour *aphidiens*.

H. Hamet.

Diptères parasites des animaux.

Œstrides (Voir *planche*).

Les œstrides forment une tribu, de l'ordre des diptères, famille des athéricères, établie par Latreille, après lui par M. Macquart (*Suite à Buffon*, B. Roret, 1835), aux dépens de l'ancien genre *œstrus* de Linné.

M. Macquart caractérise ainsi ces insectes : corps ordinairement velu ; trompe tantôt nulle ou cachée dans la cavité buccale qui semble parfois fermée, tantôt rudimentaire, et alors la bouche est légèrement fendue ; palpes tantôt distincts, tantôt nuls ; antennes courtes, insérées dans une cavité de la face ; troisième article ordinairement globuleux ; style habituellement dorsal, épais à sa face ; abdomen ovale ; cuillerons grands ; ailes souvent écartées, présentant trois cellules postérieures : la première souvent fermée quelquefois entr'ouverte, quelquefois, même très-ouverte. A ces caractères ajoutons qu'à l'état parfait, ces insectes ont le port de la mouche domestique : leur corps est velu et coloré par bandes à la manière de celui des bourdons ; leurs antennes sont terminées en palettes lenticulaires portant chacune sur le dos et près de son origine une soie simple ; les tarses sont terminés par deux crochets et deux pelotes.

Latreille et Macquart placent les œstrides entre les syrphies et les muscides.

On trouve rarement ces insectes dans leur état parfait, et le temps de leur apparition ainsi que les lieux qu'ils habitent sont très-bornés. Véritables éphémères, ils ne vivent que pour se livrer à la reproduction et mourir ensuite ; l'imperfection et quelquefois l'absence complète de la bouche prouvent qu'ils ne mangent pas.

Comme les femelles déposent leurs œufs sur le corps de différents animaux, c'est dans les bois et les pâturages qu'il faut les chercher.

Chaque espèce d'œstride choisit de préférence certains animaux ; mais lorsqu'elles ne rencontrent pas l'objet de leur prédilection, elles s'attaquent alors à des animaux très-différents et même à l'homme. Jusqu'à présent les mammifères sur lesquels on a rencontré des larves *d'œstridés* sont : le bœuf, le cheval, l'âne, le renne, le cerf, l'antilope, le chameau, le lièvre, le chien, le jaguar et l'homme.

Le séjour des larves est de trois sortes, qu'on peut distinguer par les dénominations de *cuticoles, cavicoles* et *gastricoles*, suivant qu'elles vivent dans les tumeurs ou bosses formées sous la peau, dans les sinus de la tête, ou dans l'estomac de l'animal destiné à les nourrir.

Les œufs d'où sortent les premières sont placés par la mère sur la peau, et c'est la petite larve qui s'insinue à travers cette dernière jusqu'à ce qu'elle soit arrivée à sa face inférieure où elle s'établit ; des auteurs ont avancé que c'était la mère dont l'oviducte faisant fonction de tarière, qui perçait la peau ; mais Druman a prouvé que cet organe était impuissant à faire un pareil travail. Les œufs des autres espèces sont aussi déposés et collés sur les poils ou sur quelques parties de la peau, soit voisines des cavités naturelles et intérieures où les larves doivent pénétrer et s'établir, soit sujettes à être léchées par l'animal afin que les larves soient transportées avec la langue dans la bouche et qu'elles gagnent de là le lieu qui leur est propre.

Chez les œstres, l'accouplement se fait comme chez la plupart des diptères, et M. Joly a vu que la femelle reçoit le mâle. Toutes les femelles sont ovipares. C'est ordinairement en juin et en juillet que les métamorphoses s'opèrent. Aussitôt après leur sortie de la chrysalide, les couples se recherchent, la ponte a lieu et peu de temps après les jeunes larves éclosent, ce qui fait qu'elles vivent près d'un an en parasites sur leurs victimes.

Un grand nombre de naturalistes se sont occupés des œstrides ; nous citerons principalement les travaux de Réaumur et de Degéer (*Histoire des insectes*) ; la *Monographie des œstrides* de Bracy-Clarck ; les notices de Latreille dans *le Règne animal* de Cuvier ; les travaux de Macquart sur les diptères dans les *Suites à Buffon* de Roret ; un mémoire de M. Joly : *Recherches zoologiques, anatomiques et physiologiques sur les œstrides en général et particulièrement sur les œstres qui attaquent l'homme, le cheval, le bœuf et le mouton* (Comptes rendus de l'Académie des sciences, septembre 1846), et enfin un *travail sur les œstres* de Numan, professeur vétérinaire hollandais, traduit en français par Weroyer (bibliothèque vétérinaire 1852).

La tribu des œstrides comprend aujourd'hui environ seize espèces réparties dans sept genres par M. Macquart, dont nous donnons ci-après la classification.

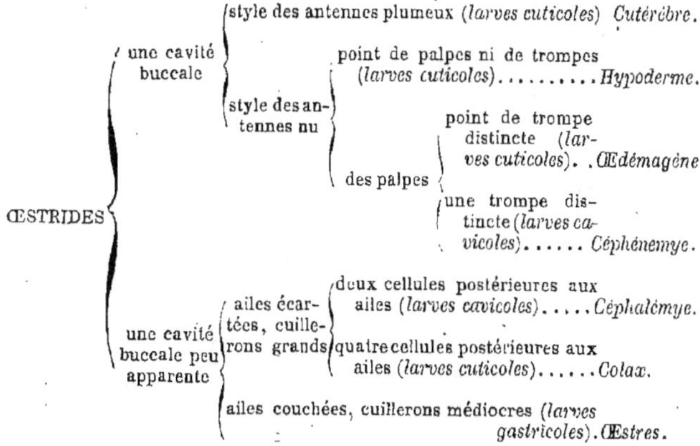

GENRE CUTÉRÈBRE.

Ce genre a été établi par B. Clark et adopté par Latreille et par Macquart. Les œstrides qui le composent ont une cavité buccale, point de palpes, le style des antennes plumeux, et des larves qui vivent sous la peau des quadrupèdes et de l'homme. Toutes les cutérèbres sont exotiques et surtout américaines ; Macquart en déduit trois espèces :

Cuterebra cuniculi (*Œstrus cuniculi* Fab.), dont la larve est parasite des lièvres, des lapins en Géorgie;

Cuterebra purivora Clark (*Œ. buccatus* Fab.), dont la larve vit sous la peau d'une espèce de lièvre de ce pays;

Cuterebra ephippium Lat., dont l'insecte parfait est inconnu et dont on a trouvé la larve à Cayenne.

Cette dernière n'est probablement pas autre chose que le *ver macaque* dont nous devons l'histoire complète à M. Justin Goudot qui a nommé l'insecte parfait.

Cuterebra noxialis J. Goudot. Le cutérèbre nuisible se trouve sur les bœufs, les chiens, les jaguars; sa présence sur l'homme paraît plus rare. Cet insecte est long de 17 millimètres; il a le front avancé, obtus, brun, à poils noirâtres; des antennes jaunes à premier article garni à son extrémité d'une petite houppe de poils courts. Les yeux sont bruns avec une bande noirâtre au milieu. Le corselet, nuancé de bleuâtre tacheté de gris et de noir formant des zones longitudinales, est couvert de poils très-courts noirs. Abdomen chagriné d'un beau bleu à premier anneau et à bord antérieur du second d'un blanc sale. Ailes brunes, pattes jaunes à poils de la même teinte (mâle).

La larve est connue à Cayenne et à la Nouvelle-Grenade sous le nom de *ver macaque*. Elle atteint près de 27 millimètres de long; son corps est glabre et blanchâtre. Ses trois premiers anneaux sont couverts d'aspérités noires et de très-petites épinules; les trois suivants portent deux rangées circulaires de crochets de même couleur plus forts et dirigés en arrière. Les cinq segments postérieurs sont lisses. La bouche est munie de deux forts crochets.

On a extirpé fréquemment de ces larves, non-seulement sur les animaux cités, mais encore sur des déportés ou des habitants du pays. — Elles provoquent la formation d'une tumeur entassée dont la douleur augmente avec le développement. C'est surtout le matin à cinq ou six heures et le soir que les larves se mettent à sucer. M. Goudot compare la sensation qu'elles produisent à celle de plusieurs aiguilles enfoncées vivement dans la peau; seulement les piqûres se manifestent par saccades.

On rencontre des vers semblables ou d'espèces très-voisines; ils y sont connus sous le nom de *ver moyocuil*.

GENRE HYPODERME.

Ce genre a été établi par Clarck et adopté par Latreille et par Macquart qui en décrit deux espèces, l'une l'*hypoderma bovis* Clarck (*Œstrus bovis* Fab.), l'autre l'*hypoderma veteroptera* Macquart, trouvée à Oran par M. Amédée de Saint-Fargeau.

L'hypoderma bovis Clarck, a 16 millimètres de long (Voyez pl. VIII, fig. 1, pour la couleur); il séjourne dans les pâturages fréquentés par les bestiaux où on les rencontre de la mi-juin au commencement de septembre. On a raconté que le bruit que fait cet œstride en volant avait la propriété d'effrayer considérablement les animaux et de les épouvanter. Bracy-Clarck qui a observé souvent l'œstride du bœuf, et Linné qui a observé celui du renne n'ont jamais entendu ce bruit. On a prétendu que cette crainte instinctive avait pour cause la douleur que produit l'œstride femelle en perçant la peau pour y déposer ses œufs. Or, rien n'est moins sûr que cette ponction, et Numan la révoque formellement en doute se basant sur ce que l'oviducte ne forme pas une véritable tarière, et quoique un peu coriace à l'extrémité, il est tout à fait impuissant à perforer la peau du bœuf. La femelle déposerait simplement ses œufs sur la peau du bœuf, et c'est la jeune larve nouvellement éclose qui se frayerait son chemin à travers le tégument.

A chaque larve correspond une tumeur qui atteint le volume d'une grosse noix. Petites vers la fin de l'été et de l'automne, ces tumeurs commencent à se développer en hiver ; au printemps suivant et en été, elles atteignent ainsi que la larve qu'elles contiennent leur entier développement. Les tumeurs présentent au centre une ouverture circulaire à travers la peau qui s'agrandit aussi progressivement; la larve, plongée dans un liquide purulent, a constamment la partie postérieure dirigée vers cette ouverture; c'est par cette extrémité qu'elle respire. Quand la larve abandonne son séjour, elle a la forme, les dimensions et la couleur de la fig. 16; elle n'a ni crochets, ni épine. La larve sortie de sa tumeur tombe à terre, dans l'herbe ou sur le fumier; là elle se transforme immédiatement en une nymphe d'où l'insecte parfait sort au bout de six à huit semaines (Numan).

Lorsque ces larves sont nombreuses sur un même animal, et elles abondent surtout chez ceux qui ont la peau fine, il est certain qu'elles le font beaucoup souffrir, qu'elles l'épuisent; ce sont autant de *pois à cautère.* En petit nombre elles font moins souffrir, et seraient même favorables à la santé (Bracy Clarck).

On voit assez souvent aussi sur le cheval des tumeurs de larves d'hypoderme. M. Toly, qui les a étudiées spécialement, les croit différentes de celles du bœuf. D'après la description qu'il en donne, elles ressemblent généralement à ces dernières, sauf les différences suivantes : leur taille est de 9 à 10 mill. au lieu de 27 à 30 ; elles ne présentent pas les six lignes longitudinales qui chez l'hypoderme du bœuf forment du premier au dernier segment des séries mamelonnées ; « on n'y voit pas les cinq ou six éminences qui entourent la bouche, mais en revanche on trouve à la partie postérieure et inférieure du second segment une espèce de coussinet transversal (pseudopode) saillant au-dessus du reste de la peau et garni de tubercules très-petits, lequel n'existe point chez le ver des tumeurs du bœuf. » Ce serait donc une nouvelle espèce du même genre que M. Toly propose de nommer *Hypoderma equi*.

GENRE ŒDÉMAGÈNE.

Ce genre a été établi par Clarck aux dépens des *œstrus* de Linné et adopté par tous les entomologistes. Il a pour caractères : une ouverture buccale linéaire, élargie supérieurement ; trompe nulle ; deux palpes rapprochées de deux articles ; crochets et pelotes des tarses grands ; première cellule postérieure des ailes entr'ouverte à l'extrémité et nervure de la discoïdale presque perpendiculaire à sa base.

On ne connaît qu'une espèce de ce genre : l'œdemagena Taranti *Clarck* (*Œstrus Taranti* Linné) long d'environ 18 millimètres, avec la tête, le corselet et la base de l'abdomen garnis de poils jaunes ; ailes un peu brunes.

Les larves de cet insecte vivent sous la peau des rennes et produisent des tumeurs sur le dos. Ces larves font périr beaucoup de rennes, de deux à trois ans, et la peau des plus vieux est souvent si criblée que l'on a cru que ces animaux étaient sujets à la petite vérole.

GENRE CÉPHÉNÉMYE.

Genre établi par Latreille et adopté par Macquart.

Les espèces de ce genre ont le corps velu comme des bourdons, l'abdomen court, large, presque globuleux, les ailes écartées avec leur cellule postérieure entr'ouverte à l'extrémité, les cuillerons grands et recouvrant les balanciers.

Elles ont une trompe et des palpes saillantes.

M. Macquart en décrit trois espèces dont une de la Laponie, une d'Autriche et une du nord de l'Europe. Nous ne mentionnerons que la première, qui a servi de type au genre.

Céphénémye trompe (*Œstrus trompe* Fab.). Trompe est son nom vulgaire. Sa larve, dépourvue de crochets vivrait dans les sinus frontaux des rennes, suivant Macquart. On a trouvé l'insecte parfait en Saxe, ce qui prouverait que sa larve n'est pas particulière au rennes.

GENRE CÉPHALÉMYE.

Ce genre a été établi par Bracy-Clarck et adopté par tous les autres entomologistes. Il est fondé sur une espèce (*Œstrus ovis* Linné) dont la larve vit dans les sinus frontaux et maxillaires du mouton, à la muqueuse desquels elle s'attache par ses crochets et sort par les narines lorsqu'elle est sur le point de se transformer en nymphe.

Les *céphalémyes* ont le corps peu velu la tête grosse et arrondie antérieurement les cuillerons grands, la première cellule postérieure de l'aile fermée.

L'unique espèce de ce genre est la céphalémye ovis *Clarck* (*Œstrus ovis* Linné) (pl. VIII, fig. 2.)

C'est à la présence des céphalémyes dans les sinus des moutons qu'il faut attribuer ces accès de vertige qui s'emparent tout à coup de ces animaux et les font aller se heurter la tête contre les corps les plus durs ; car il n'est pas douteux que ces larves ne doivent leur causer les plus vives douleurs chaque fois qu'elles se remuent.

GENRE COLAX.

Genre établi par Wiedmann et adopté par Macquart pour deux espèces exotiques, l'une du Brésil, l'autre de Java. La première a été décrite et figurée sous le nom de Colax macula (*Wiedmann*).

GENRE ŒSTRUS.

Le nom d'œstrus était appliqué par Virgile, Pline et Elien aux taons.

Linné a pris ce nom et l'a appliqué aux insectes qui ont formé plus tard la tribu des œstrides.

Tel que Latreille l'a constitué, et tel qu'il est encore établi aujourd'hui, le genre œstre a pour caractères principaux : cuillerons de grandeur moyenne et ne recouvrant qu'une partie des balanciers ; ailes se recouvrant par le bord interne; les deux nervures longitudinales qui suivent celle de la côte fermées par le bord postérieur qu'elles atteignent et coupées au milieu du disque par deux petites nervures transverses.

Les œstres se distinguent des cutérèbres, hypodermes, céphénemyes et œdémagènes, parce qu'ils n'ont pas de trompes ni de palpes et surtout parce que leur cavité buccale est tellement peu apparente que son existence a été niée jusqu'à ces derniers temps ; enfin, les céphalémyes en sont séparées par la forme des nervures des ailes et parce que ces derniers organes sont écartés l'un de l'autre.

Les *œstres* ressemblent beaucoup à de grosses mouches velues. Ils ne vivent que pour s'accoupler et se reproduire : voilà pourquoi il est si difficile de les rencontrer. Nous avons eu cependant la chance de voir une femelle qui pondait et de la saisir sur le fait. Elle s'approchait du cheval en se balançant et à chaque mouvement elle collait un œuf sur un poil de la face interne du genou. Clarck a parfaitement décrit cette manœuvre. Nous dirons, entre parenthèse, que le cheval n'y faisait pas la moindre attention et par conséquent ne s'en effrayait pas.

Les œufs éclosent à l'endroit où ils ont été pondus, et ce n'est qu'à l'état de larve que l'insecte, en s'attachant à la langue qui vient lécher la partie du corps sur laquelle il est collé, parvient par l'œsophage dans l'estomac de sa victime.

Arrivées dans l'estomac les larves s'y arrêtent, s'y fixent au moyen des deux crochets dont leur tête est munie, et cela dans des endroits différents suivant les espèces. Lorsque les larves ont pris tout leur accroissement, ce qui demande près d'un an, elles descendent en suivant les intestins, soit par reptation, soit portées par les excréments, jusqu'à ce qu'elles arrivent à l'anus sur les bords duquel on les trouve souvent suspendues, au moins celles de l'*Œ. hemorroidalis*, dans les mois de mai ou juin ; puis elles tombent à terre où elles subissent leurs dernières métamoéphores, c'est-à-dire elles se changent en chrysalide par le durcissement de la peau qui devient d'un beau noir ; elles restent six ou sept semaines en cet état, et l'insecte parfait sort de sa coque en faisant sauter le bout comme un couvercle.

Les œstres font peu souffrir les chevaux qui en ont : on en a compté jusqu'à sept cents dans l'estomac d'un cheval qui n'en avait jamais été indisposé. A part quelques exceptions rares, comme celle d'un cheval mort d'hémorragie par suite d'une piqûre d'œstre qui s'était planté sur un vaisseau important, ou quelques cas de perforation de l'estomac par ces larves, on n'a pas eu de méfaits à constater de leur part. Clarck prétend même qu'elles sont plus utiles que nuisibles, c'est pourquoi il a nommé une des quatre espèces du genre *Œ. salutaris*.

Ce genre renferme quatre espèces bien connues :

L'œstrus equi Clarck (*Gastrus equi* Meigen), fig. 3, dont la larve s'attache constamment dans le sac gauche de l'estomac à la muqueuse gastro-œsophagienne, le long de la ligne de démarcation des deux sacs.

L'œstrus hemorroidalis Clarck (*Gastrus hemorroidalis* Meigen), fig. 4, dont la larve se fixe aux mêmes endroits que la première, mais se disperse davantage.

L'*œstrus salutaris* Clarck (*Gastrus sal.* Meigen), fig. 5, dont la larve se fixe dans le voisinage du duodenum, c'est-à-dire le pylore.

L'*œstrus veterinus* Clarck (*Gastrus nasalis* Meigen), dont la larve se trouve mêlée à la précédente.

Les deux premières espèces sont toujours les plus abondantes, vient ensuite la troisième; quant à la dernière, elle est extrêmement rare, son existence a même été niée tout récemment.

Il est très-facile de débarrasser les animaux des œstres cuticoles ; le moyen le plus simple consiste à les extraire par incision ou compression de la tumeur. Bracy-Clarck recommande encore l'injection d'un caustique ou l'introduction d'une aiguille rougie au feu.

On garantit les bestiaux contre les attaques des œstres en leur lavant de temps en temps le dos avec une décoction de feuilles de noyer, le jus de feuilles de concombre, une décoction de pommes de pin, etc.

Il est plus difficile de débarrasser les moutons des larves de céphalémyes : après avoir essayé de tous les sternutatoires, on est souvent obligé d'en arriver à la trépanation, l'accès de l'air dans les sinus suffit ordinairement pour faire mourir les larves ; on peut injecter des liquides parisiticides par ces ouvertures afin d'en avoir plus tôt fini.

Quant aux œstres gastricoles, il ne faut pas songer à essayer d'en débarrasser les chevaux ; outre que leur mauvaise action est très-problématique, ces larves ont une vitalité telle, qu'elles résistent à des agents toxiques qui tueraient leur victime. De nombreuses expériences ont été faites par Numan pour rechercher un agent toxique qui pût les détruire sans nuire à l'estomac, il n'en a pu trouver aucun ; elles vivent plus de 100 heures dans une solution de sublimé corrosif au vingtième, ou dans une solution d'ammoniaque au tiers !!! Le gaz hydrogène sulfuré seul les tue en une heure et demie.

MÉGNIN.

Le Florioscope Boursier.

Les insectes presque imperceptibles sont tellement nombreux et répandus que, malgré leur taille microscopique, ils n'en causent pas moins des dommages considérables. L'étude de ces êtres infiniment petits, principalement ceux qui attaquent les céréales, est devenu une nécessité ; car, pour détruire un insecte, quel qu'il soit, il faut d'abord le connaître et savoir comment il agit. Il en est de même pour les plantes, dont l'étude florale n'est plus seulement un amusement, mais encore une nécessité. En effet, il est souvent nécessaire que le cultivateur puisse juger par lui-même des désordres qui se manifestent quelquefois pendant la floraison des végétaux qu'il cultive, et qu'il puisse reconnaître s'ils sont dus à quelque maladie inhérente à la plante ou occasionnés par l'attaque des insectes.

Ces observations ne peuvent se faire qu'au moyen d'instruments qui, pour n'être pas du prix excessif, sont pourtant encore trop chers pour se vulgariser parmi les cultivateurs. Heureusement l'industrie ne reste pas inactive ; dès qu'un besoin se manifeste, les têtes travaillent, et bientôt l'instrument est trouvé. C'est encore ce qui vient d'avoir lieu par l'invention de M. Boursier, de Château-Thierry (*Aisne*). Le petit microscope dont il est l'inventeur et auquel il a donné le nom de *florioscope*, a été examiné, approuvé et recommandé par Son Exc. le ministre de l'instruction publique, et par MM. Guérin-Menneville, professeur de zoologie ; Millet, inspecteur des forêts ; Daubré, membre de l'Institut ; Hébart, professeur de géologie. Il est d'un emploi facile et commode, et ne coûte que 1 fr. 50 c., doré ou argenté et envoyé franco par la poste. Ce petit instrument donne un grossissement beaucoup plus fort que les loupes, est plus élégant et moins coûteux.

La Proscription des Moineaux.

Couronnée par l'Académie des jeux floraux.

Dans une île très-pacifique,
Terroir fécond que je n'ai pas trouvé
Sur la carte géographique,
Et que sans doute j'ai rêvé,
Echo du courroux populaire,
S'était tout à coup élevé
Le cri d'une immense colère.
— Ah ! s'écriaient hommes, enfants, vieillards,
Quelle horreur ! quel fléau terrible, épouvantable !
Quels affreux brigands ! quels pillards !
Ah ! la peste est moins redoutable !
Mais à quels forfaits impunis
S'attaquait la rumeur d'heure en heure croissante?
Les sarrasins d'Alger, les bandits de Tunis
Avaient-ils fait une descente?
Vainqueurs après de longs assauts,
Avaient-ils dans la plaine étendant le ravage,
Pris les enfants dans leurs berceaux,
Emmené les maris pour ramer aux vaisseaux,
Et les femmes en esclavage?
Non ! c'étaient les moineaux, que ce peuple troublé,
Comme dans ses jours de révolte,
Accusait, en mangeant son blé,
D'avoir fait tort à sa récolte.
Mais quel stratagème inventer
Contre tant de pillards prompts à se reproduire?
Piéges, ruses, lacets, on a beau tout tenter,
Rien ne peut les chasser, rien ne peut les détruire!
Et dire qu'un pouvoir ami des citoyens,
Qui créa le gendarme, et le garde-champêtre,
Ne sait pas trouver les moyens
De les faire tous disparaître !

J. Lesguillon.

(Extrait des *Couronnes académiques*, en vente chez Arnault de Vresse, rue de Rivoli, 55, à Paris.)

Société d'Insectologie agricole.

Séance du 5 août 1868. — Présidence de M. le docteur Boisduval.

La Société, spécialement réunie pour nommer les membres du jury chargés de décerner les récompenses aux exposants, décide qu'il sera nommé trois jurys spéciaux, un pour l'apiculture, un pour la sériciculture, un pour l'insectologie générale.

Sont nommés membres du jury pour l'apiculture : MM. de Liesville, Richard, Hamet, Delinotte.

Sont nommés membres du jury pour la sériciculture : MM. Carcenac, Girard, Personnat, de la Valette.

Sont nommés membres du jury pour l'insectologie générale : MM. Rivière, Barbier, Depuisset, Jekel.

Dans chaque section il sera nommé un rapporteur chargé de présenter à la Société un rapport sur les travaux du jury et sur les récompenses accordées.

MM. les commissaires organisateurs de l'exposition sont priés de convoquer les exposants le plus tôt possible pour les prier d'adjoindre aux membres du jury nommés par la Société les membres qui doivent être nommés par eux suivant le règlement de l'exposition.

P... S... Ont été désignés par les exposants, pour s'adjoindre au jury apicole : MM. Vignole et Pelletan ; pour le jury séricicole : MM. Guérin-Menneville; pour le jury d'insectologie générale : MM. Fairmaire, Laboulbène et J. Verreaux. M. Boisduval a présidé aux opérations et aux délibérations de ce jury. *Pour extrait :* DEYROLLE.

Rapport sur les liquides dérivés du miel

exposés en 1868.

A Monsieur le président de la *Société d'insectologie*.

Nous avons l'honneur de vous exposer les résultats de la dégustation à laquelle nous nous sommes livrés sur votre invitation et qui avait pour objet l'appréciation des liquides dérivés ou traités par le miel. Nous croyons devoir entrer préalablement à l'examen des échantillons exposés, dans quelques considérations générales sur les usages du miel en tant que producteur d'alcool et de sirop; car il s'agit surtout dans notre étude de critiquer les pratiques ou faire ressortir les services que cette substance peut comporter.

L'alcool de miel nous a paru, presque sans exception, mal fabriqué et produit par des appareils très-imparfaits qui laissent ressortir un goût très-prononcé d'empyreume. Un examen très-attentif nous a permis pourtant d'apprécier son mérite intrinsèque. Cet alcool est sec, plus rude que fort au palais ; il ne laisse au goûter qu'une sensation plus âcre que chaude ; cela nous conduit à supposer que de nombreuses rectifications seraient nécessaires pour l'amener à un goût neutre et à un degré élevé.

Au point de vue économique, nous n'avons aucune donnée sur son prix de revient et ne pouvons vous fixer absolument sur la richesse alcoolique du miel. Cependant le prix de cette substance étant connu, nous pouvons affirmer que la distillation du miel ne peut donner aucun résultat avantageux comme produit réalisable en argent. La seule destination qui pût procurer quelque avantage se retrouverait seulement dans l'usage que le possesseur de miel pourrait faire pour sa propre consommation de cet alcool à degré réduit ou anhydre, attendu qu'il n'aurait pas à acquitter le droit de 90 fr. par hectolitre qui frappe tous les alcools mis en circulation.

Parmi les liqueurs nombreuses qui figurent à cette exposition, quelques-unes sont fort bien faites, ne décelant aucunement leur origine alcoolique ou sirupeuse et ne marquent que la finesse du parfum qui leur sert ou fait leur caractère. Mais en cela, comme pour l'alcool, le prix de revient nous est inconnu, et il est impossible d'assigner à ces préparations les services qu'elles peuvent rendre à la consommation générale.

Les hydromels présentés sont assez nombreux et ont leur valeur. Nous avons été plus heureux en ce qui concerne les prix de vente à défaut du prix de revient. Nous avons goûté parmi cette sorte de liqueur de fort bons échantillons d'un prix qui varie de 1 fr. à 1 fr. 10 cent. le litre, de 75 cent. la bouteille. L'hydromel est l'objet d'un certain commerce et le fisc lui fait l'honneur de le taxer assez fortement pour que nous l'ayons considéré comme un produit sérieux.

D'après des renseignements qui nous ont été fournis, la consommation de cette boisson décroîtrait dans une déplorable proportion. L'hydromel, coté à Lille à raison de 50 fr. l'hectolitre, subirait des frais de régie d'octroi, de circulation, etc., s'élevant à 22 fr. 12 c. par hectolitre. En considérant l'exercice chez le débitant, qui est le comble des entraves, il est facile de comprendre cette décroissance qui se chiffre depuis 20 ans par les neuf dixièmes. On vendait autrefois 6 à 7,000 hectolitres d'hydromel, tandis qu'aujourd'hui on n'en compte qu'une consommation de 6 à 700 hectolitres pour ce pays seulement.

En résumé, nous considérons que le miel, en dehors de sa consommation en nature, peut trouver un écoulement avantageux dans un certain rayon autour du pays producteur et presque partout où peut se faire de l'apiculture :

1° Dans la fabrication de l'hydromel, boisson saine et nourrissante, dans sa qualité courante et dans l'usage qu'on peut faire de cette boisson comme vin de liqueur, tonique et agréable quand elle est préparée avec soin ;

2° Dans la préparation des sirops destinés à usage des sirops simples, de véhicules, de parfums et des substances utiles de certaines plantes. Un usage que l'exposition semble révéler comme au moins peu répandu, c'est l'emploi des sirops de miel comme sucrage des liqueurs. Ce sirop a l'avantage sur le sucre de donner une consistance plus grande, de faire des liqueurs grasses qu'on n'obtient qu'avec l'addition du sirop de fécule. Il serait à désirer que l'emploi du miel comme sirop se généralisât, les liqueurs y gagneraient en finesse et en inocuité ;

3° Comme sucrage de la vendange dans les années où le raisin n'a pas ou a mal mûri, le miel pourrait rendre de grands services. Les vins traités ainsi et que nous avons goûtés en sont un excellent témoignage.

Enfin, Monsieur le Président, nous ne pouvons poser que des conclusions aléatoires, car pour exprimer une opinion sérieusement motivée à l'égard des services que le miel peut rendre à l'économie générale, il nous manque le document le plus considérable, le prix de revient du miel. Il ne vous échappera certainement pas que s'il est trop élevé, cela renverse toutes les considérations que nous avons fait valoir quant à l'usage et aux services que le produit des abeilles peut rendre.

Voici notre opinion sur les produits que nous avons goûtés et le nom des exposants qui les ont envoyés :

M. Faure-Pommier, de Brioude (Haute-Loire) :

Vin provenant de marcs sucrés au miel, franc de goût, spiritueux, un peu vert, très-limpide, peu coloré, assez agréable à boire.

Hydromel, légèrement ambré de couleur, goût de fruit agréable, léger et peu spiritueux.

Vinaigre de miel, très-fort, goût excellent, fin, couleur ambrée.

Liqueur apicole, très-fine, parfum bien fondu, très-complète, goût excellent.

Fruits divers conservés au miel, très-bons et sapides sans excès de sucre.

Tous les produits de cet exposant sont réellement remarquables ; aussi n'avons-nous pas hésité à le classer comme premier mérite.

M. VIGNON, de Saint-Denis (Somme) :

Vin de treilles de 1865, très-corsé, belle robe, limpide, goût légèrement douceâtre, assez bon.

Vins de 1865 et 1864, bonifiés au miel, ne nous ont pas paru bonifiés du tout.

Hydromel à la vanille, bon goût, droit, limpide, belle qualité.

— simple, trop sucré, bon goût, très-parfumé.

Chartreuse au miel, liqueur bien faite, de très-bon goût, trop grasse.

Cognac au miel, pas de nature, traité avec l'éther œnautique.

Anisette, bon goût, trop alcoolique.

Dantzig, assez bonne liqueur.

Alcool, dit à 85 d°, assez fin, mais fort goût d'empyreume.

Cet exposant nous a paru mériter un encouragement pour ses essais, car c'est celui qui a prouvé le mieux tout ce qu'on pouvait obtenir du miel.

M. DEFROYE, à Reims :

Champagne, vin bon. Le miel employé comme sucrage ne l'a pas rendu meilleur. Alcool à 84 d°, mieux distillé que tous les autres.

M. HUET, de Guignicourt (Aisne) :

Hydromel, fort goût d'origine.

Eau-de-vie médiocre.

M. LECLERC, instituteur à Bourdenay (Aube) :

Liqueur au café, brou de noix, bien faite et de bon goût.

M. LYONNET, à Champagny (Aube) :

Eau-de-vie blanche, très-bon goût, avec bonne sève.

— — distillée sur fruits, bon goût de Quewtch.

Esprit de miel, 62 d° fin, bon goût d'eau-de-vie de marc.

M. LOURDEL, instituteur de Boutencourt (Somme) :

Vin de fruits, excellent goût de vin de Grenache fin, droit, très-bien réussi.

Hydromel de 1867, droit et fin de goût, le meilleur parmi tous ceux exposés.

M. PASCAL-LEROY, à Groutte :

Cassis et orange, liqueurs de faible qualité.

M. BOULINGUIEZ, à Persan.

Hydromel bon goût, trop cuit.

Eau-de-vie, 48 d°, légèrement entachée de goût empyreumatique.

M. BARRAT, à Port-Saint-Nicolas (Aube) :

Liqueurs diverses, bien faites, douces et de bon goût.

M. TERRIET, de Paris :

Chartreuse, bonne liqueur, bien faite, assez heureuse imitation.

Hydromel très-bon goût, fin.

Tels sont, Monsieur le Président, les résultats de notre dégustation et telle notre opinion consciencieusement motivée sur les produits dont vous nous avez chargés de faire l'expertise.

Agréez, Monsieur le Président, l'expression sincère et respectueuse de notre dévouement.

L. Maurial.

Exposition des insectes de 1868.

La deuxième exposition des insectes, organisée au Palais de l'Industrie par les soins de la Société d'insectologie agricole et sous le patronage de S. Exc. le ministre de l'agriculture, accuse une supériorité marquée sur la première qui avait été organisée par la Société centrale d'apiculture et qui a eu lieu en 1865. Les exposants y sont plus nombreux, les produits plus remarquables et mieux agencés. Six salles réunissent tout ce qui a trait à l'insectologie agricole, depuis les produits ouvrés et appliqués des insectes utiles, jusqu'aux plus petits insectes nuisibles, accompagnés des dégâts qu'ils causent, des plantes qu'ils attaquent et d'engins pour les détruire. Trois de ces salles sont occupées par les produits des abeilles et par les instruments employés à leur culture.

Le catalogue de l'exposition de 1865 ne donnait que quatre-vingt-deux lots de produits séricicoles présentés par trente et un exposants. L'exposition actuelle compte cent lots présentés par quarante-sept exposants, plus sept exposants d'ouvrages sur la sériciculture. L'éducation des vers de l'ailante et du chêne y occupe moins de place, parce que depuis trois ans ces vers nouveaux n'ont pas pris dans l'industrie la place qu'ils promettaient de prendre, et que leur avenir est encore douteux. Mais le ver à soie du mûrier, celui qui alimente une industrie d'une si grande importance dans plusieurs départements du Midi, y est bien autrement représenté que la première fois. Une éducation remarquable pour l'époque et pour le lieu y est faite, qui donne à deux praticiens de mérite l'occasion de démonstrations du plus haut intérêt. L'un, M. Nourrigat, de Lunel, enseigne à distinguer *sans microscope* les vers dont le papillon donnera de la graine saine de celui dont le papillon ne donnera que de la graine malade. L'autre, M. Cavalié, de Castres, traite selon une médication particulière les vers dont les papillons donneraient de la graine malsaine, et assure que, par son procédé, cette graine sera saine, c'est-à-dire que les vers traités seront guéris. Les plus avancés de ces vers montent sans peine et coconnent bien. Il y a lieu d'espérer d'heureux résultats. La montée de tous les vers ne pouvant être terminée à l'époque de la fermeture de l'exposition (le 14 septembre), M. Cavalié a obtenu d'achever son éducation à la magnanerie du jardin d'acclimatation.

L'exposition de 1865 ne comptait que 189 appareils apicoles. L'exposition actuelle en compte 220. Il faut en ajouter un trentaine arrivés trop tard pour être catalogués; ce qui donne un chiffre de 250 instruments. Le nombre des exposants de produits des abeilles est à peu près le même qu'en 1865, 80 présentant 200 lots. Une catégorie nouvelle a été faite pour l'enseignement, et elle compte 25 exposants pour l'apiculture. Ne sont pas compris dans ce nombre les instituteurs qui n'ont envoyé qu'une simple demande pour concourir aux prix fondés par M. Carcenac. C'est donc pour les trois catégories de l'apiculture, instruments, produits et enseignements, 475 lots présentés par 175 exposants. Mais plusieurs personnes exposent dans les trois catégories.

L'insectologie générale, qui ne comptait que 36 exposants en 1865, en compte aujourd'hui 70 catalogués (une dizaine ne le sont pas), qui réunissent une centaine d'appareils et de collections. Plusieurs de ces collections sont venues grâce à l'extension qui a été donnée au programme.

En chiffres ronds, l'exposition des insectes de 1868 réunit 800 lots présentés par 300 exposants.

La moyenne des visiteurs payants a presque doublé; elle est de mille personnes les dimanches, et de deux cents les jours de la semaine. L'exposition actuelle aura duré six semaines.

Pendant le cours de sa durée, il est fait dans une salle spéciale et deux ou trois fois par semaine, des conférences sur diverses parties de l'insectologie agricole. Voici l'ordre de ces conférences, avec le nom des conférenciers et le sujet traité : M. C. Personnat, sur le ver à soie du chêne; M. Millet, sur les oiseaux insectivores et sur les moyens de les protéger (deux conférences); M. le Dr Boisduval, sur les insectes nuisibles à l'agriculture et sur les moyens de les combattre; M. de La Valette, sur l'état de la sériciculture et sur les moyens de régénérer les vers à soie par de petites éducations; M. Gelot, sur les ressources séricicoles des républiques de l'Équateur et du Chili; M. le Dr Forgemol, sur le ver à soie de l'ailante et sur le dévidage des cocons percés; M. Rivière, sur les insectes nuisibles à l'horticulture et sur les moyens de les détruire;

M. Ch. Mène, sur l'utilisation des insectes et de leurs produits; M. Nourrigat, sur les moyens de distinguer le ver à soie sain de celui qui ne l'est pas; M. Cavalié, sur un procédé de guérison des vers malades. Le résumé de ces conférences sera publié dans l'*Insectologie*.

Les apiculteurs se sont réunis en congrès les 16 et 17 août pour traiter des questions pratiques de leur art. La solution de ces questions sera également publiée.

Le 17 août un banquet de trente-cinq convives réunissait les principaux exposants et des membres de la presse agricole de Paris. Plusieurs toast de circonstance et à l'avenir de la *Société d'insectologie agricole*, organisatrice de l'exposition, ont été portés par MM. Barral, Maurial, Gaurichon, Boisduval, Lourdel et de La Valette. On y a dégusté des liqueurs au miel et notamment le champagne exposé par M. Deproye de Reims.

Les jurys des trois sections ont fonctionné du 16 au 22 août et, à la suite de leur examen, la liste ci-dessous des lauréats a été dressée.

H. Hamet.

LAURÉATS DE LA SECTION DE SÉRICICULTURE.

Grande médaille d'or de S. M. l'Empereur.

M. Gelot, représentant des républiques du Chili, de l'Equateur et de l'Uruguay, avenue Trudaine, 10, à Paris ; pour propagation de la sériciculture dans ces républiques, collection de cocons et produits séricicoles et introduction en France de graines de l'Amérique du Sud.

Médailles d'or de S. Exc. le Ministre de l'agriculture.

M. Nourrigat (Emile), à Lunel (Hérault), pour ses appareils de magnanerie, sa collection de races régénérées de vers à soie ; culture et propagation du mûrier du Japon.

Société d'horticulture et d'acclimatation de Tarn-et-Garonne, à Montauban; — collection de cocons de vers à soie du mûrier, soies moulinées et produits ; propagation de la sériciculture dans le département.

Médailles de vermeil de la société d'Insectologie agricole.

M. Duplat, directeur du Moniteur des soies et de la Revue universelle de sériciculture, à Lyon ; — collection de cocons et œufs de vers à soie du mûrier ; publication du *Moniteur des soies*.

Mme Estève, à Lignière (Cher), collection de cocons moricauds et belle graine indigène.

M. LE Dr FORGEMOL, à Tournan (Seine-et-Marne); — gréges de divers bombyx ; système et appareil de filage pour les cocons percés.

Mme LA BARONNE DE PAGES, née comtesse de Corneillan, à Paris ; — collection de cocons, soies gréges et papillons de vers à soie appartenan aux races du mûrier et autres.

Rappels de médailles d'argent du Ministre avec médailles d'argent de la Société.

Mlle DAGINCOURT (Camille), à Saint-Amand (Cher) ; — collection de cocons de vers à soie du mûrier moricauds et japonais. Belles graines.

Mlle TABART, à Montbrison ; — cocons provenant de diverses races de vers du mûrier; graines.

LAVERGNE (Mme Cournil), à Brives (Corrèze) ; — cocons de vers du mûrier; graines.

Médailles d'argent de S. Exc. le Ministre.

Mme MILLERY, à Tarbes ; — cocons et papillons de diverses races de vers du mûrier ; graines.

M. LE Dr ACHARD, à Saint-Marcellin (Isère) ; — vers à soie vivants du mûrier ; cocons avec des chrysalides vivantes. Brochure sur la *réforme sérioicole.*

M. DE MASQUARD, à Saint-Cézaire-les-Mines (Gard) ; — cocons de diverses races de vers du mûrier. Brochure sur les maladies des vers.

Rappels de médailles de bronze.

Mme veuve BLIGNY, à Château-Thierry (Aisne) ; — cocons de vers à soie du mûrier, soie filée.

M. FALINSKI (Jules), 50, rue de la Glacière, à Paris ; — tableaux d'études pour le ver à soie du mûrier.

Médailles de bronze du Ministre.

M. LE Dr SICARD, à Marseille ; — cocons de vers du mûrier ; spécimens des maladies ; études scientifiques.

M. DE LAVERRIE DE VIVANT, au Coux, près Sivrac (Dordogne) ; — cocons et soies gréges de vers du mûrier ; graines.

M. ROUILLÉ, à Estivareilles, près Montluçon (Allier) ; — cocons de races indigènes et de l'Amérique du Sud ; graines.

Mme veuve GINOT, directrice de l'école du tissage de la soie, à Valence (Drôme) ; — cocons, papillons et graines de vers du mûrier.

M. NICAUD, à Cluis (Indre) ; — cocons et graines de vers à soie du mûrier.

Médailles de bronze de la Société.

Le Chevalier Delprino, à Alexandrie (Italie); — appareil pour le coconnage des vers du mûrier. Brochure sur ce sujet.

M. Caillas (Emile), 13, rue de Fontis, Paris-Auteuil; système particulier d'éducation et de coconnage pour les vers du mûrier.

M. Meynard frères, à Valréas (Vaucluse); — cocons; soie grége et étoffes du Maroc et du Portugal; graines.

M. Maillet, à Montferré, près Reims (Marne); — cocons et graines de vers du mûrier.

M. Labarthe, directeur des mines de Bluech, par Saint-Germain-de-Talberte (Lozère); — cocons du mûrier et du chêne; graines.

Mme Poudrier, à Paris, pour coopération et soins intelligents donnés aux éducations séricicoles faites à l'Exposition.

Mentions honorables.

M. Cavalié (Raymond), à Castres (Tarn); — cocons du mûrier; graines indigènes.

M. Combe et Meynard, 115, Belle-de-Mai, à Marseille; — cocons de vers du mûrier.

M. Jouany, instituteur, à Concots, par Limogne (Lot); — cocons, papillons et graines de vers du mûrier.

M. Ripoud, à Trévol, par Moulins (Allier); — cocons et papillons de vers du mûrier (moricaud et équateur), graines.

M. A. Brunet, 106, boulevard Magenta; — pour sa matière textile tirée de l'écorce du mûrier.

LAURÉATS DE LA SECTION D'APICULTURE.

Grande médaille d'or de S. M. l'Empereur.

M. Em. Beuve, apiculteur à Creney, et professeur d'apiculture ambulant de l'Aube, pour l'ensemble de son exposition et pour son dévouement à l'apiculture.

Médailles d'or de S. Exc. le Ministre de l'agriculture.

M. Lecler, instituteur à Bourdenay (Aube), pour l'ensemble de son exposition et pour son enseignement apicole.

Mme E. Santonax, apicultrice à Dôle (Jura), pour l'ensemble de son exposition, notamment pour son miel en petites boîtes.

Rappel de médaille d'or de S. Exc. le ministre de l'agriculture :

M. Moreau, apiculteur à Thury (Yonne), pour l'ensemble de ses produits, et médaille de bronze de la Société d'Insectologie, pour son hydromel et son eau-de-vie de miel.

M. A. Warquin, apiculteur à Bellevue (Aisne), pour l'ensemble de son exposition et médaille de bronze de la Société d'Insectologie, pour propagation de l'abeille italienne.

Médailles de vermeil de la Société d'Insectologie agricole.

L'Association italienne (Société d'apiculture de Milan), pour l'ensemble de son exposition.

M. Faure-Pomier, à Brioude, pour l'ensemble de son exposition et pour sa propagande des méthodes rationnelles dans la Haute-Loire.

M. Gaurichon, à Fondettes (Indre-et-Loire), pour ses études microscopiques de l'abeille, pour sa ruche d'observation et pour sa propagande des méthodes rationnelles dans l'Indre-et-Loire.

Médailles d'argent de S. Exc. le Ministre de l'agriculture.

M. Bertrand, apiculteur à Maule (Seine-et-Oise), pour son exposition de produits des abeilles.

M. Goby, blanchisseur de cire à Grasses (Alpes-Maritimes), pour perfections apportées dans la préparation des produits ouvrés. Rappel de médaille d'or de la Société d'apiculture, pour l'ensemble de son exposition.

M. Lahaye, apiculteur à Maison-Blanche-Paris, pour son rucher bien tenu et pour ses produits et appareils exposés.

M. Legrand, apiculteur à Montgeron (Seine-et-Oise), pour ses produits exposés, notamment pour son lot de cire.

Rappel de médaille d'argent du ministre, M. Barat, apiculteur au Port Saint-Nicolas (Aube), pour ses produits exposés ; M. Brunet, à Paris, pour ses pastilles au miel.

Médailles d'argent de la Société d'Insectologie agricole.

M. Bastian, pasteur à Wissembourg (Bas-Rhin), pour ses ruches à cadres mobiles, ses extracteurs et son traité d'apiculture.

M. Froidevál, apiculteur à Lamotte-Thilly (Aube), pour ses produits exposés et pour son entrée mobile de ruche.

M. Leroy, apiculteur à Croutte (Orne), pour ses produits, miels, cires et pour sa méthode entendue.

M. l'abbé Sagot, à Saint-Ouen-l'Aumône (Seine-et-Oise), pour l'ensemble de son exposition.

M. Sigaut, fabricant de pain-d'épice à Paris, pour ses nonnettes.

Médailles de 1re classe de la Société centrale d'apiculture.

M. Lessamé, à Dolo au Venetie (Italie), pour ses cires et ses miels exposés (*vermeil*).

M. Boulinguiez, apiculteur à Persan (Seine-et-Oise), pour l'ensemble de son exposition, notamment pour ses miels en rayons (*vermeil*).

Capdevielle, apiculteur à Pau (Basses-Pyrénées), pour ses miels exposés et pour sa propagande des bonnes méthodes.

Caron père et fils, au Mesnil-Saint-Denis (Oise), pour leur miel en rayon.

Chardonnet, apiculteur à Coulommiers (Marne), pour ses appareils (mellificateur, ruche et bourdonnière) exposés.

Deproye, apiculteur à Reims (Marne), pour ses sirops et ses champagnes au miel.

Lamiral-Morlet, cirier à Chaumont (Haute-Marne), pour ses cierges et ses cires blanchies.

J. Mourot, apiculteur à Raulecourt (Meuse), pour la bonne fabrication de ses ruches à hausses et à chapiteaux en paille.

Naquet, apiculteur à Beauvais (Oise), pour sa cire, son miel et ses ruches.

Rappel de médaille de 1re classe : M. Vignon, apiculteur à Saint-Denis près Péronne (Somme), pour l'ensemble de son exposition, et médaille de bronze de la Société d'Insectologie pour ses liqueurs au miel.

M. Dagron, à Moret (Seine-et-Marne), pour ses produits.

M. Debilly, apiculteur à Voisin-les-Bretonneux, pour ses produits et ses ruches exposés.

M. Guillet, à Nantes, pour ses ruches à hausses et à cadres et son miel.

M. Thierry-Mieg, à Mulhouse (Haut-Rhin), pour sa ruche à cadres mobiles.

M. Vandewalle, à Berthen (Nord), pour ses ruches à hausses et à chapiteau.

Médailles de 2e classe de la Société d'Apiculture.

M. Blum, apiculteur à Longeville (Moselle), pour ses ruches et son métier exposés.

M. Bourgeois, menuisier-apiculteur à Lons-le-Saulnier (Jura), pour sa ruche à compartiments exposée et sa propagande apicole.

M. Javouhey, fabricant de pain-d'épice à Chartres (Eure-et-Loir), pour ses produits exposés.

M. Le Guidec, apiculteur à Saint-Joseph (Ile de la Réunion), pour son miel des forêts. A la médaille est jointe une ruche à chapiteaux en paille.

M. Marc, menuisier-apiculteur à Caen (Calvados), pour sa ruche d'observation et son extracteur exposés.

M. Picat aîné, à Onesse (Landes), pour l'amélioration de la ruche landaise et pour ses produits exposés.

M. Pilatre, apiculteur à Boursay (Loir-et-Cher), pour ses produits (miel et cire) exposés.

M. Roussel-Tallon, fabricant de miel et cire à Saint-Rimault (Oise), pour ses produits exposés.

Rappel de médaille de 2e classe : M. Caron, apiculteur à Monthyon (Seine-et-Marne), pour son miel en rayon et sa ruche exposés.

M. Leblon, à Auteuil-Paris, pour sa ruche et ses produits exposés.

M. Mellion, tonnelier à Mézidon (Calvados), pour la bonne confection de ses barils au miel.

M. Osmont, à Saint-Aubin-les-Elbeuf (Seine-Inférieure), pour ses produits exposés.

M. Prévost, apiculteur à Saint-Clair-sur-Ept (Seine-et-Oise), pour ses miels exposés.

Médailles de bronze de S. Exc. le Ministre.

M. Dupont, apiculteur à Attichy (Oise), pour ses liqueurs au miel exposées.

M. Hanin, fabricant de pain-d'épice à Paris, pour ses pavés rafraîchissants.

M. Lourdelet, fabricant de cire à modeler à Paris, pour ses produits exposés.

M. Maillet, apiculteur à Montferré (Marne), pour son pèse-ruche et un plancher bourdonnière exposés.

M. Thiriet, rue du Faubourg-Montmartre, à Paris, pour son savon au miel et ses autres produits exposés.

Médailles de bronze de la Société d'Insectologie.

M. Thomas VALIQUET, apiculteur à Saint-Hilaire-Station (Canada), pour sa ruche à cadre exposée.

M. BOURGEOIS, fabricant de pain-d'épice à Dijon (Côte-d'Or), pour ses produits exposés.

M. DUMONT-LEGUEUR, apiculteur au Pont-de-Metz-les-Amiens (Somme), pour ses miels exposés.

M. JOLY, apiculteur au Tremblay-le-Vicomte (Eure-et-Loir), pour son métier à fabriquer les ruches en paille.

Médailles de 3e classe de la Société d'Apiculture.

M. ASSET, jardinier-apiculteur à Sèvres (Seine-et-Oise), pour ses ruches à hausses en bois et ses abris exposés.

M. DISS, coutelier à Fessenheim (Haut-Rhin), pour sa fabrication à bon marché de cératomes.

M. DOBIGNY, fabricant de miel à Jouy-sous-Thel (Oise), pour sa cire et son miel exposés.

M. CHAUVET frères, ciriers à Pleaux (Cantal), pour leurs cires du Cantal blanchies.

M. PREQUOIS, à Saint-Benoît (Aube), pour ses miels en rayons.

M. A. JACQUART, apiculteur à Dornecy (Nièvre), pour sa cire.

M. LEFOULLON, apiculteur au Taillan (Gironde), pour son métier à fabriquer des ruches en paille.

M. LATOURTE, à Givrauval (Meuse), pour sa ruche à cadres mobiles avec chapiteau.

M. ROBERT, apiculteur à Casseau (Seine-et-Oise), pour ses produits et sa manière de conduire la ruche à hausses.

M. RONOT fils, à Selongey (Côte-d'Or), pour son nourrisseur perfectionné.

M. SAGOT, domestique de M. l'abbé Sagot précité pour opérations entendues dans les ruchers avoisinants.

Rappel de médaille de 3e classe : M. LIONNET, apiculteur à Champagny (Aube) ; M. PLAIDEUX, curé à Sery (Oise).

Mentions honorables.

M. l'abbé BABAZ, à Mongré (Rhône) pour l'ensemble de son exposition.

M. CARRÉ, à Grand-Frenoy (Oise), pour les produits exposés.

M. DENAIS, menuisier à Nantes (Loire-Inférieure), pour sa ruche à cadres mobiles.

Depeyre, apiculteur à Montcuq (Lot), pour son fumigateur à deux orifices.

M. Méaume, à Chailley (Yonne), pour son miel.

M. Poiret frères, rue Saint-Denis, 96, à Paris, pour leur canevas à presser la cire et le miel.

M. Robinet, à Sèvres (Seine-et-Oise), pour sa ruche d'observation.

M. de Séré, à Paris, pour son système de cueillette du miel.

M. Solesse (Charles), à Paris-Plaisance, pour sa ruche à divisions verticales doubles.

DISTINCTIONS ACCORDÉES POUR ZÈLE ET PROPAGANDE.

Abeille d'honneur : M. Vibert à Albertville (Savoie).

Médaille de 2e classe : M. Magaud, curé à Fontanès (Loire).

Médaille de bronze de la Société d'Insectologie : M. G. de Layens, à Paris.

Médaille de 3e classe : M. Henri Baudroit, apiculteur à Meslières (Doubs), pour son mémoire.

M. F. Monin, à Mornant (Rhône), pour ses conférences apicoles.

Rappel d'*abeille d'honneur* : M. de Saint-Jean, apiculteur à Grainville-la-Campagne (Calvados).

Rappel de Médaille de 2e classe ; M. Cœnoff à Travent-en-Iffendic (Ille-et-Vilaine).

DISTINCTIONS ACCORDÉES AUX INSTITUTEURS QUI ENSEIGNENT L'APICULTURE ET QUI CULTIVENT LES ABEILLES.

(Prix Carcenac.)

Premier prix (100 fr.) et rappel de médaille de 1re classe : M. Boudes, instituteur à Lagarde, commune de Laselve (Aveyron).

2e *prix* (50 fr.) et médaille de 1re classe : M. Martin, instituteur à Abbeville (Seine-et-Oise).

3e *prix* (25 fr.) et médaille de 2e classe : M. Mentrée, instituteur à Château-Salins (Meurthe).

4e *prix* (25 fr.) et médaille de 2e classe : M. Gauthier, instituteur à Betoncourt-les-Brotte (Haute-Saône).

5e *prix* (25 fr.) de la Société d'apiculture, et médaille de bronze : M. Pidolot, à Alaincourt (Meurthe).

Rappel de prix : MM. Laugier, à Montbrison (Drôme); Denisart, à Courboin (Aisne); Lecler, à Bourdenay; Dematons, à Levigny. — Rappel *d'abeilles d'honneur :* Mlle Pergant, institutrice à Caurel (Marne).

Médailles de vermeil (1re classe).

M. Lourdel, instituteur à Bouttencourt (Somme).

M. Leperdriel, instituteur à Saint-Eny (Manche).

M. Chapron, instituteur à Feigneux (Oise).

M. Wery, instituteur à Neuilly-St-Front (Aisne).

Rappels de médailles de 1re classe : MM. Arnaud à Meillonnas (Ain) ; Charamond, à Roinville (Eure-et-Loir) ; Doré, à Appeville (Eure) ; Pieuchot, au Charmel (Aisne).

Rappels de médailles d'argent : M. Cadot, à Sury (Ardennes) M. Hyenne, à Mareuil-le-Port (Marne).

Médailles de 2e classe.

M. Collin, instituteur à Salival (Meurthe).

M. Friez, instituteur à Froyelles (Somme).

M. Gaillard, instituteur à Vaux et Chantegrue (Doubs).

M. Gérardin, instituteur à Omelmont (Meurthe).

M. Hecquet, instituteur à Breilly (Somme).

Le frère Isique, instituteur communal à Nérac (Lot-et-Garonne).

M. Letellier, instituteur à Massy (Seine-Inférieure).

Le frère Ludovic, instituteur communal à Larajasse (Rhône).

M. Paupy, instituteur à Perrigny-sur-Armançon (Yonne).

M. Warpot, professeur à Bourecq (Pas-de-Calais).

Rappels de médailles de 2e classe : MM. Brard, à Fresne-Camilly (Calvados) ; Cheruy-Linguet, à Taissy (Marne) ; Delhomet, à Andrezeille (Seine-et-Marne) ; Denizaut-Noel, à Is-en-Bassigny (Haute-Marne) ; Froment, à Rechicourt (Meurthe) ; Harang, à Planquery (Calvados) ; Lenain, à Bouvincourt (Somme) ; Le Normant, à Concoret (Manche) ; Derivaux, à Urmatt (Bas-Rhin) ; Grenier, à la Verpillière (Isère) ; Prugnier, à Villemorien (Aube).

Médailles de 3e classe.

M. Carpentier, inspecteur de l'instruction primaire à Boulogne (Pas-de-Calais).

M. Chatelain, instituteur à Creuzier-le-Neuf (Allier).

M. Galtier, instituteur à Saint-Exupère (Aveyron).

M. Hacque, instituteur à Flavacourt (Oise).

M. Magnenat, instituteur au Thil (Ain).

M. Pot, instituteur à Guédecourt (Somme).

M. Stambach, instituteur à Offwiller (Bas-Rhin).

M. Sorel, instituteur à Fultot (Seine-Inférieure).

Rappels de médailles de 3e classe : MM. Bailleul, à Phalempin (Nord); Balard, à Verrières (Aveyron); Bernasse, à Sermizel (Yonne); Dufay, à Ernemont (Seine-Inférieure); Antoine-Jean, à Quincy-Ségy (Seine-et-Marne); Gouge, à Becquincourt (Somme); Huguet, à Dancy (Eure-et-Loir); Lefevre, à Mortefontaine (Oise); Liby, à Villerupt (Moselle); Régnier, à Jeantes (Aisne); Adnet, à Sept-Sault (Marne); Julien, à Pomacle (Marne); Carré, à Sacquenville (Eure); Couland, à Saint-Pierre-Aigle (Aisne); Fréjouls, à Queyrac (Gironde); Mellin, à Chaumont (Meuse); Papail, à Ros-sur-Couesnon (Ille-et-Vilaine); Louvel, à Remalard (Orne).

Mentions honorables.

MM. Carquet, instituteur à Dierrey-Saint-Julien (Aube).
Chargé, instituteur à Cauney (Deux-Sèvres).
Chateau, instituteur à Matignicourt (Marne).
Dumoulin, instituteur à Aix-en-Issart (Pas-de-Calais).
Jannin, instituteur à Jallonge (Côte-d'Or).
Moindrot, instituteur à Ennordres (Cher).
Proth, instituteur à Filières (Moselle).
R. Simon, instituteur adjoint à Poix (Marne).
C. Viault, instituteur à Quennes (Yonne).

Il est accordé un *Cours d'apiculture* à M. Dematon jeune, à titre d'encouragement. — Les instituteurs qui ont envoyé des cahiers d'élève, recevront autant d'exemplaires du *Calendrier apicole*, pour être remis aux élèves à qui appartiennent ces cahiers.

Nota. Plusieurs instituteurs ont présenté à l'exposition des insectes des instruments et des produits qui ont concouru aux distinctions qu'ils obtiennent. Tels sont les ruches et les produits de M. Lourdel; les miels de M. Martin; ceux de M. Gérardin; les appareils de M. Chapron, etc.

LISTE DES LAURÉATS DE L'INSECTOLOGIE GÉNÉRALE.

Grande médaille d'or de S. M. l'Empereur.

M. Burel, horticulteur à Paris, pour son exposition de plantes infestées par les insectes dévastateurs et parasites.

Médailles d'or de S. Exc. le Ministre de l'agriculture.

M. Millet, inspecteur des forêts à Paris, pour ses études sur le régime alimentaire des oiseaux insectivores et ses nids artificiels destinés à la protection et à la propagation de ces oiseaux.

M. Deyrolle fils, naturaliste à Paris, pour l'ensemble de son exposition d'insectes utiles, nuisibles, vésicants, etc., de collections d'étude, de squelettes tégumentaires, de livres d'enseignement, etc.

Médailles de vermeil de la Société d'Insectologie agricole.

M. Dillon, à Tonnerre (Yonne), pour son exposition d'insectes nuisibles et des échantillons des plantes qu'ils attaquent, des insectes utiles, parasites, etc.

M. Goossens, à Paris, pour son exposition de chenilles préparées et conservées, l'insecte parfait en regard, chenilles attaquant les arbres fruitiers, etc.

MM. Guyot et Migneaux, à Paris, pour leur exposition de parures en insectes naturels, boucles d'oreilles, colliers, etc.

M. Mégnin, à Versailles (Seine-et-Oise), pour ses dessins représentant les insectes parasites, dans tous les ordres, de l'homme et des animaux domestiques.

Médailles d'argent de S. Exc. le Ministre de l'agriculture.

M. Cretté de Palluel, à Paris, pour son exposition d'oiseaux insectivores, leurs nids et œufs, reptiles et mammifères insectivores.

M. Badoua, à Claira (Pyrénées-Orientales), pour son échenilleuse, machine pour détruire les chenilles et autres insectes vivant aux dépens des fourrages et céréales.

M. de l'Orza, à Paris, pour ses cadres de papillons producteurs de soie, avec échantillons de cocons et soies.

Médailles d'argent de la Société d'Insectologie agricole.

M. Bailleul, instituteur à Phalempin (Nord), pour son résumé de quantités innombrables d'insectes de tous ordres et dans tous les états, qu'il a fait détruire par ses élèves en 1868.

M. Benard à Ypreville-Biville, par Valmont (Seine-Inférieure), pour son épuceronnière à détruire l'altise du colza.

M. Donnaud, à Paris, éditeur et imprimeur, pour ouvrages relatifs à l'insectologie.

M. Fumouze, à Paris, pour son exposition de cantharides, et de cantharidine cristallisée et sublimée.

M. Naysser, à Cannes (Alpes-Maritimes), pour son exposition de crustacés comestibles de la Méditerranée, insectes nuisibles, reptiles et oiseaux insectivores.

Rappel de médaille d'argent : M. Chalot, instituteur à la Poisselière (Haute-Saône).

Médailles de bronze de S. Exc. le Ministre de l'agriculture.

M. Bouasse-Lebel, à Paris, auteur et éditeur de tableaux sur l'insectologie.

M. Delestre, à Paris, pour ses piéges à mouches, à guêpes, en verre et en cristal.

M. Delamarre, à Paris, pour son moulage de mygale sur nature, reproduction en bronze.

M. Zacherl, à Paris, pour ses produits insecticides, liquides et en poudre, appareils, etc.

M. Willemot, à Paris, pour son exposition de poudres et de tiges de pyrèthre du Caucase, produit insecticide, ses échantillons des plantes servant à falsifier la poudre de pyrèthre, appareils, etc.

M. Boursier, à Château-Thierry (Aisne), pour son florioscope-loupe pour étudier les insectes et les plantes.

Médailles de bronze de la Société d'Insectologie agricole.

M. Carbonnier, pisciculteur à Paris, pour son exposition d'insectes aquatiques vivants, reptiles insectivores vivants, etc.

Mlle d'Ernemont, à Paris, pour ses coiffures ornées d'insectes.

M. Mansuy, photographe de la ville de Paris (à Neuilly), pour ses photographies d'insectes, de plantes, etc.

M. Wilfrid de Fonvielle, à Paris, pour son ouvrage intitulé : *Les merveilles du monde invisible.*

M. Ernest Ménault, à Angerville (Seine-et-Oise), pour son ouvrage intitulé : *Les Insectes considérés comme nuisibles à l'agriculture.*

M. Sorel, instituteur à Fultot (Seine-Inférieure), pour ses deux manuscrits : 1° *Paix aux animaux;* 2° *Une noble cause ou à quoi servent les oiseaux.*

M. Varangot, horticulteur à Melun (Seine-et-Marne), pour son exposition de plantes dévastées par les hannetons, et son échantillon d'huile de hannetons.

Mentions honorables.

MM. Allez frères, à Paris, pour leurs divers systèmes de piéges pour mammifères, oiseaux et insectes, etc.

M. Aucoc aîné, à Paris, pour son exposition d'insectes montés en parures, etc.

MM. Letessier et Bienfait, rue Fontaine-au-Roi, 26, à Paris, pour leur microscope servant à l'observation des insectes.

M. Miot, à Semur (Côte-d'Or), pour son exposition d'insectes auxiliaires et utiles.

M. Napier, à Londres, pour son ouvrage manuscrit intitulé : *On the importance of British Butterflies and Moths to the agriculturist and Gardner* (de l'importance des papillons et teignes de la Grande-Bretagne pour l'agriculteur et l'horticulteur).

M. Plisson, instituteur à Lévy-Saint-Nom (Seine-et-Oise), pour son poëme intitulé : *les Humbles*, dans lequel l'auteur énumère les principaux animaux et leur utilité.

M. Rothschild, libraire à Paris, éditeur d'ouvrages sur l'insectologie.

M. Savy, libraire à Paris, éditeur d'ouvrages sur l'insectologie.

La Société a décidé qu'une lettre de félicitation, accompagnée d'une médaille comme souvenir, sera adressée :

A MM. Chevalier et Nachet, opticiens à Paris, pour leurs instruments de précision, qu'elle n'est pas en mesure de récompenser selon leur mérite ;

A M. Méry, à Bougival (Seine), pour ses gracieux tableaux de scènes de mœurs d'insectes qui ont fait le principal ornement de l'exposition ;

Et à MM. Boisduval, Cavalié, Forgemol, Gelot, Hamet, de Lavalette, Ch. Mène, Millet, C. Nourrigat et Rivière, dont les remarquables conférences ont si utilement complété les enseignements de l'exposition.

Paris, le 14 septembre 1868.

Le secrétaire général de la *Société d'insectologie agricole*,

H. HAMET.

L'Éditeur-propriétaire : E. Donnaud.

Paris. — Imprimerie de E. DONNAUD, rue Cassette, 1.

N° 8. **2e ANNÉE.** **Septembre 1868.**

L'INSECTOLOGIE AGRICOLE

SOMMAIRE :

H. Hamet, **Bulletin insectologique :** Parc aux insectes. L'insecte de l'olivier. Primes pour la destruction des vers blancs. — **Distribution des médailles de l'Exposition.** — *Ysabeau*. **Le hannetonnage obligatoire.** — **Papillon. Chenille. Ichneumon.** — *Mégnin*, **Les dermanysses.** — *F. Gelot*. Sur la sériciculture de l'Amérique du Sud et sa représentation à l'Exposition. — *D. Penaurdy*, **Lettre sur la nouvelle maladie de la vigne.** — *Deyrolle*, **Société d'insectologie agricole :** compte rendu de la séance du 5 septembre 1868. — *J. Lesguillon*, **La proscription des moineaux** (suite).

Planche VIII, fig. 1, dermanysse grossi; fig. 2, 3, 4, organes de la tête.

Bulletin insectologique.

Parc aux insectes. Le mot a été exhibé dans le programme de l'exposition du Champ-de-Mars, mais la chose n'a pas été montrée.

Un parc aux insectes doit réunir des spécimens de tous les insectes vivants utiles avec applications, et de tous les insectes nuisibles avec les dégâts qu'ils occasionnent. On doit y trouver : 1° un rucher avec le matériel nécessaire à la culture des abeilles et à la fabrication de leurs produits; 2° une magnanerie qui réunisse tout le matériel séricicole et dans laquelle les graines des diverses espèces et races de vers soient mises à éclosion ; 3° une plantation de mûriers, etc.; 4° une plantation de nopals garnis de cochenilles, *coccus cacti ;* 5° des arbres qui portent le *coccus lacca,* insecte qui produit la laque ; 6° les cynips qui produisent la noix de galle; 7° les kermès utilisés; 8° les insectes vésicants; 9° les nombreux insectes auxiliaires, c'est-à-dire ceux qui détruisent les insectes malfaisants, et que, par conséquent, il importe tant de protéger : tels que calosomes, coccinelles, ichneumons, etc., etc.; 10° un aquarium réunissant les insectes qui vivent dans l'eau ou y accomplissent des transformations; 11° des collections d'oiseaux et d'autres animaux insectivores, les moyens de les multiplier; 12° tous les produits appliqués des insectes, etc.

Le parc aux insectes doit être autre chose que les vitrines muettes et les cadres d'insectes piqués du *Muséum.* Il doit montrer d'un façon pratique et surtout intelligente aux travailleurs des champs à tirer parti de ce monde infini créé pour des fins qu'il n'est plus permis d'ignorer.

La *Société d'insectologie agricole* aura prouvé toute la valeur de son titre et fermé la bouche à certains jaseurs dépités soi-disant puristes le jour prochain où elle réalisera cette fondation.

L'insecte de l'olivier. On écrit de Grasse : « La récolte des olives, qui s'était annoncée à la floraison pour être une des plus abondantes et des plus belles, décimée par la sécheresse et par les grandes chaleurs du mois de mai, est encore à la veille d'être complétement dévorée par les vers. Les mouches de ce ver sont dans des proportions de nombre extraordinaire, et il est probable que dans les zones où les olives seront clair-semées il ne restera plus rien.

Primes pour la destruction des vers blancs. Parmi les vœux des conseils d'arrondissement du département de Seine-et-Oise, publiés dans le *Libéral*, on remarque que les conseils d'arrondissement de Versailles et de Corbeil émettent le vœu que des encouragements pécuniaires soient accordés pour la destruction des vers blancs et des hannetons.

Le conseil de Pontoise demande que l'administration adopte, pour la destruction des hannetons, une unité de mesures permettant d'assurer la destruction de ces coléoptères au moyen de procédés uniformes employés simultanément.

Comme moyen de procédés uniformes, nous n'en voyons pas de meilleur et de moins coûteux que celui employé par l'instituteur de Phalempin, qu'on trouvera dans la livraison d'octobre, à moins qu'on n'use de l'armée pour cet objet.

— Les États-Unis, qui ont délégué un entomologiste à la première Exposition des insectes, ne pouvaient manquer de faire de l'application. Nous recevons de ce pays, le premier numéro du *The American entomologist*, dans lequel nous aurons à butiner.

H. Hamet.

Distribution des médailles de l'Exposition des insectes.

La distribution des récompenses aux lauréats de l'exposition des insectes s'est faite en famille et sans apparat, le 14 septembre, dans la salle des conférences, au Palais de l'Industrie. En l'absence du président et des vice-présidents de la Société d'insectologie, le bureau était présidé par M. Ch. Barbier, membre du conseil d'administration et d'un des jurys de l'exposition. A ses côtés se trouvaient MM. Vignole, président de la Société d'apiculture de l'Aube, Rivière, Hamet, de Lorza, Deyrolle, Delinotte, Personnat et Sigaut.

M. le président a adressé quelques mots pour excuser les membres absents et pour annoncer que la séance solennelle n'aurait lieu qu'en novembre, et qu'en attendant, on allait remettre les médailles aux lauréats présents. Il a ensuite donné la parole à M. Hamet, secrétaire général, qui s'est exprimé de la manière suivante :

Messieurs,

Dans un instant l'exposition organisée par votre Société, sous le patronage du Ministre de l'agriculture, va être close. Nous sommes réunis ici pour remettre aux lauréats les distinctions qu'ils ont méritées. Parmi ces distinctions sont trois médailles d'or que Sa Majesté l'Empereur a daigné nous accorder, et un certain nombre de médailles d'or, d'argent et de bronze de S. Exc. le Ministre de l'agriculture. Remercions Sa Majesté l'Empereur et S. Exc. le ministre de l'agriculture du haut témoignage d'intérêt qu'ils portent à notre œuvre.

Avant de désigner les lauréats, permettez que je vous rappelle l'origine récente de notre utile Société et que je résume les succès qu'elle vient d'obtenir.

C'est à une première exposition des insectes, organisée en 1865 par la *Société centrale d'apiculture*, à laquelle plusieurs d'entre nous appartiennent, qu'a germé l'idée de fonder une *Société d'insectologie agricole*. Quelques mois plus tard, cette idée essayait de prendre corps ; mais comme la chrysalide du grand-paon elle jugea, pour des causes qu'il serait oiseux de rapporter, que le moment n'était pas encore venu de naître. Ce n'est qu'au bout de dix-huit mois d'incubation qu'elle naquit enfin.

Après être restée si longtemps dans ce premier état, la Société d'insectologie, une fois constituée, devait se sentir bientôt assez forte, quoique peu nombreuse encore, pour organiser l'exposition que nous terminons et qui accuse un progrès réel sur la première, tant sous le rapport du nombre des exposants que sous celui des objets exposés.

La première ne comptait que deux cents et quelques exposants présentant environ 600 lots et collections. Celle-ci en compte plus de trois cents présentant au-delà de 800 lots et collections.

Je n'entrerai pas dans les détails du mérite des objets exposés : les rapports des jurys des trois divisions que comprend notre exposition s'en chargeront. Ces rapports seront publiés. Je me bornerai à vous faire remarquer que dans la sériciculture le jury s'est plus appliqué à encourager la culture du ver à soie du mûrier qui est une véritable richesse nationale, que celle des vers à soie nouveaux, qui n'ont pas encore assez fait leur preuve.

On se rappelle qu'à la première exposition des insectes une dissension profonde surgit dans le sein de la Société d'apiculture à la suite de la décision d'un premier jury séricicole, composé de membres de l'Institut, qui accordait la médaille d'or de l'Empereur au ver à soie de l'ailante, décision qui fut infirmée par les simples membres de la Société et qui provoqua une enquête dont le résultat fut en faveur de ces simples membres.

Cette fois le jury a accordé la médaille d'or de l'Empereur à M. Gelot, représentant des républiques de l'Équateur, du Chili et de l'Uruguay, pour la propagation de la sériciculture dans ces pays et pour l'introduction en France des graines de ces républiques, graines jusqu'à ce jour exemptes de maladies, ou du moins en Amérique. Votre Société a fait faire au Palais de l'Industrie une éducation de ces graines qui, jusqu'à ce moment, a donné des résultats satisfaisants pour l'époque et pour le lieu. Quelques vers sont malades, mais pas assez pour les empêcher de coconner.

Le jury a accordé une médaille d'or du ministre de l'agriculture à un praticien émérite, M. Nourrigat, de Lunel, pour ses produits et ses appareils exposés, et aussi pour son moyen de reconnaître *sans l'emploi du microscope* les vers qui donneront de la graine saine, moyen que l'auteur promet de mettre à la portée de tous les graineurs. Ce jour, M. Nourrigat aura rendu un service que la Société d'insectologie ne sera pas en mesure de récompenser selon son importance. Un autre sériciculteur, M. Cavalié, de Castres, croit posséder un moyen de guérison des vers malades que la Société serait heureuse de savoir efficace. Il a traité par son procédé, qui consiste à arroser de vin de Collioure les feuilles du mûrier données en pâture, une soixantaine de vers malades qui sont en train de monter et de filer leur cocon. M. Cavalié assure que les papillons qui naîtront de ces cocons donneront de la graine saine; c'est ce que l'avenir nous apprendra. En attendant, nous devons dire que déjà et depuis longtemps des sériciculteurs du Midi — ou du moins on nous l'a affirmé — arrosent de vin les feuilles qu'ils donnent aux vers à soie. Cette addition de vin n'aurait pas toujours empêché, paraît-il, la maladie de sévir. Toutefois il ne faut rien préjuger du vin de Collioure et des merveilleux effets qu'il promet.

La section apicole accuse un progrès constant dans l'art de cultiver économiquement les abeilles et de préparer leurs produits. La médaille d'or de l'Empereur revient pour cette section à M. Emile Beuve, de Creney (Aube) qui, pour l'intelligence et le dévouement, se trouve au premier rang. On remarquera que le département de l'Aube est celui qui enlève le plus de premières distinctions dans cette section. Nous en sommes flattés pour lui et attristés pour les autres. C'est que l'Aube marche d'une vitesse qui mérite d'être signalée. Grâce à l'activité et au désintéressement d'un de ses praticiens éclairés, M. Vignole, des sociétés d'apiculture ont été organisées dans chaque arrondissement ; un rucher d'expérience a été fondé aux portes de Troyes, et un bulletin est publié qui propage les méthodes rationnelles discutées aux réunions de ces sociétés et essayées dans le rucher. Ajoutons que l'autorité supérieure de ce département a su seconder ce noble mouvement : le préfet et l'évêque sont membres actifs de la Société centrale d'apiculture de l'Aube et en suivent attentivement les travaux. Que de départements attendent des imitateurs !

Le jury a été doublement heureux de pouvoir accorder la médaille d'or du Ministre à un instituteur primaire, M. Lecler, de Bourdenay (Aube), et à une femme dévouée à l'apiculture, Mme Santonax, de Dôle (Jura). L'un et l'autre sont appelés à développer toutes les ressources de l'économie rurale.

Dans le concours qu'elle apporte, la *Société centrale d'apiculture* fait une large part aux instituteurs. Sans compter les prix en argent que son honorable président, M. Carcenac, a fondés, elle accorde un grand nombre de médailles aux instituteurs primaires qui cultivent des abeilles et qui donnent des notions d'apiculture à leurs élèves. Elle a compris que ces initiateurs des enfants du peuple étaient placés pour semer dans le champ de l'avenir le grain qui multipliera les moissons. Notre *Société d'insectologie agricole*, en fille qui ne peut dégénérer, ne manquera pas d'imiter sa mère, la Société d'apiculture, lorsqu'elle aura quelques sous en caisse. Pour mettre dès à présent ses intentions en pratique, elle s'était adressée au Ministre de l'instruction publique et lui avait demandé quelques ressources pécuniaires et des médailles. Son Excellence n'a mis à notre disposition que quelques volumes qui s'adressent plus à l'enseignement supérieur qu'à l'enseignement primaire. Cependant M. le Ministre pouvait nous aider sans bourse délier, et cela en se mettant à l'assistance publique. Je force l'expression quand je dis « en se mettant à l'assistance publique, » je veux simplement dire que le Ministre aurait pu s'entendre avec l'administration de l'assistance publique pour que celle-ci ne perçût pas sur le tourniquet placé à l'entrée de notre exposition, ce que l'on appelle le droit des pauvres. Avec cette somme nous eussions pu encourager largement les instituteurs qui s'occupent d'insectologie agricole ; nous en eussions provoqué un grand nombre à s'en occuper. Et d'ailleurs cette somme n'eût pas été distraite de son objet le plus direct ; elle eût servi à faire l'aumône aux seuls et véritables pauvres : les ignorants. Est-ce que si tous nos instituteurs primaires pratiquaient l'insectologie, à l'exemple de celui de Phalempin, dans le Nord, M. Bailleul, qui, l'année dernière, a fait détruire par ses élèves des millions d'insectes nuisibles, on ne sauverait pas au moins la moitié des quatre ou cinq cents millions que les insectes nuisibles enlèvent annuellement à nos récoltes ? Il est de toute évidence qu'avec ces millions on pourrait assister bien des pauvres.

Dans la section d'insectologie générale, le jury a pensé, en attribuant la médaille de l'Empereur à M. Burel, exposant d'une nombreuse collection de plantes attaquées par les insectes, qu'il attirerait à nous les horticulteurs, gens si intéressés à étudier les insectes nuisibles et les moyens de les combattre. Puisse sa décision avoir les heureux résultats qu'il en espère! Dans cette section le public agricole s'est plus particulièrement arrêté devant les études de M. Millet sur le régime alimentaire des oiseaux insectivores et ses nids artificiels destinés à la protection et à la propagation de ces utiles auxiliaires; et aussi devant la remarquable collection d'insectes nuisibles accompagnée des plantes qu'ils attaquent, exposée par M. Dillon, de Tonnerre.

En s'attachant plus particulièrement à ces collections, le public agricole a indiqué à notre Société d'insectologie la voie qu'elle a à suivre et l'enseignement qu'elle doit vulgariser.

Pour mettre en lumière le côté pratique de son exposition, la Société d'insectologie agricole a ajouté, à l'exhibition d'appareils, de produits et de collections d'insectes, des conférences qu'un public studieux a suivies avec assiduité et bienveillance. Conférenciers et auditeurs doivent recevoir les mêmes félicitations, et nous engagent à reprendre notre enseignement dans deux ans, en 1870. Les visiteurs de l'exposition actuelle ne nous y engagent pas moins. Le nombre en a presque doublé sur la première; celui des payants a été de 1,000 en moyenne, les dimanches, et de deux cents les jours de la semaine. Ce nombre a été suffisant pour couvrir à peu près nos frais.

Avant de terminer ce résumé, je dois exprimer le regret que nos principaux membres du bureau ne soient pas là pour remettre aux lauréats les distinctions qu'ils ont méritées. Cette absence semble vouloir prouver qu'en insectologie et tout ce qui y tient, il ne faut voir que les multitudes. En effet, chez les fourmis, les abeilles, les termites, les états-majors manquent : ce sont les légions qui accomplissent tous les travaux nécessaires à la conservation et à la multiplication de l'espèce. Simples travailleurs de l'insectologie agricole, réunissons-nous, à l'instar des insectes dont nous nous occupons, et formons la légion qui doit faire fructifier l'œuvre.

Un mot encore pour remercier la presse parisienne qui a bien voulu nous aider de sa publicité bienveillante. Si deux ou trois voix discordantes ont cru nécessaire de jeter un peu d'ombre dans le tableau, ç'a été sans doute pour mieux faire ressortir l'intérêt de l'insectologie agricole et l'importance de notre exposition.

Le hannetonage obligatoire.

Le moment est opportun pour traiter à fond la question du hanneton et pour rechercher les moyens d'affranchir notre agriculture du lourd tribut qu'elle paye tous les ans à cet insecte, le plus vorace de tous ceux de l'ordre des coléoptères. Nous sommes, sous ce rapport, dans le même cas qu'un malade atteint d'une affection chronique, lorsqu'il éprouve un intervalle de mieux sensible plus ou moins prolongé. Le retour du mal est probable; il faut profiter d'une intermittence pour l'atténuer autant que possible, s'il n'y a pas lieu d'espérer qu'on en préviendra le retour.

L'année 1868 ayant été, par sa température exceptionnelle, très-favorable au développement du hanneton, cet insecte s'est montré en nombre réellement prodigieux. Deux départements, qui font partie de ce qu'on nomme le rayon de Paris, Seine-et-Oise, Eure-et-Loir, ont été spécialement éprouvés; il y a eu notamment, dans Eure-et-Loir, des bois de 10 à 15 hectares de superficie, si bien ravagés par le hanneton, que, dès les premiers jours de juin, il n'y restait pas une feuille.

La statistique est impuissante à constater, même par approximation, le chiffre des pertes résultant des dégâts commis par le ver blanc, larve du hanneton. J'ai vu dans Seine-et-Oise, dans la plaine traversée par la route d'Arpajon à Versailles, entre Janvry et Marcoussis, des centaines d'hectares de luzerne, dépendant des grandes fermes de Mondétour, Courtabœuf et le Grand-Vivier, totalement ruinés par le ver blanc. J'ai vu, dans une commune du département de la Seine, des milliers de jeunes arbres morts sur pied, parce que toutes leurs racines avaient été dévorées par le ver blanc. La perte, chez un seul pépiniériste, ne peut être évaluée à moins de 25,000 fr. Ces deux exemples peuvent donner une idée de la gravité du mal pour toute la surface de notre territoire.

Le retour d'une aussi déplorable abondance de hannetons n'aura lieu que dans trois ou quatre ans. Ceux dont nous avons tant souffert cette année provenaient des œufs pondus par les hannetons femelles en 1865; les larves nées de ces œufs avaient atteint leur complet développement en trois ans. Selon la marche très-variable de la température, il peut arriver que le ver blanc, larve du hanneton, n'arrive pas à l'état d'insecte parfait avant sa quatrième année. C'est donc un répit de trois ans au moins et de quatre ans au plus que nous avons devant nous, avant qu'il se produise une profusion de hannetons semblable à celle qui a signalé le printemps de 1868. Mettons cet intervalle à profit : il y a urgence.

Depuis que la question du hanneton est à l'ordre du jour, un premier fait a été constaté. Il est matériellement impossible de rechercher pour l'écraser le hanneton à l'état de ver blanc; il est inutile de lui opposer, soit la nephtaline, soit l'engrais Baron-Chartier, soit toute autre substance proposée pour tuer en terre le ver blanc; toutes ces substances coûtent trop cher pour que leur emploi soit admissible dans la grande culture. C'est ainsi, notamment, que de grandes espérances avaient été éveillées par l'engrais Baron-Chartier, dont l'efficacité a été mise hors de doute par des expériences publiques faites à l'île de Billancourt, à la suite desquelles une médaille a été accordée à M. Baron-Chartier. Mais, quand il s'est agi d'en venir aux applications en grand, il s'est trouvé que, pour agir efficacement, l'engrais Baron-Chartier devait être employé à très-haute dose, et qu'il coûtait cinq à six fois plus que la valeur de tout ce que les vers blancs pouvaient dévorer; il valait mieux les laisser satisfaire leur appétit.

On s'accorde donc à reconnaître qu'un seul procédé peut, à la longue, moyennant beaucoup de persévérance, donner de bons résultats; ce procédé, c'est la recherche et la destruction des hannetons, en abandonnant comme impraticable la recherche et la destruction directe du ver blanc. Ici, il y a, pour ainsi dire, unanimité dans l'opinion des Sociétés d'agriculture et d'horticulture, et dans celle des comices agricoles.

Toutes ces réunions, dont la compétence, en pareille matière, ne peut être contestée, sont d'accord pour réclamer le hannetonage obligatoire légalement, au même titre que l'échenillage. Ces vœux seront probablement exaucés dans le nouveau Code rural; mais l'enfantement de ce Code est lent et laborieux. En attendant, il y a lieu d'aviser. Qu'il me soit permis de faire observer à ce propos qu'en attendant la loi à intervenir, la destruction obligatoire du hanneton rentre parfaitement dans les attributions des préfets, et peut être très-légalement prescrite par arrêté préfectoral. C'est ainsi, par exemple, que, dans plusieurs départements, un arrêté préfectoral ordonne l'échardonnage et frappe d'une amende ceux qui négligent d'échardonner; il n'y a pas de raison pour que, provisoirement, il n'en soit pas de même du hannetonage.

Mais les arrêtés préfectoraux, de même que la loi, peuvent se faire attendre indéfiniment, et il importe d'agir sans retard. Que faire donc? Ce qui s'est fait cette année en vertu de l'initiative privée dans un canton d'Eure-et-Loir, ce qu'on peut faire sans difficulté partout où l'on à trop à souffrir des ravages exercés par le hanneton; il faut en provoquer la recherche en offrant une prime aux chasseurs de hannetons. Un propriétaire cultivateur d'Eure-et-Loir a payé les hannetons 20 centimes le décalitre, et on lui en a apporté plus de *deux mille* kilogrammes. On peut poser contre ce procédé la même objection que contre l'emploi de l'engrais Baron-Chartier. La dépense peut l'emporter sur le profit.

C'est peut-être ce qui aurait lieu si les hannetons récoltés restaient sans emploi; c'est ce qu'on évite en utilisant les hannetons à titre d'engrais, sous forme de compost. Voici, d'après une communication de M. Lucien Rousseau au *Journal d'Agriculture pratique*, de quelle manière a été préparé le compost de hannetons.

D'abord, pour diminuer les frais de main-d'œuvre, et aussi pour gagner du temps, les hannetons n'étaient reçus qu'après avoir été étouffés dans l'eau bouillante, procédé peu coûteux et d'une exécution peu difficile. A mesure que les hannetons morts étaient apportés, on les a soumis, dans de grandes chaudières de fer, à une chaleur assez intense, non pour les calciner, mais pour les cuire seulement et les ramollir. Les hannetons encore chauds ont été stratifiés, couche par couche, avec de la terre sèche. Chaque lit de terre, de l'épaisseur de 7 à 8 centimètres, a été recouvert d'un lit de hannetons cuits, saupoudrés d'un peu de phosphate minéral en poudre et de plâtre cru, également pulvérisé. Le dessus du tas a été rechargé d'un lit épais de terre, dans le double but d'empêcher l'évaporation et de prévenir la mauvaise odeur. En effet, le tas qui comprenait 2,000 kil. de hannetons, 200 kil. de phosphate calcaire minéral et 600 kil. de plâtre, avec environ 8 mètres cubes de terre sèche, est resté livré à lui-même pendant plusieurs mois sans répandre aucune infection, bien que, par la réaction de ses éléments les uns sur les autres, une fermentation très-vive se soit manifestée à son intérieur. Le tas, prêt à être utilisé comme engrais pulvérulent, mesurait environ 10 mètres cubes. Son prix de revient, établi par une comptabilité dans laquelle aucun détail n'a été négligé, ressort à 178 fr., soit 17 fr. 80 c. le mètre cube. C'est cher, et il n'est nullement démontré, quant à présent, que l'effet utile de cet engrais, qui n'a point encore été essayé, représente réellement cette valeur; mais, ne valût-il en effet que la moitié de ce prix, on comprend que c'est toujours autant à déduire des frais de la chasse aux hannetons, ce qui suffit pour rendre cette chasse possible et profitable.

Une analyse chimique du compost de hannetons, faite avec tout le soin désirable, y constate la présence de l'azote à dose assez élevée pour qu'il soit permis de très-bien augurer de son efficacité quant à la culture des céréales; l'année prochaine, je serai en mesure de vous en dire davantage à ce sujet. Si j'ai pris les devants pour vous en entretenir avant que le compost de hannetons ait fait ses preuves, quant à sa puissance fertilisante, c'est que cette puissance peut être plus ou moins énergique; mais elle ne peut être nulle, et il n'y a pas de déceptions à craindre en agissant dans cette voie.

Ce qu'il importe, c'est d'agir avec ensemble, c'est d'arriver à faire exécuter la chasse aux hannetons les mêmes jours et aux mêmes heures dans toutes les communes d'un canton, d'un arrondissement, d'un département, s'il était possible. Si bien que soit faite cette chasse, il ne faut pas espérer qu'on arrivera à l'extermination complète et radicale des hannetons. Mais, si l'on persévère à les payer aux enfants 20 centimes le décalitre, ce qui, en les utilisant comme engrais, réduit la dépense réelle à 10 centimes au plus, soit 1 fr. l'hectolitre, la multiplication désastreuse du hanneton s'arrêtera. Cet insecte, comme beaucoup d'autres, nuisibles à diverses titres, sera non point anéanti, mais contenu dans des limites tolérables, et les pertes occasionnées par la voracité de ses larves cesseront d'être une cause de ruine pour nos pépinières, nos prairies artificielles et nos cultures jardinières qui tiennent en France une si large place dans les moyens les plus lucratifs de tirer parti du sol par la petite culture. Or, ce résultat peut être obtenu en quelques années si, dans tous les cantons en proie aux ravages du ver blanc, on adopte la coutume salutaire d'encourager la chasse aux hannetons par une prime suffisante et de recouvrer la moitié au moins de cette prime dans la valeur du compost des hannetons.

Je vous prie avec instance de tâcher de ne pas avoir oublié mes conseils à ce sujet quand les hannetons reparaîtront au mois de mai de l'an qui vient.

(*Moniteur de l'Agriculture.*) A. Ysabeau.

Papillon. — Chenille. — Ichneumon.

Les papillons, ces gracieuses fleurs animées, comme les appellent les poëtes, sont le plus redoutable fléau de nos cultures dans leur état de larves, c'est-à-dire sous la forme de chenilles.

Combien de fois n'avons-nous pas entendu lancer des malédictions contre cette engeance insatiable qui transforme quelquefois en un seul jour l'arbre le plus feuillu en un squelette du plus triste aspect. Les ravages, souvent si considérables dans les arbres fruitiers, ont nécessité des ordonnances obligeant les propriétaires de jardins de les rechercher pour les détruire à certaines époques de l'année.

Les chenilles se nourrissent, à peu d'exceptions près, de substances végétales et surtout de feuilles. Comme elles multiplient prodigieusement, il s'ensuit qu'elles auraient bientôt anéanti tout ce qui est plante et arbre sous le soleil, si la prévoyante nature n'y avait mis bon ordre en opposant, comme contre-poids à leur funeste exubérance, des espèces qui leur font une guerre sans relâche, qui peuvent opposer le nombre au nombre, la ruse à la ruse. Nous avons cité les *ichneumonides*.

L'*ichneumon* a le corps d'une demoiselle, terminé dans les femelles, par une tarière plus ou moins longue, composée de trois filets. Les ailes, au nombre de quatre, sont transparentes et inégales. La tête est réunie au corselet par un pédicule très-mince ; elle est ornée de deux antennes ou *cornes* souvent noires et blanches, presque toujours en mouvement.

Les ichneumons ne demeurent jamais oisifs ; on les voit sans cesse rôder de tous côtés, le long des talus, des troncs d'arbres, des murs. A leur agitation, à leur inquiétude, on juge aisément qu'ils sont préoccupés et qu'ils sont en quête de quelque objet. Que cherchent-ils donc avec tant d'ardeur? Une proie, non pour la dévorer, mais pour lui confier le soin de nourrir leur progéniture.

Dès qu'un ichneumon a découvert une chenille à sa convenance, il fond sur elle, et, avec la rapidité de l'éclair, il lui enfonce dans le dos la tarière qui termine son abdomen, et du même coup inocule un œuf dans la plaie. Avant que la chenille n'ait vu le danger, l'opération est faite ; jamais elle ne donnera naissance à un papillon. Cependant elle n'en continuera pas moins à vivre pour cela. L'œuf éclot, et le ver qui en sort chemine dans le tissu graisseux de sa victime, en respectant soigneusement les organes vitaux. La chenille grandit ; elle se transforme en chrysalide, mais là s'arrête le cours de ses évolutions. Le jeune ichneumon qui n'a plus rien à ménager l'achève, et quand il a tout dévoré, il procède à son tour à sa métamorphose.

On ne peut se faire une idée de la quantité prodigieuse de larves et de chenilles que détruisent de cette façon la tribu des ichneumonides, dont les espèces sont en nombre immense. Il y en a de toutes les tailles et il n'est pas pour les larves de retraite si sûre en apparence qui ne soit exposée à la visite d'un de ces terribles chasseurs ou de son stylet. Bien souvent, en effet, l'animal se borne à insinuer celui-ci sous les écorces, et sans voir sa victime et sans en être vu, va dans les profondeurs de sa retraite, lui donner le coup mortel.

On voit que les ichneumons rendent d'importants services et qu'ils sont la sauvegarde des végétaux auxquels notre propre existence est intimement liée. Sans eux, l'homme qui se considère comme le roi de la création, disparaîtrait de la surface de la terre.

En effet, supposons les chenilles soustraites aux atteintes de ces cruels persécuteurs, qu'adviendrait-il? Les chiffres vont répondre éloquemment.

Une femelle de bombyx pond 500 œufs en moyenne. Admettons que nous en ayons une centaine dans notre jardin, ce n'est pas trop; elle vont semer 50,000 œufs sur nos arbres. Les oiseaux et autres auxiliaires nous débarrasseront bien des quatre cinquièmes des chenilles qui sortiront de là, mais le cinquième restant arrivera à son terme, puisque nos alliés, les ichneumons, nous font défaut. Il y aura autant de papillons qu'il y avait de chenilles. Faisons encore la part belle aux oiseaux, et bien qu'aussitôt métamorphosés, les bombyx s'accouplent et pondent leurs œufs, en mettant de côté les mâles et ne laissant pondre qu'un tiers des femelles, soit 2,000 : il n'y aura pas moins d'un million de chenilles prêtes à entrer en campagne l'année prochaine. Or, une chenille de moyenne taille consomme au moins 20 grammes de feuilles dans le cours de son existence; cela fait juste 20,000 kilogrammes de vivres que nous devons leur fournir! Notre jardin n'y suffira guère. Il faudra recourir au voisin, mais le voisin est dans le même cas. Les feuilles des bois manqueront aussi, car les chênes, les hêtres, les bouleaux, les pins, les sapins ont également leurs chenilles à nourrir.

Qu'arrivera-t-il l'année suivante?

Plus de verdure, plus de bestiaux, plus de gibier, plus de grains, plus de pommes de terre, plus de légumes, la plus effroyable disette va balayer de la surface du globe la race humaine entière. Mais hâtons-nous de nous rassurer, fions-nous à la sage Providence, qui ne permet pas que l'harmonie de ses œuvres soit ainsi troublée.

Si, par quelque cause accidentelle, le nombre des chenilles s'accroît tout à coup d'une façon inquiétante dans certains cantons et certaines années, les ichneumons sont là, et leurs phalanges protectrices se multiplient dans des proportions telles que bientôt, et sans que nous nous en mêlions, l'équilibre se rétablit. (*Voir le Livre de la Ferme.*)

Les dermanysses (*planche VIII, fig. 1 à 4*).

Les dermanysses appartiennent à la famille des *gamasés* et au sous-ordre des *acariens*, subdivision des *arachnides-trachéennes*.

Ce sont de petits insectes, presque microscopiques (ils ont de 1 à 2 millimètres de long), à corps globuleux, mou, à l'exception d'un large plastron qui est coriace ; ce corps est porté par huit pattes, toutes thoraciques, composées de six articles : une hanche, un inguinal, un fémoral, un génual, un tibial et un tarse ; chaque tarse se termine par une ventouse qui cache un double crochet (fig. 4) ; sur le dos et de chaque côté, en regard de l'étroit espace qui sépare les deux dernières pattes se voient les organes respiratoires : c'est une paire de stigmates portant chacune un long poil protecteur large et plat. Le bec ou rostre des dermanysses est organisé pour la ponction et la succion ; il est composé d'une lèvre aiguë à laquelle adhèrent les deux mâchoires transformées en lamettes. Les palpes maxillaires sont à cinq articles, et les mandibules, transformées en longs stylets perforateurs chez la femelle, sont, chez le mâle, des pinces didactyles dont le mors externe est très-allongé (fig. 2 et 3).

C'est le dermanysse des poulaillers (*dermanyssus avium* Dugès) qui est représenté fig. 1 de la planche. Cette espèce a pour habitat le fumier et toutes les anfractuosités des perchoirs et des bois qui entrent dans la construction du poulailler. Ces insectes, très-agiles, restent confinés dans leurs retraites pendant le jour ; ils en sortent pendant la nuit pour se répandre sur les oiseaux endormis dont ils sucent le sang. Les poulets et les poussins sont surtout leurs victimes, et ils vont jusqu'à les faire périr d'étisie. C'est le sang dont ils se nourrissent qui donne à ces acariens leur belle couleur rouge vif ; quand ils sont à jeun depuis longtemps, ils sont blanchâtres tachetés de brun. Comme chez les ixodes et chez tous les autres acariens parasites, la voracité est surtout le partage des femelles, et il semble que la consommation d'une certaine quantité de sang leur soit nécessaire pour mener à bien leur progéniture, car ce sang n'est pas indispensable à leur subsistance, puisque nous possédons, dans un flacon, toute une tribu de dermanysses qui vivent très-bien, depuis plus d'un an, avec quelques parcelles de colombine; seulement tous les individus sont albinos, aucun n'a cette belle couleur rouge que l'on remarque sur tous ceux qui ont à leur portée du sang rouge à sucer.

Depuis longtemps les naturalistes savent que les dermanysses se répandent volontiers sur les mammifères à leur portée et même sur l'homme en déterminant par leurs piqûres d'assez vives démangeaisons, mais ce n'est que depuis 1849 que les vétérinaires ont commencé à remarquer leur action sur le cheval. Sous le nom de *poultray-lousiness*, M. Anderson a décrit (*The veterinarian* 1849) une maladie du cheval caractérisée par de petites dépilations circulaires de quelques millimètres de diamètre, pouvant devenir confluentes et s'étendre dans de très-grandes proportions en s'accompagnant d'un prurit considérable. M. Anderson déclare avoir été éclairé sur la nature de cette maladie par un vieux cocher qui lui fit voir les myriades de mites qui grouillaient dans le fumier du poulailler, d'où elles se répandaient la nuit dans tous les alentours. Le palefrenier lui-même était incommodé par de très-fortes démangeaisons. — En 1857, un autre vétérinaire anglais observa la même affection, à laquelle il reconnut la même cause, car il constata que pendant la nuit les stalles des écuries et les animaux étaient couverts de *dermanyssus*, qu'il avait été impossible de voir pendant le jour; le seul éloignement du poulailler de l'écurie eut pour résultat immédiat de faire cesser la maladie.

Dans les comptes rendus de l'École d'Alfort (1849-50), M. Bouley rapporte de nombreuses observations dont six appartiennent à la clinique de l'École et beaucoup d'autres à M. Demilly, de Reims, toutes analogues à celles des vétérinaires anglais. M. Bouley ajoute que si la maladie se prolonge, la bête se nourrit mal, maigrit, ses forces s'épuisent par la privation de repos, et quelquefois même il tombe dans un marasme complet.

La même année (1850) Gurlt, de Berlin, dans une revue qu'il passe de tous les parasites des oiseaux, dit, à propos des *dermanyssus* « qu'ils sont susceptibles de prendre domicile sur les mammifères, et causent au cheval qui habite au voisinage du perchoir une maladie cutanée *analogue à la gale.*

On préserve les chevaux des atteintes des *dermanysses* en éloignant les poulaillers des écuries, et on en débarrasse le poulailler lui-même en lotionnant les bâtons et les perchoirs avec de l'huile de pétrole, de la benzine ou une solution d'acide phénique au millième. Le fond du poulailler devra être nettoyé, le fumier enlevé souvent et remplacé par de la paille fraîche. MÉGNIN.

Sur la sériciculture de l'Amérique du Sud et sa représentation à l'Exposition des insectes.

Un assez long séjour de plusieurs années consécutives dans diverses contrées de l'Amérique du Sud, m'avait mis dans le cas de constater que dans un grand nombre de localités, la température, le climat, étaient, au superlatif favorables aux éducations de vers à soie.

A mon retour en Europe, il y a environ cinq à six ans, l'épidémie qui depuis nombre d'années y ravageait la sériciculture, me fit naître la pensée de faire tous les efforts possibles pour provoquer l'acclimatation de cette riche industrie dans l'Amérique du Sud, d'une part, et d'autre part d'éveiller la sérieuse attention des sériciculteurs européens sur les ressources que pourraient leur apporter ces contrées si richement dotées par la nature, en leur faisant connaître tout d'abord la bonne qualité des graines de vers à soie qu'elles pourraient leur fournir.

Pour atteindre ce but, je distribuai, il y a déjà trois ans, des graines du Chili et Équateur à un grand nombre d'éducateurs de vers à soie.

Comme elles étaient encore inconnues, elles ne donnèrent pas de prime abord les résultats espérés, en raison des phénomènes de leur éclosion. Ainsi les premières graines arrivées en février, mises à l'incubation en avril et mai, ne donnèrent aucune éclosion, et alors la majeure partie de ceux qui en avaient, les croyant mauvaises, les jetèrent. Mais quelques-uns, mieux avisés, voyant la graine conserver le même aspect, la même couleur, la gardèrent avec soin, jusqu'au printemps suivant, et ils en obtinrent alors de très-beaux produits.

Depuis lors, j'ai reçu chaque année de nouveaux envois de graines de l'Amérique du Sud, qui ont offert de nouveaux phénomènes quant aux éclosions. Mais j'ai toujours pu faire constater que, toutes, elles étaient complétement exemptes de la maladie des corpuscules à laquelle sont attribués les désastres qui frappent sur les vers.

Les phénomènes des éclosions ne sont pas encore, à mon avis, parfaitement expliqués, mais chaque jour l'expérience rapproche de la connaissance des causes qui peuvent les produire.

Les exemples suivants pourront donner une idée de ces phénomènes et ouvrir la voie aux recherches à faire pour en trouver les causes.

Ainsi il s'est fait cette année au printemps des éducations avec des graines pondues à l'Équateur en octobre 1866 et en août 1867. Les unes avaient en conséquence dix-huit mois, et les autres neuf mois.

L'éducation des vers, faite à l'exposition d'insectologie, provient de graines pondues en décembre 1867, à la Quinta Nonnal, du gouvernement à Santiago, capitale du Chili, et venues par la voie de Panama. L'éclosion, tout à fait anormale, de cette graine a eu lieu partiellement à partir des premiers jours de juillet.

Deux autres envois de graines provenant également des environs de Santiago du Chili, également pondues en décembre 1867, ont été expédiées à la même époque, mais par navire à voiles, doublant le cap Horn ; ces graines-là sont, jusqu'à ce jour, restées sans éclosion, si ce n'est peut-être une centaine de vers sur près de trois cents onces.

J'ai reçu en février et mars deux envois de graines pondues en octobre 1867, les unes à Montevideo, les autres à quinze ou vingt lieues aux environs de cette ville, toutes appartenant à la même race. Celles arrivées en février sont toutes écloses ce printemps, donnant des cocons blancs de premier mérite ; celles arrivées en mars n'ont jusqu'à ce jour presque pas eu d'éclosions.

Le mode d'emballage, le chemin qu'elles parcourent peuvent exercer peut-être une grande influence sur ces éclosions plus ou moins régulières. Ainsi, quand je vois les graines du Chili, venues par Panama avoir un commencement d'éclosions importantes, tandis que celles du même pays, pondues dans le même mois, mais venues par le cap Horn, ne pas en avoir, je suis enclin à penser que la température torride qui a pesé sur les graines venues par Panama en a préparé l'éclosion anticipée.

En effet, les colis partis de Valparaiso sont déchargés sur les quais ; arrivés à Panama, ils restant exposés quelquefois un jour ou deux aux ardeurs du soleil de la ligne, avant d'être mis dans les wagons du chemin de fer qui traverse l'isthme. Arrivés à Colon-Aspinwal, ils y sont déchargés sur les quais, restant de nouveau un ou deux jours, quelquefois trois, exposés au même soleil ardent, en attendant l'arrivée du vapeur sur lequel ils doivent être chargés pour arriver en France.

Le voyage par le cap Horn ne les exposé pas à ce dangereux inconvénient, et je crois pouvoir y trouver la cause de la non-éclosion de la graine venue par cette voie.

Le mode d'emballage reste encore soumis à bien des appréciations diverses pour adopter celui le mieux approprié à la conservation de la graine. Les uns affirment (et c'est le plus grand nombre) que l'aération pendant le voyage est la condition *sine qua non* de leur bonne conservation; les autres disent qu'il importe peu qu'elle soit où non aérée, si on l'expédie bien sèche, un peu après avoir été pondue, alors que l'embryon n'est pas encore formé.

Pour ce qui me concerne, il m'est impossible de dire laquelle de ces deux opinions est préférable à l'autre, attendu que j'ai, à diverses reprises, reçu des graines parfaitement aérées, d'autres hermétiquement fermées, et que les unes et les autres me sont arrivées en parfait état, ce que je peux prouver, car j'en ai dans ce moment qui sont arrivées emballées dans ces deux conditions si différentes.

La manière si satisfaisante dont a marché jusqu'à présent l'éducation qui se fait à cette exposition d'insectes prouve jusqu'à la dernière évidence la sanité et la robusticité des graines et des vers chiliens et équatoriens, car ils n'ont eu pour nourriture que de la feuille vieille très-dure, et de plus rien n'est organisé industriellement pour les élever.

Nos éducateurs de vers à soie doivent, ce me semble, tourner à cette heure leurs yeux du côté de l'Amérique du Sud, car là seulement ils pourraient trouver de bonnes graines, si, comme tout le fait craindre, le Japon vient à leur faire défaut. En outre, les cocons de graines américaines sont infiniment supérieures à ceux du Japon. Je crois en conséquence rendre à tous un grand service en les engageant à tourner leurs yeux, leurs espérances de ce côté-là.

Le Chili est à cette heure entré largement dans cette voie, et les plantations de mûriers s'y multiplient de jour en jour. Le climat y est admirable, la terre fertile au delà de toute expression.

Ce pays offre aux émigrants, pouvant s'occuper d'agriculture en même temps que d'éducations de vers à soie, la plus brillante perspective, et bien certainement ils y trouveront bien plus qu'aux États-Unis des moyens prompts et faciles d'y acquérir aisance et fortune. Là, pas de guerre civile, pas de ces commotions politiques qui ébranlent et ruinent. Sécurité, liberté parfaite, complète en tout et partout.

Le gouvernement offre aux émigrants des conditions on ne peut plus libérales, et généreuses, et ne veut négliger aucun effort pour que tous ceux qui viennent s'installer dans le pays s'y trouvent si bien, qu'il ne leur vienne plus à l'esprit de le quitter.

Le développement de l'industrie séricicole dans l'Amérique du Sud aura pour effet d'accroître considérablement les débouchés de tous nos produits, dont partie pourra nous être payée en échanges des produits de cette industruie. Notre commerce international a donc un puissant intérêt à voir cette riche industrie s'acclimater promptement dans toutes ces contrées de l'Amérique du Sud, et par conséquent nous cesserions alors d'être forcément, comme nous le sommes à cette heure, tributaires du Japon qui empoche notre numéraire, sans jamais nous le rendre, à peu d'exceptions près, par l'achat de nos produits.

F. Gelot.

Lettre sur la nouvelle maladie de la vigne (1).

Caen, le 31 juillet 1868.

Monsieur le Président,

J'ai lu avec un très-vif intérêt les récentes publications faites dans les départements de l'Hérault et de Vaucluse au sujet de la maladie qui ravage un si grand nombre de vignes dans le Midi. Permettez-moi de venir ajouter quelques détails, qui ont aussi leur triste intérêt, aux renseignements de grande importance dont je remarque que l'on semble se préoccuper autant dans les journaux du nord que dans la presse méridionale : et, en effet, il s'agit bien moins ici d'un fléau *localisé* que d'une vraie calamité nationale ; car de même et bien plus cruellement que l'*oïdium*, la maladie nouvelle menace tous les vignobles de France, et ne s'arrêtera probablement pas à nos frontières.

(1) Lettre à M. le Président de la Société d'agriculture et d'horticulture de Vaucluse.

Le mal ne date pas de l'année dernière, comme l'opinion en paraît généralement répandue. Dès 1863, je constatai que plusieurs ceps étaient étiolés, et que, par-ci par-là, des souches se mouraient dans mon vignoble du canton de Villeneuve (Gard): on attribuait cela à des *coups de soleil!*... En septembre 1864, la maladie se prononça. Je remarquai alors, *dans un espace allongé*, de nombreuses souches qui périssaient: les deux lignes qui enserraient les premiers ravages étaient presque entièrement parallèles. A quelque distance de là, me dirigeant du côté du sud, je fis la même remarque dans des propriétés étrangères. En 1865 et surtout en 1866, les limites du mal s'étaient assez notablement étendues, tout en conservant toujours, en quelque sorte, ce même parallélisme. Mes appréhensions déjà trop justifiées par ces découvertes successives, n'étaient encore alors que faiblement partagées dans le pays, et ce ne fut qu'en 1867 que l'évidence frappa enfin tous les yeux. Quoique atteint partiellement, je n'avais pas attendu jusque-là pour me préoccuper des remèdes, et j'avais, dès 1866, essayé du *soufre* et de la *chaux*. Cela n'avait pas réussi. Je m'adressai donc l'année suivante (il y a quinze mois environ), à la Société impériale et centrale d'agriculture à Paris. Ma résidence habituelle dans un département de l'ouest me rendait les communications plus faciles de ce côté que du midi. Je fis envoyer à cette Société, et je remis moi-même à son secrétaire en chef plusieurs ceps et de nombreux feuillages de mes vignes, les uns en parfait état, les autres se mourant, d'autres qui étaient déjà morts. J'avais eu soin de faire accompagner tout cela des terres ambiantes *pour les uns* et *pour les autres*, afin qu'on pût, au besoin, examiner aussi les terres, leur nature, leur état actuel et les germes d'animalcules pouvant s'y trouver déposés, car je ne mettais pas en doute la présence d'insectes invisibles à l'œil nu, qui dévoraient nos ceps. Mon envoi, parti par la grande vitesse, était arrivé dans le meilleur état. Je fus admis à présenter quelques courtes observations à la Société; je déposai une note détaillée sur son bureau et l'affaire fut mise en commission. J'insistai pour un prompt examen : on me répondit que ce *serait long, fort long*... et, en effet, malgré plusieurs lettres pressantes et d'autres démarches personnelles, je n'ai reçu jusqu'à ce jour aucune réponse (1).

(1) J'avais vivement insisté pour qu'on envoyât des délégués sur les lieux, et j'indiquai même les moyens d'y trouver des personnes *expertes* avec lesquelles ces délégués pourraient s'entendre. La Société a parlé sommairement de l'objet

Pendant ce temps, je ne demeurais pas inactif. Je consultai d'honorables savants à Caen : ils ne désapprouvèrent pas l'usage que je me proposais de faire de *goudron*, de *pétrole* et de *cendre*. J'ai déjà dit que *chaux* et *soufre* n'avaient pas réussi. Il en fut à peu près de même du pétrole et du goudron, ou tout au moins le résultat fut inappréciable, bien que j'eusse fait l'essai sur un grand nombre de souches. Pour cela, tantôt on enlevait la terre afin d'en substituer d'autre, que l'on pulvérisait en la mélangeant de ces liquides, tantôt pétrole et goudron formaient une *glu* dont on enduisait les parois de la souche à une certaine profondeur du sol. Peut-être redoutait-on d'aller trop avant dans la racine.

Tant il y a que quelques-uns des essais conseillés en ce moment dans les publications du midi ont été, vous le voyez, monsieur le président, déjà tentés par mes soins sans avoir été suivis d'effets assez satisfaisants pour qu'il ne vous paraisse pas démontré qu'il y a *toute autre chose à chercher que cela*, soit comme substance à employer, soit tout au moins comme moyen de l'appliquer.

Permettez-moi une dernière réflexion. Puisque l'on est heureusement parvenu à découvrir la cause, évidemment unique, du mal : à savoir la présence d'innombrables pucerons qui s'attaquent à la plante, le genre auquel appartiennent ces animalcules ayant été également apprécié et défini, ne doit-on pas connaître aussi, et l'époque de leur éclosion, et leurs existences régulières comme celles de tous les êtres créés, si petits qu'ils soient ? Serait-il donc alors impossible de se rendre compte du *poison* le plus efficace pour leur destruction immédiate ? et, une fois bien connus, surtout la nature et le fonctionnement de leurs organes respiratoires et digestifs, ne peut-on en saisir quelques-uns pour tenter une expérience, soit sur les œufs, soit sur l'animal lui-même ? Je borne là mes questions : il y en a bien d'autres à se faire encore et qu'assurément la commission se sera déjà faites, seulement il importe de bien remarquer que le fléau a pris naissance sur plusieurs points à la fois, *autres que ceux désignés au rapport* ; que, depuis au moins trois ans, il s'est développé successivement, surtout en 1865 et en 1866 ; qu'il a attaqué enfin les ceps sans distinction de leurs qualités et de leur âge, sans exception aussi des terrains élevés ou non et de leurs expositions

de ma communication dans un de ses Bulletins de l'année dernière : je n'en connais aucune mention postérieure.

diverses. Certes, si les populations se fussent émues plus tôt, si l'on n'eût admis alors, avec une si regrettable confiance, cette explication *par les froids de l'hiver*, explication évidemment dépourvue de toute valeur, la *science locale*, mise en demeure, aurait pu envoyer dès les débuts ses habiles explorateurs sur les lieux envahis, et faire beaucoup plus tôt ce qu'elle n'a fait que plus tard... Malheureusement elle n'est encore qu'à la moitié de son labeur, et nous ne saurions trop vivement lui demander de le poursuivre *sans aucun relâche* jusqu'à son dernier terme, alors surtout qu'il n'est que trop bien démontré qu'une partie des remèdes provisoirement indiqués est demeurée, chez moi du moins, sans résultat utile. J'ajoute que l'*automne* et le *printemps* m'ont paru devoir être signalés comme les deux époques climatériques : c'est assez dire qu'il n'y a pas de temps à perdre...

Recevez, Monsieur le Président, les assurances de ma haute considération.

David de Penanrun,

Directeur des Douanes et des Contributions indirectes à Caen, propriétaire au canton de Villeneuve-lez-Avignon (Gard).

(*Bulletin de la Société d'agriculture de Vaucluse.*)

Remède. Dès mai dernier, un viticulteur des Alpes publiait le remède suivant :

« L'an dernier, après avoir pratiqué l'opération du soufrage sur cinq rayons de vigne de 100 mètres de longueur, il me restait une certaine quantité de soufre qui, par le fait, se trouvait sans emploi jusqu'à l'année suivante. Sur l'indication d'un homme pratique, je consentis (sans accorder une trop grande confiance au procédé, si ce n'est comme fumure) à mettre, après avoir préalablement fait une conque au pied de chaque plant, un mélange de soufre et de poudre de chaux (celle-ci par deux tiers) et sur le volume de deux fois les mains pleines.

» Il y a un mois environ que, visitant les susdits plants de vigne, je rencontrai une souche morte, puis une seconde, ainsi de suite jusqu'au bout du premier rayon. Passant au second rayon, je trouve une végétation luxuriante ; ainsi du troisième, du quatrième et du cinquième : pas une souche n'est atteinte. Stupéfait d'un pareil phénomène, j'en attribuai les causes à plusieurs faits, mais aucun ne me paraissait concluant. J'étais à bout de conjectures, quand le souvenir de l'opération du soufrage aux pieds de vigne et du manque de matière pour la terminer me revint à l'esprit; je me remémorai les circonstances de l'opération; il en est résulté que le rayon dont les plants sont généralement morts est celui où ils n'ont pas été soufrés au pied. »

Société d'Insectologie agricole.

Séance du 5 septembre 1868. — Présidence de M. le docteur Boisduval.

Sur la proposition du Président, M. Westwood, le célèbre professeur d'Edimbourg, qui assiste à la séance, est nommé par acclamation membre honoraire de la Société d'Insectologie agricole.

M. Westwood remercie la Société de l'honneur qu'elle lui fait et auquel il était loin de s'attendre; il ajoute qu'il saisira toutes les occasions pour se rendre utile à l'œuvre que nous poursuivons; il félicite la Société de l'exposition des insectes qu'il considère comme un exemple pour toutes les nations, et dès son retour, il fera tous ses efforts pour fonder une société d'insectologie en Angleterre et faire des expositions d'insectes, dont les cultivateurs, les instituteurs et même le public doivent retirer un enseignement des plus utiles.

Le secrétaire donne lecture du procès-verbal de la dernière séance qui est adopté. Il donne ensuite lecture de la correspondance.

M. Léon Alègre, conservateur de la bibliothèque communale de Bagnols (Gard), qui a fondé une bibliothèque et un musée, demande si on peut lui envoyer des spécimens d'insectes, surtout des espèces les plus vulgaires et qui s'attaquent aux plantes cultivées d'ordinaire dans le Midi, comme la vigne, le blé, l'olivier, le mûrier, etc. La Société décide que cette lettre sera mentionnée, afin que les membres qui sont à même d'envoyer de ces insectes à la bibliothèque de Bagnols en aient connaissance.

M. Pillain, notre collègue du Havre, adresse à la Société la liste des oiseaux réputés gibier, et parmi ces oiseaux il cite entre autres le becfigue, la huppe, l'engoulevent, les traquets pâtres et motteux, le torcol, etc., suivant MM. Giraudeau et Lelièvre; il ajoute que M. Beriat considère aussi l'étourneau et le geai comme gibier, et M. Petit y comprend également le rouge-gorge et le moineau. Déplorant le nombre considérable de petits oiseaux tués par les chasseurs qui sont par ce fait les ennemis des cultivateurs, il fait remarquer qu'on commence a comprendre le rôle des petits oiseaux, et dans le rapport de M. le sous-préfet du Havre, au conseil d'arrondissement (13 février 1868), était pris en considération un vœu exprimé par la Société d'agriculture de Goderville qui demandait que des mesures soient prises pour assurer la conservation et la multiplication des petits oiseaux. Cet article sera inséré au bulletin.

Lettre de M. Victor Varangot, de Melun, qui adresse à la Société des documents qu'il a déjà publiés en 1865 et 1866 au sujet de la destruction des hannetons, le tout est envoyé à la commission de publication qui en fera l'extrait utile pour le bulletin.

Nous recevons à l'instant une lettre de M. le Ministre de la maison de l'Empereur et des Beaux-Arts qui autorise la prolongation de l'exposition jusqu'au 15 septembre.

M. Nicaud de Cluis adresse une lettre dans laquelle il annonce l'envoi de blé mangé par des chenilles, que nous avons également reçu, et qui est soumis à la Société. Ce blé a été recueilli samedi passé sur le marché de Châteauroux.

Quant à la chenille, M. Nicaud dit : « Cet insecte existe aux alentours de Châteauroux, principalement dans les régions nord et ouest. Dans ce rayon on le rencontre partout, et il n'était pas rare pendant la moisson, de voir à la place d'une voiture de blé qu'on venait de décharger, la terre couverte par une couche de ces insectes; plusieurs cultivateurs m'ont affirmé en avoir vu sortir des grains de blé ; sur mon observation qu'ils ne pouvaient s'y loger, on m'a répondu qu'ils étaient moins gros et qu'ils vivaient ensuite à travers les grains. Un cultivateur m'a déclaré que sur sa récolte qui dépassait mille hectolitres, il lui causait une perte au moins du cinquième, tous annonçaient beaucoup de pertes.

» J'ai examiné avec attention tous les blés du marché, tous avaient des grains percés ; l'étaient-ils par l'insecte en question ou par l'alucite? Je suis autorisé à croire que c'était par l'alucite, attendu que dans l'arrondissement de la Châtre, on ne connaît pas ce nouvel insecte, la plupart des blés offrent des grains mangés de la même manière; indices de l'existence de l'alucite.

» Pour ce dernier insecte, qui est un fléau trop bien connu dans mon département, les producteurs de blé s'attendent à le voir apparaître, cela ne fait pas pour eux l'objet d'un doute. »

M. Boisduval reconnaît cette chenille pour celle d'un petit papillon nocturne : l'*agrotis tritici*, qui se trouve souvent dans la journée sous les javelles de blé où elle va chercher un refuge contre la lumière; il ajoute que bien certainement cet insecte ne mange pas les grains de blé, sa nourriture étant toujours des plantes basses, et que les cultivateurs de Châteauroux ne doivent pas lui attribuer les dégâts qu'ils constatent dans leurs céréales ; pourtant il croit qu'il est bien de la détruire partout où on la rencontre, car elle peut beaucoup nuire dans certaines cultures.

M. Victor Châtel adresse à la Société des pieds de salade de romaine détruits par des pucerons, avec une lettre dans laquelle il donne des détails sur les ravages occasionnés par cet insecte qu'il croit nouveau et qu'il compare à celui nouvellement connu, lequel attaque les racines de la vigne, le *Rhizaphis* (?).

Les salades sont soumises à la Société, et le puceron est reconnu pour être l'*Aphis troglodytes* qui vit sur les racines de beaucoup d'autres plantes, et qui est transporté volontairement par les fourmis d'une plante sur l'autre, qui les soignent comme leurs propres nymphes.

La lettre est renvoyée à la commission de publication pour l'insertion s'il y a lieu.

M. J.-B. Jardin, du Havre, adresse à la Société un opuscule ayant pour titre : *Mémoire sur la destruction des hannetons, appareils et procédés Jardin.*

MM. Meynard frères, à Valréas (Vaucluse), envoient également un opuscule intitulé : *Conseils aux éducateurs de vers à soie* pour la campagne de 1868-1869.

M. Rudolph Turecki offre un exemplaire de son ouvrage : *Etudes prophylactiques.*

Ces trois ouvrages sont renvoyés à la commission de publication.

Le secrétaire général donne lecture d'un rapport succinct sur l'importance relative de l'Exposition des insectes de 1868, comparée avec celle de 1865.

M. Nourrigat lit une notice dans laquelle il expose les principales maladies des vers à soie et les moyens qu'il croit les plus propres à les combattre; il insiste surtout sur la nourriture; il dit que la feuille de mûrier greffé est beaucoup trop aqueuse et qu'il s'est trouvé beaucoup plus satisfait de ses éducations faites avec la feuille du mûrier sauvage du Japon, qui est très-grande et très-profitable pour les vers. Ce praticien préconise aussi l'air libre et la grande propreté, qui souvent manque dans les magnaneries. Cette notice sera insérée *in extenso* dans le bulletin.

M. Boisduval répond qu'en effet lorsqu'on considère le *bombyx Hutoni* de l'Hymalaya, qui est le type sauvage du *bombix mori*, l'un se nourrissant du mûrier sauvage, le second de mûrier cultivé, l'on est frappé de la décroissance de la race domestique.

M. Gelot, dans une notice qu'il lit, donne quelques renseignements sur son exposition séricicole. Il insiste surtout pour que la France prenne en considération les services que peuvent rendre à notre industrie française les éducations séricicoles tentées dans l'Amérique du Sud. Il termine en appelant l'attention de la Société sur la convenance d'encourager les sériciculteurs américains, et il sollicite si cela est possible, des récompenses :

1° Pour la ferme modèle d'agriculture du gouvernement de Santiago (Chili) ;

2° Pour M. Champsaux, sériciculteur français à l'Equateur;

3° Pour M. Gomez de la Torre, à l'Equateur;

4° Pour M. Lecocq, de Montevideo.

M. Gelot prie M. Westwood d'appeler l'attention de son gouvernement sur l'opportunité de fonder des établissements séricicoles dans les immenses terrains concédés récemment à l'Angleterre par la République de l'Equateur.

Une telle éducation donnerait d'excellents résultats d'autant mieux que dans cette contrée on peut obtenir cinq éclosions par année, car ces terrains sont fort bien situés pour cela.

M. Westwood prend note de l'avis de M. Gelot, et assure qu'il fera tous ses efforts pour arriver à ce but.

M. Nourrigat dit que l'éclosion des graines n'est jamais constante et que toutes les graines d'une même ponte n'éclosent souvent pas toutes ensemble.

M. Goossens constate que cette observation est vraie non-seulement pour les vers à soie du mûrier, mais aussi pour la plupart des espèces de papillons, surtout les bombyx; il cite des chrysalides du bombyx lanestris provenant de la même ponte dont les unes sont écloses au printemps suivant, et les autres un, deux et même quatre ans après; il y a des exemples d'éclosions de papillons après être restés sept et huit années; en chrysalides un des moyens qui lui a réussi pour forcer l'éclosion à l'époque la plus rapprochée possible, c'est de conserver une veilleuse allumée dans la boîte qui contient les chrysalides, afin de conserver la lumière nuit et jour, et avoir toujours la même température.

Sont admis membres de la Société :

MM. Fournier, président de la Société protectrice des animaux, demeurant à Paris, 57, rue Galilée, présenté par MM. Boisduval et de la Valette.

Millet, inspecteur des forêts, demeurant à Paris, 47, rue de Luxembourg, présenté par MM. Boisduval et Hamet.

Barral, directeur du *Journal de l'Agriculture*, demeurant à Paris, 82, rue Notre-Dame-des-Champs, présenté par MM. Boisduval et de la Valette.

Maingonnat, naturaliste, demeurant à Paris, 39, rue Richer, présenté par MM. Depuisset et Deyrolle.

Crété de Paluel, ornithologiste, demeurant rue de Luxembourg, présenté par MM. Carbonnier et Deyrolle.

Thiriet, apiculteur, demeurant à Paris, 8, Faubourg-Montmartre, présenté par MM. Hamet et de Liesville.

Burel, horticulteur, demeurant, 3, rue du Helder, présenté par MM. Boisduval et Deyrolle.

Steblet, professeur à l'École industrielle, à la Chaux de Fonds (Suisse), présenté par MM. Hamet et de Liesville.

Turecki, agronome, demeurant à Paris, 43, rue de Sèvres, présenté par MM. de la Valette et Deyrolle.

Nourrigat, sériciculteur à Lunel (Hérault), présenté par MM. Gelot et de la Valette.

Bouvier, entomologiste, demeurant, 3, rue Linné, à Paris, présenté par MM. de l'Orza et Deyrolle.

Audot, demeurant, à Paris, 8, rue Garancière, présenté par MM. Boisduval et Barbier.

Mene, chimiste, demeurant à Paris, 21, Faubourg-Saint-Jacques, présenté par MM. Hamet et Deyrolle.

Pour extrait : Deyrolle, secrétaire.

La Proscription des Moineaux.

Couronnée par l'Academie des jeux floraux.

(*Suite,* V. p. 205.)

— Eh bien, dit aux criards un d'eux, le plus mutin,
De son mauvais vouloir faut-il que l'on pâtisse?
Nous avons un recours certain!
Adressons-nous à la justice!
Le droit sera le droit indubitablement;
Cela se passe ainsi dans les deux hémisphères!
Pour finir toutes les affaires,
Rien n'est tel qu'un bon jugement.
Car on saura, détail fort difficile à croire,
Mais qu'assure pourtant la véridique histoire,
Qu'en ce pays naïf, sans huissiers, sans exploits,
Bien différent du nôtre, éclairés que nous sommes,
Les bêtes elles-même obéissaient aux lois,
Mieux que chez nous ne font les hommes.
Bravo! cria le peuple. Et du code pénal
Contre cette maudite engeance
Réclamant justice et vengeance,
Il courut déposer sa plainte au tribunal.

II.

Bientôt le jour arrive où la cour assemblée
Va porter le terrible arrêt!
Des moineaux l'ambassade ailée
Par procuration à la barre paraît.
A gauche avec sa toge, et sa toque de moire,
Des prévenus agréé défenseur,
Maître Pinson repasse en sa mémoire
Un plaidoyer qui doit terrasser l'agresseur.
Sur son bec rose il promène sa langue,
D'un air satisfait et posé,
Comme pour rendre plus aisé
Le passage de sa harangue.
Jaseur savant, qui trouve en son gosier étroit
Des inflexions gracieuses,
Il compte bien prouver son droit
Par ses notes mélodieuses.
A droite, devant lui, grave comme Caton,
Courbant son front ridé sous son antenne austère,
Accusateur public, prévotal ministère,
Est le substitut Hanneton.

C'est de nos accusés l'implacable adversaire;
Par eux à chaque instant menacé dans ses jours,
Sous les feuilles en vain il s'abrite, il se serre;
L'ennemi le trouve toujours;

Et naguère il a vu, caché dans la charmille,
Pâture horrible offerte à leurs grands appétits,
Un féroce moineau, pour nourrir ses petits,
Emporter toute sa famille!

Du reste, partisan des préjugés vieillis,
Grâce aux libres penseurs par la foule accueillis,
Il croyait voir partout des complots politiques
Et, contre les moineaux inquisiteur haineux,
Il détestait surtout en eux
Leurs tendances démocratiques.

Il couvait un discours bien profond, bien moral,
Espérant, si dans cette instance,
Il pouvait obtenir une bonne sentence,
Monter procureur général.

Messieurs, je viens, dit-il d'une voix forte et claire,
Près d'un tribunal ferme et de l'ordre jaloux,
Contre les scélérats appelés devant vous
Requérir justice exemplaire.

Je ne recherche pas, si, brisant toute loi,
Leur brutal matérialisme
A la société qui frissonne d'effroi
Prépare un affreux cataclysme;
Je ne recherche pas où leurs vœux déréglés
Conduiraient l'époque actuelle;
Je demande! ont-ils droit de toucher à nos blés?
Voilà la question! question virtuelle!
L'homme sème, laboure et herse son terrain,
Comme fit jadis Triptolème;
Puis il y dépose son gain.

Et pour qui croyez-vous qu'il sème?
Pour sa femme, pour lui, pour ses enfants qu'il aime?
Pour ce bon peuple, hélas! si souvent affamé,
A qui ses sueurs appartiennent?
Non, ce sont des moineaux qui viennent
Recueillir ce qu'il a semé!

Ainsi, ces maraudeurs se raillent
Du pauvre agriculteur qui voit périr son bien!
Les fainéants qui ne font rien
Sont nourris par ceux qui travaillent.

Où voyez-vous cela dans la société ?
Et si le moineau s'émancipe
Jusques à cette iniquité,
Savez-vous d'après quel principe ?
Celui de l'égoïsme et de l'égalité !
Ah ! l'on se joue ainsi de tout ce qu'on respecte !
Mais ce que vous frappez, c'est le domaine humain !
Le vol est défendu, messieurs, par le Pandecte,
Et surtout par le droit romain !
Lisez les docteurs de l'école !
Lisez Cujas ! lisez Barthole !
Accurse, livre deux, titre trois, *de furto !*
Et n'est-il pas, messieurs, une loi plus profonde ?
C'est l'intérêt public ; c'est le salut du monde !
Car, *Salus populi suprema lex esto !*
Mais j'en ai dit assez, messieurs, et je m'arrête ;
Je ne vous tiendrai pas plus longtemps en suspens ;
Et je conclus en demandant leur tête ;
Oui, leur tête... ou l'exil avec frais et dépens ! »
« On nous fait là, messieurs, un procès de tendance !
Reprit maître Pinson avec indépendance,
Quelle doctrine ici vient-on nous reprocher ?
Pourquoi cette dialectique ?
A propos d'un épi, que va-t-on nous chercher ?
Il s'agit de froment et non de politique !
Je n'examine point si le sol est à tous ;
Si l'homme peut l'acheter ou le vendre,
S'il avait titre pour le prendre,
Pour lui seul et non pour nous !
Qu'un utopiste se repaisse
De ces vaines distinctions,
Je laisse là, contrats, chartres, prescriptions ;
Ce n'est point de cela qu'il s'agit dans l'espèce.
Quel tort fait un moineau mangeant un grain de blé ?
Voilà la cause ! est-ce un grand crime ?
Qu'est-ce qu'un grain, hélas ! pour le sillon comblé ?
Est-ce un de ces forfaits qu'il faille qu'on réprime ?
Victimes de l'erreur des esprits abusés,
Qui voyons-nous, messieurs, au banc des accusés ?
Des musiciens parfaits, des gosiers de génie
A qui le ciel donna la grâce et l'harmonie,
Qui, doucement cachés sous des ombrages frais,
Animent vos jardins, vos fermes, vos forêts ;
Dont la voix, tour à tour vive, gaie ou touchante,
Jette aux échos du jour l'hymne qui vous enchante !

Fiers sultans, fatigués du poids de vos loisirs,
Vous donnez l'opulence à qui fait vos plaisirs !
Vous payez les chanteurs de l'opéra comique,
Vous payez les danseurs du corps académique ;
Vous payez ce savant, qui dans le vide au loin,
Visant les cieux de sa lunette,
Cherche la vingtième planète
Dont le monde n'a pas besoin !
Et quand vos âmes agrandies
De leurs sons enchanteurs goûtent l'enivrement,
Vous refusez la vie à l'artiste charmant
Qui vous nourrit de mélodies !
Ingrats ! que dis-je ingrats ? délicats et gourmets,
Ne nous comptez-vous pas parmi vos meilleurs mets ?
Vous nous mangez, cruels ! et, ragoûts délectables,
En salmis, en rôtis, nous parfumons vos tables !
Sans nous point de parfait repas :
Il faut gras et charnu, qu'un de nous y paraisse ;
Or, vous savez que ce n'est pas
De l'air du temps que l'on s'engraisse !
D'ailleurs il est écrit : opulent moissonneur,
Laisse sur ta récolte une part au glaneur !
Des peuples et des temps la sagesse l'ordonne ;
Nous sommes le convive au festin appelé ;
Donc nous ne prenons pas, nous n'avons pas volé ;
C'est la nature qui nous donne !
D'après quoi, je conclus que, sans dépens ni frais,
Grâce aux considérants qu'à ses pieds je dépose,
La Cour par ses justes arrêts,
Mette mes clients hors de cause. »
Le président, bourgeois au teint frais et vermeil,
Qui sur une vaste étendue
Avait de beaux biens au soleil,
Se lève, et prononçant : « la cause est entendue ! »
D'un résumé très-court, en trois points divisé,
Fit magistralement lecture,
A son conseil, tout composé
D'experts pris dans l'agriculture ;
Et gonflant tout à coup l'article textuel
De consonnances formidables,
Il condamna tous les coupables
En un exil perpétuel.
Les moineaux, le jour même, informés de son dire,
Et sachant à la loi quel respect on devait,
De la patrie aimée et qui les proscrivait
S'envolèrent sans la maudire !

III

Ce fut dans l'île entière et dans chaque maison
Un triomphe, un bonheur semblables à l'ivresse ;
Les insectes surtout, cachés dans le gazon,
Partagèrent cette allégresse.
Les chenilles, les charançons
Firent un grand festin et burent aux chansons.
A l'appel du tambour, qui frappant en cadence
Les cigales et les grillons
Les demoiselles à la danse
Invitèrent les papillons ;
Les sauterelles entonnèrent
Leur chant, par la terreur si longtemps contenu ;
Et lorsque le soir fut venu
Les vers luisants illuminèrent.
Le laboureur vengé dans sa ferme rentra ;
Il accoupla ses bœufs, emblava, laboura ;
Jamais terre ne fut plus gaîment retournée ;
Aucun ne plaignit la façon,
Certain qu'il aurait cette année
La plus opulente moisson.
Mais, dès que le printemps de ses tièdes haleines
Eut réveillé le germe en échauffant les plaines,
Soudain, les ravageurs qui, l'hiver et l'été,
Des moineaux devenaient la proie,
Sur l'herbe qui pousse et verdoie
Se ruèrent en liberté.
Chacun, avec sa dent ou sa trompe assassine,
Pique, ronge, perce, détruit,
Qui la tige, qui la racine,
Qui la fleur, la feuille ou le fruit
Bientôt tout languit, sèche et meurt dans la campagne.
Adieu figues ! adieu poiriers !
Au vallon et sur la montagne,
Adieu fraises ! adieu mûriers !
Vous aussi, cerises vermeilles !
Pêches si chères aux gourmands !
Adieu les vignes ! adieu les treilles !
Adieu le Bacchus des Normands !
Et toi surtout, froment, trésor élémentaire,
Richesse qu'aux mortels un dieu lui-même apprit,
Lait qu'aux nombreux enfants que son sein pur nourrit
En tout lieu prodigue la terre !

Sous l'horrible fléau dont les champs sont couverts,
La glèbe nue et dévastée
N'offre à la vue épouvantée
Que l'aridité des déserts !
La disette succède à l'ancienne abondance;
Et puis voici venir les tristes habitants,
Reconnaissant trop tard leur coupable imprudence,
Désabusés et repentants.
— Ah ! disent-ils tout haut, en déplorant leurs fautes,
Quel crime avaient-ils donc commis
Pour chasser nos amis, nos hôtes,
Qui dévoraient nos ennemis ?
Quand nous travaillerions pour l'an qui recommence,
Dès qu'on aura planté, semé,
Les insectes viendront détruire la semence
Même avant qu'elle n'ait germé !
De cette désolante année
Pourrons-nous attendre la fin ?
Il nous faudra mourir de faim
Avant qu'elle soit terminée !
Pendant qu'ainsi la foule exhalait ses hélas,
On entendit frémir comme un léger bruit d'aile;
Et soudain un moineau, bien fatigué, bien las,
Du haut des airs vint s'abattre auprès d'elle.
C'était un tout petit de ce printemps éclos,
Qui, suivant de l'instinct la voix douce et puissante,
Pour revoir la patrie absente,
Venait de traverser les flots.
A son aspect soudain éclate et se déploie,
Comme en touchant au port celui des matelots,
Un cri d'espérance et de joie !
Il se trouble... il veut fuir... il tremble ! Ah ! ne crains rien !
Lui dit-on, va, cours, vole... appelle ta famille !
Qu'elle revienne ici ! qu'elle y croisse et fourmille !
Sa patrie est la nôtre et ce pays le sien !

J. Lesguillon.

(Extrait des *Couronnes académiques*, en vente chez Arnault de Vresse, rue de Rivoli, 55, à Paris.)

(La fin prochainement.)

L'Éditeur-propriétaire : E. Donnaud.

Paris. — Imprimerie de E. DONNAUD, rue Cassette, 1.

N° 9. **2e ANNÉE.** **Octobre 1868.**

L'INSECTOLOGIE AGRICOLE

SOMMAIRE :

Bulletin insectologique.

Insecte ennemi du seigle. — Il est des pays où une maladie nouvelle ravage le seigle qui a été semé en septembre. Quand arrive le printemps, au lieu de pousser vigoureusement, la plante s'étiole et périt pied à pied. Grâce aux recherches du directeur du jardin botanique de Munich, on sait que cette maladie nouvelle est due à un insecte dont la structure rappelle les trichines du lard. Cet insecte se trouve par myriades dans les tiges desséchées de seigle malade, et il est d'autant plus redoutable, qu'il passe plusieurs années dans la paille ou dans le fumier à l'état d'engourdissement. — Le remède conseillé est de sécher les seigles atteints et de les brûler.

Concours ouvert pour un remède contre la pébrine. — Le gouvernement autrichien vient d'ouvrir un concours pour la découverte d'un remède préservatif ou nouveau mode d'éducation efficace contre la pébrine du vers à soie. Un prix de 5,000 florins d'Autriche (12,500 fr.) sera décerné à celui qui aura atteint le but du concours.

Le programme qui contient les conditions du concours est distribué au consulat d'Autriche, rue Laffitte, à Paris.

Station de sériciculture expérimentale. Le gouvernement autrichien a aussi décidé, dans le but d'améliorer la culture du ver à soie, qu'une station d'essai serait établie à Gœrz (Illyrie), avec mission de rechercher tout ce qui pourra contribuer au progrès de cette industrie et de faire l'essai pratique de toutes les améliorations qui seraient proposées.

Questions d'insectologie au congrès scientifique. Le congrès scientifique de France qui, cette année, doit tenir sa trente-cinquième session à Montpellier, porte les questions suivantes dans son programme : 23. Des insectes qui attaquent la luzerne et l'esparcette. — 24. De la maladie noire qui attaque les oliviers, les vignes, les mûriers, etc.— 25. De la maladie qui fait périr, en ce moment les vignes dans les départements de Vaucluse et des Bouches-du-Rhône.—26. Etat de la sériciculture. Développement successif de la maladie des vers à soie connue sous le nom de pébrine ; des moyens de la combattre.

Adresser les mémoires à M. Henri Pagezy, trésorier général du ongrès.

Insuccès contre le nouvel ennemi de la vigne. On lit dans le numéro d'octobre du *Messager agricole* du Midi. « Les nouvelles que nous recevons de nos correspondants de Provence sont des plus alarmantes : l'*étisie* de la vigne fait chaque jour de nouveaux progrès et envahit successivement des vignobles jusqu'alors exempts de la maladie. Diverses substances ont été employées pour détruire l'insecte, cause probable de l'*étisie*, mais aucune d'elles n'a encore donné de bons résultats.

M. Planchon, professeur à la Faculté des sciences, vient de se livrer à de nouvelles études sur le puceron de la vigne. Le manque d'espace nous contraint d'ajourner le résumé de ces études.

H. Hamet.

Hannetonnage obligatoire.

Le hannetonnage obligatoire fait sensation parmi nos diverses sociétés, les unes l'adoptent, les autres le repoussent. L'on dirait que c'est chose nouvelle à la manière dont on en parle, néanmoins voici comment s'exprimait en 1845, M. Victor Crespin dans une des séances de la Société académique, agricole, industrielle et d'instruction de l'arrondissement de Falaise :

..... Telle est l'apathie des campagnes que tant que l'administration ne prendra pas l'initiative à cet égard, et tant qu'il n'existera pas de règlements précis, jamais la destruction des hannetons ne sera exécutée avec ensemble, et de manière à pouvoir donner des résultats sensibles.

Le hanneton est une plaie pour notre agriculture, ainsi le rapport de M. le préfet de la Seine-Inférieure au conseil général de cette année, accusait la destruction de 1 milliard, 149 millions de hannetons, à l'aide des primes accordées par l'administration.

Et malgré cette hécatombe nous sommes ravagés en ce moment par une quantité innombrable de vers blancs.

A la Cerlangue, M. Leblond a fait ramasser, en septembre dernier, dans une pièce de terre de 2 hectares 27 ares, par six personnes échellonnées de distance en distance, 107,100 mans dans 119 sillons de la charrue.

Et dernièrement, le 12 courant, M. Lefebvre, de Rouelles, a recueilli sur une surface de 1 hectare 70 ares, environ 60 kilogrammes de mans, ce qui équivaut à près de 100,000 larves.

Quoique le conseil général de la Seine-Inférieure ait demandé que le hannetonnage soit rendu obligatoire, il a également voté un crédit de 25,000 fr. pour être employé en primes pour la destruction de ces malencontreux lamellicornes.

Voici deux circulaires émanant de M. le sénateur-préfet, l'une a été adressée à MM. les sous-préfets et aux maires du département, l'autre comme conseils aux cultivateurs.

« Rouen, le 20 septembre 1868.

» Messieurs,

» Le conseil général, non moins préoccupé que l'administration, des ravages causés par les hannetons et les mans, et en présence surtout des excellents résultats obtenus pendant les trois dernières années, vient de voter un nouveau crédit de 25,000 fr., pour encourager la destruction de ces coléoptères.

» Les primes restent fixées à 8 fr. par 100 kilos de hannetons et 10 fr. par 100 kilos de mans ; ces primes sont susceptibles d'être fractionnées, quelle que soit la quantité d'insectes détruits, et seront payées aux intéressés suivant les formes prescrites par les circulaires préfectorales des 4 septembre 1866, 2 avril 1867, 18 février et 5 mai 1858.

» A cette époque de l'année, au moment des labours d'automne, je ne saurais trop vous recommander, Messieurs, de donner la plus grande publicité aux dispositions qui précèdent et d'engager les propriétaires et les cultivateurs à continuer comme par le passé, de prêter à l'administration leur concours empressé, en se livrant avec persistance à la destruction des mans.

» Vous devez, pour que le payement des primes n'éprouve aucun retard, reconstituer dès à présent la commission municipale chargée de constater les quantités d'insectes détruits.

» Je compte, Messieurs, sur votre exactitude habituelle et sur tout votre zèle pour assurer l'entière réalisation des vues si essentiellement utiles du conseil général et de l'administration.

» Agréez, Messieurs,

» *Pour le préfet, en congé, le secrétaire général :* CHAUCHARD. »

« Rouen, 28 septembre 1868.

» En exécution de la délibération du conseil général de la Seine-Inférieure en date du 28 août 1868, relative à la destruction des hannetons, et des mans, il sera accordé par le département, à toute personne qui justifiera, dans les conditions réglementaires avoir détruit des mans ou des vers blancs, une prime de 10 cent. par kilogramme.

» Les intéressés devront s'adresser à l'autorité municipale qui est chargée, dans la forme prescrite par les instructions, de contrôler la destruction des mans et d'assurer le payement des primes.

» MM. les agriculteurs et cultivateurs sont instamment invités, particulièrement au moment des labours d'automne, à continuer de prêter leur concours empressé à l'administration, en se livrant avec persévérance à la destruction des mans. En faisant suivre la charrue par des femmes ou des enfants qui ramasseront les vers blancs aussitôt que la charrue les met à découvert, ils préserveront leurs récoltes des ravages causés par ces redoutables insectes, et éviteront ainsi de nouvelles pertes, déjà trop considérables dans ces dernières années.

Pour le sénateur préfet, en congé, le secrétaire général délégué :

» CHAUCHARD. »

Espérons que les oreilles de l'intérêt ne resteront pas sourdes à ces recommandations.

PILLAIN,

Membre de la Société d'insectologie agricole de Paris.

Destruction des chenilles et des hannetons par les élèves de l'école communale de Phalempin (Nord) du 1er février au 14 juillet 1868.

NUMÉROS d'ordre.	NOM ET PRÉNOMS DES ÉLÈVES.	INSECTES DÉTRUITS :		
		Anneaux, bourses, nids de chenilles.	Chrysalides et papillons.	Hannetons.
1	Boulanger (Victor)	230	1981	95(1
2	Dhennin (Alexandre)	235	1480	151
3	Hache (Pierre-François)	189	1170	110
4	Bader (Joseph)	122	1216	39
5	Decarnin (Benoit)	102	1775	»
6	Cordier (Louis)	191	903	»
7	Brunet (Louis)	522	462	113
8	Muller (Étienne)	237	536	17
9	Lohier (Louis)	174	1106	33
10	Charficz (Paul)	73	473	136
11	Gravelaine (Lucien)	254	266	92
12	Gravelaine (Jules)	2	685	»
13	Masquelez (Charles-Louis)	48	443	»
14	Lemesre (Alexandre)	6	253	66
15	Delval (Victor)	41	268	13
16	Pollet (Félix)	12	398	4
17	Defretin (Henri)	154	195	11
18	Desprèz (Édouard)	239	132	9
19	Chartiez (Robert)	52	200	77
20	Rose (Louis)	12	288	16
21	Boutry (Edmond)	259	201	»
22	Decarnin (Ferdinand)	7	212	»
23	Cordier (Henri)	22	103	22
24	Bailleul (Louis)	340	109	30
25	Chartiez (Georges)	69	120	28
26	Hermant (Honoré)	92	343	1
27	Lohier (Alfred)	43	»	88
28	Bassery (Edouard)	26	»	88
29	Dervaux (Joseph)	60	60	3
30	Ployart (Henri)	29	57	45
31	Troy (Édouard)	7	23	82
32	Bernard (Jules)	42	57	3
33	Dupont (Maximilien)	133	»	1
34	Turbelin (Pierre)	59	23	159
35	Boutry (Alphonse)	80	8	142
36	Bernard (Louis)	121	25	»
37	Laloy (Siméon)	53	3	24
38	Denneulin (Octave)	27	»	70

39	Rollet (Édouard)............	45	9	9
40	Dumoulin (Jean-Baptiste).....	29	24	30
41	Ledoux (Félix)..............	34	»	»
42	Havet (Edmond)..............	14	78	26
43	Denneulin (Ernest)...........	12	58	»
44	Labbé (Louis)...............	9	7	2
45	Flament (Jean-Baptiste).......	3	»	»
46	Masquelez (Alphonse).........	7	3	»
47	Meurisse (Henri).............	10	»	15
48	Wanwaelscappel (Jules).......	»	1	4
49	Bonnier (César).............	2	30	»
50	Dubeaurepaire (Louis)........	51	13	»
51	Lohier (Henri)...............	24	»	»
52	Labbe (Hippolyte)............	49	»	»
53	Hermant (Émile)..............	2	25	»
54	Lauront (Jean-Baptiste).......	1	»	»
55	Buttin (Charles)..............	6	»	»
56	Lohier (Auguste).............	2	2	»
57	Wibauw (Léon)...............	2	47	4
58	Broux (Constant).............	3	»	»
59	Cambier (Arthur).............	17	31	»
60	Denneulin (Henri)............	8	»	»
61	Denneulin (Joseph)...........	2	»	»
62	Labbe (Alphonse).............	74	»	»
63	Dorchies (Edmond)............	4	»	»
64	Duvinage (Ed.) et Pollart (Ed.).	55	»	»
65	Pipelart (Jules)..............	15	19	»
66	Flament (Aristide) et Davril (Napoléon)..................	5	»	»
67	Turbiez (Louis)..............	95	»	»
68	Baudoux (Arthur)...»........	24	»	»
69	Delecourt (Charles)...........	48	41	»
70	Deletombe (Jean-Baptiste).....	30	»	»
71	Tavernier (Alphonse).........	57	58	»
72	Candillier (Louis)............	6	6	»
73	Lieppe (Florentin)............	»	5	»
74	Cottignies (Émile)............	»	7	»
75	Boulanger (Louis)............	»	3	»
76	Wattrelot (Auguste)..........	»	3	»
		423	142	795
		3,684	15,320	1,063
		992	584	785
		5,899	16,046	1,858
			23,003	

Certifié exact par l'instituteur et ses élèves :

Phalempin, le 14 juillet 1868.
L'instituteur : BAILLEUL.

Vu et reconnu exact par le maire de Phalempin :
A la mairie, le 14 juillet 1868,
Le maire : L. DILLIER.

Le sarcopte commun.

Le sarcopte commun est un petit animal microscopique qui appartient au genre *sarcopte,* à la famille des *sarcoptidés* et à l'ordre des *acariens.*

Rappelons en passant que les acariens ne sont autres que ce que Linné et ses contemporains appelaient *mites,* si peu nombreux alors qu'ils ne formaient qu'une petite famille, mais qui aujourd'hui forment un sous-ordre très-important composé de plus de 200 espèces réparties dans les huit familles suivantes: oribatés, ixodés, gamarés, sarcopidés, trombidiés, bidellés, hydrachnés et demodicés.

La famille des sarcoptidés est une des plus intéressantes, elle peut être divisée en trois groupes ou tribus :

1° Les SARCOPTIDÉS PSORIQUES qui comprend les genres *sarcopte, psoropte* et *symbiote,* dont les espèces vivent toutes en parasites sur l'homme ou les animaux domestiques en causant ces dégoûtantes maladies de peau que l'on connaît sous le nom de *gales;*

2° Les SARCOPTIDÉS AVICOLES qui vivent dans les plumes de certains oiseaux ou dans les poils de quelques petits mammifères, mais sans causer de préjudice aux animaux qui les portent;

3° Les SARCOPTIDÉS VAGABONDS, qui comprend les genres *Tyroglyphus* et *glyciphagus,* renfermant des espèces qui ne vivent que de matières organiques en décomposition; on les rencontre souvent sur les matières alimentaires qui commencent à s'altérer, comme le fromage, la farine, les fruits secs, mais ils ne causent jamais de préjudices directs à l'homme et à ses animaux domestiques.

Le genre sarcopte a pour caractères: un ROSTRE composé 1° de deux *mâchoires* formant la base de la lèvre et ayant l'aspect d'un fer à cheval; 2° de deux *palpes* qui sont d'énormes pièces portées par le dos des mâchoires qu'ils dépassent, arqués, pointus et composés de trois articles inégaux ; l'article terminal, le plus petit, porte en dehors un long poil, l'article médian en a deux ; 3e de deux *mandibules* en pince didactyle à mors dentés. L'ensemble du rostre est entouré d'une collerette qu'on a nommée camerostome (pl. 9, fig. 4 et 5.)

Le corps des sarcoptes est globuleux, plus ou moins aplati en forme de tortue, présentant surtout latéralement et postérieurement quelques poils symétriques. Les membres sont courts, conoïdes, assez nettement articulés, munis de quelques poils roides ; ils sont terminés par un *ambulacre* composé d'une partie déliée et d'une pelotte vésiculeuse ou ventouse qui la termine. Les deux paires de pattes antérieures, qui sont toutes marginales, sont toutes terminées par un ambulacre ; les deux paires de pattes postérieures, qui sont insérées sous le milieu de l'abdomen, sont terminées différemment suivant qu'on les examine dans le mâle et dans la femelle : dans le mâle, la quatrième paire seule se termine par un ambulacre (pl. 9, fig. 1) ; dans la femelle, les deux paires de pattes postérieures sont toutes les deux terminées par de longue soies.

Les mâles sont beaucoup plus agiles que les femelles ; ils vont de droite à gauche et se battent même de temps en temps ; dans beaucoup d'espèces ils sont moins nombreux que les femelles (pl. 9, fig. 1).

Les œufs que pondent les femelles sont énormes : ils ont le tiers de la longeur de l'animal, et sortent par un oviducte qui a la forme d'une fente tranversale sous le thorax (fig. 2).

Les larves qui sortent de ces œufs sont très-agiles ; elles ne diffèrent de leurs parents que par l'absence de la quatrième paire de pattes. Elle deviennent insectes parfaits à la suite de 3 ou 4 mues successives.

On connaît déjà quatre espèces de sarcopte : le *sarcopte commun*, le *sarcopte notoèdre*, le *sarcopte mutans*, et le *sarcopte cicygone*.

Le sarcopte commun n'est autre que l'*acarus scabiei* de Linné, le *sarcopte scabiei* de Latreille, l'*acare de la gale* enfin, retrouvé en 1830 par Renucci et Raspail ; nous disons retrouvé, parce qu'il est parfaitement prouvé qu'Avenzoard, médecin arabe du XIIe siècle, et même Rabelais les connaissaient. Il a été nommé *sarcopte commun* par Delafond et Bourguignon, parce que ces auteurs ont prouvé qu'il n'est pas particulier à l'homme, mais qu'il vit aussi sur la plupart de nos animaux domestiques et même sur un grand nombre d'animaux sauvages : ainsi on l'a retrouvé sur le cheval, le mouton, le lapin, le porc, le chameau, le chien, le lama, le lion, l'ours. Chez tous ces animaux il détermine une gale en tout semblable à celle de l'homme et tout aussi contagieuse.

Le *sarcopte commun* (voyez la planche) est un petit animal presque ponctiforme, visible cependant à l'œil nu quand l'œil est bon et exercé. La femelle est longue de 0 mill. 33 sur 0 mill. 25 de large ; son corps est mou, luisant, un peu transparent, d'une couleur blanche, laiteuse et un peu rosée ; les pattes et toutes les pièces résistantes sont roussâtres. Le dos présente de petits appendices cornés, espèces d'aiguillons de trois modèles différents : il y en a de petits en forme de dents de scie, de plus grands de même forme, enfin d'allongés coniques (pl. 9, fig. 3). Le mâle est plus petit que la femelle, il n'a que 0 mill. 22 de long ; il est plus oblong, plus plat, plus brun ; il manque de la plupart des appendices cornés dorsaux que porte la femelle. Les mâles sont plus rares que les femelles, la proportion est à peine de un sur dix ; il n'y a pas longtemps qu'on les connaît, ils ont été découverts par MM. Bourgogne et Lanquetin. Ils ne creusent pas, ils ne fouillent pas l'épiderme comme les femelles ; ils sont toujours en course à la recherche de celles-ci.

Ce sont les femelles qui causent tous les dégâts, toutes les lésions de la peau, qui constituent la maladie de la peau appelée gale. Quand la femelle a été couverte par le mâle, elle s'occupe immédiatement de creuser un terrier, où elle trouvera une nourriture abondante pour amener à bien sa progéniture, et où celle-ci, sous forme d'œufs et de larves, sera à l'abri des injures de l'extérieur. Voilà pourquoi c'est toujours au bout de ce terrier ou sillon qu'il faut chercher l'insecte et jamais dans les boutons dont sa piqûre a provoqué la formation.

Les jeunes femelles sortent du terrier pendant la nuit pour aller à la rencontre des mâles, et ce sont-elles surtout qui sont les agents de la transmission de la maladie.

Cette maladie, du reste, depuis que sa cause est bien connue, est très-facile à guérir ; plusieurs substances sont connues pour être d'excellents parasiticides, et on comprend qu'il suffise de tuer l'acarus pour que la maladie soit guérie. De bonnes frictions avec la benzine, l'huile de pétrole, les pommades à base de soufre, comme la pommade d'Helmeric, etc., suivies de bons savonnages, amènent promptement ce résultat.

Quand il s'agit de la gale des animaux, il est nécessaire de les tondre bien exactement, sans cela le parasiticide pourrait ne pas atteindre l'insecte.

On comprend, d'après ce que nous avons dit du genre de vie du *sarcopte commun*, qu'on doive se méfier de tous les animaux galeux. — Nous verrons plus tard que bien des gales d'animaux sont causées par des acariens qui ne peuvent vivre sur l'homme ; mais il suffit de savoir que le *sarcopte commun* peut vivre sur presque tous nos animaux domestiques et se répandre d'eux sur nous pour que la plus simple prudence conseille de les éviter quand ils sont atteints de maladies de peau.

MÉGNIN,
Membre de la Société d'Insectologie agricole.

Conférence faite le 18 août par le Dr Boisduval, au Palais de l'Industrie, sur les insectes qui ont ravagé les plantes exposées par MM. Burel et Rivière.

Le docteur commence par les cloportes que l'on considère toujours dans la pratique horticole comme des insectes, mais qui, aujourd'hui, appartiennent à la classe des Crustacées Isopodes. Il fait connaître les habitudes nocturnes de ces animaux, les déprédations qu'ils exercent dans les jardins et surtout dans les serres a Orchidées ; il indique leur mode de reproduction, comment les femelles portent leurs œufs sous leurs anneaux abdominaux dans une espèce de sac, jusqu'à l'éclosion des petits, qui sont d'abord entièrement blancs, et ne prennent leur couleur ardoisée qu'au bout de quelques jours. Les cloportes, dit-il, lorsqu'on les touche, se replient et se roulent en boule pour protéger leur partie ventrale. C'est à cause de cette particularité qu'on les appelle *cloportes*, qui ferme sa porte. Il conseille pour leur destruction dans les jardins, de laisser en tas, pendant deux ou trois jours, dans les allées, les mauvaises herbes provenant des sarclages. Lorsque le matin on soulève ces amas d'herbes on en trouve des centaines que l'on n'a que la peine d'écraser avec les pieds. Pour ceux qui ravagent les serres à Orchidées et qui souvent se tiennent cachés dans des galeries qu'ils creusent dans le *sphagnum* des corbeilles, on en prend une partie avec des pommes de terre évidées en godet et disposées çà et là sur les tablettes comme de petites cloches.

Une branche de dahlia mise sous les yeux de l'auditoire est atteinte de la maladie appelée *grise* par les jardiniers. Cette affection est causée par une très-petite Arachnide pourvue de huit pattes comme les animaux de la même classe. Elle tapisse la face inférieure des feuilles avec des fils parallèles très-rapprochés auxquelles elle s'accroche à l'aide des petites griffes dont sont pourvues ses pattes antérieures. Cette petite

Arachnide appelée dans le langage scientifique *acarus telarius* se multiplie avec une effrayante rapidité. Lorsqu'on examine avec une bonne loupe le dessous d'une feuille malade, on aperçoit des quantités d'œufs et d'individus à tous les âges. Ce petit acarus ne vit pas seulement sur les dahlias, on le rencontre aussi sur plusieurs autres plantes cultivées, notamment sur les œillets, les haricots, les *volubilis*, etc.

Il y a dans nos jardins et surtout dans les serres, d'autres Acariens en assez grand nombre, tels que les *acarus* des melons, du rosier, des roses trémières, du ricin, du camellia, des *cyclamen*, du *dracæna australis*, de la vigne, des mammillaria et des échinocactes, des jacynthes, etc.

Le docteur parle incidemment de petites Arachnides d'un autre groupe qui vivent sur les animaux, tels que le sarcopte de la gale de l'homme, du chien, du cheval, etc., et du lepte automnal appelé vulgairement *aoûtin* ou *rouget* qui s'enfonce dans la peau et donne des démangeaisons insupportables, que l'on apaise avec un peu d'eau vinaigrée et mieux avec de la benzine.

Notre collègue ajoute qu'il croit que dans la majorité des cas les *acarus* des végétaux n'attaquent les plantes que parce qu'elles sont languissantes et dans un état maladif.

Passant ensuite aux insectes proprement dits, le docteur met sous les yeux de l'assemblée ceux des Coléoptères qui ont attaqué les plantes exposées. Il commence par la famille nombreuse des charançons, l'une des plus nuisibles à l'agriculture. Ces ennemis de nos champs et de nos jardins ne s'adressent pas, comme les *acarus*, à des plantes souffreteuses ou préalablement malades, ils attaquent au contraire celles qui sont pleines de vie et de santé. Leurs larves vivent aux dépens de toutes les parties des végétaux, tantôt de racines, tantôt de feuilles, tantôt de fleurs, ou bien elles dévorent tranquillement l'intérieur des graines ou des tiges. Les larves des charançons son apodes, c'est-à-dire sans pattes. L'insecte parfait est très-reconnaissable par sa tête terminée par un bec plus ou moins long, plus ou moins arqué, appelé rostre.

La première espèce dont il est question est l'*otiorhynchus picipes*, qui depuis quelques années cause d'affreux dégâts dans quelques vignobles de la Gironde. C'est ce même insecte qui ravagea, il y a environ un quart de siècle, les serres de Saint-Pétersbourg, et qui fut décrit par Faldermann, comme une espèce nouvelle sous le nom de *Macquardti*. M. Ducarpe de Saint-Émilion nous en a envoyé pour notre exposition plusieurs centaines, recueillis dans sa propriété de Beau-séjour. Ce petit Curculionite, appelé *pepin* par les vignerons du pays, est d'un noir olivâtre, couvert de petites écailles qui lui donnent une teinte d'un gris sale. Pendant le jour il ne se montre pas, dit M. Ducarpe, il se tient caché entre les petites molécules de terre avec lesquelles il se confond par sa couleur; aussitôt qu'il fait nuit, il grimpe le long des ceps et vient ronger le cœur des bourgeons naissants qu'il creuse en moins d'une minute. Tous ceux qui sont attaqués par cet ennemi sont perdus et la récolte est nulle. Il arrive même quelquefois que les ceps cessent de pousser et périssent entièrement. Pour arriver à la destruction d'un ennemi aussi dangereux et aussi acharné, cet habile viticulteur a mis sa tête à prix. Il lui fait faire la chasse par tous les gens du vignoble munis de lanternes, au moment même ou il va commencer ses ravages. En 1866, il en a fait détruire 17,000, en 1867 15,000 et cette année 8,000. Cette chasse dure environ quinze jours, puis l'insecte disparaît totalement. M. Ducarpe a pris là un excellent moyen; ce charançon étant aptère ne peut voyager qu'à pied, et à de bien faibles distances, il n'a donc pas à redouter qu'il vienne de loin. Que M. Ducarpe continue encore quelques années, son vignoble en sera entièrement purgé, et il pourra, comme par le passé, faire de bonnes récoltes d'un vin qui a une réputation si justement méritée.

Quant à la larve qui vit en terre, à la racine des plantes basses, pendant l'été et une partie de l'hiver, il ne faut pas songer à la chercher.

La seconde espèce est l'*otiorhynchus raucus*, un peu plus gros que le précédent et également d'un gris terreux. Aux environs de Paris, il ronge les bourgeons des poiriers, et surtout, dans certaines localités, ceux de la vigne; il ne descend pas à terre comme le *picipes* pour se cacher; on peut en recueillir quelquefois de grandes quantités sur les murailles derrière les treilles.

La troisième espèce est l'*otiorhynchus sulcatus*, il est de la taille du précédent, d'un gris terreux avec les sillons des élytres plus fortement indiqués. Il n'est pas très-commun à l'état parfait, mais ses larves font souvent de grands ravages dans les poteries des serres : elles dévorent les racines des primevères de la Chine, des oreilles d'ours, des fraisiers, des cinéraires, etc. Il faut, lorsqu'on s'aperçoit à l'automne qu'une plante commence à se faner, se hâter de la dépoter pour la débarrasser des larves qui rongent les racines et la rempoter dans de la terre neuve.

Une dernière espèce est l'*otiorhynchus ligustici*, *bécare* des jardiniers. Ce charançon, de moitié plus gros que les précédents, est très-commun aux environs de Paris, au bord des chemins poudreux et le long des murailles exposées au soleil. A Montreuil et dans les communes voisines, il est, dit-on, fort nuisible aux pêchers dont il ronge les fleurs au printemps. On évite ses ravages en semant de la luzerne dans le voisinage des arbres que l'on veut préserver, plante dont il est très-friand et sur laquelle il se jette de préférence.

Après avoir parlé avec un certain détail des habitudes des otiorhynques, le docteur fait connaître l'histoire de charançons beaucoup plus petits, pourvus d'ailes propres au vol. Il commence par celle du *rhynchites betuleti*, *attelabe* des vignerons. Cette petite espèce, d'un vert-doré brillant ou d'un bleu métallique, est très-préjudiciable aux vignes. La femelle de cet insecte, après l'accouplement, roule les feuilles de la vigne, en fait des espèces de cylindres qu'elle perce à trois ou quatre endroits pour déposer un œuf dans chaque piqûre; ensuite elle coupe le pétiole aux trois quarts pour arrêter la séve et amener dans le tissu une sorte de mortification. Celles-ci se fanent et finissent par tomber. Lorsque les petites larves ont acquis leur croissance, elles quittent leurs demeures et s'enfoncent en terre pour éclore quelquefois en septembre, mais généralement en mai de l'année suivante. Aussitôt que l'on aperçoit ces sortes de rouleaux sur les vignes, il faut les enlever et les brûler.

Puis vient l'histoire du *rhynchites conicus*, *lisette* et *coupe-bourgeon* des cultivateurs. Ce petit insecte, que les horticulteurs ont rarement vu en nature, mais dont ils connaissent bien les habitudes, est commun dans les jardins fruitiers; il est très-petit, d'un bleu indigo plus ou moins foncé. Les uns le regardent comme très-nuisible, d'autres au contraire disent que s'il fait du mal, il a rendu service en enseignant le pincement des arbres. Lorsqu'après l'accouplement la femelle est sur le point de pondre, elle vient se poser sur une pousse tendre de poirier (bourgeon du jardinier); dès qu'elle a trouvé dans cette partie encore herbacée un endroit convenable, elle y perce un petit trou avec son rostre et y dépose un œuf; elle descend ensuite plus bas, et à l'aide de ses petites mâchoires, elle coupe circulairement le bourgeon aux trois quarts environ pour arrêter la séve. Elle recommence ce manége sur d'autres petites pousses jusqu'à ce qu'elle ait terminé sa ponte. C'est alors qu'au mois de mai, on voit pendre aux arbres des bourgeons fanés, noirâtres, à moitié desséchés qui, au bout de quelque temps, se détachent et tombent. Lorsque les petites larves sont assez fortes, elles sortent de leur retraite et s'enfoncent en terre pour se métamorphoser et éclore au printemps suivant et quelquefois même en septembre. Ce petit charançon est très-rusé et très-craintif : si on s'approche d'une branche où il est en travail, au lieu de s'envoler, il se laisse tomber et fait le mort.

On peut facilement, si l'on craint les dégâts de cet insecte, enlever et brûler les bourgeons fanés qui pendent aux poiriers.

Le charançon des pommiers (*anthonomus pomorum*) est un peu plus grand que le précédent, avec les élytres d'un roux testacé. La femelle, aussitôt après la fécondation, perce avec son bec les boutons des fleurs de pommier et dépose un œuf dans la piqûre ; elle va d'un bouton à un autre et continue ainsi jusqu'à ce qu'elle ait accompli sa ponte. Au bout de quelques jours, chaque œuf donne naissance à une petite larve qui dévore les organes de la fructification. Celle-ci grossit rapidement, se métamorphose dans la fleur même ; en moins d'un mois, on voit éclore l'insecte parfait. Ce dernier passe l'été, l'automne et l'hiver dans l'engourdissement, pour se réveiller et s'accoupler au printemps suivant. Les boutons qui renferment des larves ne s'ouvrent pas et ressemblent presque à des clous de girofle. Il y a encore quelques ignorants qui croient que ce sont des fleurs brûlées par des *vents roux !*

Une espèce voisine de celle-ci, mais d'une couleur plus obscure, ronge les bourres à fleurs du poirier. Elle a les mêmes mœurs et éclot aux mêmes époques.

Sur la table où sont exposés les insectes nuisibles on remarque un certain nombre de noisettes véreuses. Quelques personnes ignorent peut-être que le *ver* qu'elles renferment est la larve d'un petit charançon brunâtre entièrement recouvert d'un duvet jaunâtre. La femelle de cet insecte, lorsqu'elle est fécondée, fait avec son long bec arqué, une petite piqûre dans les Noisettes à l'état rudimentaire, pour y déposer un œuf. Celui-ci, au bout de sept ou huit jours, donne naissance à une petite larve qui se met à ronger le fruit à peine en voie de formation. Vers le mois d'août même cette larve est arrivée à son entier développement ; alors, avec ses fortes mâchoires, elle perce un petit trou parfaitement rond par lequel elle sort en s'amincissant pour se métamorphoser en terre et donner au pritemps suivant l'insecte parfait qui porte le nom scientifique de *balaninus nucum.*

Les autres Curculionites dont il est question sont aussi des mangeurs de graines. Une espèce surtout, dont il y a des milliers d'échantillons à l'exposition, cause souvent des dégâts incalculables à l'agriculture. Elle est connue sous le nom de charançon des blés (*calandra granaria*). C'est un petit insecte noir, à rostre peu recourbé, à corps allongé, elliptique, un peu déprimé en dessus. Les calandres semblent vivre toutes de plantes monocotylédones. Celle du blé est répandue dans toutes les parties du monde où on cultive cette graminée. A l'état parfait, cet insecte ne paraît pas être très-nuisible : les individus que l'on rencontre dans les amas de blé sont généralement des femelles qui cherchent à y déposer leurs œufs et non à dévorer le grain. Lorsque celles-ci sont fécondées, elles s'enfoncent dans les tas de blé, puis, à l'aide de leur rostre, elles font une petite piqûre a l'enveloppe du grain dans laquelle elles déposent un œuf; après quoi elles bouchent le petit trou avec une sorte d'enduit roussâtre. Il devient alors presque impossible de distinguer à la vue simple les grains qui renferment des larves. On les reconnaît cependant à leur pesanteur spécifique inférieure à celle de l'eau. Toutes les phases de la métamorphose s'accomplissent dans le grain même; la calandre sort de sa prison au bout de six à sept semaines, si la température est convenable. Pendant l'hiver, ces charançons restent dans l'engourdissement cachés dans les crevasses des murs ou sous la toiture. On a proposé et essayé un grand nombre de moyens pour la destruction de ces insectes, tels que les fumigations de toute nature, l'exposition à une température élevée, etc., mais malheureusement il y en a fort peu d'efficaces. Tout ce que l'on peut recommander : c'est une grande propreté dans les greniers et en même temps de remuer fréquemment les tas de blé.

Pour terminer ce qui est relatif aux Curculionites placés sous les yeux des auditeurs, notre collègue fait l'histoire abrégée de ces petits charançons à bec très-court en forme de museau, qui vivent de graines de plantes légumineuses, dans lesquelles ils subissent leurs métamorphoses. On les appelle bruches. Une espèce (*bruchus pisi*) vit dans les pois, une autre (*bruchus pallidicornis*), dans les lentilles, une troisième (*bruchus rufimanus*), dans les fèves de marais.

Le lys (*lilium speciosum*) exposé par M. Burel a les feuilles rongées par la larve d'un petit coléoptère stridulant, d'un beau rouge vermillon, appelé criocère des lys (*crioceris merdigera*). Cette larve se recouvre entièrement de ses excréments, qui deviennent pour elle un vêtement protecteur. Les lys qu'elle a attaqués offrent sur les feuilles, et quelquefois sur les tiges et les boutons, des petits tas de matière verdâtre, gluante sous lesquels elle se tient complétement cachée pour manger sans être inquiétée.

Avec un peu de soin, un jardinier vigilant peut parfaitement éviter d'avoir ses plantes rongées et couvertes de saleté. Il suffit de les visiter de temps en temps et d'écraser sans pitié tous ces petits coléoptères rouges que l'on trouve se promenant au soleil sur les feuilles de lys. Si quelques individus ont échappé à l'œil de l'horticulteur, il ne devra pas négliger d'enlever tous ces petits tas de matière verdâtre.

La métamorphose a lieu dans la terre, et l'insecte parfait éclot au bout de quinze jours ; mais les larves de la dernière époque ne le donnent qu'au printemps de l'année suivante.

Une petite boîte placée à côté du *lilium speciosum* renferme des centaines d'un autre criocère, c'est celui de l'asperge (*crioceris asparagi*). Son corselet est rouge, ses élytres sont bleuâtres avec une large bordure d'un jaune fauve. Il a les mêmes habitudes que le précédent, mais il vit exclusivement sur les asperges, dont quelquefois il ne laisse pas une feuille. On peut en détruire des quantités considérables en secouant le matin les tiges des asperges dans un parapluie renversé. Une autre espèce de criocère (*crioceris duodecimpunctata*) vit sur la même plante ; il y a même des localités où cet insecte est plus commun que le précédent. Son corselet est également rouge, mais ses élytres sont fauves marquées chacune de six points noirs.

Ce coléoptère, d'assez petite taille, légèrement pubescent, d'une couleur roussâtre, avec la tête et le corselet noirs, est l'eumolpe de la vigne (*eumolpus vitis*), connu vulgairement sous le nom d'*écrivain* ou de *bèche*. Il est peu répandu aux environs de Paris, mais il est dans certaines années un grand fléau pour les pays vignobles. Il découpe à jour les feuilles de la vigne comme de la guipure, et lorsque celles-ci deviennent trop dures, il se jette sur les bourgeons et sur les grappes. Il commence à se montrer dans la dernière quinzaine de mai. C'est un animal très-méfiant ; aussitôt qu'on s'approche de lui, à deux mètres, il se laisse tomber à terre, fait le mort et se confond avec le sol. Sa larve est très-peu connue et l'on ignore sa manière de vivre.

Cette autre petite boîte, envoyée du département de la Gironde, est remplie d'un petit coléoptère d'un beau bleu brillant, de moitié plus gros que les altises potagères. Cet insecte, appelé *phractora vulgaris*, appartient, comme le précédent, à la famille des chrysomélines. Lorsqu'il est abondant, il dévore complétement les feuilles des osiers (*salix viminalis et vitellina*).

Ces plantes crucifères, criblées de petits trous, ont perdu leurs habitants, ils se sont échappés et n'ont laissé que les traces de leur séjour. Cette œuvre de destruction est due à de petites chrysomélines sauteuses, appelées altises, et connues des cultivateurs sous les noms de *tiquets*, de *puces de terre*, etc.

Un seul coléoptère utile fait partie de l'exposition ; c'est la coccinelle à sept points (*coccinella septempunctata*), appelée vulgairement *bête à bon Dieu*. Cet insecte bien connu de tout le monde est, de même que ses congénères, d'une grande utilité dans les jardins ; il dévore des quantités énormes de pucerons, mais plus cependant à l'état de larve qu'à l'état parfait. On ne saurait trop respecter les coccinelles, ce sont d'utiles auxiliaires qui rendent de très-grands services.

Les Orthoptères sont représentés par deux insectes vivants, dont l'un connu de tout le monde sous le nom vulgaire de *perce-oreille* ou de *pince-oreille* est désigné dans la science sous celui de forficule (*forficula auricularia*). Ces animaux sont nocturnes et ne font usage de leurs ailes que la nuit, ils sont très-communs dans les jardins ; ils rongent les boutons des pêchers en espalier, les tiges à fleurs des œillets, les pousses tendres des dalhias, etc. ; mais ils ne s'en tiennent pas là : comme ils aiment beaucoup les fruits sucrés, ils attaquent les abricots, les prunes, les pêches, les poires et même les raisins. Les perce-oreilles n'aiment pas la solitude, ils se réunissent presque toujours en petites sociétés. Pendant le jour ils restent cachés dans les fruits, sous les écorces, sous les pierres, sous les caisses de jardins, dans les crevasses des murailles, etc. On a inventé pour prendre les forficules plusieurs moyens qui réussissent assez bien. Les uns emploient des ergots de mouton ou des tiges fistuleuses de roseau ; d'autres font de petits fagots avec de la paille et des brindilles, puis ils suspendent ces engins le long des espaliers ou autour des œillets et des dalhias. Dès que le jour commence à paraître, ces insectes, qui n'aiment pas la lumière, viennent se réfugier dans ces abris, qu'on n'a plus qu'à secouer pour en faire tomber des quantités.

L'autre orthoptère apporté par M. Willemot est la courtilière (*gryllus gryllotalpa*), insecte dont les ravages dans les cultures ne sont que trop connus. O a conseillé bien des moyens pour le détruire, mais le meilleur consiste à verser dans ses galeries un mélange d'eau et d'huile à brûler, ou mieux encore de l'huile lourde de gaz mélangée d'eau à la dose d'un vingt-cinquième, soit 4 pour 100.

Les plantes ravagées par les Hémiptères sont en majorité; les premières qui s'offrent à la vue du public, sont des feuilles de poirier tigrées en dessous de petites élévations brunes, très-rapprochées. On voit encore en ce moment, sous la face inférieure de ces feuilles, une espèce de petite punaise de couleur brune avec les dilatations du corselet et des élytres d'un jaune très-pâle. Ce petit insecte appelé *tigre* par les jardiniers porte le nom scientifique de *tingis pyri :* il est des localités où il fait beaucoup de tort aux poiriers, surtout à l'état de larve. Les tingis sont des insectes fort agiles; pendant la chaleur du jour ils s'envolent comme des mouches pour peu qu'on les inquiète, mais ils reviennent bientôt se poser à la même place. On a conseillé pour les détruire sur les espaliers, des fumigations de soufre ou de tabac sous un drap qui enveloppe une partie de l'arbre.

Les *thrips*, malgré leur petitesse, sont les ennemis les plus acharnés et les plus redoutés des jardiniers qui possèdent des serres chaudes ou tempérées; presque toutes les plantes sont de leur goût. Ordinairement c'est à la face inférieure qu'ils s'établissent pour exercer leurs ravages. Les deux tiers des plantes exposées ici ont été envahies par le *thrips hæmorrhoïdalis* ou par le *thrips fasciatus*. Il suffit de voir la couleur roussâtre ou brune de ces malheureuses plantes pour se rendre compte des dégâts effrayants que causent ces Hémiptères. Le thrips hémorrhoïdal, qui est le plus commun, paraît avoir été importé de l'étranger avec des végétaux exotiques. Il a à peine deux millimètres; sa tête est un peu globuleuse avec les yeux saillants; son corselet est aplati, de forme ovale; ses élytres sont d'un brun plus ou moins foncé avec la base d'un blanc jaunâtre; le corps est pointu avec les deux derniers anneaux un peu rouges; il se termine chez les femelles par une petite tarière qui lui sert à piquer les feuilles pour y placer ses œufs. Les larves des thrips sont jaunâtres, dépourvues d'ailes, mais elles ont la même forme que l'insecte parfait. Les plantes les plus sujettes à être attaquées par les thrips sont les orchidées, les fougères, les azalées, les *ficus*, les *crinum*, les *pancratium*, les *seafortia*, les marantacées, etc.

Lorsqu'on a affaire à des plantes qui supportent la fumée sans en être incommodées, on asphyxie ces insectes par des fumigations de tabac. Notre collègue M. Rivière emploie avec succès pour les détruire sur les orchidées, de la fleur de soufre appliquée à la main sur les feuilles préalablement mouillées par un bon bassinage.

Il n'y a dans l'exposition qu'une seule espèce de psylle envoyée par M. Laverdu, jardinier chef au château de Lonray, près Alençon. Ce petit insecte a ravagé presque tous les *Lantanas* cultivés par cet habile horticulteur.

Les psylles sont de petits Hémiptères du groupe des pucerons qui sucent la sève des végétaux ; mais dont ils diffèrent énormément par leur mode de reproduction, et ensuite, en ce que les deux sexes sont pourvus d'ailes et munis de pattes propres à exécuter des petits sauts, comme des altises de nos plantes potagères. Ils sont agiles et volent très-bien d'une plante à l'autre. L'insecte dont il s'agit pourrait bien être une espèce nouvelle importée de l'Amérique. Provisoirement on lui donne le nom de *Psylla lantanæ*. Elle est entièrement d'un jaune orangé avec les yeux noirs ; ses pattes et ses ailes sont d'un blanc un peu mat. Les feuilles placées sur la table sont couvertes de nymphes et d'insectes parfaits. Il n'y a que les fumigations de tabac à employer pour se débarrasser de ces petits animaux.

Voici d'autres petits insectes dont l'effrayante multiplication est un sujet d'alarmes pour les cultivateurs : ce sont les pucerons. Leurs espèces sont innombrables ; il y en a presque autant que de plantes ; il y a même certaines d'entre elles qui en possèdent plusieurs ; par exemple le rosier en a deux ainsi que le groseillier ; le poirier en a cinq ou six, etc. Il y a pourtant quelques pucerons, à la vérité en assez petit nombre, tels que celui de l'œillet et du pavot qui vivent indifféremment sur plusieurs plantes.

Des travaux récents de M. Balbiani et de quelques autres physiologistes distingués viennent de jeter un grand jour sur l'histoire des pucerons et ont changé les idées que l'on avait au sujet de ces insectes. Ils ont démontré que ces Hémiptères sont soumis à une génération alternante ; que, pour se reproduire, ils s'accouplent une première fois ; qu'à la suite de cet accouplement, les femelles pondent des œufs d'où sortent des petits vivants presque semblables à l'animal parfait ; mais que tous les individus qui naissent de cette ponte, et que des observateurs d'une grande valeur, tels que les Réaumur, les Degéer et les Bonnet, avaient pris pour des femelles fécondées pour plusieurs générations successives, ne sont au contraire ni des femelles ni des mâles, mais des êtres sans aucun sexe, tous aptes à mettre au monde des petits vivants par *génération gemmipare*. Le mode de reproduction, qui semblait n'exister que chez les végétaux, est en zoologie un fait des plus curieux et des plus extraordinaires.

A l'arrière-saison, ou même un peu plus tôt, la nature dans sa sagesse, prévoyant que les froids et l'humidité feraient périr d'aussi frêles créatures, a recours de nouveau à la génération ovipare; alors naissent des mâles et des femelles bien constitués; ceux-ci s'accouplent et les femelles pondent des œufs qui passent l'hiver collés aux tiges des plantes ou aux branches des arbres pour éclore dès que l'état de l'atmosphère le permet. Si la température restait la même, il n'y aurait pas besoin d'accouplement, la gemmiparité se continuerait sans doute indéfiniment. Des expériences suivies pendant trois années dans une serre tempérée en ont fourni une preuve irrécusable.

Un puceron donne, en moyenne, naissance à trente petits; que l'on calcule d'après cela à quel chiffre peut s'élever la progéniture d'un seul individu à la trentième génération! Heureusement tout s'équilibre ici-bas; si la fécondité des pucerons est prodigieuse, leurs ennemis sont nombreux. Les coccinelles et surtout leurs larves, les larves des syrphes et celles des hémérobes en consomment d'énormes quantités, sans compter les oiseaux qui en dévorent un certain nombre et les parasites qui vivent à leurs dépens.

On a proposé bien des moyens pour la destruction des pucerons, mais jusqu'à présent il n'y en a pas un qui, dans les jardins en plein air, réussisse complétement. Outre les poudres insecticides et le tabac, on a essayé la fleur de soufre à peu près sans succès. Les irrigations et les seringages avec une solution de savon noir ou une forte décoction de tabac ont un meilleur résultat. Dans les serres ou sous les châssis, on les fait périr en les asphyxiant par des fumigations de tabac.

Parmi les espèces figurant à notre exposition on voit un petit puceron d'un jaune verdâtre; c'est le puceron de l'œillet (*aphis dianthi*). Il est très-redouté des fleuristes. Il vit non-seulement sur les œillets, mais aussi sur les fuchsias, les cinéraires, les héliotropes, les jacinthes, les *crocus* et sur beaucoup d'autres plantes cultivées en pot.

Ce pied de *centaurea candidissima* est envahi par un petit puceron d'un brun foncé qui porte le nom d'*aphis jaceæ*.

Cet autre petit, d'un vert olivâtre, que l'on voit sur des *lemna* placés dans un verre d'eau, vit sur plusieurs plantes aquatiques; il s'appelle puceron du nénuphar (*aphis nympheæ*).

Un quatrième d'un brun-noir mat que l'on aperçoit très-bien sur les feuilles et les jeunes pousses d'un camellia, en compagnie de l'*acarus coccineus* est l'*aphis camelliæ* de Kaltenbach : il ne résiste guère aux irrigations faites avec une solution de savon noir.

Ces branches de pommier sont attaquées par un Aphidien plus nuisible à l'agriculture qu'aucun des précédents : c'est le puceron lanigère (*aphis lanigera*). Cet insecte, inconnu de nos pères, est d'un brun rougeâtre recouvert d'un duvet cotonneux qui le cache presque complétement.

Par suite des relations fréquentes de nos pépiniéristes avec les Américains du Nord, ils leur ont porté avec nos arbres et nos arbustes une partie de nos pucerons et de nos Coccides, par contre nous leur sommes redevables du puceron lanigère. Cette funeste importation en France remonte à 1814. C'est à cette époque que sa présence déjà signalée en Angleterre fut constatée en Bretagne et en Normandie; mais ce n'est guère qu'en 1821 qu'il se montra dans quelques jardins des environs de Paris. Aujourd'hui il est répandu dans presque toute l'Europe. M. Gelot, l'habile sériciculteur qui assiste à la conférence, nous apprend même que depuis quelques années il se propage très-rapidement aux environs de Montevideo.

On emploie avec assez de succès contre le puceron lanigère, outre le brossage, le badigeonnage avec du lait de chaux ou avec une solution de colle forte. Mais ce qui réussit le mieux, dit M. Rivière, c'est l'alcool appliqué au pinceau. Par ce procédé ont fait périr tous ceux qui sont sur les pommiers; malheureusement on ne peut pas atteindre ceux qui sont sur les racines, qui souvent au printemps remontent le long du tronc pour se reproduire sur les jeunes rameaux.

Depuis plus de deux mois les sociétés d'agriculture du midi de la France sont tenues en émoi par une nouvelle maladie de la vigne qui vient de se manifester dans certaines parties des départements des Bouches-du-Rhône, de Vaucluse et du Gard. Des hectares entiers sont anéantis, les ceps meurent dans l'espace de quelques jours, enfin dans certaines localités la ruine est complète. Effrayées par un si grand désastre, ces sociétés se sont adressées à la Faculté des sciences de Montpellier, afin que ce corps savant voulût bien désigner une commission pour étudier cette maladie et faire connaître en même temps s'il y avait quelques remèdes à opposer à un pareil fléau.

M. Planchon, président de cette commission, s'est transporté sur les lieux avec ses collègues pour examiner sur place les symptômes et la nature du mal. Après avoir fait arracher un certain nombre de ceps morts ou mourants, il s'est aperçu de suite qu'il existait autour des racines et dans les anfractuosités des souches, des amas de très-petits pucerons souterrains, aptères, sans cornicules et de couleur jaune. M. Planchon a emporté à Montpellier des souches malades et des pucerons vivants pour être plus à même d'étudier l'un et l'autre à tête reposée et, surtout, pour s'assurer si ces petits insectes n'avaient pas déjà été décrits par Kaltenbach, Koch et autres auteurs spéciaux. Ce savant a examiné au microscope ces petits pucerons dans tous leurs détails et il en a fait faire le dessin qui est sous les yeux de la compagnie accompagné d'une lettre adressée au Dr Boisduval, lettre dont il est donné lecture par M. Donadieu, l'auteur lui-même du dessin. Après avoir étudié avec l'attention minutieuse d'un habile botaniste ces petits parasites même à l'état d'œufs (1), M. Planchon a été d'avis, probablement avec raison, qu'ils n'avaient pas encore été décrits par les auteurs qui se sont occupés des pucerons; il leur a même trouvé des caractères suffisants pour constituer un genre nouveau qu'il appelle *rhizophis*.

De son côté notre bon et zélé collègue, M. Jean Tapié, qui se tient constamment à la piste de tous les faits qui intéressent l'agriculture, a fait venir pour l'exposition, directement de Saint-Remy, une caisse remplie de terre du sol, de vignes malades, de souches mortes, de pucerons vivants et de pucerons dans de l'alcool. Le tout vient d'être examiné avec soin : 1° la terre, d'une couleur ferrugineuse, ne présente rien de particulier ; 2° les souches et les racines mortes exhalent une légère odeur de champignon ; 3° les pucerons, comme le dit très-bien M. Planchon, sont aptères, sans cornicules, très-petits, serrés les uns contre les autres et de couleur jaune. Tel qu'il se montre, cet insecte, au dire des entomologistes présents, semble appartenir au genre *rhizobius* ou *forda*, quoique ne vivant pas, comme les autres pucerons souterrains, en compagnie des fourmis. Mais qui peut dire, à l'époque où nous sommes, s'il restera toujours aptère, si vers l'automne il ne naîtra pas des mâles et des femelles ailés capables de se transporter d'un cep à un autre

(1) La ponte des œufs au milieu des chaleurs de l'été est un fait anormal; ce mode de reproduction n'ayant lieu ordinairement qu'après la dernière génération.

pour déposer des œufs et propager l'espèce, et si, le cas échéant, les nervures des ailes ne fourniraient pas un caractère qui lui assignerait une autre place dans la classification de ces petits êtres? Le savant M. Westwood, qui assiste à la conférence, est porté à adopter cette idée; il croit même se souvenir que ce puceron a déjà été observé en Amérique et en Angleterre sur des souches de vignes malades, ce qui donnerait à penser que l'apparition de cet Hémiptère ne date pas seulement de cette année.

Après la question scientifique, il y en a une autre bien plus importante, la seule qui intéresse les viticulteurs : c'est de savoir si ce petit animal est la cause directe de la maladie ou bien s'il n'en est que la conséquence. On peut répondre, que souvent une plante est malade sans qu'aucun symptôme vienne l'indiquer à nos yeux, que dans le cas présent il est à peu près certain que si les vignes n'étaient pas atteintes par une cause quelconque d'une affection latente, elles ne seraient pas envahies par ces milliers de pucerons, mais il est en même temps vraisemblable que ces petits Hémiptères hâtent la fin des ceps malades et que par une succion incessante ils enlèvent tout espoir de guérison à des sujets qui pourraient peut-être se rétablir.

Le remède : arracher sans pitié les vignes malades, labourer profondément la terre en hiver, l'emblaver, et après deux années y replanter de jeunes vignes. On pourrait peut-être essayer auparavant d'arroser les souches malades avec une légère solution de sulfure de chaux.

Pour terminer la séance le docteur aborde la famille des Coccides, insectes aussi nuisibles aux cultures que les pucerons. Ce sont de singuliers animaux qui ressemblent bien peu aux autres Hémiptères. Le plus ordinairement ils ont l'aspect de petites galles immobiles, collées sur les végétaux. Réaumur, en raison de cette forme qui imite de petites excroissances, les a appelées *gallinsectes*. Les jardiniers les désignent sous les noms impropres de *poux*, de *punaises* et même quelquefois sous celui de *tigre des écorces*.

Ces insectes bizarres ont six pattes, des antennes sétacées, un bec ou suçoir naissant de la poitrine et un abdomen terminé par de petites soies plus ou moins longues. Chez les mâles, qui sont si petits qu'ils échappent à notre vue, il n'y a pas de bec à l'état parfait, mais ils ont deux petites ailes.

Après l'accouplement, les femelles pondent une quantité d'œufs qui donnent naissance à des petits d'une excessive exiguïté.

Les Coccides sont non-seulement très-nuisibles aux végétaux dont elles sucent la séve, mais elles le sont aussi par les déjections et les sécrétions poisseuses qu'elles répandent sur les feuilles; sur cet enduit mielleux, très-recherché des fourmis ne tarde pas à se développer une moisisseure noire comme du charbon, appelée *fumagine*.

Aujourd'hui la création de genres nouveaux est presque passée à l'état de manie, chacun veut en faire, pour y attacher son nom; de sorte que si cela continue ainsi, dans cinquante ans il y en aura autant que d'espèces. Les Coccides, comme on le pense bien, n'ont pas résisté à l'entraînement général, et elles ont subi aussi d'assez nombreuses divisions génériques; mais, pour être plus simple et mieux compris des cultivateurs, le docteur appelle avec Geoffroy, Latreille et Gervais, *Kermès*, tous les individus qui, dans l'âge adulte, sont collés et immobiles sur les plantes, et *Cochenilles* ceux beaucoup moins nombreux qui marchent et se promènent pendant toute leur vie sur les végétaux.

Les kermès (1), en latin *chermes*, sont peut-être aussi multipliés que les pucerons: une grande partie des plantes exposées ici, sont couvertes de ces insectes. Ces petits animaux, dont un grand nombre nous a été apporté de l'étranger, après leur sortie de l'œuf, ne sont guère plus gros que des grains de poussière; ils errent çà et là sur les tiges et sur les feuilles et finissent par y enfoncer leur suçoir et s'y fixer à demeure. Alors leur corps se distend, se dilate, se durcit et devient une sorte de carapace ou de bouclier d'une forme tantôt lenticulaire et tantôt globuleuse et tantôt ovoïde ou patelliforme. La croissance s'achève sous cette couverture coriace où les femelles doivent vivre, pondre et mourir; celles-ci, après la fécondation, font de deux à trois cents œufs dont les petits sortent comme un essaim d'acarus.

On s'est demandé souvent comment il se faisait qu'une plante isolée au milieu d'un champ, et qui était complétement exempte de kermès au moment de sa plantation, pouvait, au bout d'un certain temps, en être couverte. La réponse est très-simple; c'est que les petits, qui sont comme des atomes, deviennent facilement le jouet des vents, et que,

(1) Le nom de *Kermes* ou mieux *alkermes* a été donné par les médecins arabes à un insecte (véritable Kermès) que l'on rencontre dans les régions méridionales sur le *quercus coccifera*. On se demande pourquoi Linné a transporté ce nom générique à ces petits insectes (*adelges*) du groupe des pucerons qui forment à l'extrémité des branches des épicéas et des sapins des monstruosités alvéolées.

d'un autre côté, les mouches qui en ont souvent après leurs pattes leur servent de véhicule.

Les kermès, comme d'autres parasites, recherchent de préference les végétaux languissants; ils épargnent plus volontiers les plantes vigoureuses et bien aérées. Il est fort difficile de se debarrasser de ces insectes cuirassés : les fumigations et les seringages avec de l'eau de savon noir ou des décoctions de tabac ne produisent pas un grand effet. Ce qu'il y a de mieux, c'est le brossage. Le badigeonnage pendant l'hiver avec un lait de chaux ou avec une solution de colle forte réussit assez bien sur les arbres en plein air.

Les plus remarquables de ceux qui figurent à notre exposition sont : le kermès du laurier rose (*chermes nerii*); il couvre sur toutes les feuilles de ce malheureux arbuste qui languit ici en pot dans de la terre usée. Il se présente sous la forme de petites coques blanches, aplaties, de forme lenticulaire.

Le kermès du rosier (*chermes rosæ*); très-commun sur les rosiers. Ces petits insectes, également de forme lenticulaire, sont tellement raprochés les uns des autres que par leur réunion ils forment sur les branches des espèces de croûtes blanches.

Le kermès des palmiers (*chermes palmarum*); sur les chamærops, où il se présente sous la forme de petites écailles blanches un peu allongées, très-rapprochées et presque confluentes.

Le kermès de l'aloès (*chermes aloes*). Les feuilles de cet *aloe umbellata* sont presque complétement couvertes sur les deux faces de ses petites coques blanches, lenticulaires, un peu plus grosses et plus convexes que celles du laurier rose.

Le kermès de l'ananas (*chermes bromeliæ*) fait quelquefois beaucoup de mal aux ananas et aux autres Broméliacées. Sa coque est bombée, blanche comme celle du laurier rose.

Le kermès des échinocactes (*chermes echinocacti*); sa coque est d'un roux blanchâtre; assez fréquent sur les échinocactes et sur les mamillaires.

Le kermès des epidendrum (*chermes epidendri*); la coque est convexe, brunâtre; se trouve dans les serres à Orchidées sur les *epidendrum*.

Le kermès du pêcher (*chermes persicæ*), connu à Montreuil sous le nom vulgaire de *punaise du pêcher*. Sa coque est ovoïde, d'un brun café, entourée d'un petit duvet blanc cotonneux.

Le kermès de la vigne (*chermes vitis*); sa coque est d'un brun clair, ovoïde, bombée, amincie en avant, tiquetée de petits points noirs et bordée d'un petit bourrelet de coton blanc.

Le kermès des areca (*chermes arecæ*); très-petit, elliptique, de couleur brune, vit le long des nervures de feuilles de l'*areca aurea* et autres espèces.

Les cochenilles, en latin *coccus*, sont dépourvues de carapace, leur corps est composé de segments bien distincts et leur abdomen est terminé par des filets plus ou moins longs. Ces insectes, depuis leur sortie de l'œuf jusqu'à la fin de leur existence, conservent la faculté de marcher. La femelle, après la fécondation, se couvre d'un duvet cotonneux où elle périt et se dessèche après avoir pondu ses œufs.

L'espèce la plus intéressante est sans contredit la cochenille du commerce (*coccus cacti*); elle est représentée ici par des raquettes d'*opuntia* d'Algérie, qui sont couvertes de ces insectes. Les femelles, assez grosses, sont saupoudrées d'une efflorescence blanche; tandis que les mâles, munis de deux petites ailes, sont très-petits et peu visibles au premier coup d'œil. C'est à M. Rivière que l'on doit les beaux échantillons qui figurent à l'exposition.

Une autre espèce, la cochenille des serres (*coccus adonidum*), est un ennemi redoutable pour les horticulteurs; elle envahit presque toutes les plantes de serre chaude, surtout le café, les *cordyline*, les *dracæna*, les *ruellia*, les *gardenia*, les *justicia*, les *curculigo*, les *musa*, les *asclépiadées*, les *fougères*, etc., etc. La femelle est toute couverte d'une poudre blanche et son abdomen se termine par des appendices dont les deux internes sont plus longs que les autres. Comme cet insecte infeste les serres, on a essayé de plusieurs moyens pour le détruire. Les fumigations de tabac réussissent assez bien, mais elles ne font pas périr les œufs; le remède le plus efficace est l'esprit-de-vin appliqué à l'aide d'un petit pinceau; les plantes n'en souffrent nullement.

Une autre cochenille qui occasionne d'immense dégâts, est celle des orangers (*coccus citri*); elle fait dans le département des Alpes-Maritimes les plus terribles ravages et cause souvent la perte de la moitié de la récolte. Elle ressemble un peu à la cochenille blanche des serres (*coccus adonidum*), mais elle est plus grisâtre, et ses filets terminaux sont plus courts. Elle envahit toutes les espèces et toutes les variétés du genre *citrus*. Ses sécrétions et ses déjections gluantes déterminent le développement de cette mucédinée noire, appelée fumagine ou *morfée*, qui couvre les feuilles et les fruits des échantillons exposés par M. Rivière.

La cochenille des mamillaria (*coccus mamillariæ*) est presque de la taille de l'*adonidum*, d'un gris cendré, plus renflée, plus ovale et moins allongée que cette dernière, saupoudrée de gris blanchâtre avec les filets abdominaux tout à fait rudimentaires.

La cochenille des latania (*coccus lataniæ*) devra former un genre bien caractérisé. Elle varie aux différentes époques de son développement. Après son premier changement de peau, elle est verte, circulaire, bordée de cils blancs ; à la fin de l'été, elle est d'un beau noir ; au printemps suivant, elle a triplé de grosseur et elle est devenue d'un roux clair avec les anneaux parfaitement distincts. Dans tous les cas, elle conserve sa forme circulaire et sa bordure de cils blancs.

Elle vit exclusivement sur les *latania rubra* et *borbonica*.

Une dernière espèce se promène sur un *cestrum* : elle est nouvelle et est appelée *coccus cestricola*. Beaucoup plus arrondie que l'*adonidum*, d'un grisâtre sale comme la cochenille des mamillaria, à laquelle elle ressemble par la couleur, mais non par les autres caractères. Lorsqu'elle marche, elle a l'air d'une petite tortue. Dans les serres chaudes, sur les *cestrum*.

Notre président annonce une prochaine conférence, sur les chenilles et sur les dégâts qu'elles occasionnent à l'économie rurale et domestique.

La maladie des vers à soie.

M. Guérin-Méneville vient de publier le résultat des observations qu'il a faites dans les divers départements séricicoles de la France pendant l'année 1867 ; nous croyons être utiles aux lecteurs de *l'Insectologie agricole* en donnant quelques détails à ce sujet.

A cause de l'état incertain et fâcheux dans lequel se trouve l'industrie de la soie, par suite de la terrible maladie qui sévit avec tant d'intensité non-seulement en France, mais sur tous les points du globe, le ministre de l'agriculture a confié quelques missions supplémentaires à de savants naturalistes, à des chimistes distingués.

Cette excellente mesure, si elle n'amène pas immédiatement la découverte des causes de la maladie et celle des remèdes certains pour la guérir, aura toujours le mérite de montrer aux sériciculteurs, si éprouvés depuis trop longtemps, que le gouvernement ne néglige rien pour chercher à soulager leurs souffrances.

M. Guérin-Méneville constate que les travaux de M. Pasteur confirment en grande partie les résultats scientifiques qu'il avait déjà obtenus depuis longtemps, cependant il ne craint pas de dire que le savant académicien a commis des erreurs très-évidentes, tout en ayant rendu de grands services à la physiologie et à la pathologie des vers à soie.

La maladie appelée gatine ou pébrine s'est produite dans les chambrées de races japonaises qui ont cependant donné de bonnes récoltes. Elle a souvent même attaqué des vers provenant de graines qui, examinées au microscope, n'avaient laissé voir aucune trace de corpuscule. Or, on sait que M. Pasteur attribue la maladie des vers à soie à des corpuscules qui se trouvent en plus ou moins grande quantité dans l'intérieur du corps de ce petit animal, ce qui n'est certes pas un fait acquis, il s'en faut, car on pourrait bien ainsi prendre l'effet pour la cause.

Des faits nombreux ont encore montré que des graines qui ont donné de bonnes récoltes dans certaines localités en ont donné de plus ou moins mauvaises et ont même complétement échoué dans d'autres.

Il s'est produit, il y a quelques années, un fait dont nous avons été témoin :

M. le comte de Galbert, membre du conseil d'administration du canal de Suez et l'un des sériciculteurs les plus distingués du département de l'Isère, avait pu se procurer une certaine quantité de graines étrangères qui semblaient offrir, sous tous les rapports, les plus grandes garanties. Il a conservé pour lui quelques onces de ces graines et le surplus a été distribué à des amis qui étaient fort reconnaissants de cette libéralité. M. de Galbert a soigné ses éducations d'une façon toute particulière et n'a par conséquent rien négligé pour obtenir des résultats satisfaisants ; les vers ont bien marché jusqu'à la fin du quatrième âge, puis est survenue une débâcle, et l'éducation qui promettait beaucoup, n'a presque rien produit ; les éducateurs qui avaient reçu des graines provenant de la même source n'ont peut-être pas donné à leurs chambrées des soins aussi assidus et aussi intelligents que l'avait fait M. de Galbert, et malgré cela leur récolte a été magnifique, elle a été au-dessus de leurs espérances. Pourquoi les choses se sont-elles passées ainsi ? Voilà le secret qu'il faudrait découvrir ; mais la nature ne veut pas dévoiler tous les mystères, et l'homme se trouve à chaque instant dans la nécessité de s'incliner et de reconnaître son impuissance.

En définitive, dit le savant entomologiste M. Guérin-Méneville, quoique l'on ne puisse montrer la cause de l'épizootie des vers à soie comme un chimiste montrerait une substance nouvelle, on peut dire que les nombreux faits bien observés par des savants et par des hommes pratiques, conduisent logiquement à reconnaître, ainsi que je l'ai établi le premier, depuis que j'étudie la maladie dans le cabinet, et surtout dans la grande pratique :

1° Que les saisons étant évidemment déréglées depuis longtemps, la santé des mûriers, comme celle des autres végétaux a été assez gravement influencée pour que la composition intime de la nourriture des vers à soie soit modifiée de façon à produire l'épizootie actuelle. La recrudescence de l'épizootie des vers à soie a d'ailleurs coïncidé avec la maladie des pommes de terre, de la vigne, etc., etc.

Nous ne partageons pas entièrement l'opinion de M. Guérin-Méneville, et les faits souvent observés semblent démontrer que les mûriers ne sont pas malades et que leur feuille ne doit causer aucune influence morbide sur les vers à soie.

Si l'arbre était sérieusement malade, les organes seraient attaqués, et la maladie laisserait des traces sensibles sur le bois et sur les feuilles, comme on en trouve sur les ceps de vignes et sur les tiges des pommes de terre; la végétation du mûrier est au contraire fort brillante, les feuilles sont nombreuses, plus nombreuses que jamais, parce que l'arbre n'est pas épuisé par des cueillettes annuelles; il est rare, avec les désastres qui se produisent à la fin de l'éducation, qu'une grande quantité de feuilles ne reste pas à ramasser.

D'un autre côté, si la feuille était attaquée par une maladie quelconque, la même cause devrait toujours produire les mêmes effets, et par conséquent tous les vers nourris de la même feuille devraient périr, quelle que soit la race à laquelle ils appartiennent.

Les faits démontrent le contraire. Nous avons connu des éducateurs ayant dans leurs chambrées diverses races de vers à soie ; tous ces vers étaient nourris de la même façon ; on leur servait souvent à tous une feuille provenant du même pied d'arbre, eh bien, les uns ont donné des résultats très-satisfaisants, les autres au contraire n'ont absolument rien produit, ce qui démontre qu'il existe un germe de maladie dans les œufs ou dans l'air et qu'il est surtout important de faire disparaître ce germe en faisant usage dans les éducations de tous les moyens hygiéniques et naturels propres à régénérer les espèces.

Et d'ailleurs, alors même que les feuilles seraient atteintes d'un commencement de maladie, il ne faudrait pas conclure d'une façon absolue que la gatine est occasionnée par ces feuilles; car enfin les hommes et les animaux mangent des pommes de terre atteintes de maladie; ils boivent le vin provenant de raisins attaqués par l'oïdium, et cependant cette nourriture et cette boisson n'exercent aucune influence pernicieuse sur leur organisme. Il est donc fort dangereux de préjuger quoi que ce soit dans cette matière et d'attribuer la cause du mal plutôt à des insectes qu'à des champignons ou à toute autre cause atmosphérique. Une influence fâcheuse se manifeste depuis quelques années sur les animaux et les végétaux; c'est là un fait qu'il est impossible de révoquer en doute, il n'y a pas de raison pour que la maladie des animaux provienne de la maladie des végétaux, puisqu'il est impossible de fournir un exemple concluant.

M. Guérin-Méneville continue ainsi :

Les désordres remarqués chez les vers à soie et surtout les corpuscules, considérés comme caractéristiques et causes de leurs maladies, ne sont que des résultats de cet état morbide, de véritables phénomènes consécutifs, et nullement la cause de ces maladies.

Dès 1849, M. Guérin-Méneville avait découvert les corpuscules dans les liquides des vers à soie atteints des maladies qui se terminent par la décomposition putride et ceux qui meurent en se durcissant, par suite de la muscardine. Depuis cette époque les mêmes corpuscules ont encore été désignés par plusieurs savants et notamment par M. Philippi, en 1851, Cornalia en 1855 et Pasteur en 1865, etc., etc.

Le docteur Chavannes, de Lausanne, les a aussi reconnus, sans s'en attribuer la découverte, et il a rendu ainsi plus évidente que jamais la façon dont M. Guérin-Méneville explique la formation des corpuscules, en produisant ces corpuscules à volonté. M. Chavannes a obtenu ce résultat curieux en ajoutant à du sang de chenilles sauvages ou de vers à soie sains, un peu d'acide urique et hypurique. C'est cet acide qui se trouve en excès dans le sang des vers malades et qui est un premier phénomène consécutif. Celui-ci en amène un autre, l'arrêt du mouvement de reproduction des globules du sang qui ne se renouvellent pas, parce que les corpuscules qui proviennent de leur nucleus ne peuvent plus former, comme dans l'état de santé, les nouveaux globules qui entretiennent le mouvement vital, l'état physiologique évidemment dérangé.

Que conclure de tout cela? dit en terminant M. Guérin-Méneville. C'est que la mesure adoptée par M. le ministre de l'agriculture, et qui consiste à encourager les petites éducations faites spécialement pour graines, dans les localités peu ou point infectées, est le meilleur moyen pratique d'essayer de régénérer nos races françaises et qu'il serait à désirer que les sériciculteurs, ne demandant pas toujours tout au gouvernement, pussent former une vaste association pour développer cette excellente mesure.

Nous nous associons de grand cœur à ces conclusions, et nous faisons des vœux pour que ce système soit employé sur une large échelle par les éducateurs. C'est là d'ailleurs ce que nous ne cessons de conseiller depuis longtemps. A. DE LA VALETTE.

La Proscription des Moineaux.

Couronnée par l'Académie des jeux floraux.

(*Fin*, V. p. 203.)

Ce qui fut dit fut fait. Sans défiance aucune,
Heureux de se voir rappelés,
Revinrent tous les exilés :
Les moineaux n'ont pas de rancune !
Alors recommença la Saint-Barthélemy
Des hannetons et de leur race ;
Et les moineaux, fondant sur la troupe vorace,
Purgent le sol de l'ennemi.
Le sillon assaini poussa bientôt ses herbes ;
Et, délivrés par eux des rongeurs souterrains,
Les blonds épis bientôt lèvent leurs fronts superbes.
Dans leurs greniers déjà voyant monter les gerbes,
Les heureux laboureurs, gracieux suzerains,
Les virent, en riant, du blé de leurs terrains
Frauder les droits de la gabelle,
Et si quelques moineaux en prirent quelques grains,
La moisson n'en fut pas moins belle.
Dans tout ceci qu'ai-je voulu ?
Chercher deux morales à suivre.
Primo : que notre superflu
Doit aider les petits à vivre :
Secundo : du grand maître adorant les décrets,
Des éternelles lois respectons la structure,
Et, sans connaître ses secrets,
Ne corrigeons pas la nature !

J. LESGUILLON.

(Extrait des *Couronnes académiques*, en vente chez Arnault de Vresse, rue de Rivoli, 55, à Paris.)

Revue et cours du produit des insectes.

Soies et cocons. L'état des affaires en général et le manque de confiance en l'avenir paralise le commerce des soies. Les cours sont lourds et faibles. Néanmoins les ateliers sont peu fournis; mais on aime mieux manquer la vente que de se charger de marchandise qui pourrait rester longtemps en magasin.

A Marseille les soies sont restées calmes et les prix sans changement. Les déchets ont eu un peu plus de demandes et les prix ont joui d'une meilleure tenue. Les cocons continuent aussi de rester calmes. — On a traité des frisons de Messine à 18 fr. 75 le kil.; des frisons de Salonique à 17 fr.; des cocons percés de Grèce et de Brousse à 14 fr. 50; des cocons de Syrie à 33 fr.; des cocons japonais vert, Italie et Volo 29 fr. 50 à 29 fr. 75.

On écrit d'Alais que des avis reçus du Japon annoncent que les derniers achats de cartons ont été faits à de meilleures conditions que les premiers. Les prix devront être plus doux que l'année dernière pour les éducateurs dont beaucoup reprennent d'ailleurs les anciennes races à cocons jaunes et blancs.

Miels, cires, abeilles. Les miels blancs ont continué d'être dépréciées; on ne les a jamais vus à des prix aussi bas; les qualités ordinaires des environs de pays ne se placent en gros que de 80 à 90 cent. le kil. — Moins abondants les miels rouges conservent mieux leurs prix; on tient les Bretagne nouveaux de 70 à 75 fr. les 100 kil.

Les cires jaunes varient peu; les cours de celles non propres au blanc roulent entre 370 et 390 fr. les 100 kil. hors barrière. Celles propres au blanc se payent de 3 fr. 90 à 4 fr. 20 le kil., selon la qualité. — Les prix des colonies d'abeilles varient selon les localités. Dans quelques cantons, on ne les paye en bon état que de 8 à 12 fr.; ailleurs de 15 à 20 fr.

Cantharides. Le kil. à Marseille 3 fr. 55.

Cochenille des Canaries, 8 fr. 30 à 9 fr. 75 le kil.

L'Editeur-propriétaire : E. Donnaud.

Paris. — Imprimerie de E. DONNAUD, rue Cassette, 1.

N° 10. 2e ANNÉE. Novembre 1868.

L'INSECTOLOGIE AGRICOLE

SOMMAIRE :

H. Hamet, **Bulletin insectologique** : Emploi du gros miel pour la destruction des pucerons. Autres remèdes proposés. Départ des hirondelles et destruction qu'on en fait sur les bords de la Méditerranée. A propos du hannetonnage obligatoire. — *Maurice Girard*, **Note sur les ravages des altises dans la Brie**, pendant l'été de 1868, accompagnée de notions générales et pratiques sur ces insectes. — *Dr Boisduval*, **Note sur les larves des méloïdes** appelées improprement poux des hyménoptères et accusées de faire périr les abeilles. — *Mégnin*, **Le psoropte du cheval.** — *Dr Boisduval*, **Note sur deux coccides nouvelles**, trouvées par M. Burel dans les serres chaudes à Paris. — *Antony Gélot*, **Conférence sur l'état actuel de la sériciculture de l'Amérique du Sud**, faite à l'exposition des insectes. — *Planchon*, **Nouvelles observations sur le puceron de la vigne.** *H. Hamet*, **Rapport** sur l'apiculture.

Planche X : Psoropte du cheval, fig. 1, 2, 3, 4, et 5, organes du mâle.

Bulletin insectologique.

Emploi du gros miel pour le destruction des pucerons. M. Rivière, jardinier en chef du Luxembourg, a signalé à la Société impériale d'horticulture un mode de traitement qui lui a permis de détruire les pucerons sur un grand nombre de plantes. Il avait pensé depuis longtemps que des aspersions faites avec une décoction de gros miel pourrait produire de bons effets contre cet insecte. Il a essayé dernièrement ce mode d'opération et il a parfaitement réussi. L'eau miellée, en raison de sa viscosité, colle les pattes des pucerons qui ne tardent pas à périr, sans que les plantes souffrent des aspersions faites avec ce liquide. Il pense qu'une solution de mélasse produirait un effet analogue. Il ajoute que ce genre de traitement lui semble devoir être préféré à l'emploi du jus de tabac qui a l'inconvénient de noircir les feuilles.

Autres remèdes proposés pour la destruction des pucerons. M. Cottu rapporte avoir vu des pieds de melons dont les feuilles avaient été saupoudrées, à leur face inférieure, avec de la poudre de tabac, et qui avaient été ainsi parfaitement débarrassées de leurs pucerons. M. Forney dit que, pour la destruction de ces insectes, le *Petunia* peut être employé en place du tabac. Il faut faire sécher à moitié cette plante, et en préparer ensuite une infusion qu'on projette en seringages. Quant à la plupart des autres petits insectes qui se tiennent sur les plantes cultivées, comme le kermès, le tigre, etc., il conseille de les détruire au moyen de l'eau bouillante, pendant l'hiver. On sait que c'est ainsi qu'un vigneron de Beaujolais, M. Raclet, a réussi à détruire la pyrale de la vigne. Les bourgeons ne souffrent pas de cette opération. M. Forney a détruit de la même manière les kermès qui s'étaient multipliés sur les arbres fruitiers d'un jardin au point d'y déterminer la formation de fortes exostoses. — M. Gosselin rappelle qu'on a souvent conseillé la décoction de tabac contre les pucerons du pêcher, et il affirme que son expérience lui a toujours fait reconnaître l'emploi de ce liquide comme très-avantageux. — M. Thibaut, de Billancourt, dit avoir tué les kermès sur un poirier en opérant avec de l'eau bouillante au mois de février.

M. Forest insiste sur la nécessité d'attaquer ainsi les kermès pendant les mois de janvier, février et mars; mais, comme il a vu souvent l'eau bouillante ne pas les faire périr, il a essayé, à la date de 25 ans, l'emploi d'un badigeonnage pratiqué avec une solution assez étendue de colle forte. Il a toujours vu que les insectes, pris sous l'espèce de vernis dont les arbres se trouvaient ainsi recouverts, ne tardaient pas à périr. Plus tard la colle s'écaille et tombe par fragments (*Journal de la Société impériale et centrale d'horticulture*).

Départ des hirondelles et destruction qu'on en fait sur les bords de la Méditerranée. On sait que les hirondelles se rassemblent pour discuter le moment du départ ; elles ne procèdent pas avec légèreté au grand voyage qu'elles vont entreprendre. Elles tiennent des conseils qui durent plusieurs jours. Quand la décision est prise, tous les oiseaux du même canton partent ensemble et voyagent avec une rapidité qui n'est pas moindre de 70 kilomètres à l'heure.

La race presque entière se rassemble de nouveau sur les bords de la Méditerranée, attendant qu'un vent favorable les aide à faire la traversée. Des chasseurs sans pitié les guettent au débouché des cols des Alpes-Maritimes et en prennent au filet d'énormes quantités. Ce gibier, très-médiocre, se conserve dans la saumure. On en mange beaucoup pendant l'hiver dans les vallées du Piémont.

Les migrations des hirondelles ont pour principale cause la disette de nourriture occasionnée par le froid. En effet, l'air, qui est peuplé d'insectes pendant la période de chaleur, en est presque entièrement privé avec le froid, et il est naturel que les oiseaux, qui peuvent si aisément ranchir les plus grands espaces, abandonnent nos contrées quand leurs aliments deviennent rares.

Les hirondelles se réfugient dans les îles de l'Archipel, en Egypte, en Ethiopie et jusqu'au Sénégal. La traversée des mers, quelque rapide qu'elle soit, a lieu souvent par étapes. Elles se reposent soit en Corse, en Sardaigne, en Sicile, aux îles Baléares, soit sur les vergues des navires qu'elles rencontrent.

Il y a des hirondelles dans toutes les contrées de l'univers. Presque toutes les espèces émigrent, et, chose merveilleuse, après avoir traversé des espaces immenses, elles retrouvent toutes les lieux où elles ont niché l'année précédente, toutes reviennent constamment à leur premier nid. — On sait qu'un naturaliste du jardin des Plantes de Paris a renouvelé, à ce sujet, une expérience qui a toujours réussi. Pendant trois ou quatre ans, il a reconnu l'identité des individus à un petit cordon de soie qu'il leur avait attaché aux pattes avant leur départ et qu'ils portaient à leur retour.

A propos du hannetonnage obligatoire. Plusieurs correspondants nous font cette question : « Lorsqu'on contraindra les propriétaires à ramasser et à détruire les hannetons qui auront envahi leurs propriétés, qui est-ce qui détruira ceux des forêts de l'Etat et des bois communaux ? » Nous ne voyons que l'armée qui puisse avoir raison des hannetons, voire aussi des chenilles et autres insectes des forêts de l'Etat, toutes les fois que les peaux-rouges ne la retiendront pas sur nos frontières. Quant aux bois et aux terrains communaux, l'instituteur de Phalempin a prouvé à l'exposition des insectes, que l'école primaire peut s'en charger.

H. Hamet.

Note sur les ravages des altises dans la Brie,

pendant l'été de 1868, accompagnée de notions générales et pratiques sur ces insectes;

PAR M. MAURICE GIRARD (1).

Dans l'été sec et très-chaud de 1868, les cultures de crucifères dans la Brie, particulièrement des choux, des navets, des radis, ont été atta-

(1) *Note* lue à la Société d'insectologie agricole dans la séance du 4 novembre 1868.

quées de la façon la plus grave par les altises, au point de diminuer la récolte dans une proportion énorme. Ainsi un champ de navets, sur la commune de Chevry-Cossigny, près de Brie-Comte-Robert (Seine-et-Marne), dont le propriétaire estimait le produit à 600 fr., a été détruit en une semaine par ces insectes; toutes les feuilles ont d'abord disparu, puis les racines se sont flétries et desséchées. On n'a pu obtenir ni navets, ni radis dans les jardins potagers de la même commune. Je sais que des dégâts analogues ont été observés dans divers endroits des environs de Paris, notamment à Clamart, et j'ai reçu du département de l'Orne (Normandie) des renseignements qui signalent la même dévastation. J'ai vu à Chevry les altises se porter sur les haricots après avoir détruit les crucifères, aliment de prédilection pour elles. A la fin de septembre, ces insectes ayant à peu près disparu, les choux avaient repris quelque vigueur et donné des feuilles, mais les navets et radis n'existaient plus.

Les altises sont des coléoptères de petite taille, ornés de couleurs brillantes et métalliques, avec le corselet et les élytres munis de nombreux points, tantôt de teintes uniformes, tantôt variés de bandes ou taches claires sur un fond plus sombre. Le caractère le plus tranché de ces coléoptères est la forme de leurs cuisses postérieures; elles sont renflées dès la base, ovalaires et plus exactement lenticulaires, la face extérieure plus convexe que l'intérieure. Un sillon longitudinal interne permet à la cuisse de loger la jambe dans la flexion du membre, de sorte qu'alors le bout terminal de la cuisse peut porter en même temps que la jambe sur la surface d'appui, afin que la contraction simultanée des muscles des deux régions du membre, puisse donner naissance à un saut brusque et intense qui projette l'insecte au loin. La force de ce saut est en raison directe des variations de température. Excitées par un soleil ardent, les altises n'attendent même pas que la main cherche à les saisir; le moindre geste ou bruit les détermine à s'élancer et la parabole de leur saut a d'autant plus d'amplitude que l'air est plus chaud. La fraîcheur de l'automne diminue peu à peu la vigueur d'impulsion des altises et le froid glacial les en prive tout à fait. Cette particularité de mœurs, rare chez les coléoptères, a valu aux altises, de la part des jardiniers et paysans, les noms de *fiquets*, *puces de jardin*, *pucerons*, ce dernier nom est très-impropre.

On connaît les larves de plusieurs espèces d'altises, pâles ou d'un jaune doré, charnues; elles ont douze anneaux, outre la tête, et sont aveugles. Le dernier anneau offre en dessous un mamelon charnu qui sert de point d'appui pour la locomotion de la larve en avant; les autres segments ont en dessus et en dessous deux rangées de tubercules munis de poils roides. Les trois anneaux du thorax portent des pattes articulées et terminées par un ongle. Ces larves sortent d'œufs pondus sur les feuilles par les femelles, et ces œufs sont ovales, allongés, d'un jaune ferrugineux. Dans leurs premiers âges, ces larves se comportent à la façon des teignes, que Réaumur nomme *mineuses de feuilles*; elles se nourrissent seulement du parenchyme et glissent entre les deux épidermes des feuilles, de sorte que les feuilles prennent l'aspect de fines dentelles. Plus tard, devenues plus fortes, elles rongent tout, en commençant par les bords, à la façon des chenilles. Elles vivent ainsi deux à trois semaines, selon la température, très-nombreuses, mais isolées sur les feuilles, non sociables comme les larves des genres *gallerma*, *chrysomela*, etc. Parvenues à leur plus grand accroissement, elles se laissent tomber sur le sol, s'y enfoncent et se changent en nymphes. Celles-ci sont en général jaunes et hérissées sur leurs anneaux de tubercules poilus. L'insecte ne reste malheureusement pas longtemps en cet état d'inaction, et bientôt, débarrassé de ses langes, l'adulte grimpe, saute et vole après les plantes, avide de continuer les dégâts de la larve.

Les altises que j'ai eu l'occasion d'observer cet été dans la Brie appartenaient à plusieurs espèces, toutes figurant par celles qui ont la plus petite taille dans ce groupe naturel. On comprend que les mêmes conditions générales doivent faire pulluler ensemble, à côté les unes des autres, des espèces qui ont absolument la même conformation, les mêmes mœurs et vivent des mêmes plantes. La détermination entomologique de ces petits insectes etassez difficile, leur étude étant rendue incertaine par l'existence de nombreuses variations. J'ai reconnu l'*Altica* (*Phyllotreta*) *Lepidii*, Hoffmansegg, et var. *nigripes*, Panzer, Allard, à corps oblong subdéprimé, entièrement d'un vert brillant, avec antennes et pattes noires, ayant en moyenne 1 mill. 75 de longueur sur 1 mill. de largeur, et, je crois, l'*Altica* (*Psylliodes*) *napi*, Gyllenhal, de taille très-variable, de 2 à 3 mill. de long sur 1 à 2 de large, d'un bleu verdâtre brillant, avec les pattes jaunâtres.

Il est beaucoup plus important de chercher à détruire les altises que de décrire minutieusement leurs nombreuses espèces et variétés. Ce sont en effet des insectes des plus nuisibles, de sorte qu'il y a des années où ils empêchent la culture des crucifères dans un jardin et même obligent à y renoncer pour toujours dans certaines localités. Les méfaits de ces débiles mais redoutables ennemis ont déjà été signalés dans le *Journal d'insectologie agricole* (2e année, pages 70 et 104). On indique le plus souvent, comme remède, de recouvrir les couches à légumes avec de la cendre de bois, moyen fort peu efficace, comme je l'ai vu cette année. D'autres conseillent de répandre un mélange de soufre et de chaux éteinte; il doit se former lentement du sulfure de calcium. On a préconisé une mixture infecte et répugnante formée d'eau, de savon noir, de soufre et de champignons, en laissant la matière azotée arriver à la fermentation putride. Cette variété de remèdes indique qu'on n'en connaît pas encore de parfait. Enfin on a essayé avec succès un mélange de sable ou de sciure de bois avec du coaltar ou goudron de gaz. Les moyens précédents, autres que ce dernier, ne doivent agir que sur les nymphes enfouies dans le terreau et n'avoir pas d'effet sur les larves et adultes. Le dernier procédé doit en outre expulser les insectes par son odeur. Le goudron de houille, substance complexe, peut souvent produire de désastreux effets sur la végétation. Il est bien préférable, comme le conseille M. E. Pelouze (Société d'encouragement pour l'industrie nationale, séance du 22 novembre 1867), de se servir d'un dérivé purifié de ce goudron, choisi parmi les matières innocentes. Il a pris la naphtaline mélangée à dix fois son poids de sable fin. Ce corps ne coûte que 8 à 10 fr. les 100 kil. Le mélange est jeté à la volée sur les champs ou plates-bandes potagères infestées d'altises, en ayant soin de laisser çà et là des *réserves-piéges* non imprégnés. Les insectes, chassés par l'odeur, finissent par se réfugier tous en ces places sans naphtaline, et là on pourra à peu de frais les détruire, soit par les moyens cités d'abord, soit par des échaudages à l'eau bouillante, comme on le fait pour tuer les guêpes, les fourmis, les petites chenilles de la pyrale de la vigne réfugiées en hiver au pied des ceps et des échalas. Il est à désirer que les expériences intéressantes de M. E. Pelouze soient reprises de toute part, et les altises n'en fourniront que trop tôt et trop souvent l'occasion.

Note sur les larves des méloïdes appelées improprement poux des hyménoptères et accusées de faire périr les abeilles.

Les larves dont il est question ont été classées dans les parasites par des savants de premier ordre. Kirby a fait d'une espèce assez commune sur les andrenètes, le *pediculus melittæ ;* Latreille, le prince des entomogistes, l'a également considérée comme un pou propre aux hyménoptères, en adoptant complétement l'opinion de l'entomologiste anglais; plus récemment le célèbre Léon Dufour (Ann. des scienc. nat. XIII, pl. 9, B. fig. 1-4) a fait un genre propre de la même espèce sous le nom de *triungulinus andrenetarum.*

On était loin de croire à cette époque que ce petit animal pédiculiforme n'était rien autre que la larve d'un gros coléoptère. Cependant, il y a de cela cent quatre-vingt-trois ans, Goedart (Métamorphoses natur.) avait déjà figuré ce triongulin comme l'ayant vue éclore des œufs d'un méloé qu'il représente sur la même planche. Mais personne n'ajouta foi au dire du naturaliste hollandais, dont l'ouvrage ne manque pas d'erreurs, fort exusables de son temps. Il a fallu les études sérieuses de M. Fabre en France, de Newport en Angleterre et de quelques savants allemands pour déchirer le voile qui cachait encore les métamorphoses des coléoptères vésicants.

L'espèce de méloïde sur laquelle M. Fabre a suivi ses curieuses observations est le *sitaris muralis.* Quoique cet insecte s'éloigne passablement des méloés proprement dits, on peut parfaitement le prendre comme type de l'histoire évolutive des diverses espèces de la même famille.

Cet insecte, dit M. Fabre, est parasite de l'*anthophora pilipes*, hyménoptère commun dans le midi de la France et dont la femelle crible de trous les talus de certains terrains, pour y déposer ses œufs. Pendant le peu de jours que vivent les *sitaris*, ils ne prennent aucune nourriture. Après la fécondation, la femelle dépose à l'entrée des trous creusés par l'anthophore, de deux à trois mille œufs blancs, très-petits, agglutinés en une seule masse. Au bout d'un mois, il en sort de très-petites larves d'un noir-verdâtre luisant. Ces larves primitives sont elliptiques très-allongées ; leur tête est brusquement relevée postérieurement, légèrement trapézoïde et arrondie en avant. Les parties les plus apparentes de la bouche sont deux mandibules courtes, robustes, arquées, se rejoignant au repos sans se croiser et deux petits palpes maxillaires de deux articles. La tête porte deux antennes, de deux articles égaux dont le dernier est surmonté d'une longue soie ; elle offre en outre, deux stemmates de chaque côté. Les segments thoraciques, plus longs que ceux de l'abdomen et égaux entre eux, s'élargissent graduellement en arrière. Les pattes assez robustes sont terminées par un ongle fort aigu. Le corps est composé de neuf segments dont le dernier est pourvu de deux longues soies semblables à celles qui existent aux pattes.

Après l'éclosion, ces larves restent immobiles, entassées sans ordre, sans prendre aucune nourriture jusqu'au mois d'avril *de l'année suivante*, époque à laquelle éclosent les anthophores mâles, qui précèdent d'environ un mois l'apparition des femelles. A mesure qu'ils sortent de leur trou, les larves des *sitaris* grimpent sur eux, s'attachent aux poils de leur thorax et de leur tête, et s'y cramponnent la tête en bas. Ces parasites, qui observent toujours un jeûne rigoureux, passent au moment de l'accouplement sur le corps des femelles. Quand ces femelles, après avoir construit une cellule et l'avoir approvisionnée de miel, y déposent un œuf, une de ces larves se glisse sur cet œuf, le saisit avec force pour ne pas se noyer dans le miel, déchire la coquille, et en dévore le contenu. Ce repas dure environ huit jours, après lesquels elle a atteint toute sa croissance, et sans qu'elle abandonne l'enveloppe de l'œuf qui lui sert de radeau, sa peau se fend sur le dos et livre passage à la seconde larve. Celle-ci se laisse alors tomber dans le miel qui doit lui servir de nourriture, et au bout de cinq à six semaines elle a acquis toute sa grosseur. Dans cet état c'est une sorte de ver, mou, blanchâtre. Une fois la provision de l'anthophore consommée, elle se contracte, la pellicule qui enveloppe son corps se détache en partie et l'on aperçoit une masse oblongue, qui se durcit et devient fauve. Cette pseudonymphe passe l'hiver sans éprouver de changement. Au printemps, l'enveloppe cornée dont elle est revêtue se détache de son contenu sans cesser d'être enveloppée dans la première pellicule. Alors on voit paraître la troisième larve, tout à fait semblable à la seconde. Sous cette forme elle ne prend aucune nourriture et se change enfin en une véritable nymphe qui ressemble à celle des autres coléoptères.

Tel est le résumé abrégé du travail de M. Fabre (Annal. des sciences natur., série IV, 1857, t. 7, et 1858. t. 9). Il jette un grand jour sur l'histoire des méloés, dans laquelle M. Newport avait laissé quelques lacunes qui ont été remplies par le savant professeur d'Avignon.

Les femelles des méloés ne déposent pas comme le *sitaris muralis* leurs œufs à l'entrée des cellules des mellifères. Elles creusent des petits trous en terre dans lesquels elles font deux ou trois pontes de plusieurs milliers de petits œufs jaunes, réunis en tas, dont le nombre diminue graduellement. Au bout de quatre semaines environ, l'éclosion a lieu. Les larves primitives diffèrent notablement de celles des *sitaris*; elles sont tout à fait pédiculiformes, de couleur jaune ou quelquefois noire, allongées, parallèles et un peu déprimées. Leur tête triangulaire porte de chaque côté deux stemmates et des antennes de trois articles dont le dernier se termine par une petite soie. Les organes de la bouche se composent de deux mandibules arquées et de deux mâchoires. Les trois segments thoraciques sont bien distincts. L'abdomen, à peu près aussi long que le corselet, est pubescent, composé de neuf segments dont le dernier porte quatre longues soies terminales. Les pattes sont assez longues, formées de cinq pièces, dont la dernière en forme d'onglet est munie de petits crochets.

Pendant les premiers jours qui suivent l'éclosion, ces petites larves restent dans l'engourdissement, entassées les unes contre les autres jusqu'au moment où la chaleur de l'atmosphère les tire de leur sommeil. Lorsqu'elles sont vivifiées par une température convenable, elles deviennent très-agiles et se répandent sur les plantes, principalement, disent certains observateurs, sur les Renonculacées et les Chicoracées. Quant à nous, nous n'en avons pas encore vu sur ces deux familles de végétaux. Nous en avons rencontré assez souvent des quantités sur le marrube, le clinopode, l'origan et quelquefois sur la carotte sauvage; alors ces larves se jettent sur tous les hyménoptères, qui viennent butiner sur ces plantes et se cramponnent avec force et souvent en grand nombre aux poils de ces insectes, mais il leur arrive très-souvent de s'accrocher à des espèces qui ne font pas de cellules en terre ou qui n'amassent pas de provisions, ou même à des diptères; tous les individus qui se trouvent dans ce cas sont voués à une mort certaine, et il y en a probablement les neuf dixièmes qui périssent de la sorte.

Celles de ces larves qui ont le bonheur d'être transportées dans les nids des hyménoptères mellifères, s'y comportent comme celles des *sitaris* et mettent aussi deux années pour devenir insectes parfaits.

MM. Drewsen et Schœdte ont, dans une note reproduite dans la Gazette entomologique de Stettin (1841), donné la liste de tous les hyménoptères sur lesquels ils ont rencontré des triongulins. Un jeune entomologiste, le Dr Ed. Philib. Assmuss, qui a publié plusieurs travaux sur des insectes de la Russie, dit dans un ouvrage récent que les larves des méloés se jettent sur les abeilles, s'introduisent entre les articulations de l'abdomen avec le corselet et de la tête avec le cou et qu'elles en font périr un grand nombre. Ce fait nous paraît peu vraisemblable.

Les triongulins ne sont pas pourvus d'organes propres à sucer le corps des insectes. Il n'est pas impossible, cependant, que ces hyménoptères ne se trouvent gênées dans leurs mouvements et fort mal à l'aise de servir constamment de véhicule à des voyageuses qui n'ont pas l'occasion de quitter leur monture, et qu'elles succombent à la peine, mais ce n'est pas pour avoir servi de pâture à ces larves.

BOISDUVAL.

Le psoropte du cheval (1).

(*Voir la planche.*)

Le *psoropte du cheval* est un *acarien* de la famille des *sarcoptides*, de la tribu des *psoriques* à type du genre *psoropte*.

Le genre *psoropte* (Gervais) a pour caractères : un ROSTRE composé : 1° d'une *lèvre* qui est le résultat de la soudure du menton, de la languette et des mâchoires ; 2° de deux *palpes* très-articulés, cylindriques à extrémité arrondie, un peu renflée, portant en dehors un petit prolongement qui est sans doute un quatrième article rudimentaire ; ces palpes adhèrent à la lèvre dans la plus grande partie de leur longueur ; 3° de deux *mandibules* didactyles à mors allongés, formant par leur ensemble une pointe de lame dentée à son extrémité.

Le bord postérieur du corps chez le mâle présente : 1° sur la ligne médiane une échancrure qui est l'ouverture anale ; 2° de chaque côté une saillie volumineuse portant un bouquet de poils ; 3° en arrière de ces saillies, deux organes symétriques saillants, consistant en plusieurs cercles concentriques dont le plus interne est formé d'un rang de globules (Dujardin) ; ce sont des ventouses copulatrices qui s'adaptent à des mamelons correspondants, que porte la femelle propre à être fécondée et qui servent à la maintenir pendant la copulation, acte qui dure quelquefois plusieurs jours. C'est au-devant des ventouses copulatrices et sur la ligne médiane que se montre l'organe mâle (Voyez pl. X, fig. 1, 2, 3, 4 et 5).

Le genre psoropte ne renferme que deux espèces peu différentes l'une de l'autre : le *psoropte du cheval* et le *psoropte du mouton*.

Le PSOROPTE DU CHEVAL (*psoropte equi* Gervais ; *dermatodecte equi* Gerlach ; *sarcoptes equi* Hertwig, Raspail, etc.) est connu depuis près de 50 ans. Il est plus grand que le sarcopte commun ; il a environ un

(1) ERRATA. Page 263, lig. 14, lisez *gamasés* pour gamarés, et *sarcoptidés* pour sarcopidés.

demi-millimètre de long et présente sensiblement les mêmes dimensions chez le mâle et chez la femelle; quand celle-ci est pleine d'œufs, elle est pourtant un peu plus grande. Cet acarien est blanc, délicatement strié sur toute la surface, peu fourni de poils et légèrement lobé sur les côtés. Le rostre est fort saillant, mobile latéralement et surtout de haut en bas porte deux paires de poils courts insérées, l'une à sa face supérieure, l'autre à sa face inférieure. Les crochets qui terminent les pattes sont très-robustes et très-courbés, surtout dans le mâle; ils sont d'une couleur rouille foncée. Les jambes sont de couleur rouille claire, ainsi que toutes les pièces solides du corps; elles ne sont pas striées comme le tronc, mais paraissent grenées et portent des poils à leurs différents segments.

L'action des psoroptes est différente de celle des sarcoptes; ils ne creusent pas de terriers comme ceux-ci, ils se contentent de labourer la peau avec leur groin et vivent de l'humeur que ce travail fait sourdre, aussi sont-ils bien plus faciles à trouver et à détruire.

La gale que les psoroptes déterminent chez le cheval a pour siége de prédilection la nuque, le bord supérieur de l'encolure et du garrot, surtout quand ces parties sont grasses, épaisses et entrecoupées par de profonds sillons, comme cela se voit chez les chevaux entiers de race commune. Cette maladie reste généralement concentrée dans ces parties et elle est alors vulgairement connue sous le nom de *roux-vieux*. Exceptionnellement néanmoins elle peut s'étendre sur les épaules, le dos et la queue. Au début, cette maladie est caractérisée par de petits boutons qui soulèvent les poils, et par une vive démangeaison; les poils, aidés par les frottements, ne tardent pas à tomber et à laisser à nu de larges surfaces où la peau paraît enflammée et couverte de croûtes furfuracées. Dans la gale ancienne, la peau s'épaissit, se gerce, se plisse et montre au fond de ces sillons des myriades de psoroptes qui grouillent mélangés aux débris d'épiderme et aux croûtes. Avec un peu d'attention, on peut les voir même à l'œil nu, surtout quand ils sont en mouvement.

Le BŒUF est quelquefois, bien rarement, affecté d'une gale causée par un *psoropte* identiquement semblable à celui du cheval et qui est certainement le même. Cette gale affecte principalement la nuque, la base de la queue et la ligne supérieure du tronc. Elle ressemble tout à fait par ses caractères à celle du cheval.

Le LAPIN est souvent affecté d'une gale qui a pour siége exclusif l'intérieur de la conque de l'oreille et qui est caractérisée par des croûtes, des ulcérations superficielles et un suintement fétide. Cette gale est causée par le psoropte du cheval. Delafond l'avait déjà signalée en 1859. Tout récemment nous avons eu occasion de la constater aussi et de suivre des expériences auxquelles M. Mathieu, vétérinaire à Sèvres, s'est livré, et qui ont prouvé que ce psoropte vit sur le cheval, et que c'est bien le même que celui qui habite ordinairement sur cet animal.

La gale la plus fréquente du MOUTON, celle qui se propage si rapidement sur des troupeaux entiers, est causée par un *psoropte* un peu différent, mais très-voisin de celui du cheval; la seule différence qu'un examen très-minutieux permette de constater, c'est que dans le *psoropte du mouton* les crochets des pattes sont moins robustes et plus droits que dans celui du cheval.

La gale causée par les *psoroptes*, ne se communique pas à l'homme ni aux carnassiers, elle paraît exclusivement propre aux herbivores.

On détruit les *psoroptes*, et par suite on fait cesser la gale qu'ils provoquent, par les mêmes moyens que ceux employés pour les *sarcoptes*, c'est-à-dire que les frictions de pommades d'Helmeric, d'infusion de tabac, de benzine, de pétrole en font promptement justice après une tonte préalable qui met bien à découvert les parasites et leurs lésions.

Lorsque la gale a envahi un grand nombre de moutons et même le troupeau tout entier, comme cela se voit souvent, le traitement individuel par les frictions deviendrait trop long et trop coûteux; on opère avec beaucoup plus d'économie et beaucoup plus promptement au moyen du bain arsenical de Tessier, dans lequel on fait passer tous les individus galeux préalablement tondus. Ce bain, pour 100 moutons, se compose de :

Acide arsénieux.	1 kilog.
Sulfate de fer.	10 —
Colcotar et gentiane.	0,300 gr.
Eau.	100 litres.

Le colcotar et la gentiane ont pour but de colorer le mélange et de lui donner une amertume qui préviennent des méprises funestes.

Ce bain de Tessier ayant l'inconvénient de roussir la laine, M. Mathieu, de Sèvres, l'a remplacé par le suivant :

Acide arsénieux.	1 kilog.
Sulfate de zinc ou alun.	10 —
Gentiane.	0,500 gr.
Eau.	100 —

Ce dernier bain à la même action que le premier et a l'avantage de laisser à la laine sa blancheur.

MÉGNIN,
Membre de la Société d'insectologie agricole.

Note sur deux coccides nouvelles trouvées par M. Burel dans les serres chaudes à Paris,

PAR LE Dr BOISDUVAL.

Coccus aureus. Cette jolie petite espèce, dont nous devons la connaissance à notre collègue M. Burel, envahit sur les deux faces les feuilles du *maranda vittata*. Elle est d'un beau jaune, de forme circulaire, un peu bombée, à peu près hémisphérique, bordée de pointes rayonnantes, obtuses, ciliées très-prononcées de la même couleur.

Lorsque l'on renverse sur le dos une de ces cochenilles, on voit que le corps des femelles est rempli d'œufs, très-visibles à travers la peau du ventre qui est très-mince et transparente. On voit aussi sur les feuilles de la plante courir une quantité de petits tout nouvellement éclos.

Cette coccide devra probablement devenir le type d'un nouveau genre, aussi bien que l'espèce que nous avons décrite sous le nom de *Lataniæ*.

L'autre coccide dont nous devons également la connaissance à M. Burel, est le *chermes pandani*, espèce toute nouvelle et de forme assez originale; elle ressemble un peu à un chapeau chinois; elle est brune, arrondie ou un peu ovalaire, un peu grisâtre dans sa partie inférieure, surmontée brusquement d'une petite éminence de couleur ferrugineuse.

Ce kermès, qui ne ressemble à aucune des espèces décrites, vit sur les deux faces du *pandanus utilis*.

Ces deux hémiptères nous ont évidemment été apportés de l'étranger avec des plantes exotiques. Toutes les coccides que nous trouvons dans nos serres chaudes, sont généralement dans le même cas. Elles périssent à une basse température.

Conférence sur l'État actuel de la sériciculture dans l'Amérique du Sud

Faite au Palais de l'Industrie, le 18 août 1868,

PAR ANTONY GÉLOT.

Les épidémies, qui depuis tant d'années déjà frappent la plus riche de nos industries, au point de menacer jusqu'à son existence même, puisque, loin de diminuer, leurs ravages sont chaque année de plus en plus désastreux, a fini par nous rendre tributaires du Japon, pour des sommes énormes en numéraire qui, à peu d'exceptions près, une fois entrées, n'en reviennent plus sous forme d'échange. Il y a là un danger sérieux, grave, dont il importe de se préoccuper, et il est prudent, sage, de chercher, par tous les moyens possibles, à s'en préserver.

En effet, il peut arriver que, par suite d'événements politiques, de révolutions, de guerre civile dans ce pays, nos relations y deviennent, sinon impossibles, du moins excessivement difficiles.

Il peut encore arriver que l'épidémie qui nous ravage fasse également son apparition au Japon et y cause ensuite les mêmes désastres.

Or, dans l'un et l'autre cas, ne pouvant plus y aller chercher les graines de vers à soie dont il nous approvisionne à peu près exclusivement depuis plusieurs années, nous ne saurions plus où en trouver ailleurs de saines, et forcément alors l'industrie de l'éducation des vers à soie se trouverait paralysée pour un temps dont il n'est pas encore possible de prévoir le terme, et dont la conséquence pourrait être son anéantissement.

Dans une pareille situation, j'ai pensé, Mesdames et Messieurs, que la nécessité de pouvoir trouver ailleurs qu'au Japon des graines saines de vers à soie était urgente, et qu'il était temps de tourner les yeux vers de nouvelles contrées réunissant les conditions les plus favorables à l'acclimatation de l'éducation des vers à soie, pour l'y implanter et en provoquer le plus grand développement, dans le plus bref délai possible.

A mon retour de l'Amérique du Sud, il y a bientôt six ans, et que j'avais habitée et parcourue sur différents points pendant cinq à six ans, j'ai été témoin des souffrances de la plus riche de nos industries depuis un grand nombre d'années déjà.

J'avais observé que dans bien des contrées de l'Amérique du Sud, le climat, la température, la fertilité du sol, étaient dans les conditions les plus favorables à l'élevage des vers à soie. Je savais qu'à Mendoza, dans la république Argentine, province située aux pieds des Cordilières, les habitants y faisaient de la sériciculture avec le plus grand succès, depuis de longues années; je savais qu'au Chili l'on s'occupait déjà, avec beaucoup de sollicitude, de l'acclimatation de cette riche industrie, encouragé que l'on était par le succès radical des premiers essais tentés dans ce but; et en présence de ces faits, de ce que je savais, de ce que j'avais vu, je suis resté convaincu que dans un prochain avenir l'industrie séricicole sera pour l'Amérique du Sud un des principaux éléments de sa richesse et de sa prospérité.

En effet, Messieurs, sur toute l'immense étendue de la chaîne des Cordilières et des Andes, de l'autre hémisphère, le printemps y est à peu près éternel à certaines altitudes. Dans la zone tropicale, le thermomètre y est constamment entre 16 et 22° centigrades, et la fertilité y est prodigieuse.

Pénétré, Messieurs, d'une foi ardente, d'une conviction inébranlable dans le succès de l'acclimatation de la sériciculture dans l'Amérique du Sud, je m'en suis fait l'apôtre zélé, infatigable, et je n'ai négligé aucun des moyens dont je pouvais disposer pour faire pénétrer cette conviction dans l'esprit des Américains du Sud, car je leur prêche en faveur d'une cause qui, s'ils savent bien la comprendre, s'ils veulent être patients, persévérants, est destinée à répandre l'aisance dans les populations généralement si pauvres des campagnes, et à former l'une des branches les plus riches de leurs divers articles d'exportation.

Vous avez pu voir, Messieurs, par mon exposition, qui renferme des spécimens de produits sérigènes de l'Amérique du Sud, remarquables par leur beauté, que ma voix a déjà trouvé, là, de l'écho, et que je n'ai pas tout à fait prêché dans le désert.

Toutefois, Messieurs, il ne faut pas se dissimuler que le développement prompt et rapide de la sériciculture dans l'Amérique du Sud aura à lutter contre de grandes difficultés, résultant de l'indifférence qui en général frappe toute chose nouvelle, encore inconnue, et dont l'expérience assez longuement acquise n'a pas sanctionné la valeur. Cette indifférence sera surtout difficile à vaincre dans l'esprit, le caractère de populations qui, vivant sous des climats dont la fertilité est telle que la nature y a abondamment pourvu aux premières nécessités de la vie, n'ont en conséquence pas de besoins urgents à satisfaire de ce côté-là; qui, n'ayant aucune idée des jouissances du luxe que crée la civilisation dans les grands centres de population, ne sont pas excitées par le désir de travailler beaucoup pour en jouir dans une mesure même très-limitée ; qui, habituées de temps immémorial, de père en fils, à se mouvoir constamment dans le même cercle d'idées et de travail, ne voient aucune nécessité à en sortir.

Il y a donc de grands efforts à faire de la part des hommes intelligents, actifs, entreprenants, et surtout persévérants, de l'Amérique du Sud, pour faire entrer dans cette voie, si riche d'avenir, les populations naturellement apathiques au milieu desquelles ils vivent, et dont le concours leur est indispensable, en leur faisant non-seulement comprendre, mais encore toucher du doigt, tout ce que l'exploitation de cette riche industrie, entre leurs mains, leur apporterait de bien-être sérieux, positif.

Je lisais ces jours-ci, Messieurs, dans un journal, l'opinion de l'un des hommes dont l'opinion fait souvent autorité en sériciculture, industriel des plus distingués, homme des plus honorables, et qui s'exprimait ainsi sur la question des graines de vers à soie étrangères : *Quant au Chili et à l'Équateur, il n'y a là rien de sérieux.*

En lisant ces lignes, Messieurs, je me suis dit que cette opinion ne pouvait avoir d'autre base qu'une étude plus ou moins sérieuse faite du caractère, des habitudes des habitants de l'Amérique du Sud, y rendant impossible l'acclimatation séricicole au point de vue industriel. Peut-être que, si celui qui, de la meilleure foi du monde, a émis cette opinion avait su que depuis cinq à six ans, cinq à six millions au moins de mûriers ont été plantés au Chili, que depuis deux à trois ans ce pays envoie chaque année en Europe de 10 à 20,000 onces de graines ;

S'il avait su qu'à l'Équateur plus de deux millions de mûriers ont été plantés depuis deux à trois ans ; que depuis deux ans il en a été envoyé une quantité d'excellentes graines assez importante, alors surtout que cette industrie n'y date que de trois ans ; peut-être, dis-je, s'il avait su tout cela, n'eût-il pas émis une opinion aussi absolue.

Dans l'état désastreux actuel de la sériciculture, Messieurs, je vous ai dit que nous devions tourner les yeux, formuler nos espérances du côté de l'Amérique du Sud pour en tirer les bonnes graines de vers à soie, qui nous font défaut. En tenant ce langage, je me suis préoccupé d'abord de nos intérêts propres, mais il est de toute justice que je fasse aussi la part des intérêts américains. Or, voici le langage que je leur tiens depuis longtemps en toute franchise :

Si, dans l'acclimatation séricicole chez vous, vous n'avez en vue que la production de la graine de vers à soie, alléchés que vous pouvez être par les prix exorbitants qu'atteint la vente de toute graine bien notée, je vous engage à vous arrêter de suite, à arracher vos mûriers, si vous ne voulez pas plus tard marcher de désillusions en désillusions.

Là n'est pas la richesse vraie, positive de cette riche industrie ; ce que vous devez rêver, c'est de l'implanter chez vous dans des conditions qui visent à l'éternité, et la vente seule de la graine est à mille lieues de pouvoir vous les offrir ; voici pourquoi : De deux choses l'une, ou la maladie des vers à soie passera, ou elle se perpétuera. Or, dans le premier cas, les graines étrangères, de quelque part qu'elles viennent, nous seront inutiles, et partant nulle part elles ne trouveront acheteurs ; dans le second cas, la continuation indéfinie de la maladie des vers à soie fera nécessairement disparaître l'industrie de leur éducation ; les propriétaires de mûriers, fatigués de voir leurs terres toujours grevées d'impôts onéreux, rester improductives, arracheront leurs mûriers (ce qui a déjà eu lieu dans beaucoup de localités), et cette prévision se réalisant, toute espèce de graines deviendra à peu près inutile, faute d'emploi.

En outre de ces considérations, les graines seront toujours exposées à des dangers sérieux : détérioration pendant leur long voyage ; incertitude sur leur éclosion à époque fixe et opportune ; régularité suivie et prompte des éclosions, l'épidémie pouvant les frapper et partant les déprécier dans l'opinion publique, et en rendre la vente difficile et à prix peu rémunérateur, etc., etc., etc.

La richesse vraie, sérieuse, sans fin, de l'acclimatation séricicole dans l'Amérique, repose d'abord et essentiellement dans la production sans limites de beaux et bons cocons à filer, dont la vente est toujours certaine à prix rémunérateur et sans chances aléatoires à courir ; c'est là que les Américains doivent viser ; porter leurs vues sur la graine serait, je le répète, pour eux, tourner dans un cercle vicieux.

Je prêche, Messieurs, contre toute tendance de leur part à vouloir rêver dès à présent l'établissement de filatures de soie chez eux ; j'estime que chaque chose doit arriver à son temps, toujours trop de précipitation fait échouer. Quand ils seront arrivés à pouvoir produire beaucoup de cocons, il ne leur manquera pas d'industriels expérimentés qui iront établir des filatures sur les lieux de productions ; ils ne doivent pas encore s'exposer à convertir de bons cocons en soie mal filée et partant mauvaise.

J'estime, Mesdames et Messieurs, que le prompt développement de l'industrie séricicole dans l'Amérique du Sud a pour nous une importance des plus grandes, et en voici la raison :

Chaque année, nous portons dans l'extrême Orient des sommes énormes en numéraire pour nos approvisionnements de produits séricicoles, soies filées, graines de vers à soie. Comme ces contrées produisent elles-mêmes la majeure partie de tout ce qu'elles consomment, il en résulte que notre numéraire s'y enfouit pour ne plus en revenir.

Il en serait tout autrement si nous trouvions plus ou moins dans l'Amérique du Sud les produits séricicoles qui nous sont nécessaires et que nous payerions en échange de nos propres produits de tous genres, répandant partout l'aisance, surtout dans les classes moyennes et pauvres, et qu'elles consommeraient alors en bien plus grande quantité.

Comme vous le voyez, Messieurs, en dehors des bonnes graines de vers à soie que pourrait nous fournir l'Amérique du Sud, graines donnant des cocons infiniment supérieurs à ceux de la graine du Japon, il y a encore lieu de se préoccuper de notre commerce international qui trouve sa part dans cette opération, de manière à nous intéresser au plus haut degré.

Nous avons donc un grand, un puissant intérêt à seconder par tous les moyens en notre pouvoir, à encourager, à stimuler, les premiers pionniers de la sériciculture américaine, et je me plais à espérer qu'à cet égard ma voix trouvera de l'écho dans l'oreille de tous ceux qui ont un puissant intérêt dans cette question, que je crois pouvoir appeler nationale, puisqu'elle touche à la plus riche, la plus importante de nos industries.

Je me permettrai, Mesdames et Messieurs, de vous donner un aperçu de l'état actuel du développement séricicole dans quelques Etats de l'Amérique du Sud.

La république du Chili occupe le premier rang sous ce rapport. Comme je vous l'ai dit, il s'y est déjà fait des plantations de mûriers sur une vaste échelle ; le gouvernement ne néglige rien pour doter le pays de cette riche industrie ; il a installé à la ferme modèle du gouvernement, à Santiago du Chili, une magnanerie qui depuis deux à trois ans a produit en abondance d'excellentes graines ; l'éducation de vers à soie qui se fait à cette heure à l'exposition, provient de graines qui y ont été pondues en décembre 1867 ; or vous pouvez juger de la robusticité des vers de cette provenance, qui, n'ayant pour nourriture que de la feuille très-dure de ce printemps, faute d'autres ; qui, soumis à une température variable de 8 à 10 degrés entre le jour et la nuit, ne continuent pas moins à se bien porter, sans mortalité, et à bien marcher; tout donne lieu d'espérer, quant à présent, que cette éducation se terminera dans des conditions de plein succès.

Le Chili est admirablement favorisé pour l'élevage des vers à soie dont l'éducation a déjà été commencée dans cinq à six des provinces qui s'y prêtent le mieux par les principaux propriétaires, tels que MM. *Bertrand, Brieba, Cazotte, Canepa, Correa, Echavaria frères, Federico, Franzoy, Antonio Gallo, Liez et Cie, Camilo Lopez, Larrain, Ramon Montt, Pedro Musso, Alexandro Silva, Jorge Ochagavia, Rafael Ovalle, Santiago Prado, Luis Sada, Sada et Cie, Thomas Ormeneto, Vergara, Nicomède Ossa, etc., etc., etc.* De toutes les républiques de l'Amérique du Sud, le Chili tient le premier rang sous tous les rapports. Là, les révolutions incessantes, les guerres civiles qui désolent et ruinent la plupart des autres États de ces contrées, que la nature a si richement dotées, y sont à peu près inconnues. L'agriculture, l'industrie y ont atteint un degré d'avancement, de perfection, de prospérité, de beaucoup supérieur à ce que l'on trouve ailleurs dans l'Amérique du Sud. Cet état de choses si prospère, est dû à la sagesse des institutions qui régissent le pays, ainsi qu'à l'habileté, la prudence, le désintéressement des hommes qui sont à la tête de son gouvernement, qui vient de décréter une loi d'émigration empreinte de l'esprit le plus libéral, et de nature à surexciter vivement l'attention et les désirs de tous ceux qui sont disposés à aller tenter la fortune hors de leur pays.

Je dois, Messieurs, au concours actif, énergique de M. Fernandez Rodella, consul général du Chili à Paris, une grande part dans le succès des efforts que je fais pour doter ce pays de cette riche industrie, appelée, j'en ai la profonde conviction, à devenir un jour prochain l'un de ses articles d'exportation les plus riches et les plus abondants.

Le Chili organise pour le mois d'avril prochain, une grande exposition universelle pour ouvrir chez lui un large débouché à tous nos produits, mais surtout à toutes nos machines agricoles, dont jusqu'à présent l'Angleterre et les États-Unis ont eu le monopole de ce marché. Je crois en conséquence rendre un véritable service à tous nos constructeurs de machines agricoles, à tous les fabricants d'appareils pour la sériciculture, en les engageant à ne pas négliger cette précieuse occasion de faire connaître leurs produits dans ce pays, dont la prospérité et l'accroissement de population deviennent chaque année de plus en plus grands.

Il est probable que tout ce qui sera envoyé dans de bonnes conditions de qualité et de prix sera vendu, et par conséquent ne reviendra pas.

J'ai appris il y a quelques jours que les deux derniers courriers venus du Chili avaient apporté à une seule maison anglaise, fabriquante d'instruments aratoires, des ordres pour plus de un million cinq cent mille francs à expédier au plus tôt. Ce fait est de nature à faire comprendre à nos constructeurs de machines agricoles et autres l'intérêt puissant qu'ils ont à faire figurer leurs produits à cette exposition.

Après le Chili, je placerai l'Équateur, qui ne date que de trois ans comme pays sériciculteur ; mais depuis cette époque cette industrie y a fait un grand pas quant à la quantité de mûriers qui y ont été plantés. Les principaux propriétaires du pays, tels que *MM. Gomez de la Torre, Chiriboga, Barba, Calisto, Alvarez, etc.*, ont pris à cœur l'acclimatation de cette riche industrie dans leur pays, où il sera possible de faire 5 à 6 éducations par année, attendu que j'ai reçu des graines faites en décembre, en janvier, en mars, en juin et en août. En outre il vient de se former entre six Français, connaissant bien l'éducation des vers à soie, une société, pour cette exploitation, dans une localité où ils ont affermé une propriété, pour l'y installer, et qui réunit au plus haut point les conditions les plus favorables à des éducations plusieurs fois répétées dans la même année, d'après ce qu'ils m'en disent.

La guerre qui depuis quatre ans ravage la Plata a empêché le développement que commençait à prendre la sériciculture dans la république de l'Uruguay. M. Francisco Lecoq, un des principaux propriétaires du pays, fait depuis plus de vingt ans chez lui, à Montevideo, avec le plus constant succès, des éducations de vers à soie. Son intention est d'installer, aussitôt la guerre finie et la sécurité revenue, une magnanerie complète, dans une magnifique propriété qu'il possède aux environs de Montevideo et sur laquelle il veut débuter par une plantation de 100 à 150,000 mûriers.

M. Hébert, français, établi sur les bords de l'Uruguay, où il exploite en agriculteur de magnifiques terrains, a débuté l'an passé dans cette voie avec complet succès, ce qui l'encourage à s'y lancer largement. M. Fauvety, publiciste, n'a cessé depuis trois ans de publier dans les journaux de la Plata de nombreux articles en faveur de cette intéressante question.

L'élan est à cette heure imprimé ; il s'agit de le soutenir et de ne pas le laisser se ralentir ; l'exemple des faits acquis porte déjà ses fruits. Au

Pérou, dans la Colombie, au Venezuela, à Porte-Rico, dans l'Honduras, au Brésil, la question séricicole est à l'ordre du jour; on s'en préoccupe, on l'étudie, et plusieurs riches propriétaires de ces diverses contrées sont décidés à en faire un premier essai, m'ont-ils dit ou écrit.

De tout ce qui précède, Messieurs, y a-t-il lieu d'espérer ou de douter que, dans un temps un peu plus, un peu moins rapproché, l'industrie séricicole puisse s'implanter sur une large exploitation dans les diverses contrées de l'Amérique du Sud? Je laisse à chacun le soin de répondre à cette question avec plus ou moins de raisons sérieuses. Quant à moi, je réponds oui, il y a lieu de l'espérer, car à cet égard ma foi est vive, ma conviction profonde. Tout ce qu'il me reste à souhaiter, c'est de trouver chez les Américains la même foi, la même conviction, et alors, plus de doute dans le succès.

Je crois opportun, Mesdames et Messieurs, de vous dire quelques mots sur les divers phénomènes que j'ai été à même de constater à l'égard des graines de l'Amérique du Sud, tant sur les éclosions que sur leur santé, et les maladies qui ont pu les atteindre.

Je commencerai par les phénomènes d'éclosion, en vous citant les suivants :

Les graines Chili, dont l'éducation des vers éclos se fait à cette heure à notre exposition, ont été pondues en octobre 1867 à la *quinta normale* du gouvernement, à Santiago du Chili; elles ont été expédiées par vapeur, voie de Panama, et sont arrivées à Paris fin février 1868. Ces graines, placées dans un local au nord, aéré, non humide, ont eu un commencement d'éclosion à partir de juillet, qui journellement s'est continué jusqu'à ce jour, où elle semble disposée à s'arrêter; tout ce qui n'est pas encore éclos paraît devoir rester sans éclosion jusqu'au printemps prochain.

En juin et juillet, j'ai reçu des graines Chili, pondues également en décembre 1867, expédiées sur navire à voiles doublant le cap Horn. Ces graines ont eu à peine quelques éclosions jusqu'à ce jour, sur environ 150 à 200 onces envoyées. A quoi attribuer cette différence? Ne proviendrait-elle pas de la différence du chemin qu'elles ont parcouru? Je laisse à nos savants bacologues le soin de résoudre ce problème.

Aux mois de février et de mars, j'ai reçu de Montevideo deux envois de graines pondues en octobre 1867, les uns à Montevideo, les autres sur les rives de l'Uruguay, à 30 à 40 lieues plus au nord. Toutes celles pondues sur les rives de l'Uruguay sont écloses ce printemps, tandis que celles pondues à Montevideo, de même race, pondues dans le même mois, n'ont eu jusqu'à ce jour que de rares éclosions.

Cette année, il a été fait des éducations avec des graines Chili et Equateur, les unes pondues en novembre 1866, les autres en août 1867. Il importe, Messieurs, d'apporter dans cette question la plus entière, la plus loyale franchise, car c'est de la connaissance des faits contradictoires qu'offrent les graines américaines dans leur emploi, de leur comparaison attentive entre eux, que l'on arrivera à savoir exactement comment ces graines doivent être traitées pour satisfaire à toutes les exigences de leur emploi et de leur éducation.

Je passe maintenant à la question des maladies qui les ont atteintes. Tout d'abord je vous dirai qu'elles ont généralement été reconnues exemptes de *corpuscules*, mais elles n'ont pas échappé sur divers points aux influences morbides de la flacherie, qui cette année a frappé et ravagé indistinctement toutes les races à peu près sans exception.

En général l'on suppose que le germe de la maladie se trouve tout d'abord dans la graine, et que c'est là surtout qu'il faut le chercher. En présence de tous les faits que j'ai constatés, je ne partage pas cette opinion, et il me paraît que l'on fait fausse route dans la nature des recherches auxquelles l'on se livre.

En effet, comment admettre qu'un insecte portant, même avant de naître, en lui-même des principes morbides, puisse dès sa naissance, jusque près du terme de sa carrière, se montrer constamment fort, vigoureux, plein d'appétit, pour ensuite être instantanément frappé par la maladie, et mourir presque subitement ?

Le mal est-il dans la graine? Mon opinion, appuyée sur des preuves irréfragables, dit non, et de ces preuves en voici quelques-unes : Un éducateur élève deux onces de graines Équateur, ponte d'août 1867 ; cette graine mettant à éclore plusieurs jours, il en fait trois lots de six jours en six jours. Sur le premier lot, réussite complète; sur le second, 40 p. 100 de perte; sur le troisième lot, pas un ver n'échappe à la mortalité après le quatrième âge.

Dans le Gard, 60 onces de graine Équateur d'août 1867 sont réparties par un éducateur entre 30 de ses voisins ; sur ce nombre, une vingtaine voient la flacherie tout emporter; d'autres obtiennent de 10 à 15 kilos de cocons, et l'un d'eux obtient d'une once seule 40 kilos de magnifiques cocons. Jusqu'à la cinquième, tous les vers étaient admirables de beauté, de vigueur ; une seule nuit a suffi pour tout emporter.

J'ai envoyé une partie de la graine faite sur les bords de l'Uruguay en octobre 1867 à M. le professeur Pestalozza, de Milan, et distribué le surplus à différents éducateurs français. Chez tous ces derniers, cette graine a donné une complète satisfaction, tandis que M. Pestalozza n'a pu même en obtenir un seul cocon. Je pourrais, Messieurs, vous citer bien d'autres faits de cette nature, mais je m'en abstiens, pour ne pas fatiguer outre mesure votre attention.

Un fait certain a été constaté en faveur des graines américaines c'est leur parfaite sanité, et leur supériorité considérable sur les graines du Japon, quant à la nature des cocons qu'elles produisent. Si nous ne voulons pas voir peu à peu nous échapper cette riche industrie de l'éducation des vers à soie, il faut que tous les éducateurs jettent leurs vues d'une manière sérieuse du côté de l'Amérique du sud, dans la prévision qu'il se passera peut-être encore beaucoup d'années, avant que nous puissions produire nous-mêmes toutes les graines dont nous avons besoin, ce qui ne sera possible que lorsque le fléau qui ravage nos éducations aura disparu, en s'attachant de préférence sur les graines que nous produisons.

Je vous l'ai dit, Messieurs, je suis trop l'ami sincère des séricicuIteurs américains, pour leur vanter les gros bénéfices que pourra leur offrir la vente de leurs graines, et partant les engager à ne voir que ce côté attrayant, mais trompeur, de la question. Loin de les pousser dans cette fausse voie, je les en détournerai le plus possible, pour les raisons que j'ai précédemment données, et dont ils apprécieront, je l'espère, la portée et la valeur.

Il appartient à nos éducateurs de pousser les éducateurs américains dans la production de la graine, s'ils la jugent bonne ; mais pour cela ils ne doivent pas reculer devant les quelques premiers sacrifices d'achat à en faire, pour apprendre à bien la connaître, et la mener à bonne fin dans son emploi. Il y a là pour eux tous une question de la plus haute importance à étudier et à résoudre.

Je termine, Mesdames et Messieurs, cette trop longue communication, qui, je le crains, a pu ne pas vous intéresser autant que je l'eusse désiré, en vous priant de m'excuser si mes efforts dans cette occasion n'ont pas atteint le but que j'ai visé en éveillant votre sérieuse attention sur une situation qui a pour la plus riche de nos industries une importance capitale.

Nouvelles observations sur le puceron de la vigne.

(*Pylloxera vostatrix* [*nuper Rhizaphis*, Planch.])

La note succincte du 3 août, dans laquelle je signalais le puceron de la vigne, le considérait uniquement à l'état aptère : on pouvait prévoir que l'état ailé de cet aphidien pourrait seul révéler ses affinités véritables, et marquer peut-être sa place parmi les genres décrits. L'événement a justifié ces prévisions. Au lieu que la forme sans ailes semblait le rapprocher d'aphidiens aptères et souterrains (*Forda, Trama, Paracletus*), la forme ailée que j'ai obtenue tout récemment rentre dans le genre *phylloxera* de Fonscolombe, dont le type le plus connu (*Phylloxera quercus*) habite, sous ses deux formes, la forme ailée et la forme aptère, la face inférieure des feuilles du chêne blanc. Une fois ce rapprochement établi, les rapports intimes se manifestent même entre les états aptères des deux espèces ; ces rapports avaient été du reste entrevus par M. le docteur Signoret, lorsqu'il me signalait la ressemblance des antennes de mon *Rhizaphis* avec le *Phylloxera*.

Cela dit sur la détermination réelle des pucerons destructeurs des vignes, je vais résumer brièvement ce que m'ont appris sur ses mœurs une série d'observations attentives, faites sur place (en trois courts voyages) ou sur l'insecte élevé dans des bocaux pendant une quarantaine de jours consécutifs.

La forme la plus répandue du puceron de la vigne est celle qui ne présente pas de trace d'ailes. A l'état de femelle adulte, c'est-à-dire en train de pondre, l'insecte constitue une petite masse ovoïde, étroitement appliquée sur la racine par sa face inférieure aplatie, convexe à sa face dorsale, comme entourée d'un bourrelet très-étroit sur le bord de sa partie thoracique, laquelle, formée de cinq anneaux peu distincts, est à peine séparée de la partie abdominale à sept anneaux. Six rangées de petits tubercules mousses se détachent en très-légère saillie sur les segments thoraciques et se retrouvent à peine marqués sur les premiers segments abdominaux. La tête est toujours cachée sur la saillie antérieure du corselet, les antennes presque toujours rabattues ; l'abdomen, souvent court et contracté, s'allonge plus ou moins lors de la ponte et laisse voir par transparence un, deux ou rarement trois œufs, arrivés à maturité plus ou moins complète.

L'œuf est jaune clair pendant un, deux et quelquefois plusieurs jours après la ponte ; mais le plus souvent le jaune clair et vif tourne au jaune grisâtre et terne. L'éclosion doit avoir lieu dans un terme variable, au bout de cinq à huit jours peut-être, suivant la température.

La rapidité, l'abondance de la ponte, dépendent probablement aussi de circonstances variables : santé de la mère, quantité de la nourriture, empérature et peut-être d'autres causes. Une femelle, qui avait six œufs le 20 août à huit heures, en a eu quinze le 21 août à quatre heures du soir, c'est-à-dire neuf de plus en trente-deux heures. D'autres femelles ne pondent que un, deux et trois œufs en vingt-quatre heures. Le maximum de la ponte, quant au nombre, doit être d'une trentaine, chiffre constaté chez une femelle dans l'intervalle du 19 au 24 août.

En général, les œufs de la même ponte sont groupés en tas autour de la mère, sans aucun ordre apparent. Cependant la mère change parfois la direction de son abdomen et de sa tête, de manière à faire complète volte-face et à répandre ses œufs en tous sens. Ces œufs, lisses à la surface, n'adhèrent que faiblement, soit à la racine, soit les uns aux autres. Une légère viscosité détermine cette adhérence.

L'éclosion des jeunes insectes se fait par une déchirure irrégulière et souvent latérale d'un bout de la membrane de l'œuf. Celle-ci persiste quelque temps vide et froissée parmi les œufs à divers degrés d'évolution.

Pendant les premiers jours de leur vie (deux, trois, quatre, cinq jours, suivant les cas), les jeunes sont *à l'état vagabond.* Ils vont, errant çà et là, à la recherche d'un lieu favorable pour se fixer. Leur marche est plus rapide qu'à l'état adulte ; ils ont l'air de palper avec leurs antennes la surface qu'ils parcourent. Le mouvement des antennes est généralement alternatif ; on dirait les bras d'un balancier ou, si l'on veut pardonner cette comparaison, les deux bâtons d'un aveugle explorant le sol avant de s'y hasarder.

Après un temps variable de vie errante, les jeunes pucerons se fixent sur un point déterminé. C'est le plus souvent dans une fissure de l'écorce, d'où leur trompe puisse aisément plonger dans les cellules de la couche génératrice, c'est-à-dire d'un tissu jeune à cellules pleines de suc. Si l'on fait sur une racine une plaie fraîche, par ablation d'un lambeau d'écorce, c'est au pourtour de la plaie ou sur la coupe des rayons dits *médullaires*, que se portent par files les pucerons. Une fois fixés à leur convenance, on les voit appliqués sur la racine, leurs antennes immobiles formant en avant comme deux petites cornes divergentes.

A cette période de leur vie, du troisième au quinzième jour de leur naissance, les pucerons sont plus ou moins sédentaires. Cependant ils changent de place de temps à autre, surtout si l'on fait à côté d'eux une plaie nouvelle qui leur promette une nourriture succulente.

Quel est le sens qui dirige si sûrement les pucerons souterrains vers le lieu qui leur convient le plus ? Ce ne doit pas être la vue, car leurs yeux sont de simples taches pigmentaires, et leur démarche est celle d'aveugles. Ce ne saurait être l'ouïe, puisqu'il s'agit d'atteindre, non une proie, mais un tissu végétal : c'est plus probablement l'odorat, et l'on se demande, à cette occasion, si les deux nucleus lisses qui paraissent enchâssés dans les derniers articles des antennes ne seraient pas les organes de cette fonction, dont le siége est si controversé.

Parmi les insectes non adultes, fixés par leur suçoir sur les racines, on en voit çà et là quelques-uns, de taille moyenne, de couleur généralement plus orangée, dont l'abdomen, relativement plus court, semble coupé plus carrément en arrière. Ces individus semblent plus errants que les autres, et je les ai quelque temps suivis comme pouvant être des mâles aptères. Rien n'est venu pourtant confirmer cette hypothèse très-problématique; et, comme j'ai vu des femelles avérées se rapprochant, pour la couleur et la forme de ces individus un peu spéciaux, je penche à croire qu'il n'y a pas là de différences sexuelles.

Une double mue précède l'état adulte, la première peu de jours après la naissance, la seconde peu de temps avant la ponte. Quelque incertitude règne, du reste, sur le nombre de ces changements de peau, les dépouilles se trouvant mêlées dans les groupes de pucerons de divers âges, sans qu'on puisse aisément les démêler.

Sur les tubérosités morbides du chevelu des racines ou des racines adventives, les pucerons, peut-être mieux nourris, semblent parcourir plus vite leurs diverses phases d'évolution. Ils sont aussi d'un jaune beaucoup plus pâle, passant au verdâtre clair : mais il n'y a là d'ailleurs aucune différence spécifique.

Ce qu'on pourrait prendre aisément pour une espèce et même pour un genre tout à fait à part, c'est la forme ailée du *Phylloxera*. Les rares individus que j'ai pu en voir sont tous provenus de pucerons nourris sur des radicelles de vignes nouvellement envahies. A l'état jeune (on pourrait dire à l'état de larve), ils ressemblent au type aptère. Bientôt pourtant le corselet se dessine mieux que dans ces derniers ; un étranglement manifeste le sépare de l'abdomen ; des fourreaux d'ailes, sous forme de languettes triangulaires de couleur grisâtre, apparaissent aux deux côtés du corselet. On peut prévoir que, de cette enveloppe de nymphe, va sortir bientôt un insecte ailé.

Dès que l'on voit, en effet, une de ces nymphes quitter la place où elle s'était plus ou moins fixée, et parcourir la racine ou les parois du flacon où on l'élève, c'est le signe d'une très-prochaine transformation. Bientôt, au lieu d'une sorte de pou, on voit, à côté d'une dépouille transparente, une élégante petite mouche dont les quatre ailes horizontalement croisées dépassent de beaucoup la longueur du corps.

Il est impossible, du reste, de mettre en doute l'identité spécifique de cet insecte et de la forme aptère qui pullule sur les racines. Les détails de structure de certains organes, antennes, pattes, tarses, suçoirs, établiraient cette identité.

Pour ce qui est des antennes, je les avais décrites chez le *Rhizaphis* (forme aptère du *Phylloxera*) comme formées de sept articles. Cela tient à la difficulté de distinguer entre de vraies et de fausses articulations. Mieux instruit par l'étude de la forme ailée, suivant l'opinion de M. le docteur Signoret, je ne reconnais à ces antennes que trois articles, dont le dernier surtout, plus long que les autres, présente des annulations transversales, sans parler des deux nucleus lisses, qui sont comme enchâssés dans les deux derniers articles, et répondent à ce que M. Lespès a regardé comme des organes possibles d'audition. Nous avons vu plus haut que leur rôle semblerait plutôt se rattacher à l'olfaction.

Le port horizontal des ailes distingue très-nettement les *Phylloxera* des aphidiens par excellence, chez lesquels les ailes sont plus ou moins inclinées en toit. Les deux ailes supérieures, obliquement obovales-cunéiformes, ont, sur plus de la moitié basilaire de leur bord externe, une aréole linéaire, légèrement enfumée de roussâtre clair, enfermée entre une nervure marginale et une nervure intérieure qui répond, je suppose, à la radiale. Une seule nervure oblique se détache de cette dernière en avant de son milieu, et se prolonge presque jusqu'au bord interne. Deux autres lignes partent du bout de l'aile et s'avancent en s'amincissant vers la nervure oblique, mais sans l'atteindre et sans s'y rattacher. Ce ne sont peut-être pas même des nervures, mais plutôt des plis, car j'ai pu constater souvent leur absence.

Les ailes inférieures, plus étroites et bien plus courtes, ont une nervure marginale courant de leur base jusqu'au delà de leur milieu, et se perdant dans une légère saillie que l'aile présente à cet endroit : une nervure radiale court parallèlement à la première et disparaît avant d'en atteindre le bout.

Les yeux, relativement très-gros et de couleur noire, sont irrégulièrement globuleux, avec un mamelon conique peu marqué ; leur surface est granuleuse, une dépression punctiforme est creusée au centre de chaque granule; un ocelle circulaire occupe le milieu du front.

Parmi les quinze exemplaires ailés de *Phylloxera* que j'ai observés, aucun n'a présenté de différence sexuelle avec les autres. Presque tous ont pondu deux ou trois œufs et sont morts peu de temps après, peut-être par suite du confinement dans les flacons. Les œufs semblables à ceux de l'insecte aptère remplissent, au nombre de deux ou trois, l'abdomen entier de la mère. On les voit aisément par transparence, en comprimant l'insecte sous le verre du porte objet du microscope. J'ignore combien de temps ils mettent à éclore, et s'ils donnent toujours des individus pareils à la forme ailée de l'insecte.

Il est probable, du reste, que ces individus ailés servent à la propagation à distance de l'insecte destructeur ; non que leurs ailes leur servent pour un vol rapide et soutenu : ils se tiennent le plus souvent immobiles et n'agitent que rarement leurs ailes en les relevant, mais sans quitter le plan de position. Ceci, du reste, est une observation faite dans des conditions défavorables, c'est-à-dire sur l'insecte en captivité. Mais je suppose que, même dans la nature, le vent est le principal agent de dispersion du *Phylloxera*, comme il l'est parfois pour les pucerons ordinaires.

En tout cas, la connaissance de cette forme pourvue d'ailes et à vie évidemment aérienne explique aisément des faits jusque-là embarrassants, par exemple la dissémination des centres d'invasion dans les vignobles.

Quant à l'invasion de proche en proche, il se peut qu'elle se fasse par les pucerons dépourvus d'ailes, lesquels, groupés en grand nombre au pied des souches déjà très-malades, enverraient peut-être leurs essaims sur les vignes saines les plus voisines.

On se demande, dans ce cas, quelle voie suivent les insectes pour arriver d'une souche à l'autre, et surtout pour atteindre tout d'abord les radicelles extrêmes des souches nouvellement attaquées. Est-ce par la profondeur du sol que se fait ce voyage souterrain ? serait-ce plutôt d'abord par la surface de la terre, grâce à la fraîcheur et à l'obscurité de la nuit, et puis le long des fissures des écorces jusqu'aux extrémités des racines ? Cette conjecture semble plus probable ; elle s'appuie même sur une expérience que j'ai faite de la manière suivante :

Dans une caisse de 1 mètre de long, j'ai mis de la terre de jardin, prise à Montpellier, c'est-à-dire exempte de pucerons. Dans cette terre, j'ai placé avec précaution des tronçons de vigne infestés de pucerons aptères, j'ai couvert chaque tronçon d'une cloche de verre légèrement soulevée d'un côté pour permettre aux insectes de sortir. A 3 centimètres de distance des tronçons de souche, j'ai placé des fragments de racines de vignes saines, sur lesquelles j'avais pratiqué des plaies fraîches, telles que les aiment les pucerons. Installée à six heures du soir, l'expérience avait, dès le lendemain matin six heures, donné quelques résultats : trois pucerons jeunes s'étaient rendus, de l'un de nos tronçons de vigne, sur le fragment le plus voisin de racine ; quelques jours après, vingt pucerons jeunes occupaient ce même fragment. Deux autres fragments reçurent aussi des pucerons en petit nombre. Un seul n'en eut pas du tout, mais le tronçon voisin avait peu de jeunes susceptibles de changer de place.

Une expérience analogue, mais tentée sur le terrain même infesté, a été faite, sur mes conseils, par M. Frédéric Leydier, à la ferme de Lancieux, près de Gigondas, et par un autre observateur près de Sorgues. Je dois dire qu'elle n'a donné que des résultats négatifs ; mais rien ne prouve qu'elle ne puisse réussir avec plus de persévérance et dans d'autres conditions.

Il serait très-heureux, du reste, que l'invasion des souches saines se fît par leur base et non sous terre par les radicelles. Dans le premier cas, le badigeonnage du pied de la souche avec le coaltar aurait probablement pour effet d'opposer à l'insecte envahisseur un obstacle insurmontable. Dans le second cas, il serait très-difficile d'atteindre dans les profondeurs du sol un ennemi si bien protégé.

Si le vent est le principal agent de propagation à distance du *Phylloxera*, on s'explique peut-être pourquoi l'extension de cet insecte s'est faite surtout dans le sens du cours du Rhône. Le mistral de Provence, si violent dans cette contrée, doit répandre surtout cet insecte du N. au S., sauf reflux possible du S. au N. sous l'influence d'un vent inverse ; mais le mistral du bas Languedoc, qui souffle du N.-O., va rejoindre obliquement le Rhône dans les plaines d'Arles, et doit rejeter les insectes vers leur centre de propagation. Que le vent du S.-E. souffle, au contraire, vers Montpellier, il arrive presque toujours chargé de pluie, ce qui semble exclure tout transport de pucerons.

Ce qui précède n'est, bien entendu, qu'une hypothèse. Nous la donnons pour ce qu'elle vaut, comme point de départ d'observations encore à faire.

J.-E. PLANCHON,
professeur à la Faculté des sciences.

(Extrait des *Comptes rendus hebdomadaires des séances de l'Académie des sciences.*)

Rapport sur l'apiculture à l'Exposition des insectes en 1868.

Membres du jury : MM. DELINOTTE, DE LIESVILLE, PELLETAN, P. RICHARD, VIGNOLE et H. HAMET, rapporteur.

La tâche de membre de jury est difficile lorsqu'on veut être impartial et qu'on n'a d'autre but que celui de servir le progrès. Il faut connaître à fond la partie qu'on a à juger ; il faut avoir pratiqué cette partie et savoir comparer les divers modes d'opérer. Les théoriciens purs, fussent-ils de l'Institut, ne sauraient porter des jugements aussi exacts que les praticiens éclairés sur ce qui concerne l'art de produire par le travail manuel.

Mais si la tâche de membre de jury est difficile, surtout lorsque divers systèmes sont en présence et que certains exposants prennent les concours pour des *steeple chase* de solliciteurs, — celle de rapporteur n'est pas moins ardue. Néanmoins je l'ai acceptée, pensant pouvoir la remplir.

Au moment de se mettre à l'œuvre, le jury d'apiculture a reconnu qu'il ne pouvait suivre à la lettre le programme dressé à l'avance, lequel ouvrait 30 concours particuliers. Il a dû, le plus souvent, examiner et distinguer en bloc les instruments, les produits et le mérite de chaque exposant.

Il a commencé par faire une appréciation générale et par comparer cette exposition aux précédentes. De son examen d'ensemble, il résulte que l'impulsion donnée, il y a près de quinze ans, par la *Société d'apiculture* porte de plus en plus des fruits et que la culture des abeilles progresse. La salle des produits en témoigne d'une façon évidente, et donne plus exactement que celle des instruments l'état de notre apiculture améliorée.

Votre jury a constaté que les produits remarquables exposés, et tels qu'ils sont aujourd'hui fabriqués par nos bons producteurs, n'ont pas été obtenus avec les instruments dits les plus perfectionnés qu'on trouve en majorité dans la salle des appareils. Il a constaté en outre que les exposants de ces instruments perfectionnés n'ont pas apporté de produits pouvant lutter avec ceux fournis par les apiculteurs qui s'attachent plus aux méthodes rationnelles et économiques qu'aux systèmes d'appareils à employer pour les opérations. C'eût été pourtant un moyen frappant d'établir la supériorité de leur invention. Le public peu éclairé n'en eût pas demandé d'autre.

Ainsi que cela avait déjà été fait précédemment, votre jury a divisé les exposants d'instruments en deux catégories : ceux qui s'adressent à l'apiculture économique constituant une industrie étendue dans plusieurs cantons, et ceux qui s'adressent à l'apiculture accessoire et d'amateur ; et il a accordé la plus large part à la première, parce que c'est elle qui alimente la consommation au prix le plus bas possible.

Appelée à émettre son opinion sur la valeur du cadre ou rayon mobile, — qui constitue ce qu'on appelle le système allemand, — la majorité du jury n'a pas hésité à déclarer que ce système ne pouvait « faire merveille » chez nos grands et même chez beaucoup de nos petits producteurs, qui ne se trouvent pas dans les mêmes conditions que les Allemands. Ici la main-d'œuvre est plus élevée et les produits sont à meilleur marché, à cause de la concurrence que vient leur faire le Chili. D'où il résulte qu'il faut dépenser moins en appareils et en temps, et produire davantage pour obtenir les mêmes bénéfices. Or, on ne produit davantage qu'en exploitant un plus grand nombre de ruchées, et on dépense moins en n'employant que des appareils à prix peu élevé. On sait que les ruches à cadres coûtent deux ou trois fois plus que les ruches à divisions superposées et sept ou huit fois plus que les ruches simples.

Néanmoins des exposants de ruches à cadres prétendent que leur système est le *nec plus ultra* de l'apiculture rationnelle, et que, sans cette ruche, on ne peut même faire de l'apiculture rationnelle ; qu'en un mot, cette ruche est aux autres ce que le chemin de fer est aux anciennes voies de communication.

Vous n'avez pu confondre l'apiculture *savante*, qui s'intitule apiculture exclusivement rationnelle, avec l'apiculture *productive ;* vous n'avez pas non plus pris au sérieux la comparaison invoquée, car le chemin de fer abrège les distances, et le cadre mobile allonge la besogne. Tel apiculteur qui conduit cent ou deux cents ruches à calottes ou à hausses ne peut, sans aide, conduire que cinquante ou quatre-vingt ruches à cadres mobiles. Et encore, si celles-ci produisaient davantage ; mais on sait que la production du miel est le fait de la nature, et que là où celle-ci n'en met qu'un kilogramme dans les fleurs, la ruche la plus « merveilleuse » du monde ne saurait en donner deux.

Tout instrument dit perfectionné qui ne diminue pas la main-d'œuvre en raison de l'élévation de son prix ou qui ne donne pas un plus grand rendement de produits, est à rejeter pour lui préférer l'instrument simple et à bon marché. Or, la ruche à cadres mobiles, qui coûte deux ou trois fois autant que la ruche à chapiteau ou celle à hausses, et qui ne produit pas davantage, à conditions égales, ne saurait être adoptée par nos producteurs qui sont obligés de livrer à la consommation du miel à bon marché.

Mais peuvent l'adopter avec avantage ceux qui ne se trouvent pas dans les mêmes conditions : ceux qui peuvent la façonner eux-mêmes et qui ont le bois à bas prix ; ceux qui n'ont pas à calculer le temps ; ceux qui ont une clientèle bourgeoise à laquelle ils font payer les produits un tiers ou le double plus cher que le commerce de gros ne les paye ; ceux qui s'adonnent à l'éducation des mères italiennes ; ceux qui, pour leur agrément ou leur instruction, veulent suivre de près les travaux de leurs abeilles, faire des observations ou des expériences.

Le nombre de ruches à cadres mobiles exposées indique que le nombre des possesseurs d'abeilles de cette catégorie augmente, sans que celui des producteurs économiques diminue. La *Société d'insectologie agricole* ne peut que doublement applaudir, et le jury qu'elle a désigné pour apprécier le mérite de chaque exposant, par suite d'un long et minutieux examen, classé ainsi les lauréats.

(*A suivre.*)

Graines de ver à soie. Une dépêche de la Pointe-de-Galles, du 14 novembre, annonce que du 12 est parti, pour Marseille, le bateau le *Donnai*, emportant 3,500 caisses de vers à soie.

L'Éditeur-propriétaire : E. DONNAUD.

Paris. — Imprimerie de E. DONNAUD, rue Cassette, 1.

N° 11. 2e ANNÉE. Décembre 1868.

L'INSECTOLOGIE AGRICOLE

SOMMAIRE :

Bulletin insectologique.

Moyen de mettre les pieds de melons cantaloups à l'abri des atteintes des pucerons. Ce procédé, imaginé par M. Testard, jardinier à la Villette, consiste à bassiner les plantes tous les jours, en donnant à chacune environ un litre et demi d'eau, au lieu de les arroser tous les trois ou quatre jours, comme on le fait habituellement. On entretient ainsi une humidité continuelle et cependant assez modérée qui favorise beaucoup la végétation, et en même temps tue l'insecte et en empêche les œufs d'éclore. Il paraît que ce procédé tue également l'altise et d'autres petits insectes et qu'on l'emploie avec succès pour la culture du navet.

Exploitation industrielle des hannetons.— Il y a 7 ou 8 ans que M. Collardeau (frère du savant auquel la chimie doit des instruments gradués de précision des plus utiles) disait qu'il avait reconnu qu'on pouvait obtenir de l'huile de hanneton, et tirer ainsi partie de ces insectes (1). Les journaux donnent de temps en temps quelques détails sur des

(1) Il est à remarquer que la matière grasse ne se trouve en grande quantité dans les hannetons que tout autant que ces animaux ne se sont pas encore accouplés : après la ponte, la graisse disparaît. De l'huile de hanneton (pour brûler) figurait naguère au Palais de l'Industrie, à l'exposition de la Société d'insectologie ; chacun a pu remarquer combien était pure et éclairante la lumière provenant de cette huile.

applications industrielles qu'on peut faire de cet insecte, nous en avons résumé quelques-uns. En Suisse (dit-on) on tire de ces coléoptères une huile excellente pour accommoder la salade ou graisser les machines. En Prusse on fait de la farine qui sert à confectionner les galettes pour la nourriture des jeunes faisans, perdrix, cailles, etc. Quelques essais ont été tentés pour introduire la larve du banneton dans la cuisine française et pour la manger à l'instar des escargots. Un chimiste, de son côté (M. Jonglet), a proposé d'en extraire une matière colorante (1) qui peut être appelée à faire rapidement son chemin dans l'industrie : c'est une couleur jaune, fine, qui varie de jaune de chrome au jaune d'or ; chaque hanneton en donne quelques centigr. Si cette couleur est adoptée par la mode, le hanneton sera prochainement hors de prix, et au lieu de payer des primes pour le détruire on l'élèvera avec toutes sortes de soins, au moins comme le ver à soie. Il faut dire aussi que le hanneton peut fournir un engrais très-puissant, puisqu'il contient (d'après des analyses de M. Mène) à l'état de larve 1,60 d'azote, et à l'état de hanneton 3,12 d'azote pour 100 parties. Il convient donc, plutôt que de brûler le résultat des chasses (que l'on a établies dans certains départements, pour se débarrasser de ce coléoptère nuisible), de chercher à utiliser de semblables détritus et d'en créer des industries profitables soit à l'agriculture, soit au commerce. Nous avons voulu montrer par ces quelques lignes que ce but pouvait être facilement atteint. — *Arbeltier* (*Revue hebdomadaire de chimie*).

Moyen pour détruire les larves de hanneton. — Un cultivateur de Varengeville-sur-Mer (Seine-Inférieure) vient de signaler comme un moyen infaillible pour détruire les larves de hannetons, de semer sur le sol, préalablement labouré, du sel de cuisine, qui, dissous par la pluie ou la rosée, s'infiltre dans la terre et occasionne la mort des ravageurs. La saumure du hareng jouirait de la même propriété. — Si le sel est un agent aussi infaillible contre les vers blancs, l'on pourrait employer également, nous écrit M. Pillain, les sels qui proviennent des cuirs salés en vert, de Pernambuco, Montevideo, Buénos-Ayres, etc., en même temps qu'ils formeraient un engrais précieux, chargés qu'ils sont de principes organiques. Le prix de ces sels serait minime, surtout aux docks, où on les jette aux ordures. H. Hamet.

(1) M. Mène et nous, avons fait et montré des teintures sur soie, avec cette matière, lors d'une conférence récente au Palais de l'Industrie à Paris, au moment de l'exposition d'insectologie agricole. A.

Le Gamase des fourrages.

(*Voir planche XI.*)

Depuis longtemps on a observé que la consommation des fourrages en voie d'altération provoque souvent, entre autres accidents, une maladie de peau très-tenace qui persiste aussi longtemps que dure ce genre d'alimentation, qui a tous les caractères d'une véritable gale : prurit, éruptions variées, contagion, et qui, comme elle, peut conduire les malades au marasme et même à la mort.

Sous l'empire des idées régnantes en médecine vétérinaire, on ne s'expliquait le développement de cette affection qu'en faisant intervenir une certaine âcreté du sang, conséquence elle-même du genre d'alimentation en usage. Ce n'est qu'en 1864, par nos *Recherches microscopiques sur les altérations des fourrages*, que nous sommes venu à bout de donner le mot de l'énigme et montrer une foule d'acariens grouillant dans les fourrages moisis et poussiéreux, et en d'autant plus grand nombre que cette altération est plus avancée. Parmi ces acariens, plusieurs espèces étaient déjà connues comme habitant les prairies et les guérets et s'attachant aux hommes des champs qu'elles tourmentent beaucoup. Ce sont surtout les *Trombidions* et les *Gamases ;* eh bien, ce sont les mêmes qui, tombant avec la poussière des fourrages, du râtelier sur la tête, le cou et le dos de nos animaux domestiques, déterminent par leurs nombreuses piqûres une véritable gale. A différentes reprises nous les avons pris sur le fait en train de labourer sur ce nouveau terrain, et ce n'est pas très-facile, attendu que, comme les *Dermanysses*, leurs voisins zoologiques, ils sont nocturnes et ne causent leurs déprédations que la nuit, et de plus ils sont très-agiles. Nous ne pensons pas que ces acariens puissent pulluler et vivre longtemps sur les animaux sur lesquels ils s'abattent ; mais comme la source qui les fournit est inépuisable, puisqu'elle est renouvelée aussi souvent qu'on donne la botte, la durée et la persistance de la maladie sont dues au renouvellement continuel de l'armée d'invasion.

Nous connaissons déjà un *Trombidion*, le *rouget*. Nous allons décrire aujourd'hui le *Gamase des fourrages*.

Les Gamases sont caractérisés par un tégument mi-partie membraneux, mi-partie testacé : cette dernière partie est constituée par deux plastrons, un dorsal orbiculaire et le plus grand, un abdominal plus étroit; par des pattes toutes thoraciques à deux crochets et à caroncule; par des palpes grandes, simples, cylindriques libres; par des mandibules très-protractiles terminées en pinces.

Le *Gamase des fourrages* a près d'un millimètre de long; il est de couleur jaunâtre, de forme presque ronde, à plastron abdominal en forme de lyre droite, et très-agile.

On détruit cet acarien par les mêmes moyens que tous les autres, c'est-à-dire par l'emploi de la benzine, de l'huile de pétrole, de la pommade d'Helmeric, etc.; mais ce traitement ne servirait à rien si l'on n'éloignait d'abord la source de l'invasion, c'est-à-dire les fourrages altérés. Si, par impossible, les fourrages ne pouvaient être changés, il faudrait par des battages ou d'autres manipulations, par des aspersions salées ou mieux au sulfate de fer, débarrasser ces fourrages de leur poussière et des acariens nombreux qui pullulent dans leur sein.

MÉGNIN.

Mouche plate (*Hippobosque*. Mouffet.)

Insecte *diptère*. — *Brachiocères*, famille des Pupipares, tribu des *Coriacés* (Pl. VI, fig. 5, voir livraison de juillet).

Caractères. Tête entièrement saillante; palpes presque cylindriques, tomenteux à style opical nu; prothorax distinct; tarses à ongles bilobés. Ailes obtuses; nervure médiastine double; cellules marginales et sous-marginales étroites, les basilaires s'étendant jusqu'au milieu de l'aile, l'externe un peu plus longue que l'interne.

Les *Hippobosques*, appelées vulgairement *mouches-araignées*, *mouches plates*, ont le corps ovale, aplati, revêtu d'un derme de consistance de cuir. Les organes de la manducation forment un bec avancé composé d'un suçoir filiforme enveloppé de deux palpes. La femelle porte à l'extrémité de l'abdomen deux petites languettes placées l'une sur l'autre et deux mamelons latéraux hérissés de poils. Les pattes sont fortes, à tarses courts garnis d'épines; sur la partie membraneuse qui se termine en forme de pelote, sont implantés deux ongles robustes fortement recourbés et très-aigus.

L'Hippobosque présente une anomalie remarquable, c'est qu'elle pond directement une énorme nymphe (*pupe*).

Les Hippobosques se trouvent pendant l'été sur les chevaux, les bœufs, les chiens, qu'ils tourmentent de leurs piqûres. C'est aux parties les moins protégées de poils qu'ils se cramponnent avec leurs ongles crochus pour sucer le sang des animaux.

D'après les expériences de Réaumur, ces animaux s'abreuvent aussi du sang de l'homme et leur piqûre n'est pas plus sensible que celle d'une puce. C'est surtout avec leurs ongles qu'ils produisent sur la peau fine du périnée ou du pourtour de l'anus, lieux ordinaires de leur séjour chez le cheval, une titillation tellement désagréable qu'elle provoque de violentes ruades de la part de leur victime.

On ne connaît d'autre moyen d'en débarrasser le cheval que de les saisir avec les mains et de les écraser avec les pieds, car ils résistent à la plus forte pression qu'on puisse exercer avec les doigts.

SIMULIE TACHETÉE.

La *Simulie tachetée* est un petit insecte voisin des *cousins* que les naturalistes placent dans l'ordre des *Diptères*, famille des *Némocères*, tribu des *Tipulaires*, division des *Florales*, genre *Simulium* (Latr.) ou *Simulia* (Meig.) formé aux dépens des *Culex* de Linné, vulgairement *maringoins*, *moustiques* (Pl. VI, fig. 6.)

Principaux caractères : antennes cylindriques, plumeuses, composées de onze articles ; palpes de quatre articles dont le dernier est grêle, allongé. Ocelles nulles, ailes larges ayant leurs cellules marginales et basilaires fort étroites, tarses ayant leur premier article aussi long que les quatre autres réunis.

Ces diptères piquent fortement, et s'attaquent à tous les animaux. En France, ils apparaissent quelquefois par nuées innombrables dans les vallées humides des Alpes et des Cévennes, au point d'obscurcir littéralement l'éclat du jour. Si, dans ces circonstances, ils s'abattent sur les animaux au pâturage, ils deviennent la cause d'une véritable épizootie. C'est ce qui arriva en 1863 dans le canton de Condrieux, près de Lyon, et le mal fut assez grand pour que le préfet jugeât nécessaire d'y envoyer un professeur de l'école vétérinaire. Voici ce que nous lisons dans le rapport qu'il fit à cette occasion :

« Les accidents étaient dus à la piqûre d'un insecte dont l'espèce s'est extraordinairement multipliée aux environs de Lyon cette année. Cet insecte, déterminé par M. Perret, préparateur au Muséum de Lyon, est la *Simulie tachetée* ; il a une ligne de longueur et est très-venimeux. Cette espèce est européenne et recherche de préférence les lieux élevés et boisés ; les bois et les broussailles en sont particulièrement infestés. Elle se montre surtout quand le temps est chaud et calme, le ciel couvert de nuages et orageux. La nuit, lorsque la pluie tombe ou que le vent est fort, elle se tient cachée dans les buissons ou les touffes d'herbes.

» La Simulie s'attaque à tous les animaux domestiques, mais plus particulièrement aux solipèdes et au gros bétail ; les moutons et les chiens en sont moins tourmentés. Le peu de longueur de son suçoir la force à rechercher les parties où la peau est mince et dépourvue de poils, le dessous du ventre, les mamelles, le poitrail.

» Dans un jour chaud et calme, elle est quelquefois si nombreuse que les chevaux et les bœufs s'en trouvent enveloppés comme d'une nuée grise et tourbillonnante. Elle s'attaque aussi à l'homme ; ses piqûres causent une douleur aiguë et sont suivies d'une tumeur dure qui persiste longtemps. Des cultivateurs se sont vus obligés d'abandonner leurs travaux, tant les insectes étaient incommodes pour leurs animaux ou pour eux-mêmes.

» Pour que les piqûres des insectes produisent sur les animaux des effets sensibles, il faut qu'elles soient très-multipliées ; alors la partie devient rouge, douloureuse, parfois saignante, elle se gonfle, la fièvre se déclare et l'appétit disparaît.

» Huit à dix grands animaux ont péri dans le canton de Condrieux à la suite de ces piqûres. La mort est survenue assez rapidement, en quelques heures, et a toujours été précédée des symptômes suivants : coliques intenses, sueurs générales, battements violents et tumultueux du cœur, difficulté et accélération de la respiration, irrégularité du pouls, froid aux extrémités, rémittence comateuse, refus absolu de nourriture. »

M. Tisserant, le professeur vétérinaire, s'est surtout attaché à trouver un moyen de préserver les animaux. C'était le plus urgent, puisque les propriétaires n'osaient plus les faire sortir pendant le jour pour le pâturage ou le travail. Il en a essayé plusieurs : celui qui lui a paru le plus applicable en cette saison, et le plus économique, consiste dans l'emploi de l'huile grasse ; celle d'olive ou de laurier doit être préférée ; il est infaillible.

Quand les piqûres ont eu lieu et ont produit un engorgement, il faut faire des lotions vinaigrées ou sédatives. Si les accidents sont plus graves, s'il y a intoxication par le venin, l'ammoniaque *intus* et *extra* doit être administrée.

La Simulie tachetée commence à se montrer dans les derniers jours de mars sur les hauteurs, et à la fin d'avril elle commence à se répandre dans les plaines et les vallées.

MÉGNIN.

ERRATA : A l'article de M. Maurice Girard sur les ravages des Altises (n° 10, nov. 1868, p. 291). — Page 292, *fiquets*, lisez : tiquets ; p. 293, *gallerma*, lisez : galleruca.

Seconde conférence faite le 26 août 1868, au Palais de l'Industrie, sur les ravages que causent les chenilles à l'économie rurale et domestique.

PAR LE Dr BOISDUVAL.

Les ennemis que nous devons craindre ne sont pas toujours les plus gros.

Dans sa première conférence, M. Boisduval nous a fait l'histoire sommaire d'une partie des insectes qui ont ravagé les plantes exposées par M. Burel ; aujourd'hui, grâce à l'obligeance de notre collègue M. Goossens, qui met sous les yeux de l'assemblée, une belle et riche collection de chenilles habilement préparées, le docteur traite exclusivement des dégâts incalculables que les Lépidoptères font éprouver à l'économie rurale et domestique.

Tout le monde, dit-il, connaît ces insectes brillants dont les ailes sont si souvent ornées des plus riches couleurs, ou de dessins plus ou moins bizarres ; tout le monde sait aussi que ceux-ci appelés papillons de jour, voltigent toute la journée pour butiner sur les fleurs, et que les autres, beaucoup plus nombreux et d'une tenue plus modeste, désignés sous le nom de papillons de nuit, ne se montrent qu'après le coucher du soleil.

Les papillons, comme la plupart des animaux de la même classe, passent par trois états différents : chenilles, chrysalides et insectes parfaits. Sous cette dernière forme, ils s'accouplent et pondent des œufs, tantôt disséminés et tantôt réunis en petits tas. Ces œufs éclosent souvent au bout de douze à quinze jours, mais il y en a qui passent l'hiver, collés sur les branches des arbres, attendant l'évolution de la végétation.

On appelle chenilles (lat., *Eruca* ; ital., *Bruco* ; esp., *Oruga* ; angl., *Caterpillar* ; allem., *Raupe*) les petites larves qui sortent de ces œufs. Celles-ci grossissent plus ou moins vite et changent trois ou quatre fois de peau. Il y en a qui accomplissent toutes leurs métamorphoses en moins de six semaines, tandis qu'il en est d'autres dont le développement s'arrête à l'automne, après leur seconde mue, et qui restent tout l'hiver dans l'engourdissement, supportant parfaitement les froids les plus intenses. Il y a aussi quelques espèces, en petit nombre, qui mettent deux années pour se développer et ne produisent leur papillon que la troisième.

Quoique les chenilles soient très-faciles à distinguer des autres larves par le nombre de leurs pattes, qui n'est jamais de plus de *seize* ni moins *de dix*, et par leur tête un peu cordiforme, beaucoup de gens cependant confondent avec elles des larves de mouches à scie, qui au premier coup d'œil leur ressemblent assez bien, mais qui en diffèrent essentiellement, en ce qu'elles ont toujours plus de *seize* pattes (de 18 à 22), et en ce que leur tête est arrondie comme un bouton. Les chenilles qui ont moins de seize pattes, sont dites *arpenteuses* ou *géomètres*, parce que n'ayant des pattes qu'aux deux extrémités, elles sont obligées, lorsqu'elles veulent marcher, de rapprocher et d'écarter successivement la queue de la tête, en arquant leur corps à chaque pas qu'elles font; il en résulte qu'au lieu d'avancer par des ondulations comme les autres chenilles, elles font des enjambées de moitié de leur longueur. Ces sortes de chenilles ont les anneaux d'une grande rigidité, et souvent leur corps, lorsqu'il est dressé, ressemble à une petite branche ou à un petit morceau de bois sec. Lorsqu'elles sont au repos, elles se tiennent, durant des heures entières, roides et droites, cramponnées avec leurs pattes postérieures au pétiole d'une feuille ou à un jeune rameau, dans des attitudes si fatigantes qu'il leur faut une grande force musculaire pour y résister.

Les chenilles sont plus ou moins vives : il y en a de très-paresseuses et d'autres qui courent avec une extrême vitesse. Les unes restent immobiles pendant toute la journée et ne se nourrissent que la nuit, tandis que d'autres mangent jour et nuit.

Les chenilles sont tantôt rases, tantôt pubescentes, velues, poilues, hispides, épineuses, calleuses, etc. Parmi celles dépourvues de poils on en rencontre qui ont sur le corps des protubérances qui leur donnent un aspect bizarre, ou des tubercules ressemblant à des bourgeons d'arbres ou à des nodosités. Il y a quelques grosses espèces, comme celles des sphinx, qui portent sur le onzième anneau une espèce de corne.

On ne peut rien dire de général relativement à la couleur des chenilles. Cependant la nature, qui a toujours pour but la conservation de l'espèce, les a le plus souvent habillées de façon à les dissimuler aux yeux de leurs nombreux ennemis.

Certaines espèces, d'une organisation trop délicate pour supporter le contact de l'air, se fabriquent une sorte de fourreau qu'elles fixent au milieu d'une nourriture abondante ou même qu'elles transportent partout avec elles, comme fait un escargot de sa coquille. Elles ne sortent de cette cellule qu'à l'état d'insecte parfait.

Les chenilles attaquent toutes les parties des végétaux, généralement elles dévorent les feuilles, mais il y en a qui ne mangent que des fleurs, d'autres que des racines ; quelques-unes habitent l'intérieur des fruits ou se nourrissent de graines; il y en a qui vivent dans le tissu des feuilles, entre les deux lames de l'épiderme; d'autres qui plient et lient ensemble plusieurs feuilles pour s'en faire un abri, dans lequel elles trouvent leur nourriture sans être inquiétées; quelques espèces vivent dans l'intérieur des tiges ou même dans le tronc des arbres. Enfin, il en existe un certain nombre vivant de substances animales, qui rongent le cuir, les plumes, les fourrures, les étoffes de laine, etc.

La plupart des chenilles sont solitaires sur différentes plantes, mais quelques espèces, dont les œufs ont été pondus en tas, vivent en sociétés ou en familles nombreuses, soit pendant leur jeunesse, soit pendant toute leur existence.

Quand les chenilles sont parvenues à leur entier développement, elles cessent de manger, comme aux approches d'une mue; elles se décolorent plus ou moins, et après avoir choisi un lieu convenable, elles se disposent à subir une seconde métamorphose; alors les unes se suspendent par leurs pattes postérieures, après s'être assujetties à l'aide d'une petite pelote de soie; puis elles se raccourcissent et au bout de deux ou trois jours, l'opération est terminée. Les autres ne se contentent pas de se suspendre par la queue pour se chrysalider, elles se passent un lien en forme de ceinture au milieu du corps. Ce n'est que dans les papillons de jour que l'on voit ces deux genres de métamorphose. Les chenilles des papillons de nuit au contraire, avant de se changer en chrysalides, filent des coques ou cocons plus ou moins riches en soie ou s'enfoncent en terre pour s'y construire une petite loge.

Le sommeil des chrysalides dure plus ou moins longtemps : les unes éclosent au bout de quinze jours, tandis que d'autres restent huit ou neuf mois dans un repos léthargique. Le froid retarde l'éclosion des chrysalides, mais il ne les tue pas. Celles des papillons blancs de nos jardins restent tout l'hiver exposées à nu sur les treillages, le long des murailles, etc., supportant les froids les plus rigoureux sans que cela nuise en rien à leur développement. Les chrysalides d'une même espèce éclosent quelquefois fort irrégulièrement : les *bombyx everia* et *lanestris*, qui occasionnent de grands ravages dans les forêts de l'Allemagne, sont dans ce cas. On voit éclore des papillons de ces bombyx en septembre, après trois mois de métamorphose, d'autres au printemps de l'année suivante ; mais ce qu'il y a de plus étonnant, c'est que de la même ponte, de la même éducation, tenue dans le même milieu, il en est né pendant sept années en avril et en septembre. Sage prévoyance de la nature qui ne veut pas exposer tout d'un coup une espèce à sa propre ruine.

Les chenilles ont heureusement un grand nombre d'ennemis. Sans le secours de ces êtres bienfaisants, tous les produits du sol seraient anéantis. Au premier rang il faut mettre les oiseaux, qui en dévorent des quantités prodigieuses, puis les ichneumons dont les larves vivent dans le corps des chenilles et en font souvent périr plus des trois quarts ; il ne faut pas non plus oublier d'autres hyménoptères, qui les emportent dans leur nid pour nourrir leur progéniture, ni certaines espèces de mouches dont les larves vivent aussi dans le corps d'une infinité de chenilles. Les taupes font également une grande consommation des espèces souterraines; les hérissons, les musaraignes, les crapauds et les carabiques détruisent aussi une certaine quantité de celles qui vivent sur les plantes basses, ou qui se promènent la nuit sur la terre.

Après cet exposé préliminaire, le docteur fait connaître quelles sont dans chaque tribu les espèces les plus préjudiciables.

Parmi les papillons de jour, il signale seulement quatre espèces appartenant toutes au genre piéride :

Le *grand papillon du chou* (*pieris brassicæ*) : il vole dans les jardins et les champs depuis le mois de mai jusqu'à l'automne ; il est très-reconnaissable à ses grandes ailes blanches avec la pointe des supérieures noire. Sa chenille vit, par petites familles, sur diverses espèces de choux et sur le colza ; elle est d'un vert grisâtre avec trois lignes longitudinales jaunes, séparées par des points tuberculeux noirs, donnant naissance chacun à un petit poil blanchâtre. Sa tête est d'un bleu cendré, tiquetée de noir.

Le *petit papillon du chou* (*pieris rapæ*), peut-être encore plus commun que le précédent auquel il ressemble beaucoup, sauf qu'il est au moins d'un tiers plus petit. Sa chenille vit dans les jardins sur toutes les variétés de choux, le navet, les radis, le réséda et la capucine. Elle est d'un vert gai, couverte de petits poils très-fins qui la font paraître comme veloutée ; elle offre pour tout dessin trois lignes jaunes, dont une sur le dos.

Le *papillon blanc veiné de vert* (*pieris napi*), un peu moins fréquent dans les jardins que les deux précédents, mais très-commun dans les champs. En dessus il ressemble au petit papillon du chou ; il s'en distingue aisément en dessous, par ses nervures saillantes bordées de noir verdâtre. Sa chenille vit sur le réséda, la capucine, la rave, le navet, même sur les choux, et dans les champs sur toutes les Crucifères agrestes. Elle est d'un vert foncé, pubescente, un peu plus pâle sur les côtés sans aucune ligne longitudinale jaune.

Pour éviter les ravages que causent les chenilles de ces trois piérides, il faut, dès que les papillons se montrent dans les jardins, leur faire la chasse sur les fleurs, avec un filet à papillons, pour ne pas leur donner le temps de pondre.

La quatrième espèce de piéride, appelée vulgairement le *gazé* (*pieris cratægi*), est grande, blanche de part et d'autre, sans aucunes taches, avec les nervures noires. Elle ne vit pas sur les plantes crucifères ; après l'accouplement, la femelle dépose ses œufs, par petits tas, sur les branches des pruniers, des cerisiers, des amandiers, des aubépines, etc. Ceux-ci éclosent à l'automne et les jeunes chenilles, dès qu'elles sont nées, filent une petite toile sous laquelle elles restent abritées pendant tout l'hiver. Au premier printemps, elles rompent cette toile, et comme à cette époque, elles ne trouvent que des bourgeons, elles font un tort considérable aux arbres. Chaque soir, elles rentrent au domicile commun et n'en sortent même pas pendant le mauvais temps. Lorsqu'elles ont changé de peau, se trouvant logées trop à l'étroit, elles font une nouvelle tente plus grande que la première, d'où elles ne sortent définitivement qu'après la dernière mue pour se répandre sur toutes les branches. Elles sont alors d'un brun noirâtre, légèrement velues, avec deux bandes longitudinales, ferrugineuses, et les côtés ainsi que le dessous du corps d'un gris plombé.

Cette chenille est un fléau pour les arbres fruitiers dont elle dévore les bourgeons et les feuilles. Pour la détruire, il faut enlever les nids au commencement du printemps.

On voit, par ce qui vient d'être dit, qu'il n'y a que quatre papillons de jour que l'on puisse regarder comme dévastant les cultures, mais la grande série des papillons de nuit en fournit un bien grand nombre.

La tribu des Zeuzérides qui se présente la première nous en offre deux, dont les chenilles vivent dans le tronc des arbres ou dans l'intérieur des branches.

La zeuzère du marronnier, *zeuzera æsculi*, est un assez joli papillon d'un beau blanc, dont les ailes sont parsemées d'une infinité de points d'un bleu foncé; il éclôt en juillet. Sa chenille, d'un jaune pâle avec la tête noire et le corps couvert de points noirs, vit principalement dans le lilas, le troëne, le frêne, le poirier, le pommier, le cognassier, le sorbier, etc. Elle creuse, dans les branches des poiriers et des pommiers, de longues galeries descendantes, dont elle augmente le diamètre à mesure qu'elle grossit; ces branches, dont l'intérieur est rongé, se fanent et meurent, ou bien sont brisées par les vents. Les œufs du papillon sont très-petits, très-nombreux et de couleur jaune; les petites chenilles éclosent en août, percent l'écorce pour entrer dans le liber, et profitent peu jusqu'au printemps. L'année suivante, elles s'enfoncent dans le bois, grossissent passablement, et à la fin de mai de l'autre année, elles sont arrivées à toute leur croissance.

Le cossus gâte-bois (*cossus ligniperda*). Ce papillon est très-gros, ses ailes sont marbrées de blanc et de gris cendré, traversées par une infinité de petites lignes noires ondulées. Sa chenille adulte est très-longue, presque aussi grosse que le petit doigt; elle est d'un blanc jaunâtre ou rosâtre, avec tout le dos d'un rouge brun. Elle vit trois ans et est un triste fléau pour les ormes de nos promenades; elle creuse, dans le bois, des galeries très-profondes qui rendent les arbres languissants et les prédisposent à être attaqués par les scolytes. C'est une chenille des plus nuisibles aux environs de Paris, car les arbres dont les feuilles sont dévorées par les autres espèces se rétablissent, tandis que les ormes attaqués par le cossus ne se réparent jamais, et souvent ne sont plus propres qu'à faire du bois de chauffage.

Le meilleur moyen de diminuer les dégâts qu'occasionne le Cossus, c'est de rechercher, depuis la fin de juin jusqu'à la fin de juillet, les papillons qui se tiennent appliqués vers la partie inférieure du tronc des arbres. On a aussi conseillé de faire des injections dans les galeries avec une solution de sulfate de cuivre, ou de chercher à extraire les chenilles avec un fil de fer terminé par un petit crochet, mais il est bien préférable de détruire l'insecte parfait, d'autant plus que la femelle pond au moins sept cents œufs.

Une autre chenille appartenant à la même tribu, fait en Allemagne, en Angleterre et quelquefois en Alsace, de grands dégâts dans les houblonnières. C'est celle de l'hépiale du houblon (*hepialus humuli*). Cette chenille est mince, très-allongée, d'une couleur blanchâtre livide, avec la tête et le dessus du premier anneau d'un brun luisant ; elle vit dans l'intérieur des racines du houblon. Le papillon éclôt en été et vole lentement le soir en rasant le sol. Le mâle est d'un blanc pur, et la femelle d'un jaune d'ocre avec deux raies rougeâtres. Rien n'est plus facile que de prendre l'insecte parfait le soir après le coucher du soleil.

La grande famille des bombyx nous fournit au moins une demi-douzaine d'espèces des plus nuisibles aux arbres fruitiers et aux arbres forestiers ; telles sont les suivantes :

Le bombyx livrée (*bombyx neustria*). Sa chenille vit sur tous les arbres fruitiers et sur une infinité d'arbres forestiers et d'alignement. Elle est noirâtre, garnie de quelques poils roussâtres, clair-semés, avec une raie dorsale blanche, et trois bandes latérales fauves, dont les deux supérieures sont séparées par une raie noire, et l'inférieure bordée inférieurement par une raie d'un bleu cendré. Les petites chenilles éclosent au printemps, au moment où les bourgeons commencent à se développer. Jusqu'à l'âge adulte, elles vivent en sociétés nombreuses sous une légère tente de soie. Après la dernière mue, elles se dispersent sur les branches. En juin elles sont parvenues à toute leur taille ; elles filent alors entre les feuilles, sous la corniche des murs, etc., une coque molle saupoudrée d'une poussière jaune. Le papillon éclôt au commencement de juillet ; après l'accouplement, la femelle dépose ses œufs par anneaux autour des petites branches des arbres, sur une couche d'un enduit brunâtre. Ces espèces de bracelets que les jardiniers appellent *bagues* supportent parfaitement les rigueurs des plus rudes hivers.

L'insecte parfait est d'un roux ferrugineux plus ou moins clair, avec deux lignes transversales blanchâtres.

Il est inutile de chercher à détruire la chenille en hiver, puisque les œufs n'éclosent qu'au printemps. C'est au mois de mai qu'il faut enlever ces chenilles qui se tiennent pendant le jour sous une petite tente de soie.

Certains horticulteurs ont l'œil assez exercé pour découvrir et enlever les bagues au moment de la taille des arbres fruitiers.

Le bombyx chrysorrhée (*bombyx chrysorrhœa*), vulgairement le *cul brun*. Il est entièrement blanc, avec les quatre derniers anneaux de l'abdomen d'un brun noirâtre, et l'anus garni d'une bourre roussâtre qui sert à la femelle à recouvrir ses œufs. Après l'accouplement, qui a lieu à la fin de juillet, ceux-ci sont déposés par tas à l'extrémité des branches. Les petites chenilles éclosent dans les premiers jours de septembre ; dès qu'elles sont nées, elles enveloppent quelques feuilles, dont elles rongent seulement le parenchyme, sous une toile de soie, divisée en autant de petites cellules qu'il y a d'individus ; elles changent de peau et passent tout l'hiver dans l'engourdissement sous cet abri. Aussitôt que les arbres fruitiers ou autres commencent à fleurir ou à avoir quelques feuilles, elles sortent de leur retraite et dévorent tout ce qui se trouve dans leur voisinage. A l'approche de la nuit, ou s'il vient à pleuvoir, elles se retirent sous leur tente. Quand il n'y a plus rien à manger, elles s'établissent sur une nouvelle branche et y dressent une nouvelle tente. Après la dernière mue, elles quittent leur demeure pour n'y jamais rentrer et elles se répandent sur toutes les branches.

Cette chenille, la plus commune de toutes, est d'un brun noirâtre, avec six rangées de tubercules surmontés de poils aigrettés, roussâtres. Elle a sur le dos, à partir du troisième anneau, deux rangées de taches blanches ; sur le neuvième et le dixième, on voit une tache d'un rouge cinabre. Dans le courant de juin, elle file entre les feuilles une coque molle, grisâtre, dans laquelle elle se change en chrysalide.

C'est pour cette espèce seule que les ordonnances rendent l'échenillage obligatoire, car cette opération, souvent assez mal faite, n'atteint pas les autres espèces nuisibles, qui sont encore à l'état d'œuf. C'est en décembre et janvier, lorsque les arbres n'ont plus de feuilles, qu'il faut couper avec soin, à l'extrémité des rameaux, ces paquets de feuilles sèches qui renferment chacun une nombreuse nichée de chenilles.

Le bombyx auriflue (*bombyx auriflua*). Cette espèce, appelée vulgairement le *cul doré*, ressemble beaucoup à la précédente, mais elle est d'un blanc plus pur, plus brillant, avec l'extrémité de l'abdomen garnie de poils d'un beau jaune et non d'un fauve brun ; ces poils servent également à la femelle à recouvrir ses œufs. Les petites chenilles éclosent en septembre, comme celles de l'espèce précédente, elles se comportent de même. Lorsqu'elles sont adultes, elles se séparent ; alors elles sont d'un brun noir, avec des poils d'un gris noirâtre; elles ont sur le dos deux rangées de taches d'un blanc pur, un peu pulvérulentes. Entre ces deux rangées de taches il y a une double ligne d'un rouge vif qui se dilate en croissant sur le quatrième anneau, qui est, ainsi que le suivant, un peu relevé en bosse. Ces chenilles se métamorphosent à la fin de juin et éclosent en juillet.

La chenille du *cul doré* est bien moins répandue dans les jardins que la précédente; elle habite les bois de préférence, où elle dévore les charmes, les prunelliers, les aubépines, etc.

Le bombyx du saule (*bombyx salicis*). Il est un peu plus grand que les deux espèces précédentes, entièrement d'un blanc satiné, avec les pattes entrecoupées de noir et de blanc. L'éclosion a lieu en juillet; la femelle dépose, sur le tronc des peupliers et des saules, ses œufs par rosaces recouvertes d'un enduit écumeux, blanc et luisant, sous lequel ils passent l'hiver.

Les petites chenilles naissent à la fin d'avril et se dispersent immédiatement sur les branches. Elles sont un peu velues, leur dos est noirâtre avec deux lignes d'un blanc jaunâtre renfermant entre elles une série de grosses taches dorsales arrondies, blanches ou d'un blanc soufré; leurs côtes sont d'un blanc grisâtre, plus ou moins jaspé de noirâtre. Elles filent une coque légère entre les feuilles ou entre les gerçures des écorces.

Il y a des années où la chenille de ce bombyx est tellement commune, dans les parcs et les avenues, qu'elle dépouille totalement les peupliers de leurs feuilles.

Il y a un moyen bien simple de s'opposer à ses ravages : c'est d'enlever pendant l'hiver, à l'aide d'un grattoir, toutes ces plaques blanches écumeuses sur le tronc des peupliers et des saules.

Le bombyx disparate (*bombyx dispar*), appelé la *spongieuse* par les forestiers. Il a été nommé disparate à cause de la différence qui existe entre les deux sexes. Le mâle a le corps mince et assez grêle; le dessus de ses ailes de devant est d'un brun un peu grisâtre avec quatre lignes transversales en zigzag. La femelle, au contraire, qui est beaucoup plus grande, a le corps très-gros; elle offre le même dessin sur un fond blanc. Son corps est garni, à l'extrémité anale, d'un paquet d'une bourre roussâtre destinée à recouvrir les œufs. Le papillon paraît à la fin de juillet et au commencement d'août. Le mâle vole toute la journée à la recherche de sa femelle qui se tient immobile sur le tronc des arbres. Après l'accouplement, celle-ci dépose ses œufs sur l'écorce des arbres; elle les recouvre d'une espèce d'étoupe soyeuse qui a quelque ressemblance avec un morceau d'amadou; les œufs passent l'hiver sous ce duvet moelleux et naissent au commencement de mai. Les chenilles dont les mues ne modifient en rien le dessin, sont d'un brun noirâtre, finement vermiculées de gris jaunâtre. Les tubercules des cinq premiers anneaux sont bleus, ceux des anneaux suivants sont d'un fauve ferrugineux; les uns et les autres sont surmontés de poils roussâtres. La tête est grosse, marquée dans son milieu d'une tache triangulaire jaune. Outre cela, la partie antérieure du premier anneau est munie de chaque côté d'un tubercule allongé sur lequel sont implantés des poils noirâtres qui forment comme des espèces de moustaches. Au moment de se métamorphoser, les chenilles de ce bombyx filent dans les crevasses des écorces, sous la corniche des murs, un réseau de soie extrêmement léger dans lequel la chrysalide n'est presque attachée que par les crochets de la queue.

La chenille vit sur tous les arbres fruitiers et forestiers qu'elle dévaste quelquefois entièrement. Plus d'une fois, les forêts des environs de Paris ont été complétement dépouillées de leurs feuilles par cette chenille. Cette année, elle a tellement ravagé le bois du Vésinet, qu'on aurait pu se croire au milieu de l'hiver. Grâce au zèle éclairé de l'habile directeur qui a mis sa tête à prix, on en a recueilli et détruit d'énormes quantités. Il est à croire qu'après une pareille mesure, cette charmante Villa en sera débarrassée pour longtemps, surtout si cet hiver, on fait gratter sur les troncs des arbres, ces plaques couleur d'amadou qui recouvrent les œufs destinés à reproduire l'espèce. La besogne sera d'autant moins difficile, qu'elles sont généralement placées à une hauteur qui permet de les atteindre aisément.

Le bombyx processionnaire (*bombyx processionnea*), vulgairement la *processionnaire du chêne*. L'histoire de cette espèce est bien connue : on sait que l'insecte parfait éclôt au commencement d'août, que la femelle, après la fécondation, dépose ses œufs par tas de six à huit cents sur l'écorce des chênes, que ceux-ci n'éclosent que dans le courant du mois de mai, que les chenilles passent leur vie entière et subissent toutes les transformations sous une tente commune dont elles augmentent l'étendue en raison des besoins de la colonie. On connaît la manière dont elles se mettent en mouvement à leur sortie du nid : une va la première pour ouvrir la marche, les autres suivent en formant une espèce de cordon; celle qui est à la tête est toujours seule; les autres sont deux, trois, quatre de front, observant un alignement si parfait que la tête de l'une ne dépasse pas celle de l'autre ; si la première est arrêtée par un obstacle, tout le bataillon reste au repos. C'est vers le coucher du soleil qu'elles commencent leur évolution, mais c'est seulement la nuit qu'elles rompent les rangs et se dispersent sur les branches pour dévorer les feuilles.

S'il est question de cette chenille, c'est moins à cause des dégâts qu'elle commet en dépouillant les chênes d'une partie de leur verdure, que parce que sa présence dans les bois ou dans les parcs peut être très-nuisible aux personnes qui s'en approcheraient sans se douter qu'elles s'exposent à un certain danger. On doit donc les prévenir qu'il est prudent de s'en éloigner, et surtout de ne pas y toucher, si on veut éviter d'affreuses démangeaisons, compliquées quelquefois de gonflement et d'inflammation au visage, au cou et aux mains. Les nids les plus à craindre sont ceux dont les bombyx sont éclos, parce que leurs dépouilles desséchées se réduisent en une poussière fine qui s'attache facilement à la peau.

Il y a des années où les processionnaires sont si communes qu'on ose à peine entrer dans les bois de chênes. En 1865, le bois de Boulogne en était tellement infesté que l'intelligent conservateur dut, par une sage mesure, dans l'intérêt général, interdire la circulation dans certains cantons.

Le meilleur moyen de destruction, c'est de brûler au milieu de juillet les nids, qui d'ordinaire ne sont pas à une grande élévation, avec une torche allumée ou une poignée de paille. On peut aussi les faire tomber à l'aide d'un grattoir emmanché au bout d'une gaule.

Dans certaines contrées de la France, une autre espèce de processionnaire forme, à l'extrémité des branches de plusieurs sortes de pins, principalement des *pinus sylvestris*, *maritima* et *alepensis*, des nids d'une soie blanche semblables à de longs cônes renversés. Les chenilles de ce *bombyx* qui porte le nom scientifique de *pityocampa* vivent en familles très-nombreuses et se comportent comme les processionnaires du chêne, sauf qu'elles mangent pendant tout l'hiver et qu'arrivées à toute leur croissance, à la fin de février, elles quittent leur nid et descendent au pied des arbres pour se chrysalider, au lieu de se métamorphoser dans leur berceau, comme l'espèce précédente.

Les nids du Bombyx pityocampe causent à la peau les mêmes accidents que ceux de la processionnaire du chêne.

L'immense famille des noctuelles renferme aussi plusieurs espèces fort nuisibles. Leurs chenilles, souvent très-multipliées sur un point, ne vivent jamais en familles, il est même assez rare de les rencontrer en petits groupes sur une même plante. Les insectes parfaits, de couleur sombre, se tiennent cachés pendant le jour sous les plantes basses, ou bien immobiles sur le tronc des arbres, etc. Nous avons en France environ une dizaine d'espèce, qui occasionnent des dégâts plus ou moins considérables ; telles sont :

La noctuelle des moissons, *agrotis segetum*. Le papillon a les ailes supérieures d'un gris-brunâtre sombre, enfumées de noirâtre, avec trois lignes transversales ondulées. Cette espèce est sans contredit l'une des plus nuisibles à l'agriculture et à l'horticulture. En 1865, sa chenille a fait de si effroyables dégâts dans les champs de betteraves, dans les départements du Nord et du Pas-de-Calais, qu'elle a fait perdre plusieurs millions aux cultivateurs français.

Dans leur jeunesse, les chenilles des noctuelles appartenant au genre *agrotis* se ressemblent beaucoup. Celles des espèces appelées *segetum*, *aquilina*, *valligera exclamationis* et *tritici* ont entre elles de grands rapports ; elles sont toutes d'un gris plus ou moins clair, avec des lignes blanchâtres, parallèles, dont une dorsale. A la suite des mues, ces lignes s'effacent, le fond s'assombrit et l'on voit, sur le dos de chaque anneau, quatre points noirs verruqueux, plus ou moins bien marqués, disposés en trapèze, et trois autres points semblables, placés en triangle, au-dessus des palles. Après leur dernier changement de peau, elles perdent en grande partie les petits crochets de leurs pattes membraneuses et sont hors d'état de pouvoir grimper sur les plantes.

La chenille de l'*agrotis segetum*, appelée par les cultivateurs *ver gris* et *court ver*, est d'un gris-terreux ardoisé, un peu luisant, avec les points trapézoïdaux et latéraux presque effacés ; la tête est noirâtre ainsi que les pattes écailleuses. Elle se métamorphose en terre. Sa chrysalide, d'un brun ferrugineux, éclôt en juin, en juillet, en août et même à la fin d'octobre pour une seconde fois.

Cette chenille, la plus commune de toutes les espèces d'*agrotis*, est une véritable calamité pour la grande culture et pour les jardins ; non-seulement elle ronge les racines, mais elle coupe toutes les plantes au collet : les laitues, les chicorées, les œillets, les balsamines, les reines-marguerites, les dahlias, etc., sont exposés à sa voracité. Pendant le jour elle reste cachée dans la terre et ne mange guère que la nuit. Comme elle ne peut pas grimper, elle sort, tout au plus, la moitié de son corps et ronge le collet de la plante où elle s'est établie. Il est un fait qu'on ne doit pas passer sous silence, c'est que cette chenille, de même que la larve des hannetons, aime les terres meubles et que la culture favorise beaucoup sa multiplication.

Lorsque des champs de betteraves ou de turneps sont ravagés par les *agrotis*, il n'y a pas de meilleurs moyens de destruction à employer que d'y propager des taupes qui ne nuiront en rien aux racines, et qui dévoreront toutes les chenilles et les chrysalides qu'elles rencontreront.

La noctuelle point d'exclamation (*agrotis exclamationis*). La chenille de cette espèce, appelée aussi *ver gris* par les horticulteurs et confondue par eux avec la précédente, se rencontre assez fréquemment dans les jardins ; mais, comme elle préfère les racines des Synanthérées sauvages, telles que chicorée, pissenlit, chardons, jacées, etc., elle est plus commune dans les prairies que partout ailleurs. Lorsqu'elle est jeune, elle peut grimper sur les tiges, mais après sa dernière mue elle perd les crochets de ses pattes membraneuses et sa vie devient souterraine. Il paraît que la chenille de l'*exclamationis* est très-commune en Angleterre, en Suède et dans les autres contrées septentrionales, et qu'elle fait beaucoup de mal en rongeant les racines des turneps, des choux, du colza, etc.

L'insecte parfait se distingue facilement du précédent par son collier noir et par ses ailes supérieures qui offrent une tache longitudinale noire cunéiforme, que l'on a comparée à un point d'exclamation.

La noctuelle du froment (*agrotis tritici*). Elle est un peu plus petite que les deux précédentes. Cette espèce fait-elle beaucoup de mal dans les champs de froment? Rien ne le prouve. On trouve sa chenille en grande quantité, mélangée avec celles des *noctua basilinea*, *infesta* et *testacea*, qui, dans le premier âge, lui ressemblent tellement que ce n'est qu'après les dernières mues que l'on peut les distinguer d'une manière certaine ; toutes les quatre sont grisâtres avec trois lignes bien marquées d'un blanc sale, toutes les quatre sont fort communes dans les champs au mois d'août sous les javelles, toutes les quatre se rencontrent par milliers dans les granges au moment du battage des grains. C'est qu'alors toutes ces petites chenilles, qui s'étaient réfugiées et cachées dans les épis, quittent cette retraite et courent de tous les côtés cherchant un peu de nourriture. On les accuse bien à tort de manger le blé : jamais il ne leur est arrivé d'entamer un seul grain. On a essayé bien des fois de leur en donner, soit sec, soit attendri par une légère macération, mais elles se laissent plutôt mourir de faim que d'y toucher. Dans leur première jeunesse, elles se nourrissent dans les champs de petites plantes agrestes. A la fin de l'automne, la majeure partie de ces petites larves a été dévorée par les alouettes et autres oiseaux des champs. Le petit nombre de celles qui survivent, après leur seconde mue, s'enfoncent un peu en terre et vivent à la racine des végétaux à la manière des autres chenilles souterraines.

En Algérie, une espèce un peu plus grande que les précédentes (*agrotis saucia*), vivant de la même façon, est très-préjudiciable aux plantations de tabac.

La noctuelle ambiguë (*orthosia ambigua*) n'a guère que 26 à 27 millimètres d'envergure. Elle est d'un brun-roussâtre plus ou moins clair, avec des lignes transverses peu distinctes sur les ailes supérieures. Cette petite noctuelle éclôt en mars et pond dans les bois une grande quantité d'œufs disséminés sur les bourgeons des arbres. La chenille est extrêmement commune au mois de mai et contribue largement avec trois autres orthosides, *miniosa*, *stabilis* et *trapezina*, à dépouiller les arbres et les arbrisseaux de leurs premières feuilles. Elle est quelquefois verte, mais le plus ordinairement elle est en dessus d'un brun violet, avec trois raies jaunâtres, dont la dorsale est séparée de la latérale par une ligne blanche. Elle se chrysalide en terre à la fin de mai.

Cette même chenille envahit quelquefois les arbres fruitiers dans les pépinières.

La noctuelle du chou (*hadena brassicæ*). Cet insecte est quelquefois aussi nuisible que l'*agrotis segetum*. Il y a des années où sa chenille est si commune dans les plantations de choux, surtout à l'automne, qu'elle cause au cultivateur un préjudice considérable; non-seulement elle perce les feuilles, mais elle pénètre souvent dans le cœur; il n'est pas rare d'en trouver plusieurs logées dans les têtes des choux-fleurs. Cette année même, elle a été si abondante dans le département de l'Aisne, qu'elle a dévoré les pavots à huile, connus sous le nom d'*œillets*; elle rongeait les têtes et se tenait cachée dans les capsules, mangeant jusqu'à la graine. Au reste, cette chenille est très-polyphage, elle se nourrit de toutes les plantes cultivées et de toutes les plantes basses. Elle se métamorphose dans la terre, en une chrysalide d'un roux ferrugineux que l'on trouve souvent, à la fin de l'hiver, en labourant les jardins. Le papillon éclôt en mai, pour la première époque, et en août, pour la seconde génération. Il est très-peu brillant, d'un gris-sale plus ou moins obscur, quelquefois un peu roussâtre avec des lignes transversales sinueuses noirâtres.

Il ne faut pas confondre cette chenille avec celle du papillon blanc du chou, dont il vient d'être question.

On la détruit en saupoudrant légèrement les choux avec un peu de chaux délitée à l'air et en les arrosant après quelques heures.

La noctuelle potagère (*hadena oleracea*). Elle est un peu plus petite que la précédente, d'un brun rougeâtre; ses ailes supérieures offrent au-dessous de la côte, deux petites taches jaunes, dont une réniforme. Sa chenille, est très-polyphage; lorsqu'elle est adulte, elle est parfaitement lisse, verte ou d'un brun très-clair, finement pointillée de blanc avec trois petites lignes longitudinales blanchâtres et une bande latérale jaune, bien indiquée, au-dessus des pattes. Elle est moins commune dans les jardins que la noctuelle du chou et par conséquent moins nuisible à la culture maraîchère. Cette chenille a une grande prédilection pour les dahlias. Les chenilles de la seconde époque rongent, pendant la nuit, les fleurs de cette plante, se cachent pendant le jour sous les feuilles, et même très-souvent entre les pétales. En la cherchant sur les plantes qu'elle a entamées, il n'est pas difficile de la trouver et de la détruire.

En général, les chenilles dites géomètres ou arpenteuses ne sont pas très-nuisibles à l'agriculture ou à l'horticulture. Quelque espèces, comme la *defoliaria* et la *brumaria,* font beaucoup de mal à la sylviculture; elles dépouillent de leurs feuilles les arbres forestiers et les arbrisseaux, mais elles attaquent très-rarement les arbres fruitiers.

Il n'en est pas ainsi de la tribu des *tordeuses* ou pyrales (*tortrices*). Plusieurs espèces sont de véritables calamités.

La pyrale de la vigne (*tortrix pilleriana*) a eu, il y a trente-cinq ans, une bien triste célébrité; elle a causé d'affreux ravages dans les vignobles d'une partie de la France et même sur quelques treilles; mais grâce aux parasites qui se sont multipliés dans des proportions inouïes, ce fléau a disparu complétement.

Il n'en est pas de même de la pyrale de Bergmann (*tortrix Bergmanniana*). C'est un ennemi redouté des rosiéristes. Sa chenille vit sur presque toutes les variétés de roses et nuit beaucoup à la floraison. Elle se tient à l'extrémité des jeunes pousses, entre les feuilles, qu'elle roule et lie avec quelques fils de soie. Placée dans ce paquet dont elle augmente la dimension à mesure que la végétation se développe, elle ronge tranquillement les feuilles et les boutons qui commencent à se former. Au milieu d'avril, on commence à s'apercevoir de sa présence ; à la fin de mai, elle est arrivée à toute sa grosseur. Alors elle est allongée, d'un vert clair avec la tête et les pattes écailleuses noires. Elle se change en chrysalide dans l'intérieur de son habitation. Le papillon éclôt en juin ; il a environ 15 millimètres d'envergure. Ses ailes supérieures sont jaunes, réticulées de brun roussâtre, avec trois raies transversales métalliques. Après l'accouplement, la femelle dépose ses œufs isolément à la base des rameaux. Généralement ils passent l'hiver et éclosent avec la végétation. Dans les années chaudes, il y a une seconde génération dont le papillon paraît en septembre.

Avec un peu de soin, on peut détruire, dans les jardins, une grande partie des chenilles de cette pyrale, soit en entr'ouvrant les paquets de feuilles, soit même en les pressant avec les doigts pour les écraser dans leur berceau. Deux autres pyrales (*tortrix Forskaelana* et *Hoffmanseggana*) vivent de la même façon sur les rosiers. Une autre pyrale (*tortrix veridana*), dont les ailes supérieures sont d'un beau vert uni et les inférieures d'un gris pâle, est souvent fort nuisible à la sylviculture. En 1865 les chenilles étaient en si grande abondance sur les chênes aux bois de Boulogne et de Vincennes, qu'il ne restait pas une feuille intacte. Non-seulement toutes les feuilles étaient pliées, roulées, rongées, mais encore on voyait pendre de toutes les branches, au bout d'un long fil, des milliers de chenilles.

C'était le cas de déplorer la destruction des petits oiseaux.

(*A suivre.*)

Conférence sur un moyen de régénération des vers à soie.

Messieurs,

Depuis longtemps la Commission de sériciculture en France et tous les intéressés dans le monde séricicole se préoccupent de la maladie des vers à soie.

Après avoir épuisé une longue série de moyens, on a voulu essayer de faire les éducations avec de la graine étrangère : on en a même puisé jusqu'au Japon.

Les résultats n'ayant pas répondu à l'espoir que l'on avait de ces précautions, l'on propose aujourd'hui d'arracher tous nos mûriers greffés, pour les remplacer par le mûrier sauvage exotique, et dont chaque éducateur devra attendre pendant plusieurs années la venue.

Une longue expérience m'a au contraire convaincu que nous pouvons tous très-facilement et avec plein succès faire nos éducations au moyen de nos vers à soie et nos mûriers greffés, par conséquent de suite et même sans dépense extraordinaire.

Pour la graine, de même que tout agriculteur choisit dans sa récolte la meilleure graine pour faire la semence qui suit, je choisis également parmi mes cocons les plus beaux de ma récolte, et sur les papillons qui en proviennent, je prends ensuite les plus forts.

Quant aux mûriers je n'en ai pas d'autres que le mûrier ordinaire greffé, et je n'ai jamais songé à l'arracher pour le remplacer, comme on le propose aujourd'hui, par le mûrier non greffé. J'ignore si cette opération me donnerait les résultats promis; je n'ai pas à m'en informer, il me suffit pour m'en détourner de songer que j'aurais à sacrifier tous mes mûriers en plein rapport, pour attendre la venue de ceux qui ne sont pas encore plantés!!!

Mes opérations se font donc dans les conditions les plus vulgaires, conditions qui ont produit généralement les résultats déplorables que chacun sait. Et l'on va voir que ceux qui faisaient ces éducations avant moi au lieu où j'obtiens le plus grand succès, avaient éprouvé les désastres qui depuis longtemps affligent les éducations des vers à soie.

Au mois de janvier 1864, j'achetai la propriété que je possède aujourd'hui dans la commune de Serviès, canton de Vielmur, arrondissement de Castres (Tarn). J'y trouvai des mûriers en plein rapport. La pensée me vint d'élever des vers à soie; mais lorsqu'au printemps suivant, je parlai de ce projet à mon métayer, celui-ci m'énumérant tous les échecs éprouvés successivement dans les années précédentes, refusa de s'associer à mon projet; je n'en persistai pas moins, et pris pour cela de la graine du Japon. Au cours de l'éducation, une série de mauvais jours étant survenue, mes vers languissaient; j'allais les perdre en entier!

Dans cette position difficile, il me vint à la pensée de leur donner de la force, en leur administrant un peu de vin. Je répandis donc comme une rosée de vin sur la feuille de mûrier dont je les nourrissais. Je ne tardai pas à voir que les vers étaient sensiblement stimulés par ce nouveau régime, et qu'ils reprenaient toute leur première vigueur. Je continuai de cette manière, et mon éducation réussit avec plein succès jusqu'à la fin. Pendant que je procédais ainsi et que j'obtenais cet heureux résultat, les éducateurs de mon voisinage perdaient toute leur récolte.

Depuis cette époque j'ai continué mes éducations de vers à soie, chaque année par le même procédé.

La seconde année je voulus comparer le résultat que produirait la graine du Japon d'un côté, et de l'autre côté la graine ordinaire du pays. Je soignais les deux éducations à la fois, en employant uniquement le vin du pays. Arrivés à la troisième mue, mes vers de l'une et de l'autre éducation souffrirent également, par l'effet du mauvais temps. Je remarquai que le vin ordinaire ne suffisait pas pour donner aux insectes la vigueur que j'aurais désirée. Je fis alors usage de vin de Cahors de cinq ans que j'avais dans ma cave. Aussitôt après que les vers eurent mangé la feuille où j'avais répandu un peu de ce vin, ils avaient repris toute leur force, et je continuai de cette manière jusqu'à la montée. Je ne perdis presque pas de vers de l'une ni de l'autre éducation. Les deux se finirent au même moment, et les cocons provenant de la graine de France, ayant été mêlés avec ceux de la graine du Japon, furent vendus ensemble sur le marché de Lavaur, sans que l'on sût en faire la distinction, au prix de 12 fr. le kilo.

Sur cette récolte de cocons, je pris les plus beaux pour la graine; et l'année suivante, j'ai continué mon éducation, en employant du vin ordinaire pour le premier âge, et mon vin de Cahors de cinq ou six ans pour le second âge. Aux approches de la montée, mes vers devinrent mous, sans force, ils étaient atteints de la flacherie. Cette maladie répandue dans le pays avait déjà emporté toutes les éducations. Je songeai à la combattre au moyen d'un vin plus énergique. Je remplaçai celui dont je faisais usage à ce moment par du Rancio de Collioure. Aussitôt les vers reprirent toute leur force et me donnèrent une récolte de cocons magnifiques. Je fis encore choix des plus beaux pour la graine de l'année suivante, et c'est ainsi que je suis arrivé à l'éducation de cette année. Guidé par l'expérience des années précédentes, j'ai fait mon éducation avec du vin ordinaire pour le premier âge, avec le vin de Cahors du second au quatrième, et enfin j'ai employé le Rancio de Collioure jusqu'à la montée. Ma récolte a été des plus belles, elle était considérée dans le pays comme un objet de curiosité. Je dois ajouter que, pour chasser autant que possible la mauvaise odeur produite par les vers, j'avais le soin de mêler à la feuille dont je les nourrissais, de la feuille de rose, dont l'odeur balsamique combattait avantageusement l'infection dont je voulais préserver les insectes.

L'on admettra, j'espère, que cette série de faits m'autorisait à penser que les moyens hygiéniques que je viens de rapporter constituaient un système préservatif, sinon curatif, contre la maladie des vers à soie. Je n'ai donc pas hésité à demander un brevet d'invention à ce sujet, brevet qui m'a été accordé.

Sur ces entrefaites m'étant rendu auprès de la Commission de l'Exposition des Insectes, Palais de l'Industrie, j'ai tenu à constater publiquement la certitude de mes moyens.

M. Gélot qui essayait une éducation avec de la graine du Chili, voulut bien m'autoriser à faire mon essai avec les vers provenant de cette graine.

Arrivé à Paris, le 4 septembre, je reçus à l'Exposition la moitié à peu près des vers qui s'y élevaient, ces vers étaient nés irrégulièrement du 1er au 20 août.

M. Gélot me remit à peu près la moitié de son éducation sans distinction d'âge. D'un autre côté, M. Nourigat, de Lunel, qui voulait démontrer le mérite de claies de son invention pour la monte des vers à soie, avait déjà choisi les vers les plus avancés. Parmi eux il en prit un certain nombre qu'il reconnaissait malades, et m'en remit soixante, qui, d'après lui, pouvaient encore arriver à coconner, mais dont les cocons ne devaient point renfermer des papillons capables de faire la graine, ou qui, du moins, ne serait pas bonne à produire de nouveaux vers. Sur ce choix, il m'en remit soixante pour être traités par moi selon mes procédés. J'eus donc à me livrer à deux éducations séparées, l'une au moyen des vers que m'avait confiés M. Gélot, l'autre avec les soixante vers malades remis par M. Nourigat. M. le Directeur du Jardin d'acclimatation voulut bien mettre à ma disposition la feuille de mûrier au moyen de laquelle ces éducations avaient été commencées. Cette feuille provenait de mûriers non greffés plantés dans le Jardin d'acclimatation, elle était jeune et très-tendre. Je crus que je serais sans mérite sérieux, si je faisais mon expérience avec cette feuille; et alors, sur ma demande, M. le Directeur du Jardin d'acclimatation voulut bien m'indiquer des mûriers greffés, plantés dans le parc de l'île de la Grande-Jatte, au bord de la Seine, près le pont de Neuilly. Ces mûriers n'avaient point été taillés depuis vingt ans; la feuille était infectée par l'effet des brouillards auxquels elle avait été exposée; elle était d'ailleurs couverte de poussière et des détritus de la fumée des bateaux à vapeur qui sillonnent continuellement cette partie du fleuve. L'on peut comprendre quelle difficulté durent avoir les vers à soie que j'élevais à se nourrir de cette feuille, qui, surtout à cause de la saison très-avancée, se trouvait déjà excessivement dure. Nécessairement ces insectes furent éprouvés par ce changement de régime, et M. Nourigat constata qu'ils devaient avoir perdu quarante-huit heures sur l'éducation faite par M. Gélot et sur la sienne.

Je n'ai pas besoin de dire que je faisais usage des vins de Cahors et de Collioure pour la préparation des feuilles dont je nourrissais mes insectes. Je ne tardai pas à voir qu'ils étaient prêts à monter, et je faisais préparer la bruyère pour cette opération, lorsque M. Nourigat survint. Il parut très-surpris de mon projet, affirmant que la montée ne pouvait arriver que dans cinq ou six jours au plus tôt. Mais cinq minutes après, l'un des vers montait et les autres ne tardèrent pas à en faire autant.

Les soixante vers malades que m'avait remis M. Nourigat, produisirent cinquante-neuf beaux cocons qui furent vus par le public, et déposés entre les mains de M. le Directeur du Jardin d'acclimatation. Celui-ci a bien voulu se charger de donner une attention particulière à la conservation de la graine qui en proviendrait.

Comme je l'ai dit, les vers qui m'avaient été remis par M. Gélot se trouvaient de différents âges, j'en faisais l'éducation en même temps, mais à part au Palais de l'Exposition. Je les nourrissais également avec la feuille de mûrier greffé dont j'ai déjà parlé. Les plus avancés coconnèrent avant la clôture de l'Exposition, à des températures diverses de douze à quinze degrés. Il en restait encore une partie au moment de la clôture de l'Exposition. Je me trouvai alors dans la nécessité de les transporter à la magnanerie du Jardin d'acclimatation, local réputé infecté, et dans lequel venait d'échouer cette année-ci l'éducation qui y avait été faite. Malgré ces circonstances défavorables, et l'épreuve à laquelle les insectes avaient été soumis par leur transport d'un lieu dans un autre, cette éducation est également arrivée au plus heureux résultat; la perte ne fut sensible que sur les vers qui se trouvaient au moment de la quatrième mue et qui ne purent résister à l'effet du transport sous une température de douze degrés.

Il paraît que, sans présomption, l'on peut dire que tous ces faits démontrent que les moyens hygiéniques que j'emploie préservent avec certitude l'insecte des maladies auxquelles il est si souvent et si généralement soumis.

Si j'avais à émettre un avis sur la cause probable de ces diverses maladies, je dirais que j'estime qu'elles doivent être attribuées à l'état de la feuille dont on les nourrit ; mais comme cet état provient la plupart du temps d'accidents qu'il est impossible de conjurer, tels, par exemple que les variations de la température, et tant d'autres qu'il serait surabondant d'énumérer, il me paraît qu'étant obligés de nous y soumettre, nous n'avons qu'à nous préoccuper de trouver le moyen de paralyser les effets désastreux de ces accidents. Il n'y a pas d'ailleurs à s'y tromper, la feuille du mûrier non greffé y sera soumise autant que celle du mûrier greffé. Il est donc bien certain que ce n'est point en sacrifiant nos mûriers greffés que nous pouvons parvenir à la solution du problème.

Que chacun des sériciculteurs emploie la feuille des mûriers qu'il possède, mais par des moyens hygiéniques faciles et peu coûteux, qu'il préserve cette feuille des effets des accidents auxquels elle est soumise.

Si les faits patents que je viens de rapporter avaient besoin d'une plus grande épreuve, je n'hésite pas à proposer la suivante :

La Commission impériale de sériciculture me désignerait l'un des établissements les plus importants de France, l'on y mettrait à éclosion, cinquante, cent onces de toute provenance, ainsi que celle des cinquante-neuf cocons que j'ai élevés à l'Exposition ; là, en présence et avec le concours d'un élève de chaque ferme-école, choisi comme le plus capable de suivre mes moyens d'éducation, je dirigerais celle de l'établissement qui me serait ainsi confiée. En même temps chacun des élèves indiqués serait réparti dans les divers établissements voisins, pour faire appliquer aussi mes moyens hygiéniques. J'offre de faire face moi-même à mes frais de déplacement et de séjour. Le résultat que nous obtiendrons dira le dernier mot sur cette question importante.

Raymond Cavalié.

Société d'Insectologie agricole.

Séance du 3 novembre 1868. — Présidence de M. le docteur Boisduval.

Le secrétaire donne lecture du procès-verbal de la dernière séance.

M. Boisduval fait observer que, parmi les personnes présentées pour faire partie de la Société, le nom de M. Leclair, présenté par MM. Boisduval et Rivière, a été omis ; cette rectification doit être faite, et

M. Leclair être inscrit membre de la Société d'Insectologie agricole; le procès-verbal est adopté.

M. Rivière offre à la Société un opuscule qu'il a publié en collaboration avec M. Roze.

M. Deyrolle présente à la Société plusieurs opuscules ayant pour titre :

Faune entomologique française, Papillons, Lépidoptères. — Descriptions de tous les papillons qui se trouvent en France, par M. E. Berce.

Guide de l'Amateur d'insectes, par plusieurs Membres de la Société entomologique de France.

M. Donnaud, comme trésorier, présente à la Société ses comptes de l'exercice 1867 et 1868. Une commission, composée de MM. de La Valette, de Liesville et Burel, est nommée pour en faire la vérification et présenter, à la prochaine séance du Conseil d'administration, un rapport.

M. Gélot a fait part aux intéressés de la médaille collective que la Société a bien voulu lui décerner comme représentant la sériciculture dans l'Amérique du Sud; il est chargé de présenter leurs sincères remerciments, il ajoute que cette récompense, justement appréciée par les sériciculteurs de ces riches contrées, seront, pour eux et leurs voisins, un puissant stimulant pour continuer et agrandir les éducations commencées qui donnent déjà de bons résultats, et sur la réussite desquelles il n'y a plus de doutes à avoir.

Il demande à la Société l'autorisation de faire frapper à ses frais les duplicata de sa médaille, afin de pouvoir les joindre aux diplômes; la Société consultée, cette autorisation est accordée. M. Gélot devra s'entendre avec le secrétaire général pour les formalités à remplir.

M. Deyrolle présente à la Société des échantillons de soies rapportées des provinces géorgiennes dans la Trans-Caucasie, par son frère; cette soie, qui est aussi belle que celle que nous récoltons à grands frais dans nos magnaneries, est faite dans de si mauvaises conditions, que l'on est étonné de voir les éducations réussir. En effet, les Géorgiens vivent dans des cabanes, faites de planches mal jointes dans certains pays; dans d'autres, ce sont plutôt des terriers que des maisons, car, bien que l'entrée ressemble à une porte basse, l'étroit couloir qui vient ensuite vous conduit, par une pente rapide, dans l'unique pièce qui compose l'habitation, qui est creusée sous terre; au milieu, brûle presque constamment un feu qui sert aux besoins journaliers pour la cuisine, etc., et aussi pour sécher un peu le gîte, car on y a presque constamment les pieds dans la boue.

C'est dans de tels abris, presque toujours pleins de fumée, dans un pays de brouillards et où il pleut presque tous les jours (en 1867, il y a eu 160 jours de pluie), que l'on fait avec autant de succès qu'en France, de la soie de belle qualité ; pourtant, les diverses maladies qui sévirent ici n'épargnèrent pas ce pays, et il y a quelques années, les habitants durent acheter des graines venant du Japon pour continuer leurs éducations ; dans certaines provinces éloignées de tout chemin de communication, ils continuèrent à élever, tant bien que mal, les vers de la race du pays, et, fait qui nous aurait semblé extraordinaire, il y a quelques années, ces graines du pays sont maintenant presque complétement saines sur tous les points, tandis que celles venant du Japon ont donné de très-mauvais résultats, soit qu'elles fussent élevées sur les mêmes litières et dans la même maison que la race indigène, soit qu'elles fussent élevées isolées de tout contact de cette race; ce fait, qui vient s'ajouter à tous ceux observés dans le département des Alpes-Maritimes et sur d'autres points prouve bien que les causes de cette maladie n'ont pu être déterminés d'une façon précise, et que le hasard, ou mieux l'ordre et la loi de la nature, est plus fort que tous les prétendus remèdes qui furent préconisés à tour de rôle. Il faut observer que, vu l'espace restreint dont les habitants disposent, les éducations ne furent jamais faites dans ce pays sur une grande échelle, chacun élève quelques grammes de graine, et c'est toujours la même race qui se perpétue dans la même famille. Malgré que l'introduction et la vente de graines étrangères étaient tout à fait inconnus dans cette contrée, toutes les terribles maladies qui décimèrent les magnaneries en France firent leur apparition presque en même temps au Caucase, et nous voyons également ces épidémies tendant à disparaître au moment où l'on constate ici un mieux sensible dans les races indigènes.

Plusieurs filatures, qui avaient été obligées de cesser de travailler par suite de la disette de cocons, entre autres celle de M. le comte Rosmorduck, à Jougdidi, vont probablement reprendre leurs travaux; car, en septembre dernier, à la foire de Senaki, en Mingrelie, qui est le marché le plus considérable du Caucase pour les soies, il figurait une quantité énorme de beaux cocons de race indigène ; cette récolte était véritablement inespérée, et chaque producteur était arrivé comptant bien avoir fait mieux que son voisin, qui quelquefois l'avait surpassé.

Malgré cette abondance, les prix se sont maintenus, mais la baisse est imminente si l'année prochaine la récolte est aussi bonne qu'on peut le présager.

M. Gélot prie la Société de prendre bonne note de ces faits, qui ne peuvent être soupçonnés d'être dits dans un but intéressé, non-seulement par nous, mais même par le public, car ils sont avancés par un entomologiste bien connu, et entièrement étranger à tout commerce de graine ou de soie, tandis que bien souvent des citations fausses ont été soutenues en public par des personnes intéressées à la vente de tel ou tel produit; de sorte que maintenant l'on est souvent disposé à être incrédule, soupçonnant un but commercial.

La coïncidence remarquable de l'apparition de la maladie et de ses tendances à disparaître en même temps que dans nos départements méridionaux, dans un pays situé à mi-chemin entre nous et la Chine, est certes un fait qui doit être consigné et duquel on pourra tirer des conséquences fort instructives pour l'éclaircissement de cette question des épidémies dont les causes sont aussi ignorées aujourd'hui que lorsqu'elles ont été signalées pour la première fois.

M. de La Valette ajoute que ce que dit M. Gélot au sujet des causes des maladies qui sévirent si rudement sur les vers à soie est bien exact; il cite un fait entre beaucoup d'analogues.

M. Galbert avait rapporté de Sucy 30 onces environ de graines venant du Levant, et réputées saines ; il en donna à plusieurs de ses amis, pas une de ses éducations ne procura les mêmes résultats, quelques-unes furent complétement détruites, tandis que d'autres donnèrent un rendement considérable.

Pour extrait : Deyrolle, secrétaire.

Rapport sur l'apiculture (*suite*).

Quoique jeune, mentionnait le rapport de l'exposition de 1865, M. Émile Beuve, apiculteur à Creney (Aube), s'est déjà placé au premier rang de ceux qui concourent à l'amélioration de l'apiculture par le perfectionnement des appareils. Depuis, la Société d'apiculture de l'Aube, appréciant le mérite et le zèle de M. Beuve, l'a nommé directeur du rucher expérimental de Foissy, et récemment M. le préfet de l'Aube l'a désigné pour un professorat apicole ambulant. A ces titres, M. Beuve joint de nombreux perfectionnements apportés dans les appareils apicoles, perfectionnements que la pratique a sanctionnés en s'en emparant. Il expose : 1° un métier amélioré à fabriquer des ruches et des capuchons en paille. Ce métier façonne hausse, corps de ruche, dessus plat, chapiteaux, et il est muni d'une presse pour nouer les surtouts et d'une forme pour les confectionner. Le prix du métier complet est de 75 fr. ; 2° une ruche à hausses avec planchers à claire-voie, du prix de 3 fr. 60 ; 3° un corps de ruche simple avec un cabochon. Cette ruche, établie sur un traiteau à entrée entaillée, est recouverte d'un capuchon (paillasson) fait au métier. L'ensemble a été acheté par le directeur du musée de Saint-Pétersbourg ; 4° une ruche à divisions verticales avec cabochon du prix de 3 fr. ; 5° des hausses d'aérage pour le transport des abeilles ; 6° une boîte dite *trousse* de l'apiculteur, contenant : enfumoir, avec son soufflet, cératomes, couteau à décapiter les mâles, porte-mère, etc. Tous ces appareils sont d'une bonne application et d'un prix accessible aux petites bourses. Dans la section des produits, il présente une vitrine contenant neuf chapiteaux de miel en rayons qui dénotent un artiste en leur exposant, lequel a fait exécuter par ses abeilles, tantôt un seul rayon en spirale, et tantôt quatre ou cinq rayons d'un parallélisme mathématique. Plusieurs de ces chapiteaux ont été obtenus artificiellement, c'est-à-dire en alimentant les abeilles ; l'opération a eu lieu au milieu de l'été (en juillet) et l'opérateur a constaté qu'il n'y avait plus de déperdition de nourriture après une absorption donnée. Ainsi, après 20 kilog. absorbés et emmagasinés dans le corps de la ruche, la quantité donnée se retrouvait exactement dans le chapiteau. M. Beuve expose aussi un lot de cire en brique très-bien épurée et très-bien coulée. Réunissant tous les mérites de cet exposant, le jury des récompenses lui décerne unanimement la grande médaille d'or de S. M. l'Empereur, pour son zèle et son dévouement et pour l'ensemble de son exposition.

L'instituteur Lecler, de Bourdenay (Aube), pratique l'apiculture d'une façon très-entendue ; il l'enseigne avec profit à ses élèves ; des travaux de ceux-ci (cahiers exposés) et un rapport fait l'année dernière par des délégués de la Société d'apiculture de l'Aube en témoignent ; il propage autour de sa localité les appareils économiques améliorés, notamment les ruches à chapiteau et à hausses ; il expose une collection de petits modèles d'instruments qui plaisent tant que bientôt leur histoire est celle de la parmentière. Il expose en outre de beaux produits, notamment du miel en rayon. Il faut aussi mentionner le zèle et le savoir qu'il apporte dans ses fonctions de secrétaire de la Société de Nogent. Pour récompenser les divers mérites de M. Lecler, le jury lui accorde une médaille d'or de S. Exc. le ministre de l'agriculture.

La collection d'appareils et de modèles d'appareils apicoles qu'expose Mme Santonax de Dôle (Jura), est assurément la plus nombreuse et la plus remarquable de toute l'exposition. Il faut citer : 1° ses ruches en bois à doubles parois, dont le vide entre les parois peut être garni d'herbes ou de feuilles pour empêcher l'influence du chaud ou du froid extérieur ; 2° son surtout mobile en paille pour une ou plusieurs ruches, dont le prix est de 1 fr. 50 ; 3° ses nourrisseurs s'adaptant à toutes formes de ruches. Le principal se compose d'une cuvette en fer-blanc dont une partie se glisse sous la ruche légèrement soulevée, et d'un bocal en verre renversé faisant l'office de récipient. Deux ruches normandes avec abeilles sont en nourrissement à l'aide de ces appareils, dont l'un est placé en dessus et l'autre en dessous ; 4° une boîte avec surtout qui sert à faire des réunions, à nourrir les abeilles avec du miel en rayons, et à faire enlever miel et pollen de cadres ou rayons que l'on voudrait conserver pour des bâtisses ; 5° un tablier glissoir qui sert à la permutation des ruches ; 6° plusieurs appareils simples et ingénieux pour fixer les rayons artificiels et naturels dans les cadres ; 7° des planches percées pour recevoir des chapiteaux composés de petites boîtes ; 8° des modèles d'instruments pour extraire les cadres, trancher les rayons, façonner les produits, etc.

Dans la salle des produits, Mme Santonax expose une vitrine garnie de petites boîtes pleines de rayons qui font l'admiration de tous les visiteurs. Elle obtient ces petites boîtes, de la contenance de 5 à 600 gr. lorsqu'elles sont garnies, en les réunissant au nombre de 9 et en formant un seul chapiteau qu'elle pose sur toute sorte de ruches au moyen de planchettes disposées pour cet usage. Elle présente une brochure qui fait connaître le moyen d'appliquer ces boîtes, et les moyens de se servir des autres objets qu'elle expose. Le jury des récompenses accorde à Mme Santonax une médaille d'or du ministre de l'agriculture pour l'ensemble de son exposition, notamment pour ses petites boîtes de miel et les moyens de les obtenir. (*A suivre.*)

L'Éditeur-propriétaire : E. DONNAUD.

Paris. — Imprimerie de E. DONNAUD, rue Cassette, 1.

N° 12. 2e ANNÉE. Janvier 1868.

L'INSECTOLOGIE AGRICOLE

SOMMAIRE :

Bulletin insectologique.

Arrêté contre la destruction des petits oiseaux. Dans ses arrêtés sur la police de la chasse, le préfet des Vosges insère les articles suivants pour protéger les oiseaux insectivores. — Art. 5. La chasse aux petits oiseaux est formellement interdite de toute autre manière qu'au tir. — Art. 7. Il est expressément défendu de détruire ou d'enlever des nids d'oiseaux, de prendre les œufs ou couvées dans les champs et prés, dans les forêts de l'Etat et des communes, dans les haies et buissons, sur les arbres des promenades publiques, sur ceux formant plantation de routes et chemins, en un mot dans toutes les propriétés non closes, ou qui, quoique closes, ne sont pas attenantes à une habitation. — La défense s'applique aux petits animaux non nuisibles.

Destruction des alucides du blé par la chaux. M. Vallier vient de faire part à la Société d'agriculture d'Alger des bons effets qu'il a obtenus de l'emploi de la chaux vive pulvérisée pour la destruction des alucites du blé. Une petite partie de ses froments de la dernière récolte, dit-il, s'était échauffée ; les papillons avaient déjà commencé par les envahir, lorsque l'idée lui est venue de faire pulvériser de la chaux vive, de la faire répandre sur son grain à raison de 50 kilog. de chaux pour 100 quintaux de blé, et de bien faire pelleter le tout. Cette double opération a eu pour résultat de faire périr les alucites et de rendre le grain marchand, ce qu'il n'était guère auparavant. Il paraît que le plâtre en poudre rend les mêmes services.

Battement des ailes chez les insectes. M. Marey, professeur au Collége de France, a présenté dernièrement à l'Académie des sciences le résultat de ses études pour la détermination expérimentale du mouvement des ailes des insectes ; par des procédés graphiques, il est arrivé aux nombres suivants de battements pour une seconde : chez la mouche commune, 330 ; le bourdon, 240 ; l'abeille, 199 ; la guêpe, 110 ; le macroglise du caille-lait, 72 ; la picride du chou, 9. Ces chiffres ne peuvent-ils être modifiés ? Nous savons que les mouvements d'ailes chez l'abeille sont en raison de la température, de la sécheresse de l'air, et aussi de l'irritation de l'insecte. Lorsqu'elle est irritée, les vibrations de ses ailes sont trois ou quatre fois plus précipitées que dans son vol ordinaire.

Graines de vers à soie. Les industriels se remuent pour *venir en aide* (disent leurs prospectus) à notre sériciculture malheureuse. Tel marchand annonce à gros sons de caisse que toute la pacotille qu'il vient de recevoir est *timbrée* et *contrôlée*, voire même passée au microscope de M. Pasteur. Il n'y a pas jusqu'à la *coopération* (le mot seulement) qui ne veuille aussi venir en aide au pauvre peuple séricicole en allant directement faire graine au Japon. Puissent certains sauveurs rester dans ce pays-là, et nos sériciculteurs ne s'en rapporter qu'à la semence qu'ils peuvent obtenir chez eux de petites éducations de vers choisis ! C'est le conseil que ne cessera de leur donner l'*Insectologie*.

— Cette livraison termine la 2e ANNÉE de l'*Insectologie agricole*. Nous pensons que les documents que renferme cette deuxième année répondent au titre de la publication, dont le but n'est pas de propager des histoires de mœurs des insectes purement scientifiques et d'imagination, ni de donner des recettes infaillibles mais absurdes qu'on trouve dans certains journaux.

La direction de l'*Insectologie agricole* a fait un appel incessant au concours des observateurs et des praticiens qui peuvent la seconder dans la tâche qu'elle a entreprise. Elle réitère la prière qu'elle a déjà faite à ses lecteurs assidus de lui procurer des adhésions nouvelles, ou de lui signaler le nom de toute personne qui a intérêt à lire le journal.

Il se peut qu'à l'avenir des modifications soient apportées à la forme des livraisons, et que les planches coloriées, qui coûtent fort cher pour être bien exécutées, soient remplacées par de nombreuses gravures dans le texte. La matière plus abondante tiendra lieu alors du luxe des planches.

Les adhérents sont priés d'envoyer le montant de leur cotisation annuelle.

H. Hamet.

Primes pour le hannetonnage.

Monsieur le Directeur de l'*Insectologie*,

En mai dernier, je vous annonçai que le Cercle pratique d'horticulture avait décidé, afin d'encourager le hannetonnage, qu'une récompense spéciale serait décernée à ceux qui auraient détruit le plus de hannetons dans les cantons du Havre.

Je m'empresse aujourd'hui de vous signaler que la Société centrale d'agriculture de la Seine-Inférieure, non moins préoccupée des ravages si préjudiciables des hannetons et de leurs larves, a, dans sa séance du 24 courant, décidé qu'elle décernerait un prix de 3,000 fr. et une médaille d'or à l'inventeur d'un procédé efficace pour la destruction de ces insectes.

Voici le programme qu'elle a adopté et que j'extrais du *Journal du Havre* :

Art. 1er. La Société centrale d'agriculture de la Seine-Inférieure décernera un prix de 3,000 fr. et une médaille d'or à la personne qui aura donné un moyen efficace de détruire, soit les hannetons, soit leurs larves.

Art. 2. Ce moyen doit être applicable à la grande culture, d'un facile emploi et à bon marché; l'ingrédient employé ne devra pas être nuisible aux plantes.

Art. 3. Les procédés employés seront décrits dans un mémoire qui devra être déposé, *sous peine de déchéance*, au plus tard le 1er février 1870, entre les mains de M. Richard, secrétaire de correspondance, place Saint-Hilaire, à Rouen.

Art. 4. Les mémoires déposés ne seront pas signés; ils seront accompagnés d'un pli cacheté contenant l'indication des nom, profession et demeure de chaque concourant. L'enveloppe de ce pli portera une devise qui sera répétée en tête du mémoire.

Art. 5. Le prix proposé ne sera décerné qu'à la suite d'expériences faites avec succès par la commission de la Société centrale d'agriculture, déléguée à cet effet.

Art. 6. Le concours est ouvert sans distinction de nationalité, de profession ou de réserve. La Société centrale d'agriculture, pénétrée de l'utilité du résultat cherché, fait appel en cette circontance à l'universalité des hommes de science et des amis de l'agriculture de tous les pays.

Agréez, etc., PILLAIN,

Membre de la Société d'*Insectologie agricole*.

Les oiseaux sauvages et l'agriculture.

Il serait superflu, de nos jours, de recommencer l'apologie des oiseaux purement insectivores, comme l'hirondelle, le rouge-gorge, la fauvette et le rossignol ; le sujet est épuisé, et, comme on dit au Palais : la cause est entendue. C'est aux chefs de famille et aux instituteurs des communes rurales qu'il appartient d'exercer une active surveillance sur les enfants soumis à leur autorité, pour les empêcher de détruire les nids de ces utiles auxiliaires de l'homme des champs. Mais il y a toute une catégorie d'oiseaux sauvages à l'égard desquels l'opinion n'est pas encore parfaitement fixée ; ce sont les oiseaux qui, comme le moineau franc, l'étourneau et quelques autres, sont tantôt insectivores, tantôt granivores, et qui compensent par des services réels, comme destructeurs d'insectes nuisibles, les dégâts qu'ils peuvent commettre comme consommateurs de grains. Celui de tous ces oiseaux, dont l'utilité a été la plus vivement controversée, c'est le moineau franc.

Une ligue de naturalistes et d'amis de l'agriculture s'était formée, au commencement de ce siècle, pour l'anéantissement complet de la race du moineau. A cette époque, le savant Bosc n'avait pas craint d'avancer qu'en France seulement les moineaux consomment annuellement *deux millions d'hectolitres* de froment.

L'exagération d'un tel calcul ne saurait échapper à personne ; il suffit, pour en démontrer la fausseté, de faire remarquer un fait d'une simplicité sans égale : le moineau ne peut dévorer du blé dans nos champs que quand il y en a, c'est-à-dire pendant le nombre de jours qui s'écoule entre la maturité des céréales et l'enlèvement de la moisson. Quelle que soit la voracité du moineau, le tort qu'il peut faire aux récoltes ne saurait être que passager; le reste du temps, il vit principalement d'insectes ennemis des produits de nos champs et de nos jardins; le mal qu'il peut faire n'est donc pas sans compensation; c'est ce qu'on a très-bien compris en Hongrie, en Prusse et dans le pays de Bade. Les gouvernements de ces trois États avaient, vers le milieu du dernier siècle, institué des primes pour la destruction du moineau, si bien qu'il y était devenu excessivement rare. Mais on ne tarda pas à reconnaître que la suppression des moineaux, en laissant le champ libre aux insectes, offrait plus d'inconvénients que d'avantages, et le repeuplement de ces pays en moineaux fut regardé comme une nécessité.

Cependant nous avons à nos portes un pays où, depuis plusieurs siècles, la question du moineau, encore débattue chez nous jusqu'au sein de nos chambres législatives, est résolue dans le sens le plus favorable et personne chez nous n'a l'air de s'en douter : ce pays, c'est l'Italie septentrionale. C'est toujours pour moi un sujet nouveau d'étonnement de voir que, dans notre siècle de chemins de fer, de navigation à vapeur et de télégraphie électrique, on puisse ignorer complétement en France les faits les plus dignes d'intérêt qui se passent chez nos plus proches voisins : je ne sors pas de la question du moineau. Voici donc où en est cette grave question, dans la riche et fertile plaine arrosée par le Pô et ses nombreux affluents. Vers le milieu du moyen âge, les cultivateurs de cette partie de l'Italie croyaient avoir tellement à se plaindre des dégâts commis par les moineaux francs dans leurs champs de froment et de riz, qu'ils entreprirent contre eux une véritable croisade, et les détruisirent jusqu'au dernier. Mais bientôt, ils furent forcés de reconnaître qu'ils étaient allés trop loin, et qu'en l'absence des moineaux, les insectes nuisibles qui pullulaient sans obstacles exerçaient des ravages bien autrement formidables que ceux qui pouvaient résulter de la voracité du moineau. Avant de prendre une résolution définitive, on eut recours aux lumières d'un naturaliste dont je regrette de ne pouvoir citer ici le nom. Ce savant, aussi bon observateur que ceux de notre temps, pour le moins, dit aux cultivateurs lombards : « De quoi vous plaignez-vous ? Est-ce que le moineau franc peut manger votre riz et votre froment, quand le grain n'est pas formé dans l'épi ? Assurément, non. De quoi vit-il, et avec quoi élève-t-il ses nombreuses couvées, lorsqu'il n'y a rien à voler dans vos champs de céréales ? Il vit d'insectes, lui et sa petite famille ; il faut l'y aider, bien loin d'y mettre obstacle ; car, lorsqu'il fait la chasse aux insectes, c'est à votre profit.

» Faites donc venir des moineaux de tous les pays voisins ; criblez de trous les murs de vos maisons et ceux de vos églises ; chacun de ces trous deviendra le domicile temporaire d'un ménage de moineaux : ce ménage, pour élever ses couvées, détruira des milliers d'insectes nuisibles que vous n'avez aucun moyen d'atteindre autrement. On m'objectera qu'alors vos champs, quand viendra le temps de la moisson, seront couverts de nuées de moineaux dont les dégâts seront énormes ! C'est un inconvénient facile à éviter. Les moineaux, pris au nid avant qu'ils soient assez complétement emplumés pour pouvoir s'envoler, sont un mets fort délicat ; visitez périodiquement les nids, emparez-vous des jeunes moineaux, et ne laissez subsister que la dernière couvée ; celle-là, venue après l'enlèvement des moissons, vivra aux dépens des grains échappés au moissonneur et à la glaneuse. Il n'en résultera pour votre agriculture aucun dommage appréciable ; c'est la seule solution rationnelle de la question des moineaux. »

Ces judicieux conseils furent suivis ; ils le sont encore. Dans tout le nord de l'Italie, les trous ménagés pour servir de nids aux moineaux, dans les murs des maisons et des églises, sont habités par une innombrable population de moineaux qu'on laisse couver librement pendant toute la période de l'année où ils sont forcément insectivores. Les petits, dès qu'ils sont bons à manger, et avant qu'ils puissent prendre leur volée, sont enlevés, rôtis et servis en brochettes sur les meilleures tables. Dans tous les cantons où les villages et les hameaux sont très-éloignés les uns des autres, on construit aux points d'intersection des grands chemins de petites tours carrées exclusivement consacrées à la multiplication du moineau franc, réduit d'après ce système à une sorte de demi-domesticité. En 1859, pendant la campagne d'Italie, les officiers de l'armée française ont mangé à table d'hôte des milliers de brochettes de jeunes moineaux francs, qui constituaient un mets également salubre et agréable.

Il reste donc démontré, par une expérience de plusieurs siècles, que la multiplication des moineaux alors que cet oiseau est exclusivement insectivore, offre des avantages très-réels, soit comme ressource alimentaire qui ne coûte absolument rien, soit comme moyen puissant de limiter le nombre des insectes nuisibles et de leurs larves. Pourquoi cette solution de la question du moineau n'est-elle pas universellement appliquée dans la pratique en Europe ? C'est tout simplement parce qu'elle n'est pas connue. Elle l'est si peu que j'ouvre au mot Moineau, l'encyclopédie pratique de l'agriculture de MM. Moll en Eugène Gayot ;

l'alimentation alternativement insectivore et granivore des moineaux, et la possibilité de leur faire jouer un rôle comme ressource alimentaire pour l'homme, n'y sont pas même indiquées; il ne manque pourtant pas de voyageurs qui visitent journellement l'Italie, et qui pourraient remarquer ces faits, ainsi qu'un grand nombre d'autres, s'ils n'avaient pour la plupart la malheureuse habitude de regarder sans voir.

L'espace me manque pour vous parler aujourd'hui de quelques autres oiseaux, utiles sous certains rapports, nuisibles sous d'autres, et dont on peut utiliser les avantagee en en évitant les inconvénients. Puisque nous sommes en Italie, je me bornerai à vous faire remarquer le soin que prennent les cultivateurs italiens de respecter l'étourneau, qu'on rencontre en bandes innombrables dans leur pays. Nous les traitons, me disaient ceux que j'interrogeais à ce sujet, comme des amis dont on n'ignore pas les défauts; mais on les excuse et on les tolère, en faveur de leurs bonnes qualités. L'étourneau est à peu près toute l'année uniquement insectivore, fort utile par conséquent à notre agriculture. Il est vrai qu'il aime fort les olives. A l'époque de la maturité de ce fruit, il s'en donne à cœur joie, et par précaution contre la faim à venir, il ne s'envole, comme chacun peut l'observer, qu'en emportant trois olives, une au bec et une à chaque patte; mais, que voulez-vous? On n'est pas parfait! Nous pardonnons à l'étourneau ses goûts pour les olives, en faveur des services qu'il nous rend en faisant aux insectes nuisibles une guerre acharnée. »

Est-ce que ces notions usuelles sur les mœurs et la manière de vivre des oiseaux sauvages ne devraient pas faire partie de l'instruction primaire donnée aux enfants dans les écoles de village?

(*Moniteur de l'agriculture.*) A. YSABEAU.

Le Sarcopte changeant.

(Voir planche XII).

Le *sarcopte changeant* a été découvert en 1861 sur des poules galeuses par MM. Reynal et Lanquetin, et nous en donnons la figure d'après M. Ch. Robin qui en a fait à cette époque une étude complète. Ce Sarcopte a la tête et la forme du type du genre, le *Sarcopte commun*, mais il en diffère par des particularités tout à fait exceptionnelles que présentent ses pattes: le mâle et la femelle ont les huit pattes complètes, c'est-à-dire terminées toutes par un ambulacre à ventouse ; lorsque la femelle est fécondée et en pleine conception, elle perd tous ses ambulacres en sorte que ses pattes restent à l'état de moignons coniques terminés seulement par des crochets courts et acérés. C'est sur ce fait que s'est appuyé M. Robin pour baptiser cet Acarien, *Sarcopte changeant* (*Sarcoptes mutans*). Ils présentent en outre quelques particularités secondaires : ainsi, dans le mâle, les épimères des pattes postérieures sont réunis deux à deux de manière à former de chaque côté des *apodèmes* quadrangulaires ; le mâle est trois fois plus petit que la femelle, laquelle mesure une longueur de 0^m38 à 0^m47 et il porte deux longues soies postérieures beaucoup plus courtes chez la femelle. Ni l'un ni l'autre ne portent d'épines ni de papilles d'aucune sorte sur le dos.

La maladie que le *sarcopte changeant* détermine sur les poules apparaît aux pattes, à la crête et au pourtour du bec ; la peau de ces parties devient brune et se couvre de croûtes furfurocées très-abondantes ; les plumes se redressent, se hérissent, blanchissent, et s'atrophient. Avec beaucoup d'attention on aperçoit les sillons linéaires, à l'extrémité desquels se trouve la femelle de ces acariens. Les poules malades conservent leur gaieté et leur appétit, mais la maladie se propage rapidement et se transmet avec facilité même à l'homme et au cheval, ainsi qu'il résulte des expériences de MM. Reynal et Lanquetin.

La gale par le sacropte changeant se guérit par les mêmes moyens que la gale par le sarcopte commun, c'est-à-dire par l'emploi des paraciticides que nous avons déjà indiqués en faisant l'histoire de ce dernier : la benzine, l'huile de pétrole, l'essence de térébenthine, l'infusion concentrée de tabac, la pommade d'Helmerie ou à base de soufre, etc. ; on frictionne les parties malades avec l'une ou l'autre de ces substances qui déterminent promptement la mort des acariens et qui amènent par suite la guérison.

MÉGNIN,
Membre de la Société d'insectologie agricole.

Analyse de vers à soie, sains et malades.

PAR M. CH. MÈNE (chimiste).

Au moment où, de tous côtés, la maladie des vers à soie fait des ravages incalculables dans les récoltes de soies de nos contrées, j'ai voulu voir si l'analyse chimique pourrait trouver, au point de vue physiologique, des différences de composition entre les sujets sains et malades. Cette étude m'a paru d'autant plus opportune qu'aucune analyse, à ma connaissance, n'existe sur ce sujet, ni même pour des vers sains. Voici mes résultats à cet égard. Les sujets m'ont été fournis l'année dernière par M. Bolon, du département de l'Ardèche :

Race Sina.

Au moment de la montée, on a pris cinq sujets vigoureux parmi les vers sains, et cinq vers chétifs parmi ceux qui étaient atteints de maladie. Voici leurs poids respectifs :

	(Vers sains).	(Vers malades).
Les 1er	4 gr. 376	3 gr. 452
— 2e	4 — 215	4 — 039
— 3e	4 — 322	3 — 652
— 4e	4 — 433	3 — 915
— 5e	4 — 128	4 — 047

Sur 100 parties, l'analyse chimique a trouvé en composition immédiate :

	(Vers sains).	(Vers malades).
Eau	73.08	74.12
Parties solubles à l'eau	9.17	14.71
Matières colorantes	0.12	0.15
— solubles à l'alcool	1.70	0.97
— insolubles à l'eau et l'alcool	11.50	6.80
— minérales ($C^a O$, $m^g O$, $K O$, Pho^5, So^3, Ch.)	2.85	2.53
Perte	1.58	0.72

Sur 100 parties, l'analyse chimique a trouvé en composition élémentaire :

	(Vers sains).		(Vers malades).	
Azote	1.70	1.62	0.93	0.95
Carbone	»	10.97	11.17	11.22

Race Espagnolet jaune.

Au troisième âge, on a pris huit vers sains et huit vers malades morts de la nuit. Voici leurs poids :

	(Vers sains).	(Vers malades).
Les 1er	2 gr. 038	1 gr. 955
— 2e	2 — 215	2 — 028
— 3e	2 — 157	2 — 172
— 4e	2 — 080	2 — 195
— 5e	2 — 207	1 — 975
— 6e	2 — 161	1 — 862
— 7e	2 — 057	2 — 017
— 8e	2 — 260	2 — 208

Sur 100 parties, l'analyse chimique a trouvé en composition immédiate :

	(Vers sains).	(Vers malades).
Eau	79.98	76.970
Matières solubles à l'eau	6.87	10.920
— colorantes	1.25	1.290
— solubles à l'alcool	2.80	1.760
— insolubles à l'eau et l'alcool	7.35	5.800
Cendres minérales	2.17	2.220
Perte	0.98	1.040

Pour 100 parties, l'analyse élémentaire a trouvé :

	(Vers sains).	(Vers malades).
Azote	1.07	0.85
Carbone	9.33	10.07

Race Turin.

Au moment de la montée, sur 100 parties, on a trouvé à l'analyse immédiate :

	(Vers sains).	(Vers malades).
Azote	1.68	0.92
Matières solubles à l'eau	10.30	15.82
Matières insolubles à l'alcool	13.17	7.55

Race Roquemaure.

A la quatrième mue, sur 100 parties, on a trouvé à l'analyse immédiate :

	(Vers sains).	(Vers malades).
Azote	1.04	0.79
Matières solubles à l'eau	8.25	12.00
Matières insolubles à l'alcool	10.17	6.83

Comme on peut le voir en résumé, les vers sains contiendraient plus d'azote que les vers malades. Ils auraient de même plus de poids. Les vers malades contiendraient plus de carbone que les vers sains : les matières solubles à l'eau seraient en plus grande proportion dans les vers malades que dans les vers en bonne santé, et finalement les principes insolubles seraient de beaucoup supérieurs comme quantité, dans les vers sains que dans les vers malades.

Moyen de se débarrasser du puceron lanigère.

Chaque siècle a ses fléaux. Les cultures du dix-neuvième siècle ont une part d'épreuves bien cruelles à subir.

A peine la pomme de terre s'est-elle introduite dans nos habitudes comme nécessité d'alimentation, et la voilà atteinte d'un mal inconnu jusqu'à présent sans remède.

L'oïdium, ce cryptogame si fécond en graines qu'on n'en peut calculer le nombre, s'est échappé des serres chaudes et humides de l'Angleterre. Avec la vitesse des nuages, il s'est précipité sur nos vignobles pour en anéantir les récoltes pendant dix ans. Il reste attaché aux sarments des vignes négligées comme une menace sur la tête des agriculteurs obstinés ou paresseux.

J'ai aujourd'hui à signaler un nouvel ennemi presque microscopique, sérieusement inquiétant cependant, parce qu'il n'est pas passager et qu'il multiplie au contraire démesurément ses ravages.

Le puceron lanigère (*misoxilus mali,* selon Blot) n'a quitté les contrées septentrionales de l'Amérique qu'à la fin du dernier siècle. Il a pénétré tout d'abord en Angleterre, n'a franchi la Manche qu'en 1812, s'est répandu ensuite dans les vergers de la Normandie, de la Belgique, et vit aujourd'hui au détriment des pommiers d'une grande partie de l'Europe, notamment de ceux qui sont voisins de la Manche et de l'Océan.

Couvert d'un duvet blanc qui l'abrite contre la chaleur, le froid, l'humidité, le puceron lanigère semble défier toutes les intempéries. Vivipare et ovipare, il jouit de la singulière faculté de produire pendant la belle saison une multitude de petits êtres complétement semblables à lui-même, et dépose aux approches de l'hiver des œufs destinés à assurer la conservation de sa race si la génération vivante venait à succomber. Il acquiert alors lui-même des ailes et devient ainsi propre à émigrer. Il n'est pas hermaphrodite, mais la généralité des familles se compose de femelles, et les mâles, nécessaires seulement pour la fécondation des œufs, ne naissent qu'après plusieurs générations et en très-petit nombre. Heureusement le puceron lanigère vit presque exclusivement sur le pommier. Il se réfugie sur la partie inférieure ou sur les défectuosités de l'arbre.

Pendant la mauvaise saison, lorsque la température s'adoucit, il gagne les parties herbacées et s'établit de préférence sur toutes les écorces tendres pour les épuiser de séve en les suçant; il y détermine une irritation telle que l'épiderme se gonfle et se soulève en forme d'exostose. Les pucerons réunis ont alors l'aspect de petits amas de neige. Si on les écrase avec la main, elle reste tachée d'une substance rougeâtre semblable à du sang.

On ne peut affirmer que les pucerons lanigères déterminent seuls les plaies chancreuses si communes chez les pommiers ; mais certainement ils les entretiennent et les rendent incurables, parce qu'ils s'attachent obstinément aux bourrelets nouveaux dont la séve entoure les plaies pour les restreindre et les combler.

Répandus dans les pépinières, les pucerons en déforment et en affaiblissent les sujets. Sur les pommiers nains ou restreints dans leurs dimensions par la taille, les ravages du puceron sont tels que l'arbre doit succomber promptement s'il n'est pas secouru. Envahi dans ses branches par les plaies, que ces plaies soient anciennes ou nouvelles, provenant de la taille ou d'autre cause, l'arbre est bientôt atteint jusque dans ses racines, et alors, privé de substance, il dépérit et meurt.

L'arbre à haute tige, affranchi de la taille, a seul quelques chances d'échapper aux ravages du puceron ; il se défend par la rudesse de ses écorces, par l'élévation de ses branches balayées souvent par le vent.

J'ai essayé pendant longtemps beaucoup de moyens curatifs sans qu'aucun me donnât de résultats satisfaisants : la chaux en poudre, l'eau de chaux, les aspersions d'eau chaude, les frictions avec divers ingrédients, et notamment avec les huiles de pétrole et autres, détruisaient les pucerons qui en étaient atteints ; en répétant ce moyen plusieurs fois dans le cours d'une année, je soulageais les arbres, mais évidemment je ne détruisais pas tous les individus vivants ou tous les œufs, puisque l'ennemi reparaissait promptement. J'ai essayé alors l'usage du jus de tabac tel que les manufactures de l'État nous le livre, au prix de trente centimes le litre, lorsque nous en faisons la demande pour les usages agricoles. J'ai étendu ce jus de cinq parties d'eau seulement pour des arbres que je ne craignais pas d'exposer à une médicamentation très-violente, parce qu'ils étaient tout à fait sans valeur, étant couverts de plaies et entièrement envahis par les pucerons lanigères jusque sous le sol. A la fin de l'hiver, je les ai frottés une seule fois depuis le collet, en écartant la terre, jusqu'à l'extrémité des branches, avec une éponge trempée dans le mélange d'eau et de jus de tabac. Je n'ai pas revu un seul puceron dans le cours d'une année. Les arbres avaient repris quelque vigueur. Pour d'autres pommiers, j'ai étendu le jus de tabac par une addition plus considérable d'eau (de 10 à 20 parties d'eau pour une partie de jus), j'ai également détruit les pucerons et leurs germes.

Évidemment ce moyen ne met pas les pommiers à l'abri de nouvelles invasions, il faut donc veiller; mais j'engage avec confiance à multiplier les essais que j'ai faits, et si, comme je le crois, ils réussissent généralement, la réunion des efforts parviendra plus facilement à combattre ce genre de fléau,

DE GOMIECOURT.

Société d'Insectologie agricole.

Séance du 2 décembre 1868. — Présidence de M. le docteur Boisduval.

— Le procès-verbal de la dernière séance est lu et adopté

— M. le Président proclame les noms des membres récemment admis :

M. BRAINE, notaire, à Arras.

M. BROUTY, architecte, à Paris.

M. BARGAGLI, à Florence.

M. DUMONT (Ernest), au Havre.

M. CAVAILLÉ (Reymond), à Castres.

M. HEYLER, éducateur, à Wiwersheim (Bas-Rhin).

M. le Président annonce que M. Depuiset n'accepte pas les fonctions de membre du Conseil. Plusieurs membres, tout en regrettant cette détermination, proposent, pour le remplacer, M. Cercenac. L'assemblée ratifie cette proposition; en conséquence, M. Carcenac est nommé membre du Conseil.

— M. Hamet demande qu'une somme de 200 francs soit distribuée, annuellement, à titre d'encouragement, aux instituteurs qui enseignent l'insectologie et se livrent à la destruction d'insectes nuisibles.

M. Donnaud, trésorier, fait observer que l'encaisse de la Société ne s'élève actuellement qu'à la somme de 959 fr. 65 c., et que, dans cette situation, il convient de ne faire que les dépenses strictement nécessaires.

A la suite de ces observations appréciées par plusieurs membres, la proposition de M. Hamet est renvoyée à l'examen du Conseil.

— M. Donnaud demande que la Société veuille bien prendre, à l'avenir, à sa charge, les frais de publication du bulletin, et, dans le but de diminuer ces frais, il propose de ne faire paraître le journal que tous les deux mois, et de n'y insérer que des gravures peu coûteuses.

A la suite d'observations faites par plusieurs membres, M. Millet résume ces observations dans les deux propositions suivantes : La Société est-elle d'avis de prendre à sa charge les frais de publication, ou bien d'allouer une subvention à l'éditeur?

Ces propositions sont renvoyées à l'examen du Conseil.

A ce sujet, MM. Deyrolles et Millet font observer que les sociétés scientifiques ou agricoles ont eu, dans les premières années de leur création, des périodes assez difficiles à traverser, et que les plus florissantes ont eu des débuts peu encourageants en ce qui touchait aux ressources de leur budget.

— M. De la Valette propose de faire une démarche auprès des ministres de l'agriculture et de l'instruction publique pour obtenir des subventions.

M. le Président invite MM. Barbier, Cretté de Palleul, Hamet, Millet et de la Valette à se joindre à lui pour faire cette démarche mardi prochain.

— Sur la proposition de plusieurs membres, M. le maréchal Vaillant est nommé, à l'unanimité, *Président d'honneur*.

Une commission spéciale, composée de MM. Boisduval, président, Millet, Serré, de la Valette, est chargée de se rendre chez M. le maréchal pour lui faire part du vote de l'assemblée.

— M. Millet rappelle à l'attention de la Société l'utilité des *nids artificiels* pour la protection et la propagation de certaines espèces d'oiseaux, notamment de celles qui *nichent en creux*.

Notre confrère fait observer que ces nids servent, non-seulement à favoriser les pontes et à protéger les nichées, mais aussi à mettre les oiseaux adultes à l'abri de leurs ennemis et des influences atmosphériques nuisibles; et que, par conséquent, ce n'est pas seulement à l'époque du printemps, mais surtout à l'approche de la mauvaise saison et des froids, qu'il convient de les placer en grand nombre dans les jardins, les parcs, les champs et les bois.

A cet égard, M. Millet fait connaître que la dernière exposition d'insectologie agricole a eu des résultats très-satisfaisants. L'exhibition des divers modèles de ses nids en bois et surtout en terre-cuite a puissamment contribué à en vulgariser l'emploi. M. Pallu en a fait placer plusieurs milliers au Vésinet. M. Delamarre, Mme Bongerard de Grand-Maison et M. le comte d'Epresmenil, plusieurs centaines dans leurs domaines du Parc des Princes, d'Ancenis, de l'Eure, etc...

Enfin, pour les mettre à la portée de toutes les personnes qui voudraient en faire usage, notre confrère a eu l'heureuse idée d'en former un vaste dépôt au Jardin d'acclimatation du Bois de Boulogne, où le directeur, M. Albert Geoffroy St-Hilaire a bien voulu leur donner une gracieuse hospitalité, et où ils seront livrés, eù détail ou en gros lots, aux prix de revient.

— M. F. Bastian, pasteur à Wissembourg (Bas-Rhin), offre à la Société un exemplaire de son Traité d'apiculture, intitulé : *Les abeilles.* Remercîment.

Sur le rapport d'une commission de cinq membres, prise dans son sein, le Conseil d'administration décide, en séance, que M. C. Personnat sera rayé de la liste des membres de la Société d'insectologie agricole.

Pour extrait : Millet, *secrétaire.*

Seconde conférence faite le 26 août 1868, au Palais de l'Industrie, sur les ravages que causent les chenilles à l'économie rurale et domestique,

PAR LE Dr BOISDUVAL.

La pyrale des pommes (*carpocapsa pomonana*) mérite une mention toute particulière. Le petit papillon n'est guère connu que des entomologistes, mais tout le monde connaît parfaitement les fruits véreux. L'insecte dont il s'agit a les ailes supérieures d'un gris plus ou moins cendré, striées de brun et marquées vers l'angle interne d'une tache semi-lunaire, d'un brun roux, cerclée de rouge doré. Ses ailes inférieures sont grises. L'éclosion a lieu en juin.

La chenille vit exclusivement dans les pommes et dans les poires, où d'abord rien n'annonce sa présence. Après l'accouplement, la femelle dépose un œuf dans l'œil du fruit nouvellement noué. Aussitôt éclose, la petite chenille, qui n'est pas plus grosse qu'un crin de cheval, pénètre peu à peu jusque dans l'intérieur et vient s'établir autour des cloisons; puis, lorsqu'elle est devenue plus forte, elle élargit sa demeure, creuse une galerie latérale, plus ou moins tortueuse, allant du centre à la circonférence, communiquant avec le dehors, lui servant à rejeter l'excédant de ses excréments et à laisser entrer un peu d'air. Les fruits attaqués par la chenille de cette pyrale continuent à grossir malgré leur *ver rongeur* et offrent souvent l'apparence d'une maturité précoce. Lorsqu'on les ouvre, on voit qu'une partie de la pulpe a été dévorée et que les galeries sont remplies de déjections. Ordinairement les fruits véreux, quand la chenille est arrivée à son entier développement, ne tiennent plus sur l'arbre, ils se détachent et tombent. Alors celle-ci élargit l'ouverture dont il vient d'être question et sort de sa demeure pour se préparer à subir sa transformation. Cette sortie a lieu depuis la fin de juillet jusqu'en septembre. La couleur de la chenille varie un peu selon les fruits où elle a vécu ; tantôt elle est d'un blanc jaunâtre ou rougeâtre et tantôt presque incarnate, avec la tête et l'écusson d'un brun ferrugineux. Lorsqu'elle est en liberté, elle se retire entre les écorces ou quelquefois au pied des arbres à la surface de la terre, et se fait une petite coque soyeuse dans laquelle elle passe l'hiver pour se chrysalider *au printemps*.

Il y a peu de moyens propres à détruire cette pyrale, il faudrait pour cela enlever dans les jardins tous les fruits qui commencent à être véreux, les écraser et ramasser à terre ceux qui ne sont pas encore percés.

Une espèce voisine, la pyrale des prunes (*carpocapsa funebrana*), vit dans les prunes et les abricots. Ses métamorphoses se passent entièrement comme chez la *pomonana*.

Une autre pyrale du même groupe (*carpocapsa splendana*) vit dans les châtaignes. Cette espèce subit ses métamorphoses comme les deux précédentes : la chenille passe de même l'hiver dans une petite coque soyeuse, pour se chrysalider au printemps et donner le petit papillon en juin et juillet. Enfin une quatrième espèce, toujours du même groupe (*tortrix pisana*), se comporte encore de la même manière. Sa chenille vit en juin et juillet dans les *cosses* des petits pois qu'elle rend véreux.

La dernière famille de l'ordre des Lépidoptères est celle des Tinéides ou *teignes*; elle est composée d'une immense quantité d'espèces d'une excessive exiguïté, sauf cependant les Galleries et les Yponomeutes qui sont les géants de cette grande série.

Les chenilles des teignes ne vivent jamais à découvert : elles sont vermiformes, glabres, ou presque glabres, munies de seize pattes et d'un écusson écailleux sur le premier anneau. Les insectes parfaits ont très-souvent une sorte de toupet entre les yeux ; leurs ailes supérieures sont allongées et assez étroites ; les inférieures sont encore plus étroites et garnies d'une large frange ; leurs pattes postérieures sont longues et pourvues d'ergots. Au repos les ailes sont généralement moulées autour des corps, et les supérieures se relèvent plus ou moins en queue de coq.

Les espèces les plus nuisibles à l'agriculture et à l'économie domestique sont les suivantes :

La Gallerie des abeilles (*Galleria cerella*). Cet insecte est connu dès la plus haute antiquité pour être très-nuisible aux abeilles. Aristote et Columelle en font mention comme d'un ennemi redoutable. Il a de 25 à 30 millimètres d'envergure ; ses ailes supérieures, échancrées à l'extrémité, sont brunâtres, lavées d'un peu de gris vers le milieu, avec quelques petits traits blanchâtres vers le sommet et surtout vers le bord interne ; ses ailes inférieures sont d'un gris cendré avec le disque plus pâle. Ces espèces de teignes se rencontrent rarement dehors ; elles volent peu et assez mal, mais elles courent très-vite lorsqu'elles sont poursuivies par les abeilles. C'est seulement dans les ruches que l'on peut s'en procurer quelques individus. Les abeilles en tuent beaucoup, mais il suffit d'une seule femelle fécondée pour peupler une ruche de chenilles, qui savent très-bien se mettre à l'abri de leurs attaques. Celles-ci sont blanchâtres, étiolées, marquetées de taches brunes plus ou moins prononcées : elles attaquent les gâteaux, non pas pour manger le miel, mais pour se nourrir de la cire. Pour cela elles s'adressent, dès qu'elles sont écloses, à des cellules vides ou contenant de petites larves sans défense ; elles percent les parois des alvéoles et commencent à se faire, chacune, un tuyau de soie blanche, revêtu de leurs excréments et de petites parcelles de cire, si pressés les uns contre les autres, que le fourreau devient assez solide pour les préserver de l'aiguillon des abeilles. Les tuyaux augmentent en largeur et en longueur à mesure que les chenilles grossissent. D'abord ils sont courts et pas plus gros qu'un fil, plus tard ils sont gros comme un tuyau de plume et souvent longs de 25 à 30 centimètres ; La métamorphose a lieu dans les galeries mêmes, et les papillons éclosent depuis le mois de juin jusqu'au commencement de septembre.

Au dire des apiculteurs, il n'y a pas de moyen bien efficace pour se préserver de ce fléau. Ce qu'il y a de mieux, c'est de retirer les gâteaux infectés et de bien nettoyer les parties qui pourraient cacher des chrysalides ou des œufs.

Il y a une autre teigne beaucoup plus petite qui se nourrit aussi de la cire des abeilles, mais elle est plus rare et ses dégâts sont plus limités.

Les Yponomeutes sont des petits papillons dont les plus grands n'ont pas plus de 20 à 22 millimètres d'envergure ; ils sont très-reconnaissables à leurs ailes supérieures plus ou moins blanches, criblées de petits points noirs. A l'état de chenilles, elles vivent en sociétés nombreuses, dans des nids ressemblant à d'immenses toiles d'araignées, dans lesquels elles ont la précaution de renfermer les feuilles qui doivent leur servir de nourriture, elles ne mangent que le parenchyme de la surface supérieure. Pour peu qu'on les touche, elles reculent ou elles avancent avec une grande vitesse, sans se détourner ni à droite ni à gauche, par la raison que chaque chenille est logée dans une longue gaîne. Les chenilles sont de couleur terne, marquées de points noirâtres alignés; elles subissent toutes leur métamorphose dans leurs cellules. L'éclosion a lieu en août, et les femelles, après la fécondation, collent leurs œufs par tas à la bifurcation des jeunes arbres où ils passent l'hiver.

Il faut enlever les nids des différentes espèces d'Yponomeutes avec des balais de feuilles de houx. Dans quelques circonstances on peut aussi les brûler en passant rapidement et avec précaution une poignée de paille allumée sous les branches.

L'Yponomeute du pommier (*Yponomeuta cognatella*). Ses ailes supérieures sont d'un blanc pur, marquées d'environ vingt-cinq petits points noirs. Sa chenille est un terrible fléau pour les pommiers. On voit souvent dans les environs de Paris et ailleurs, au bord des routes, des rangées d'arbres dont les feuilles et les fleurs paraissent brûlées et dont toutes les branches sont enveloppées sous un crêpe de soie blanche, ressemblant à d'innombrables toiles d'araignées. Les gens de la campagne, par ignorance, attribuent les affreux ravages que causent ces milliers de chenilles à des *vents roux*. Cette année toute la récolte des pommiers, dans la vallée de Montmorency, a été perdue par cette chenille. Le même désastre s'est également fait sentir dans une partie de la Brie.

La chenille du *bombyx chrysorrhée*, dont on vient de parler et pour laquelle l'échenillage est obligatoire, est beaucoup moins funeste aux pommiers que celle-ci.

Une autre Yponomeute (*Yponomeuta padella*) ressemble à la précédente, sauf que le milieu de ses ailes supérieures est lavé de gris plombé. Elle vit sur le bois de Sainte-Lucie (*prunus padus*); on voit souvent toutes les branches de cet arbre recouvertes d'un immense voile de soie blanche qui cache des milliers de chenilles.

La teigne des grains (*tinea granella*) ou alucite des grains. Elle fait quelquefois de grands ravages dans les greniers qui renferment de l'orge ou du blé. Sa chenille lie ensemble plusieurs grains de blé dont elle dévore la farine. Elle se métamorphose dans sa demeure et donne naissance à un très-petit papillon grisâtre.

On évite ou l'on diminue les ravages de cette teigne en remuant souvent les tas de grains.

Une autre espèce, la teigne des céréales (*tinea cereatella*), dont le petit papillon grisâtre ressemble au précédent, a une tout autre manière de vivre. Sa chenille vit complétement cachée dans l'intérieur d'un grain de blé ou d'orge, dont elle consomme toute la farine. Elle dévora, au rapport de Duhamel et de Dutillet, en 1770 presque tous les grains de l'Angoumois. Jamais on n'avait vu une aussi grande calamité. Il paraît que depuis cette époque elle a disparu, car les auteurs modernes qui en parlent ne l'ont jamais vue.

La teigne de l'olivier (*tinea oleella*). Cette petite espèce, dont les ailes supérieures sont luisantes, marbrées de grisâtre et de noirâtre, cause de grands dommages aux oliviers en Algérie et dans les départements du Var et des Alpes-Maritimes. Sa chenille appartient à la section des mineuses, c'est-à-dire de celles qui vivent entre les deux lames de l'épiderme, du parenchyme des feuilles. A la fin de l'hiver, on voit qu'une grande partie des feuilles sont couvertes de taches brunes irrégulières; lorsqu'on soulève l'épiderme d'une de ces feuilles, on trouve dessous une petite chenille d'un vert sale, dont la dernière métamorphose a lieu dans les premiers jours d'avril.

Une autre chenille mineuse, très-fréquente dans les parcs et les jardins, est celle de la teigne du lilas (*tinea syringella*). Les feuilles lui servant d'habitation se dessèchent entièrement dans toutes les parties dont le parenchyme a été dévoré; elles semblent avoir été brûlées. Ces petites chenilles vivent d'abord en petites sociétés; lorsqu'elles se sentent trop à l'étroit et que la nourriture est sur le point de manquer, elles font une petite ouverture à l'épiderme, sortent de leur retraite et lient ensemble quelques feuilles de lilas à l'aide de fils de soie. Une fois installées dans ce paquet, elles continuent de croître jusqu'au mois de juin. Alors elles abandonnent leur dernière demeure, et chacune se fait une petite coque, dont le petit papillon éclôt au printemps pour la première époque, et en juillet pour la seconde fois. Celui-ci, malgré son excessive exiguïté, est richement vêtu. Ses ailes supérieures, dont le fond est brun, sont marquées de quelques petits traits blanchâtres et de petites raies d'or bruni.

Il faut pour détruire cette teigne enlever et brûler au mois de mai les feuilles qui présentent sur leurs bords un commencement de dessiccation.

Les autres teignes dont il est maintenant question vivent de substances animales qu'elles rongent dans l'obscurité. Elles se construisent des fourreaux à même les substances dont elles se nourrissent; elles sont toutes extrêmement nuisibles dans les habitations.

La teigne des tapisseries (*tinea tapetzella*). Ses ailes supérieures sont noires avec l'extrémité blanche, ainsi que la tête. Sa chenille ronge les tapis, les draps, et toutes les étoffes de laine; elle se forme une galerie voûtée avec quelques parcelles de laine liées avec des fils de soie. Le petit papillon éclôt en été et pond sur les étoffes en juillet et août.

La teigne fripière (*tinea sarcitella*), la plus pernicieuse de toutes. Le petit papillon est luisant, grisâtre avec le dessus de la tête et du corselet blanchâtre, ainsi que la base des ailes supérieures. Sa chenille dévore les draps et toutes les étoffes de laine; elle se fabrique un fourreau fusiforme avec de la soie, revêtu de poils détachées. Cette teigne est la plus commune de toutes dans nos habitations et dans les magasins de lainage. C'est elle plus particulièrement qui voltige le soir autour des lumières.

La teigne des pelleteries (*tinea pellionella*), presque aussi commune que la précédente, est très-funeste aux fourrures. Le petit papillon, qui éclôt en été, voltige aussi aux lumières; il a les ailes supérieures d'un gris-blanchâtre luisant avec un point central noir; sa tête est grisâtre. La chenille coupe le poil des fourrures et s'en fait un tuyau feutré dans lequel elle subit toute ses métamorphoses.

La teigne du crin (*tinea crinella*). Elle est voisine de la *pellionella*; le petit papillon a les ailes luisantes d'une couleur jaunâtre très-pâle; la tête est de couleur ferrugineuse. La chenille ronge et coupe le crin des fauteuils, canapés et autres meubles. Elle se fait un petit fourreau avec de la soie et des rognures de crin. Le papillon se montre dès la fin de mai.

La teigne à front jaune (*tinea flavifrontella*) est un petit papillon d'un gris jaunâtre luisant, avec le toupet d'un jaune safran. Sa chenille ronge les plumes, au milieu desquelles elle se construit un fourreau soyeux. C'est la peste des collections d'oiseaux et d'insectes.

Les chenilles de toutes ces teignes vivent dans l'obscurité, et fuient la lumière ; en conséquence, lorsqu'on veut éviter leurs ravages, il faut exposer souvent à l'air et au soleil, les objets que l'on veut préserver et les battre de temps en temps pour faire sortir les petits papillons qui s'y cachent quelquefois. On emploie aussi avec succès comme moyen préservatif le camphre, le patchouly, le vetyver, la garde-robe (*artemisia abrotanum*) et autres plantes aromatiques.

Rapport sur l'apiculture. (*Suite*, v. p. 318).

M. Moreau, apiculteur à Thury (Yonne), est l'exposant du plus fort lot de cire en briques (1,000 k. environ), de qualité uniforme et courante. Il présente des échantillons de beau miel coulé et deux vases de miel en rayon. Il présente en outre des hydromels liquoreux d'une très-bonne qualité et de l'eau-de-vie de miel dont le goût originel est entièrement effacé. Son hydromel est amélioré par l'addition d'un dixième ou d'un vingtième de cette eau-de-vie. Voici comment il obtient celle-ci.

Il prend deux hectolitres d'eau qu'il fait tiédir et dans laquelle il met 35 kil. de miel (un baril) et qu'il remue jusqu'à fusion complète. L'eau miellée est déposée dans un grand tonneau ou dans un cuvier dans lequel sont ajoutés deux hectolitres de marc de raisin rouge (le blanc n'a pas la même force et donne des résultats moins satisfaisants). Le tout est bien mélangé et le fût est recouvert d'une toile. Après quelques heures, la fermentation commence et elle est terminée au bout de 5 ou 6 jours, suivant la température. Il a soin d'enfoncer chaque jour le marc dans le liquide de peur que le dessus aigrisse, et lorsque ce marc s'enfonce de lui-même dans le liquide, c'est le moment de distiller. On distille le tout ensemble. Les 35 kil. de miel et les 2 hect. de marc rendent en moyenne 50 litres d'eau-de-vie semblable à celle qui est exposée. Le rendement du marc varie de 5 à 7 litres à l'hectolitre, suivant qu'il a été pressuré. En prenant pour maximum le rendement de 14 litres pour le marc et en le défalquant, il reste 36 litres d'excellente eau-de-vie pour 35 kil. de miel. En établissant les frais de distillation à 10 centimes le litre, et en vendant l'eau-de-vie au prix de sa valeur, on réalise des bénéfices. Ces bénéfices sont plus grands si l'on ne paye pas de droits de régie. — Le jury accorde à M. Moreau un rappel de médaille d'or de S. Exc. le ministre de l'agriculture pour l'ensemble de son exposition, et lui donne une médaille de bronze de la Société d'insectologie pour son hydromel et pour son eau-de-vie de miel.

La multiplication de l'abeille italienne est la partie à laquelle M. Warquin, de Bellevue (Aisne), continue à se livrer avec le plus de succès. Il expose divers appareils perfectionnés et des ruches à cadres mobiles propres à la transformation des colonies indigènes en colonies italiennes. Il transforme ainsi annuellement deux ou trois cents colonies qu'il achète à des éleveurs du canton. Voici comment il opère : A la fin de l'hiver, en mars, les colonies indigènes, logées la plupart du temps dans des ruches vulgaires en cloche, sont extraites et introduites dans des ruches à cadres. Les bâtisses fixes (les rayons) sont détachés à l'aide de couteaux à lame recourbée et à lame pliante, et sont greffés dans des cadres. La mère de chaque colonie est enlevée. Comme, à cette époque, il y a du jeune couvain au berceau, les abeilles se mettent à transformer des cellules de couvain d'ouvrières en cellules de couvain maternel ; mais au bout d'une dizaine de jours ce couvain est mis en bas par l'apiculteur, qui en même temps greffe dans les cadres un morceau de jeune couvain d'ouvrière de colonies italiennes. Les abeilles s'apercevant de la disposition du couvain maternel et ne trouvant plus de larves indigènes à transformer, se hâtent de transformer plusieurs larves italiennes qui donnent des mères fin avril ou commencement de mai, époque à laquelle les faux bourdons de cette espèce commencent à sortir. L'opérateur a soin de conserver dans son rucher quelques souches italiennes vigoureuses et bien caractérisées, qu'il stimule par la présentation de nourriture (sirop de sucre) dès la fin de mars.

(*A suivre.*)

LISTE DES MEMBRES DE LA SOCIÉTÉ D'INSECTOLOGIE.

Aubé (docteur), à Paris.
Balbiani, docteur-médecin, à Paris.
Bandel, à Constantine.
Barbier (Charles), ingénieur agricole, à Paris.
Baron-Chartier, à Antony.
Barral, directeur du Journal de l'agriculture, à Paris.
Becquemont, à Neuilly-sur-Seine.
Bellier de la Chavignerie, à Paris.
Bocca frères, à Turin.
Boieldieu, à Paris.
Boisduval, docteur, président de la Société, à Paris.
Bouvier, entomologiste, à Paris.
Braine (A.), notaire, à Arras.
Burel, horticulteur, à Paris.
Carbonnier, pisciculteur, à Paris.
Carsenac, propriétaire, président de la Société d'Apiculture, à Paris.
Cavalié (R.), séricicultour, à Castres.
Cercle (le) pratique d'horticulture et de botanique du Havre.
Charton, à Oullins-les-Lyons.
Chatel (Victor), à Campandré-Valcongrain, par Aulnay-sur-Odon.
Chevalier, à Saint-Etienne.
Coulon, à Trye-Château.
Coupric, président de la Société d'horticulture, à Nantes.
Courlet, à Paris-Belleville.
Cournil de Lavergne, à Brive.
Crétté de Paluel, à Paris.
Croux et fils, horticulteurs, à Sceaux.
Decaux, chef de bataillon au 3e voltigeurs de la garde, à Saint-Denis.
Decous-Lapeyrière, au Pas-de-l'Anglais, près Périgueux.
Deleuil, à Marseille.
Depuiset, entomologiste, à Paris.
Desmarest-Convreur, cultivateur, à Marest-Dampcourt.
Deyrolle fils, naturaliste, à Paris.
Dillon, capit. en retraite, à Tonnerre.
Donnaud (E.), trésorier, à Paris.
Doumet, maire de Cette.
Draneth-Bey, à Paris.
Duchemin (Emile), à Passy-Paris.
Ducoudré, provis. du lycée de Limoges.
Dumont (Ernest), secrétaire du comité insectologique du Havre.
Dussol, à Montpellier.
Dussol (L.), à Tarbes.
Duvillers, architecte paysagiste, à Paris.
Faudel, docteur, secrétaire de la Société d'histoire naturelle, à Colmar.
Focillon (Ad.), professeur, à Paris.
Fournier, président de la Société protectrice des animaux, à Paris.
Galle, à Sisteron.
Gehin, pharmacien, à Metz.
Gelot, séricicultour, à Paris.
Gilletta, libraire, à Nice.
Gilnicki, à Paris.
Girard (Maurice), professeur, à Paris.
Givelet, au château de Flamboin.
Gobeau, propr. apiculteur, à Saintes.
Gobert fils (Dr E.), à Mont-de-Marsan.
Gœmaere, à Bruxelles.
Goossens, naturaliste, à Paris.
Goureau (le colonel), à Paris.
Grenier, instituteur, à la Verpillière.
Grosjean, à Paris.
Guérin-Méneville, à Paris.
Guillaume, président de la Société d'horticulture, à Dôle.
Hamet, secrétaire de la Société, à Paris.
Heyler (E.), propriétaire éducateur, à Wiwersheim.
Hoppe, à la librairie Hachette, à Paris.
Jekel, entomologiste, à Paris.
Jolicoeur, docteur-médecin, à Reims.
Lacaille fils, naturaliste, à Bolbec.
Lagos, au Brésil.
Lavalette (de), rédacteur de la Revue d'économie rurale, à Paris.
Leclair, à Paris.
Leclerc, docteur-médecin, à Rouillac.
Lefevre de Villers, président du comice agricole de l'arrondissement d'Abbeville, à Villers-s.-Mareuil.
Lefranc (A.), à Amiens.
Liesville (vicomte de), archiviste de la Société, à Batignolles-Paris.
Loise-Chauvière, horticulteur-grainier, à Paris.
Lorza (de), à Paris.
Maingonnat, à Paris.
Manceaux, à Paris.
Marchand, à Berchères-l'Evêque.
Mas, président de la Société d'horticulture, à Bourg.
Maurial, à Paris.
Mégnin (J.-P.), médecin-vétérinaire, à Versailles.
Menault (Ernest), à Angerville.
Mène, chimiste, à Paris.
Mengel, libraire, à Marseille.

Millery (Madame), à Tarbes.
Millet (C.), insp. des forêts, à Paris.
Miot (Henri), substitut, à Semur.
Mosnier, Dr méd., à Chalons-sur-Marne.
Noël (P.), propriétaire, à Beaurepaire.
Nourrigat (Emile), séricic., à Lunel.
Ostermeyer, avocat, à Colmar.
Pelard, interprète militaire, à Tlemcen.
Pillain (A.), secrétaire du bureau du Cercle pratique d'horticulture et de botanique de l'arrondissement du Havre, etc.
Pinçon (Jules), à Neuilly-sur-Seine.
Pouchet, directeur du Muséum d'histoire naturelle, à Rouen.
Provancher (l'abbé), curé, à Portneuf.
Radochkoffsky, à St-Pétersbourg.
Rangarde, à Paris.
Reinwald, libraire, à Paris.
Renouard (Mad. Ve), libraire, à Paris.
Richard (Paul), pharmacien, à Paris.
Rigon, à Chelles.
Ringeisen, Dr-médecin, à Schlestadt.
Rivière (Auguste), jardinier en chef du Luxembourg, à Paris.
Roustel, président de la Société d'horticulture, à Rouen.
Sacré (François), à Huy.
Séré (docteur de), à Paris.
Sigaut, à Paris.
Sisley (Jean), à Montplaisir-Lyon.
Société d'horticulture du Doubs.
Société d'agriculture, à Châteauroux.
Société d'horticulture, à Dijon.
Souplet (marquis de St-), à Saint-Cyr
Stebler (Edouard), professeur de sciences naturelles, à l'école industrielle de Chaux-de-Fonds (Suisse).
Tapié (Jean), à Paris.
Tarbé des Sablons, à Paris.
Thiriet, à Paris.
Thouvenel (docteur), secrétaire de la Société d'horticulture, à Limoges.
Vaillant, juge de paix, à Cosne.
Vandewalle (E.), apiculteur, à Berthen.
Van Houtte (Louis), hortic., à Gand.
Warquin, apiculteur, au château de Bellevue, par Crépy-en-Laonnois.
Zacherl, à Paris.
Zard (H. docteur), à Port-Saïd.

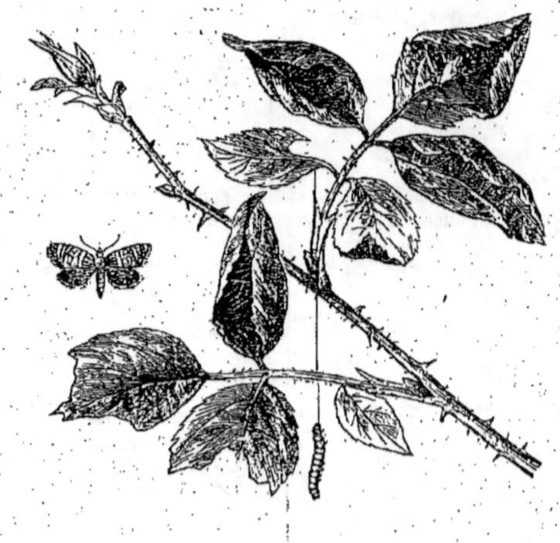

TABLE DES MATIÈRES.

TABLE DES AUTEURS.

L'Éditeur-propriétaire : E. Donnaud

Paris. — Imprimerie de E. DONNAUD, rue Cassette, 9.

1

3

2

3

1a

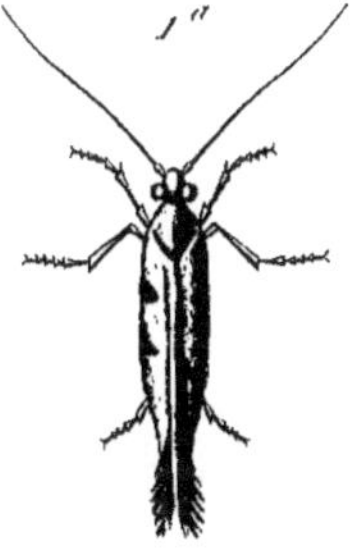

1b

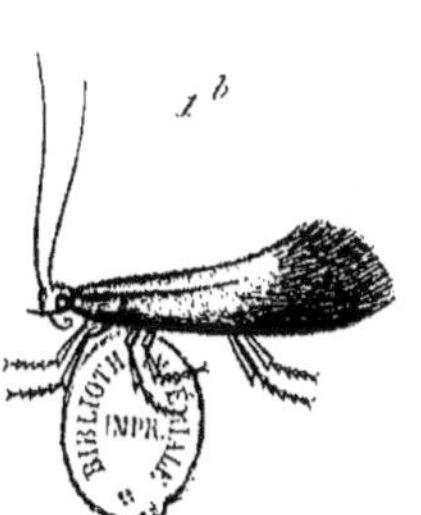

Mégnin del. *Debray sc.*

Teigne des Blés.

Tinea Granella, *(Linné)*

Imp. Haniste, rue Mignon, à Paris.

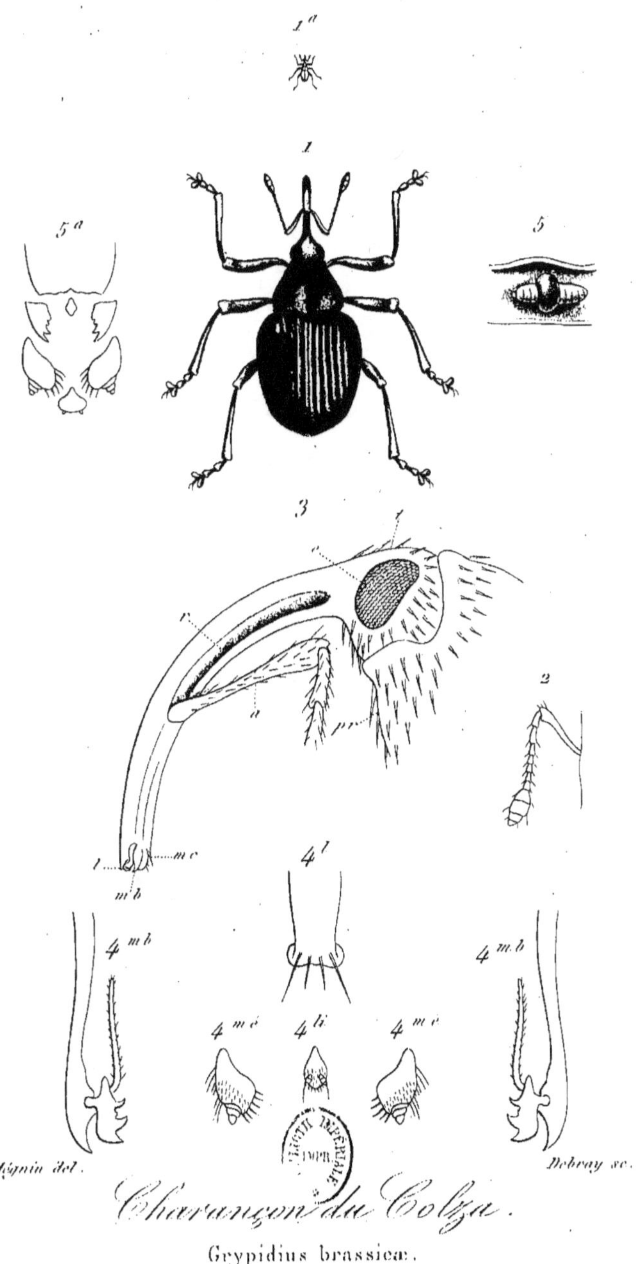

Mégnin del.

Debray sc.

Charançon du Colza.

Grypidius brassicæ.

Imp. Houiste, rue Mignon, à Paris.

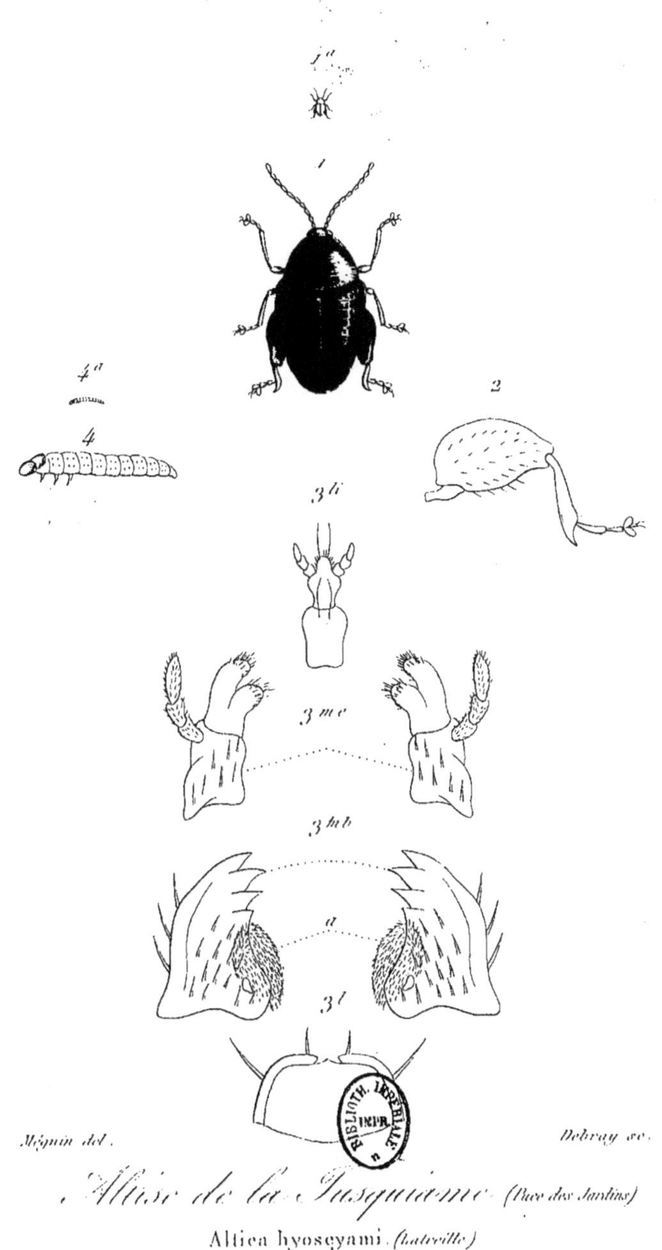

Mégnin del. Debray sc.

Altise de la Jusquiame (Puce des Jardins)

Altica hyoscyami. (Latreille)

Imp. Moniste, rue Mignon, à Paris.

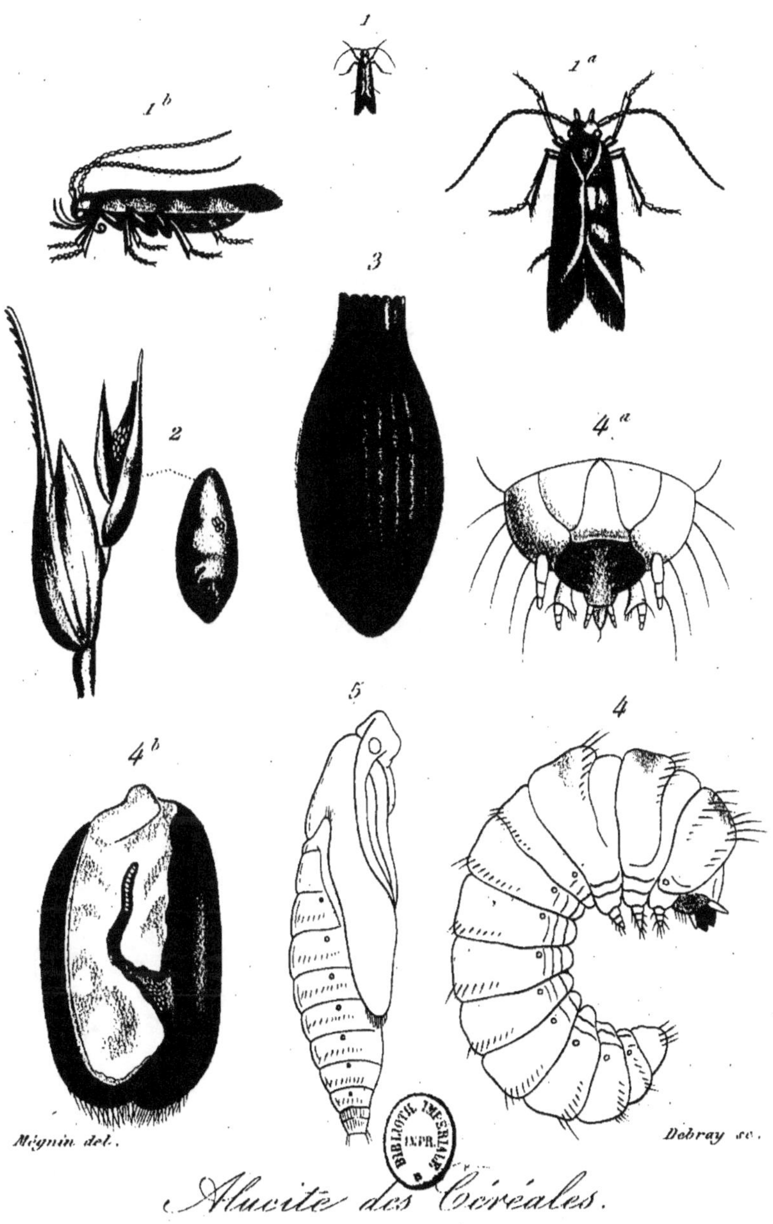

Alucite des Céréales.

Butalis Cerealis *(Treitschke)*

Imp. Houiste, rue Mignon, à Paris.

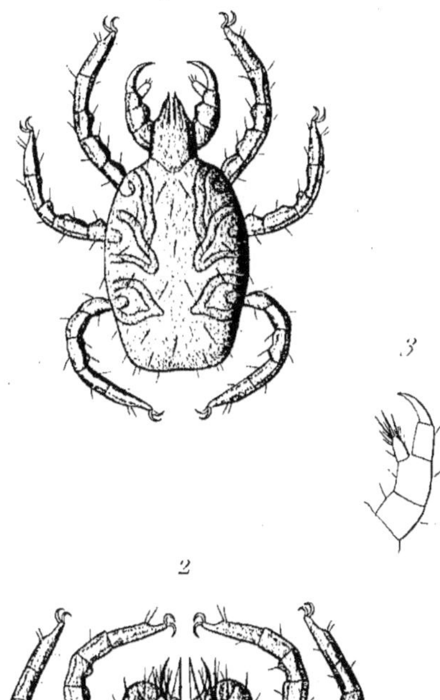

Mégnin pinx.

Debray sc.

Acariens.

Imp. Houiste, rue Mignon, 5, Paris.

2

3

1

4 a

4 b

5 c

6

4

5

Mégnin pinx. *Debray sc.*

Diptères.

Imp. Houiste, rue Mignon, 5, à Paris.

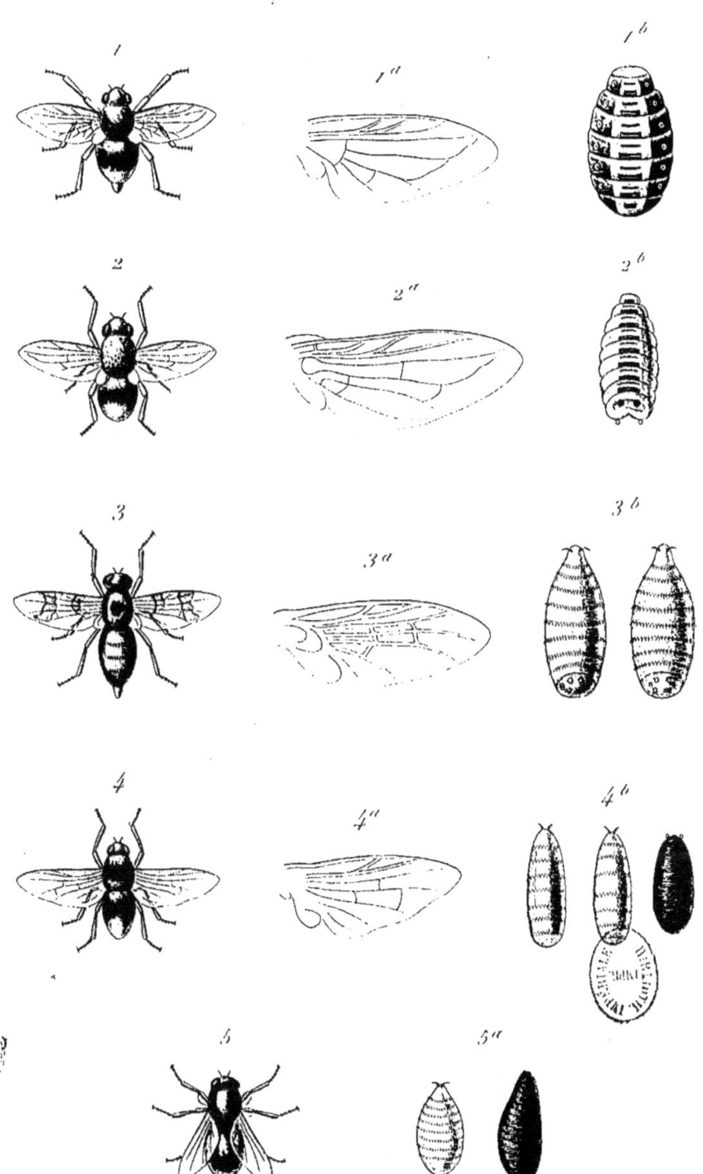

Mégnin pinx. Debray sc.

Œstrides.

Imp. Houiste, rue Mignon, 5, Paris.

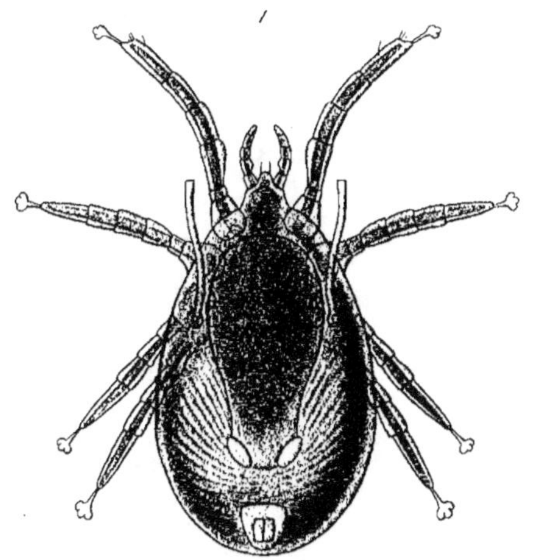

1

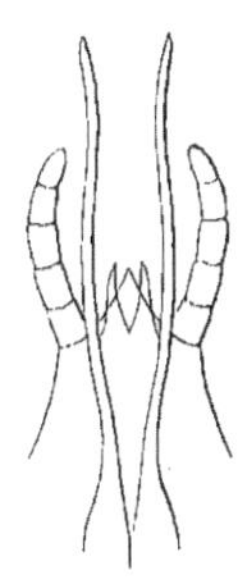

2

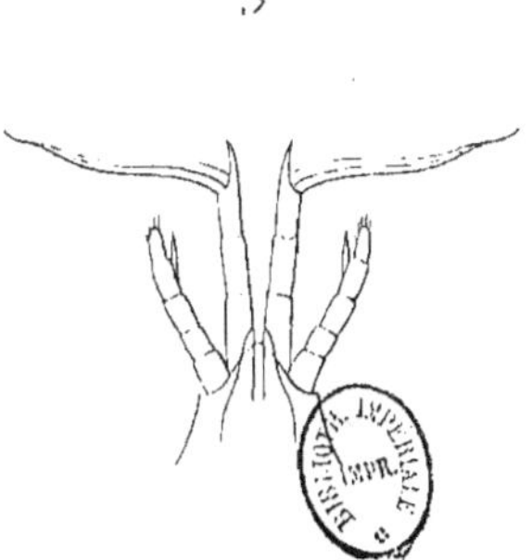

3

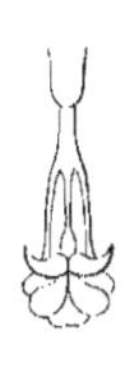

4

Mégnien pinx.

Debray sc.

Acariens.

Houiste, imp. r. Mignon, 5, Paris.

1 2 3

4 5

Mégnin pinx. Debray sc.

Sarcopte commun.

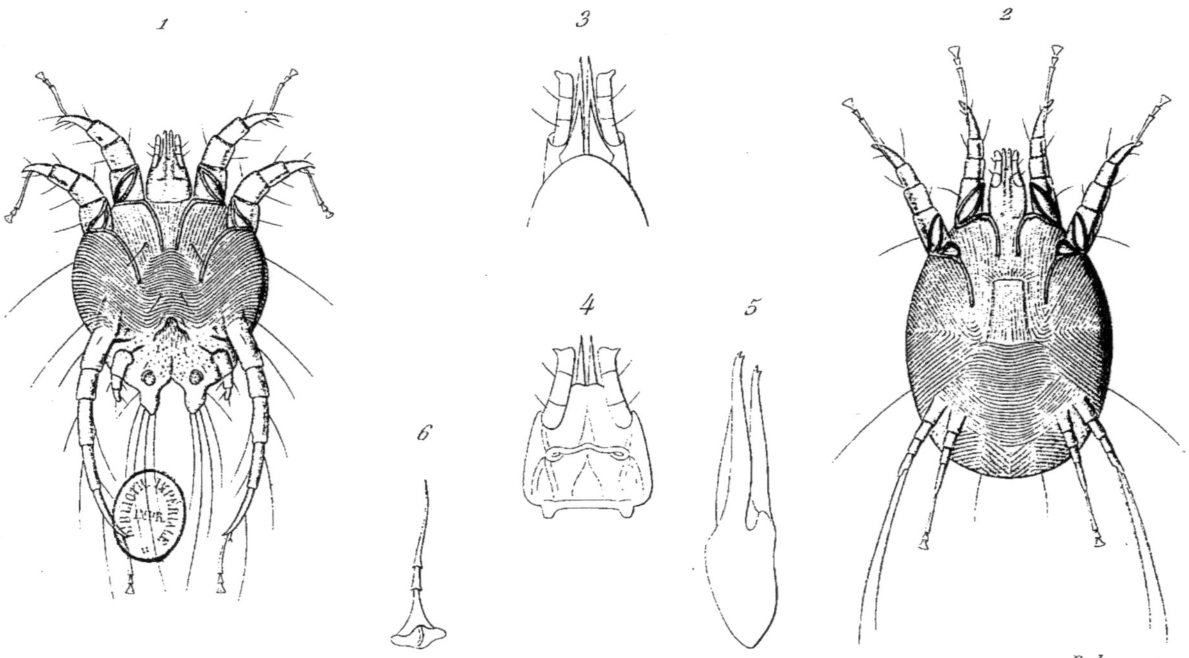

1

3

2

4

5

6

Megnin pinx.

Debray sc

Psoropte du Cheval.

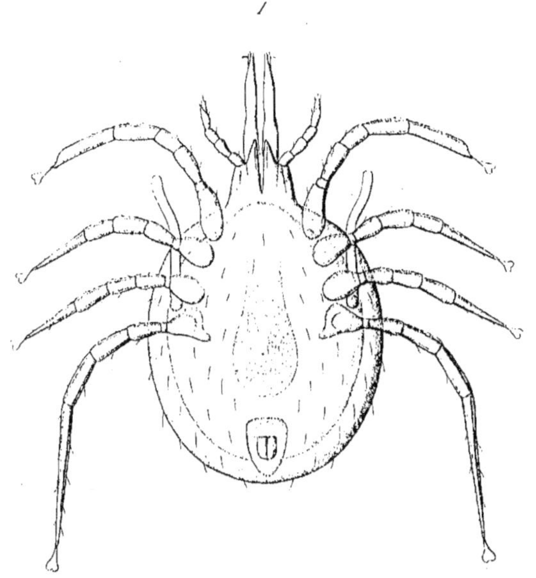

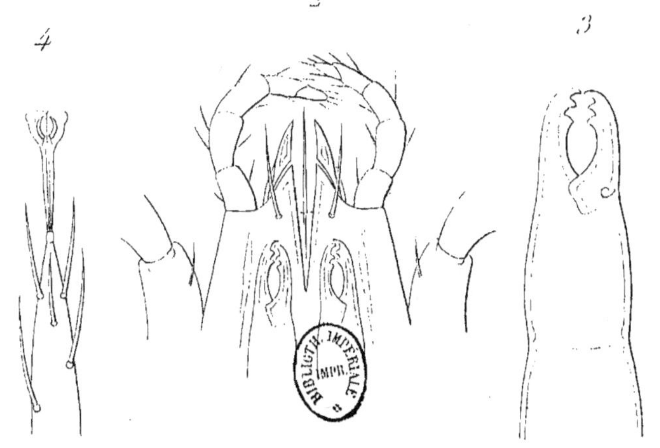

Mégnin del.

Debray sc.

Gamase

des fourrages.

Imp. Monrocq r. Mignon, Paris.

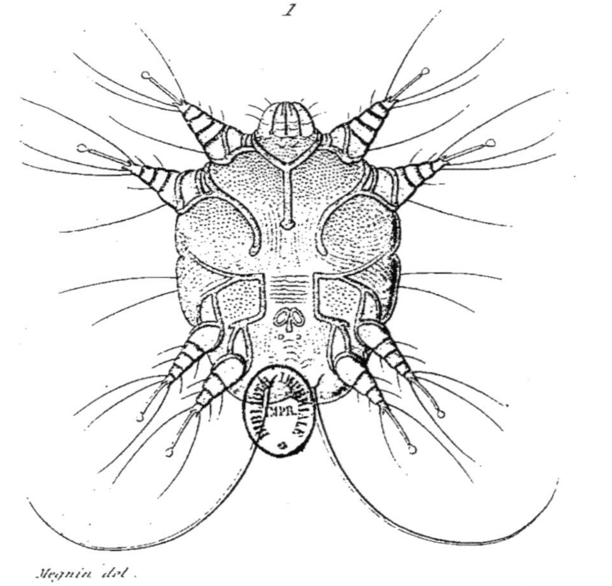

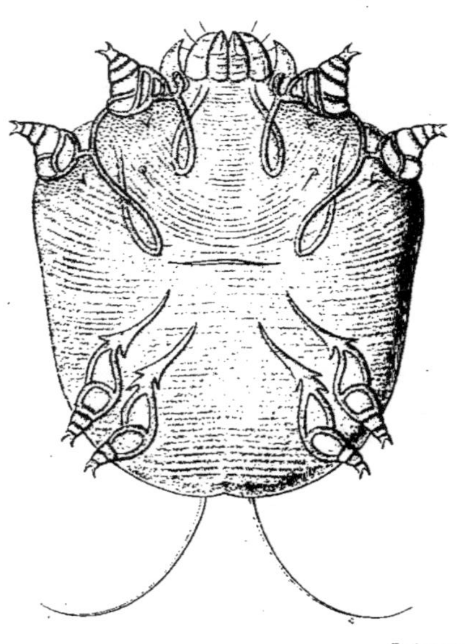

Megnin del. Debray sc.

Sarcopte changeant.

BIBLIOTHEQUE NATIONALE DE FRANCE
3 7531 03932645 0

www.ingramcontent.com/pod-product-compliance
Lightning Source LLC
LaVergne TN
LVHW020559110826
845149LV00002B/317

* 9 7 8 2 0 1 9 5 3 2 7 7 2 *